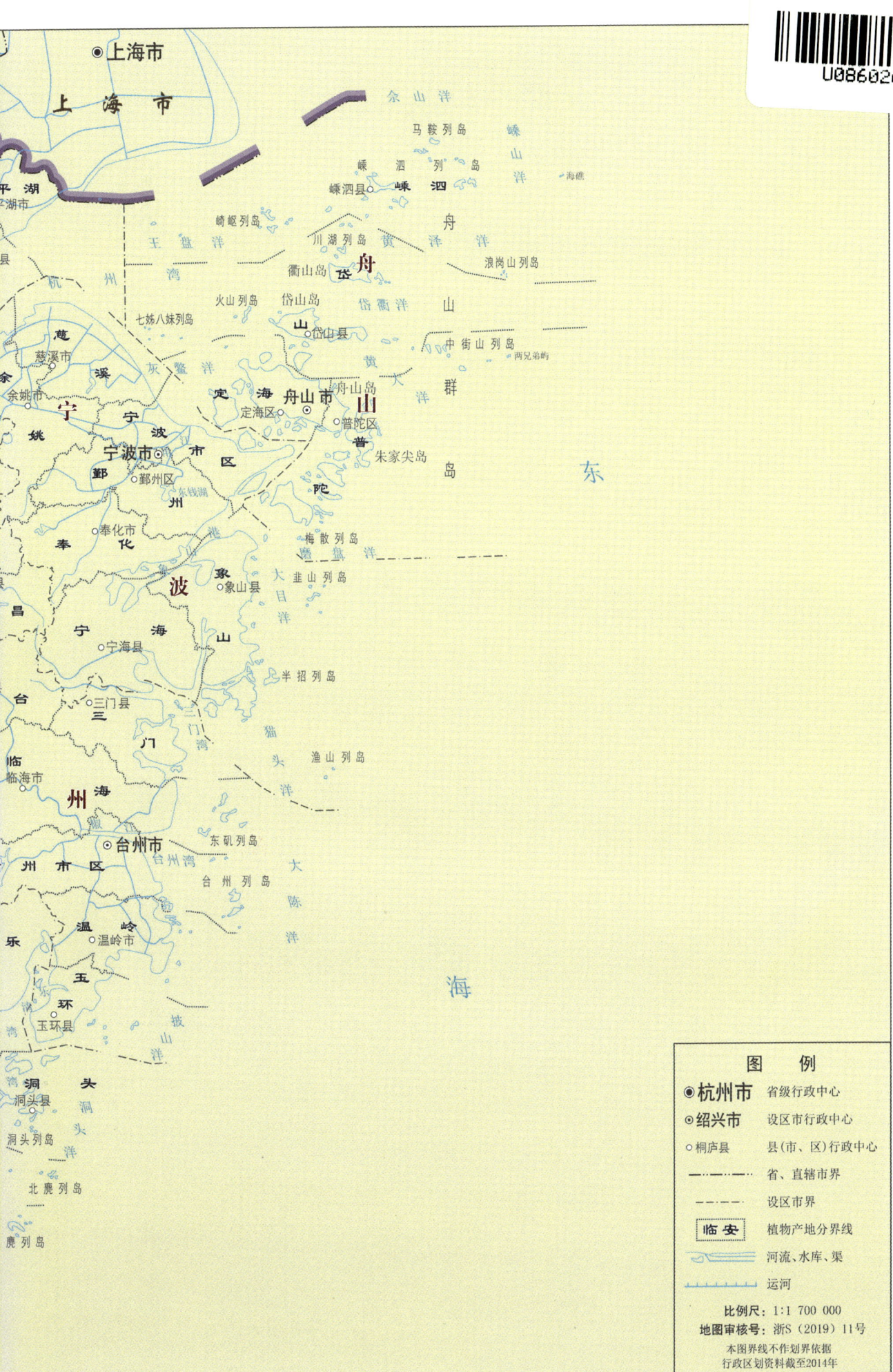

《浙江植物志（新编）》编辑委员会 编著

浙江植物志 新编

Flora of Zhejiang

（New Edition）

第五卷　含羞草科—茶茱萸科

Volume 5

Mimosaceae—Icacinaceae

浙江科学技术出版社

图书在版编目(CIP)数据

浙江植物志：新编. 第五卷 /《浙江植物志（新编）》编辑委员会编著. — 杭州：浙江科学技术出版社，2021.3
　　ISBN 978-7-5341-9379-8

Ⅰ. ①浙… Ⅱ. ①浙… Ⅲ. ①植物志－浙江 Ⅳ. ① Q948.525.5

中国版本图书馆 CIP 数据核字（2020）第 254527 号

书　　名	浙江植物志（新编）·第五卷
编　　著	《浙江植物志（新编）》编辑委员会
出版发行	浙江科学技术出版社
	杭州市体育场路 347 号　邮政编码：310006
	编辑部电话：0571-85152719
	销售部电话：0571-85176040
	网址：www.zkpress.com
排　　版	杭州万方图书有限公司
印　　刷	浙江新华数码印务有限公司
经　　销	全国各地新华书店
开　　本	889mm×1194mm　1/16　　印　张　34
字　　数	781 千字
版　　次	2021 年 3 月第 1 版　　2021 年 3 月第 1 次印刷
书　　号	ISBN 978-7-5341-9379-8　　定　价　350.00 元
审图号	浙 S（2019）11 号

版权所有　翻印必究
（图书出现倒装、缺页等印装质量问题，本社销售部负责调换）

策划组稿	章建林　詹　喜	**责任编辑**	詹　喜
文字编辑	周乔俐	**责任校对**	李亚学　陈宇珊
封面设计	金　晖	**责任印务**	叶文炀

【内容提要】

本卷记载了浙江省野生或习见栽培的被子植物（含羞草科至茶茱萸科）26科，149属，446种（不计种下分类群，但浙江无原种的种下分类群以种计）。其中包括本志作者自《浙江植物志（新编）》编著项目启动以来发表的新分类群8个，新组合9个，浙江分布新记录属2个，新记录种27个；新增了栽培科1个，栽培属19个，栽培种54个；订正了14个以往错误鉴定种。每种植物均有中名、拉丁名、形态描述、产地、生境、分布、用途等记述，近99%的种类附有野外实地拍摄的彩色图片。

本卷可供农业、林业、园艺、医药、环保等行业的科技人员、管理人员及广大植物爱好者参考，也可作为各类院校植物学、农学、林学、园艺学、药学、生态学等相关专业的辅助教材。

Summary

In this volume, 446 species belonging to 149 genera in 26 families (from Mimosaceae to Icacinaceae) are recorded, which are wild and commonly cultivated species in Zhejiang Province. The species covered in this volume include 8 new taxa, 9 new combinations, 2 newly recorded genera and 27 newly recorded species in Zhejiang. 1 cultivated family, 19 cultivated genera and 54 cultivated species were added. 14 formerly mis-identified species were clarified. Each species contains Chinese name, scientific name, morphological description, locality, habitat, distribution, economic usage, etc. Approximately 99% species are accompanied by color pictures obtained from original observation.

This book can be used as a reference for scientists and technicians, managers and plant hobbyists of agriculture, forestry, horticulture, medicine and pharmacy, environmental protection and other related fields. It also can be course materials for various majors in botany, agriculture, forestry, horticulture, pharmacy, ecology, etc.

《浙江植物志（新编）》
编辑委员会

主　　　任　胡　侠（2018年12月起在任）

　　　　　　林云举（2014年11月至2018年12月在任）

副 主 任　吴　鸿　杨幼平　王章明（常务）　陆献峰

　　　　　　于明坚　江　波　吾中良　章滨森

委　　　员　柳新红　陈华新　朱光权　丁良冬　孙晓霞

主　　　编　李根有　丁炳扬

副 主 编　金孝锋　陈征海　张方钢　金水虎

编　　　委　李根有　丁炳扬　金孝锋　陈征海　张方钢

　　　　　　金水虎　柳新红　赵云鹏

顾　　　问　郑朝宗　裘宝林

组 织 编 著　浙江省林业局

　　　　　　浙江省植物学会

Editorial Board of Flora of Zhejiang (New Edition)

Directors
　Hu Xia (Served from December 2018)
　Lin Yunju (Served from November 2014 to December 2018)

Vice directors
Wu Hong	Yang Youping	Wang Zhangming
Lu Xianfeng	Yu Mingjian	Jiang Bo
Wu Zhongliang	Zhang Binsen	

Committee members
Liu Xinhong	Chen Huaxin	Zhu Guangquan
Ding Liangdong	Sun Xiaoxia	

Editors-in-chief
　Li Genyou　　Ding Bingyang

Associate editors-in-chief
Jin Xiaofeng	Chen Zhenghai	Zhang Fanggang
Jin Shuihu		

Editorial board
Li Genyou	Ding Bingyang	Jin Xiaofeng
Chen Zhenghai	Zhang Fanggang	Jin Shuihu
Liu Xinhong	Zhao Yunpeng	

Advisers
　Zheng Chaozong　　Qiu Baolin

Organizers
　Zhejiang Administration of Forestry
　Botanical Society of Zhejiang

本卷编著者及分工

卷 主 编　李根有
卷副主编　叶喜阳　李修鹏
编 著 者　含羞草科、云实科、蝶形花科
　　　　　李根有（浙江农林大学暨阳学院）

　　　　　桑寄生科、槲寄生科、蛇菰科、卫矛科、冬青科、茶茱萸科
　　　　　叶喜阳（浙江农林大学）

　　　　　胡颓子科、山龙眼科、小二仙草科、千屈菜科、瑞香科、八角枫科
　　　　　李修鹏（宁波市林特科技推广中心）

　　　　　桃金娘科、石榴科、使君子科、红树科、蓝果树科、铁青树科、檀香科
　　　　　朱向涛（浙江农林大学暨阳学院）

　　　　　柳叶菜科、野牡丹科
　　　　　王军峰（华东药用植物园科研管理中心）

　　　　　山茱萸科
　　　　　马丹丹（浙江农林大学暨阳学院）

　　　　　菱科
　　　　　丁炳扬（浙江省林业科学研究院）
　　　　　金孝锋（杭州师范大学）

Authors and Division

Volume editor-in-chief

Li Genyou

Volume associate editor-in-chief

Ye Xiyang and Li Xiupeng

Authors

Mimosaceae, Caesalpiniaceae, Fabaceae

Li Genyou (Jiyang College, Zhejiang Agriculture & Forestry University)

Loranthaceae, Viscaceae, Balanophoraceae, Celastraceae, Aquifoliaceae, Icacinaceae

Ye Xiyang (Zhejiang Agriculture & Forestry University)

Elaeagnaceae, Proteaceae, Haloragaceae, Lythraceae, Thymelaeaceae, Alangiaceae

Li Xiupeng (Ningbo Technology Extension Center for Forestry & Specialty Forest Products)

Myrtaceae, Punicaceae, Combretaceae, Rhizophoraceae, Nyssaceae, Olacaceae, Santalaceae

Zhu Xiangtao (Jiyang College, Zhejiang Agriculture & Forestry University)

Onagraceae, Melastomataceae

Wang Junfeng (Scientific Research & Management Center of East China Pharmaceutical Botanical Garden)

Cornaceae

Ma Dandan (Jiyang College, Zhejiang Agriculture & Forestry University)

Trapaceae

Ding Bingyang (Zhejiang Academy of Forestry)

Jin Xiaofeng (Hangzhou Normal University)

序 一

浙江植物学专家前辈历经10年的辛勤努力，于1993年出版了8卷《浙江植物志》(7卷加总论卷)。该志记载了浙江野生与习见栽培的维管植物共231科，1372属，4444种(含种下等级)。该志编撰严谨，图文并茂，荣获第二届国家图书奖(1995)，不仅深受社会各界欢迎，出现了一书难求的现象，还成为浙江乃至周边省份科研、科普、教学、生产的必备参考书，在浙江省的经济建设、生态保护等方面发挥了非常重要的作用。

《浙江植物志》出版之后的20多年中，随着经济的飞速发展，省外及国外一些植物物种被大量引入，同时浙江新一代植物学工作者在继承前辈严谨工作作风的基础上，不懈努力，深入调查，又发现了众多的植物新分类群和分布新记录。而这些资料均分散在各种期刊和著作中，不利于各行各业应用。因此，《浙江植物志(新编)》的出版顺应了时代的发展和社会的需求，意义重大。

《浙江植物志(新编)》对原志书进行了全面的、系统的补充修订，并在被子植物部分采用了当代著名的四大被子植物分类系统之一的克朗奎斯特(Cronquist)分类系统(1988)；本志书用精美的彩色照片代替了原来的线描图，使之更具直观性和实用性，这在省级植物志书中是非常有特色的。

全套志书由原来的8卷增加至10卷；收录种类比原志书有了大量增加，其中有近年发现的新分类群100余个，新记录科3个，新记录属80多个，新记录种400多个，同时增加了很多物种的新分布点；对原记载的植物逐种进行了考证，对不少植物学名根据新的资料予以了更正，对一些原来鉴定错误或经调查已无栽培的种类进行了更正与删减，充分汲取了植物分类的最新研究成果，使之更具科学性和准确性。

由此可见，本套志书在学术水平上又有了较大的提升，充分体现出了编撰志书为地方经济建设及基层大众服务的初衷。相信本套志书出版之后，定会为浙江省的植物学研究、教学、科普以及植物资源的开发利用与保护等发挥重要作用。

我注意到，在从事植物经典分类人才越来越稀缺的今天，在经济较发达的浙江，仍有一批中青年植物学者执着地坚守在基础研究的岗位上，这让我尤为高兴。

在本套志书编撰之初，我与浙江同行就有了密切的书信联系和问题交流，并自始至终给予了特别关注。得知本套志书即将陆续出版，甚感欣慰，特予作序。

中国科学院植物研究所研究员
中国科学院院士

2019年5月于北京

序 二

浙江地处我国东南沿海，陆域面积不大，但自然条件优越，植物资源丰富，人文底蕴深厚，有钟观光、钱崇澍、李善兰等植物学先驱，并涌现出了陈嵘、张肇骞、钟补求、蔡希陶、王伏雄、吴中伦、梁希、杨衔晋、林刚、陈诗、陈谋、贺贤育等林学家、植物分类学家和采集家，成为我国近代植物学的重要发源地之一。独特的区域优势和丰富的植物资源，吸引了众多国内外学者来浙江开展采集和研究工作，除浙江籍人士外，还有胡先骕、秦仁昌、郑万钧、陈焕镛、裴鉴、唐进、耿以礼、郑勉、裘佩熹、J. Cunningham、R. Fortune、E. Faber、F.B. Forbes、W.B. Hemsley、S. Matsuda、C.S. Sargent、H. Migo、A.N. Steward等，为浙江的植物资源调查和分类研究奠定了基础。

1993年，本人有幸受邀参加"浙江植物资源调查研究及《浙江植物志》编著"成果评审会，方云亿、章绍尧等浙江老一辈植物分类学家踏实严谨、精益求精的科研作风给我留下了深刻印象。项目成果获得了浙江省科技进步奖一等奖（1994），《浙江植物志》还获得第二届国家图书奖（1995）和第七届全国优秀科技图书一等奖（1995），成为省级植物志的典范。《中国植物志》于2004年全部出版，有人认为植物分类学家从此已无用武之地。殊不知，由于历史原因，就整体而言，我国植物分类学还处在描述阶段。浙江省的植物分类学者认识到这一点，他们承前启后，不仅自己奋斗，还培养人才，为这一领域注入了活力。浙江省的植物资源调查研究工作方兴未艾，相继出版了《浙江种子植物检索鉴定手册》等专著，积累了丰富翔实的新资料，结出了新成果。

《浙江植物志（新编）》由浙江省27家单位的50余位专家参与编研工作。通过大规模和系统的野外考察、标本采集、照片拍摄，收录的种类大幅增加，其中有近年发现的新记录科3个，新记录属80多个，新记录种400多个，充实了浙江乃至全国植物区系地理的内容；全书85%以上的种类配有实地拍摄的彩色照片，图文并茂。与《浙江植物志》相比，《浙江植物志（新编）》种类收录更齐全，分类处理更合理，兼顾科学性、可读性、实用性和鉴赏性。在此，我对本志编著者和浙江科学技术出版社相关人员所付出的心血表示感谢，也希望浙江的植物分类工作者再接再厉，继续开展更深入的植物资源调查和研究，在分类修订、生物多样性编目、物种形成、系统发生和进化、亲缘地理等方面取得新的更大的成绩。

是为序。

中国植物学会名誉理事长
中国科学院院士　洪德元

2019年6月于北京

前 言

浙江位于中国东南沿海，长江三角洲南翼，东临东海，南接福建，西与安徽、江西相连，北与上海、江苏接壤，地理坐标为27°02′~31°11′N，118°01′~123°10′E。陆地面积10.55万平方千米，约占全国的1.1%，是我国陆地面积较小的省份。全省以山地丘陵为主，素有"七山一水二分田"之说。因地处中亚热带，全省气候温和，雨量充沛，山脉纵横，丘陵起伏，河谷、平原、盆地交错分布，海岸曲折，岛屿众多，自然环境复杂多样，利于各类植物繁衍生息，加之地史古老，孕育并保存了丰富的植物种类，享有"东南植物宝库"之美誉。

浙江境内的植物标本采集与调查工作始于18世纪初期。随着杭、甬等地通商口岸的开放，J. Cunningham、R. Fortune、E. Faber等10多个国家的50多位学者先后进入浙江的舟山、宁波、杭州、台州等地开展植物标本的采集和调查工作，对早期植物科学的传播及植物分类资料的积累起到了重要作用。在我国最早科学系统地开展植物标本采集的是钟观光（北仑），之后在浙江涌现出了一批我国近代植物分类学家和采集家，如钱崇澍（海宁）、陈嵘（安吉）、钟补勤（北仑）、钟稼勤（北仑）、钟补求（北仑）、林刚（平阳）、陈诗（诸暨）、陈谋（诸暨）、吴中伦（诸暨）、贺贤育（镇海）、张肇骞（永嘉）等。我国许多著名植物分类学家也曾先后来浙江进行采集、研究，如胡先骕、秦仁昌、郑万钧、耿以礼、唐进、裴鉴、郑勉、裴佩熹等。因此，浙江也成为我国近代植物分类研究的发祥地之一。中华人民共和国成立后，浙江省人民政府对植物资源的普查工作非常重视，陆续组织开展了一些专题性或区域性的植物资源普查工作，积累了大量的标本和资料，为植物志书的编写奠定了良好的基础。

1982年，浙江省科委下达了089号文件，组织省内19家大专院校、科研单位的50余位科研、教学专家，开展了《浙江植物志》的编著工作。他们通过野外考察、标本查阅、资料整理、潜心编撰，历经十载寒暑，出版了洋洋8卷巨著。全志共记载浙江野生及习见栽培植物231科，1372属，3897种，30亚种，391变种，126变型，第一次全面系统地展示了浙江植物资源的全貌。该项目成果荣获浙江省科学技术进步奖一等奖（1994）。《浙江植物志》还获得第二届国家图书奖（1995）及第七届全国优秀科技图书一等奖（1995）。长期以来，作为省内外植物专业人士、学生及社会有关人员必不可少的权威工具书，《浙江植物志》在浙江省的经济和生态建设方面发挥了极为重要的作用。

《浙江植物志》出版后的20多年中，社会、经济、文化、环境等方面均发生了翻天覆地的变化，植物种类、相关信息也相应地产生了巨大的改变。随着交通状况不断改善和植物分类知识的广泛普及，在年青一代专业人员的不懈努力下，植物调查和研究工作更为全面和深入，新发现也逐渐增多。据初步统计，在本项目进行之前就已发现新种

(含种下等级)或新记录种350多个；在此期间，国内外植物分类和系统进化等方面的研究也取得了长足发展，被 *Flora of China* 和其他文献归并的有300余种，分类等级或学名改变的有300多种；与此同时，很多历史上曾经引种的植物已经消失，而在走向国际化的进程中，更多与农业、林业、园林、医药相关的新资源植物又被不断地引进栽培，种类变动的数量高达本志书记载总数的近1/4。

近些年来，在浙江各级政府的高度重视下，植物资源调查研究工作的开展如火如荼、方兴未艾。在本志编撰前及期间，浙江的科研团队相继出版了《温州植物志》(5卷)、《杭州植物志》(3卷)、《宁波植物图鉴》(5卷)等区域性志书，以及一批实用性图鉴或专著，如《浙江种子植物检索鉴定手册》《浙江野菜100种精选图谱》系列丛书、《浙江省常见树种彩色图鉴》、《宁波珍稀植物》、《宁波滨海植物》、《玉环木本植物图谱》、《台州乡土树种识别与应用》、《慈溪乡土树种彩色图谱》、《莫干山区乡土树种》等；各地已建或新建自然保护区的资源普查工作陆续开展，出版了《天目山植物志》(4卷)、《清凉峰植物》、《清凉峰木本植物志》(2卷)、《百山祖的野生植物》等专著和科学考察报告，积累的新资料越来越丰富。党的十八大后，中共浙江省委、省人民政府统筹推进"五位一体"总体布局，十分重视生态建设和植物资源保护工作。在新形势下，迫切需要厘清浙江省植物种类、分布、生存状况及开发利用价值，为森林、湿地、物种三条"生态保护红线"的研究与监测提供信息丰富、数据准确、功能完善的基础资料。如今，社会安宁，经济繁荣，修志时机已充分成熟，工作基础也已相对夯实。因此，为适应新形势的快速变化，尽早编撰一部能反映浙江植物资源现状的志书已是大势所趋和当务之急。

经过一段时间的酝酿和筹备，2014年年底，由浙江省林业局（原浙江省林业厅）与浙江省植物学会联合组织成立了《浙江植物志（新编）》编委会，聚集全省27家教学、科研、生产单位的50余位专家和学者，正式启动了"浙江省野生植物资源调查、建档、编纂及《浙江植物志》（第二版）编著"项目（浙江省财政项目，编号：335010-2015-0005）。

5年来，编委会召开了10余次全体或扩大会议，制订和完善了编写大纲和细则，并提出全部采用彩色照片及系统更先进、种类更齐全、资料更丰富、数据更准确、使用更方便的要求；组织了数百次规模不等的野外科学考察活动，时间覆盖一年四季，地点遍及全省各地，拍摄了100余万幅植物种类和生境彩色照片，采集标本5000余号，发现了众多的植物新类群和省级以上分布新记录植物，获取了大量植物新分布点及新用途等重要信息；参编者查阅了大量文献资料，以及省内外各大植物标本馆、中国数字植物标本馆（CVH）、国家标本资源共享平台（NSII）的大量相关标本，对不少有疑问的植物类群和学名进行了认真考证，发表研究论文上百篇，取得了丰硕的成果。

本套志书共10卷，收录的种类原则上为浙江省境内野生、归化、逸生及当下习见栽培的植物。具体收录的种类和内容如下：第一卷为概论（包括自然概况、采集和研究简史、植物区系、资源植物），蕨类植物门，石杉科至满江红科，计50科；第二卷为裸子植物门，苏铁科至红豆杉科，计10科，被子植物门，木兰科至荨麻科，计33科；第三卷为胡桃科至杨柳科，计36科；第四卷为白花菜科至蔷薇科，计17科；第五卷为含羞草科至茶藨子科，计26科；第六卷为黄杨科至夹竹桃科，计27科；第七卷为萝藦科至胡麻科，计19科；第八卷为紫葳科至菊科，计9科；第九卷为泽泻科至禾本科，计17科；第十卷为莎草科至兰科，计18科。

本志的编写及出版工作得到了社会各界的大力支持和热切关注。中国科学院植物研究所王文采院士、洪德元院士自始至终给予了倾情关注和悉心指导；郑朝宗教授、裘宝林教授不顾年老体迈，欣然受邀担任本志顾问，并多次亲临现场指导、细心审阅资料；许多参与《浙江植物志》编著工作的省内老一辈植物分类学家为本志的编写建言献策，并寄予热切厚望；浙江科学技术出版社本着公益精神，不求赢利，为高质量出版本志，与编委会进行了密切合作；省内外植物分类专家及爱好者为本志无私提供了相关信息和高质量照片；江苏省中国科学院植物研究所标本馆（NAS）、中国科学院昆明植物研究所标本馆（KUN）、中国科学院西北高原生物研究所植物标本馆（HNWP）、中国科学院植物研究所标本馆（PE）、中国科学院华南植物园标本馆（IBSC）、中国科学院沈阳应用生态研究所东北生物标本馆（IFP）、安徽师范大学生命科学学院生物标本馆植物标本室（ANUB），以及杭州植物园植物标本馆（HHBG）、浙江农林大学植物标本馆（ZJFC）、浙江自然博物院植物标本馆（ZM）、浙江大学植物标本馆（HZU）、杭州师范大学植物标本馆（HTC）、温州大学植物标本馆（WZU）等为本志作者查阅标本给予了极大方便；全省各县（市、区）及自然保护区等单位的领导和技术人员在植物资源考察过程中给予了大力支持；原浙江省林业厅厅长林云举、副厅长王章明一直将本项目作为重要工作来抓，对编写过程中遇到的困难和问题都给予了及时解决；浙江省野生动植物保护管理总站吾中良站长、章滨森站长、陈华新副站长，浙江省林业科学研究院江波院长，浙江省森林资源监测中心汪奎宏主任以及本志编委会办公室的柳新红、朱光权、陈友吾、孙晓霞等同志在本志的调查和编写过程中做了大量组织、协调和日常管理工作。所有这一切，都为本志编研工作的顺利开展和完成提供了强有力的保障。谨在此一并致以诚挚的谢意！

由于编著者研究水平、编研时间所限，志书中难免存在不足之处，恳盼读者不吝指正。

《浙江植物志(新编)》编辑委员会

执笔：李根有

2019年4月30日

编写说明

1. 本志收录的种类原则上为浙江省境内野生、归化、逸生及当下习见栽培的维管植物。蕨类植物采用秦仁昌分类系统（1978）；裸子植物采用郑万钧分类系统（1978）；被子植物采用克朗奎斯特（Cronquist）分类系统（1988），但对个别科做了适当调整，如芍药科（根据王文采先生意见，移至毛茛科之后）、禾本科（因考虑分卷平衡原因，与莎草科位置对调）等。

2. 本志收载的种下等级包括亚种和变种，变型不单独著录，只在种下讨论中予以附记，列出名称（中名、拉丁名）和主要鉴别特征。对于栽培植物的品种通常不作划分。在种类统计上以种系为单位，即浙江无模式亚种（变种）的亚种（变种）以种计数［1个种系下不止1个亚种（变种）的只计1个］，其余亚种（变种）不作计数。

3. 本志对浙江省自然分布种类省内产地情况的著录，除全省均有分布的外，尽可能反映其产地信息。为节省篇幅，以地级市为单位编写，如某市大部分县（县级市和区）有产的只写出该地级市名称；对于不是大部分县（县级市和区）有产的则直接列出县（县级市和区）名称（与地级市间用"及"连接）；对于一些老市区间难以明确划分界线的简称为"市区"。产地名称和范围的行政区划资料截至2014年，但为更好地反映植物分布的自然属性，部分市区仍作独立产地予以记载。具体如下：

湖州：湖州市区（吴兴、南浔）、长兴、安吉、德清。

嘉兴：嘉兴市区（南湖、秀洲）、嘉善、平湖、桐乡、海盐、海宁。

杭州：杭州市区（上城、下城、江干、拱墅、西湖、余杭）、萧山（含滨江）、富阳、临安、桐庐、建德、淳安。

绍兴：绍兴市区（越城、柯桥）、上虞、诸暨、嵊州、新昌。

宁波：宁波市区（海曙、江东、江北、镇海、北仑）、鄞州、慈溪、余姚、奉化、象山、宁海。

舟山：定海、普陀、岱山、嵊泗。

衢州：衢州市区（柯城、衢江）、开化、常山、江山、龙游。

金华：金华市区（婺城、金东）、浦江、兰溪、义乌、东阳、磐安、永康、武义。

台州：台州市区（椒江、路桥、黄岩）、天台、三门、临海、仙居、温岭、玉环。

丽水：莲都、缙云、遂昌、松阳、龙泉、庆元、云和、景宁、青田。

温州：温州市区（鹿城、龙湾、瓯海）、洞头、乐清、永嘉、瑞安、文成、平阳、苍南、泰顺。

4. 本志对浙江省分布的植物种类国内分布情况的著录，除全国均有分布的外，分大区（东北、华北、华东、华中、华南、西南、西北）和省（自治区、直辖市）两级编写，如大区内大部分省（自治区、直辖市）有分布的只写出该大区名称；对于不是大部分省（自治区、直辖市）有分布的则直接列出省（自治区、直辖市）名称，与大区间用"及"连接。分布区名称和范围以2014年的行政区划为依据，但为更好地反映植物分布的自然属性，对部分地区做了适当调整。具体如下：

东北：黑龙江、吉林、辽宁。

华北：内蒙古、河北（含北京、天津）、山西、山东。

华东：江苏（含上海）、安徽、浙江、江西、福建。

华中：河南、湖北、湖南。

华南：台湾、广东（含香港、澳门）、海南、广西。

西南：四川（含重庆）、贵州、云南、西藏。

西北：陕西、宁夏、甘肃、青海、新疆。

目　录

八七	含羞草科	Mimosaceae	1
八八	云实科	Caesalpiniaceae	25
八九	蝶形花科	Fabaceae	58
九〇	胡颓子科	Elaeagnaceae	244
九一	山龙眼科	Proteaceae	256
九二	小二仙草科	Haloragaceae	260
九三	千屈菜科	Lythraceae	266
九四	瑞香科	Thymelaeaceae	287
九五	菱科	Trapaceae	301
九六	桃金娘科	Myrtaceae	306
九七	石榴科	Punicaceae	329
九八	柳叶菜科	Onagraceae	331
九九	野牡丹科	Melastomataceae	355
一〇〇	使君子科	Combretaceae	370
一〇一	红树科	Rhizophoraceae	372
一〇二	八角枫科	Alangiaceae	374
一〇三	蓝果树科	Nyssaceae	381
一〇四	山茱萸科	Cornaceae	386
一〇五	铁青树科	Olacaceae	405
一〇六	檀香科	Santalaceae	407
一〇七	桑寄生科	Loranthaceae	410
一〇八	槲寄生科	Viscaceae	416
一〇九	蛇菰科	Balanophoraceae	422

一一〇	卫矛科	Celastraceae	425
一一一	冬青科	Aquifoliaceae	464
一一二	茶茱萸科	Icacinaceae	497

中名索引 ………………………………………… 500
拉丁名索引 ……………………………………… 510
附录 ……………………………………………… 524

八七　含羞草科 Mimosaceae

常绿或落叶，乔木、灌木，少为藤本，稀草本。叶互生，二回（稀一回）羽状复叶，或变为叶状柄、鳞片状或缺；羽片通常对生；叶轴或叶柄上常有腺体；托叶有或无，或呈刺状。花小，两性，稀单性，辐射对称，组成头状、穗状、总状花序或再排成圆锥花序；花萼管状，通常5齿裂；花瓣与萼齿同数，分离或合生成管状；雄蕊5～10或多数，显著伸出花被外，分离或连合成管或与花冠相连，花药小，2室，纵裂，顶端常有1脱落性腺体；心皮通常1，子房上位，1室，胚珠数粒，花柱细长。荚果开裂或不裂，有时横裂或具节，直伸或旋卷。种子扁平，种皮坚硬。

约64属，近3000种，主要分布于热带、亚热带地区，以中美洲、南美洲最多。我国连栽培有17属，约67种，主产于西南部至东南部；浙江连栽培有8属，23种。

Flora of China 中提到浙江栽培有牛蹄豆 *Pithecellobium dulce* (Roxb.) Benth.，但其他相关文献均未提及，作者既未查到标本，实地调查也未及；另《浙江植物志》记载浙江栽培有青皮象耳豆 *Enterolobium contortisiliquum* (Vell.) Morong，经考证应为象耳豆 *E. cyclocarpum* (Jacq.) Grieseb. 的误定，实地调查发现，该种在浙江已因冻害死亡。故本志均不收录。

分属检索表

1. 雄蕊10或10枚以下，花丝离生或有时仅基部合生；乔木、灌木或草本。
   2. 乔木或灌木，植株无刺；荚果成熟时沿缝线纵裂，绝不横裂为荚节。
      3. 小叶互生；总状或圆锥花序；荚果种子间有横隔膜，果瓣开裂后旋卷；种子鲜红色或二色 ··**1.海红豆属 Adenanthera**
      3. 小叶对生；头状花序；荚果种子间无横隔膜，果瓣开裂后不旋卷；种子不呈上述颜色 ··**3.银合欢属 Leucaena**
   2. 灌木或草本，植株常有刺；荚果成熟时横裂为数节，荚节脱落而荚缘宿存于果柄上 ··**2.含羞草属 Mimosa**
1. 雄蕊10枚以上，花丝连合成管状，仅金合欢属离生或仅基部合生；乔木、灌木或藤本。
   4. 花丝分离，稀仅基部连合；乔木、灌木或藤本；植株无刺或有刺 ··············**4.金合欢属 Acacia**
   4. 花丝连合成管状；乔木或灌木，稀藤本（浙江不产）；植株无刺。
      5. 荚果果瓣富弹性，开裂时自顶端向基部翻转；羽片1至数对（浙江栽培者均仅1对）··**5.朱缨花属 Calliandra**
      5. 荚果不开裂或迟裂，如开裂则果瓣沿背腹两缝线同时开裂，不自顶端向基部翻转；羽片1～20对。
         6. 荚果劲直扁平；羽片2～20对（仅指浙江种类）。
            7. 穗状花序；荚果开裂 ··**7.南洋楹属 Falcataria**
            7. 头状或聚伞花序；荚果通常不开裂 ································**8.合欢属 Albizia**

6.荚果通常弯曲或旋转成1圆圈,扁平或肿胀;羽片1～3对(浙江产种) ······ **6.猴耳环属 Archidendron**

1 海红豆属 Adenanthera L.

无刺乔木。二回羽状复叶,小叶多对,互生。花小,两性或杂性,5基数,组成腋生的总状花序或顶生的圆锥花序;花萼钟状,具5短齿;花瓣5,等大;雄蕊10,分离,花药顶端有1脱落性腺体;子房无柄,胚珠多粒。荚果带状,弯曲或劲直,革质,种子间具横隔膜,成熟后沿缝线开裂,果瓣旋卷。种皮坚硬,鲜红色或二色。

约12种,产于亚洲热带地区和太平洋岛屿。我国有1种;浙江有栽培。

海红豆 孔雀豆 (图5-1)

Adenanthera microsperma Teijsm. et Binn.

落叶乔木,高达20m。嫩枝被微柔毛。二回羽状复叶;叶柄和叶轴被微柔毛,无腺体;羽片3～5对,小叶4～7对,互生;小叶片长圆形或卵形,长2.5～3.5cm,宽1.5～2.5cm,两端圆钝,两面均被微柔毛;具短柄。总状花序单生于叶腋或在枝顶排成圆锥花序,被短柔毛;花小,白色或黄色,有香气,具短梗;花萼长不足1mm,与花梗通常无毛,有时被金黄色柔毛;花瓣披针形,长2.5～3mm,无毛;雄蕊10,与花冠等长或稍长;子房被

图5-1 海红豆

柔毛，花柱丝状。荚果长10～20cm，宽1.2～1.4cm，开裂后果瓣旋卷。种子近球形至椭球形，鲜红色，有光泽。花期4—7月，果期7—10月。

原产于华南及福建、贵州、云南。东南亚也有。苍南（马站）有引种。

全株有毒；心材暗褐色，质坚而耐腐，可供船舶、建筑等用材；种子鲜红光亮，甚为美丽，可作装饰品。据郭沫若考证，唐代诗人王维"红豆生南国"诗句中的红豆即为此种。

❷ 含羞草属 Mimosa L.

灌木或草本；常具棘刺。二回（稀一回）偶数羽状复叶；小叶小，对生，常具敏感性，触之会羽片下垂而小叶合拢。头状花序或圆柱形的穗状花序；花小，4或5基数；花萼钟状，具短齿；花瓣多少合生；雄蕊为花冠裂片数的2倍或与之同数，花丝丝状，分离或基部合生，远伸出花冠外。荚果长圆形或条形，有3～6荚节，成熟时荚节横裂脱落而荚缘宿存于果柄上，每荚节具1种子。种子扁平。

约500种，主要分布于美洲热带地区。我国有3种；浙江栽培2种。

1. 光荚含羞草（图5-2）
Mimosa bimucronata (DC.) Kuntze——*M. sepiaria* Benth.

落叶灌木，高3～4m，常披散状。枝干常疏生皮刺，小枝被黄色绒毛，有时无毛。二回羽状复叶，羽片5～8对，长2～6cm，叶轴无刺或有疏刺，常被短柔毛，具小叶12～16对，触之不甚敏感；小叶片狭条形，长5～7mm，宽1～1.5mm，先端具小尖头，除边缘具疏缘毛外，余

图5-2 光荚含羞草

无毛，中脉略偏于上缘。头状花序球形；花白色，有香气；花萼杯状，极小；花冠长圆形，长约2mm，仅基部连合；雄蕊8。荚果带状，劲直，长3.5～4.5cm，宽约6mm，光滑，无刺毛，褐色，通常有6～8荚节，每荚节具1种子。花期8—9月，果期11月至次年1月。

原产于美洲热带地区，现全球热带地区广泛分布。福建、广东、海南、广西沿海地区有栽培或归化，在南方地区已成为有害的入侵物种。苍南（马站、霞关）、平阳（麻步、海西）等地有引种，长势旺盛，有时归化。

《中国植物志》记载本种枝干、叶轴等均无刺。但据作者多地观察，国内栽培的通常或多或少有刺。

2. 含羞草 （图5-3）

Mimosa pudica L.

多年生或一年生亚灌木状草本，高约50cm。全株密被刺毛和弯刺。二回羽状复叶，羽片通常2对，指状排列于总叶柄顶端，每羽片具小叶7～24对，触之能快速合拢；小叶长圆状条形，长8～13mm，宽1.3～2mm，先端短渐尖，基部稍不对称，两面散生刺毛。头状花序球形，直径约1cm，单生或2个、3个生于叶腋，具长花序梗；花小；花萼漏斗状，长仅为花瓣的1/8～1/6，有8微齿；花冠淡红色，花瓣4，基部连合成钟形；雄蕊4，花丝基部合生，伸出花冠外；子房具短柄。荚果扁平，长1～2cm，由3～5荚节组成，荚缘有刺毛。种子卵形，长约3.5mm。花果期5—12月。

原产于美洲热带地区，现全球热带地区广泛分布。我国南方地区多有栽培，在华南、西南常逸为野生。全省各地常作盆栽或露地栽培。

全草可药用，有安神镇静的功效，鲜叶捣烂外敷可治带状疱疹；叶片触之即合，殊为奇特，花序状如绒球，十分优美，常作观赏植物。

与光荚含羞草的主要区别在于后者为灌木；羽片5～8对，不呈指状排列；小叶触之不会立

图5-3 含羞草

即合拢；花白色，雄蕊8；荚果较大，长3.5～4.5cm，具6～8荚节，光滑无毛。

❸ 银合欢属 Leucaena Benth.

常绿灌木或乔木。植株无刺。二回偶数羽状复叶；小叶对生，小而多或大而少，偏斜；总叶柄常具腺体。花白色，通常两性，5基数，无梗，组成密集、腋生的头状花序，单生或簇生于叶腋；花萼筒钟状，具短裂齿；花瓣5，分离；雄蕊10，分离，伸出花瓣外；花药顶端无腺体，常被柔毛；子房具柄，胚珠多粒。荚果带状，劲直而光滑，成熟后2瓣裂，无横隔膜，具多数种子。种子横生，卵形，扁平。

约22种，原产于美洲热带地区。我国引入1种；浙江也有栽培。

银合欢（图5-4）
Leucaena leucocephala (Lam.) de Wit

灌木或小乔木，高2～6m。幼枝被短柔毛，老枝无毛。复叶具羽片4～8对，长5～9（16）cm，叶轴被柔毛，在最下一对羽片着生处有1黑色腺体；

图5-4 银合欢

小叶5~15对，条状长圆形，长7~13mm，宽1.5~3mm，先端急尖，基部楔形，边缘被短柔毛，中脉偏于上缘，两侧不等宽。头状花序1或2个腋生，直径2~3cm；花白色；花萼顶端具5细齿；花瓣长约5mm；雄蕊10，长约7mm；柱头凹入成杯状。荚果扁平，长10~18cm，宽1.4~2cm，顶端凸尖，基部有柄，被微柔毛，具6~25种子。种子卵形，长约7.5mm，褐色，扁平，光亮。花期6—11月，果期10月至次年2月。

原产于美洲热带地区，现广泛分布于全球热带地区。华南、西南及福建等地有引种或逸生。温州、台州（临海、玉环）、丽水（莲都、青田）及临安等地有栽培，常栽于公路边作护坡植物。

本种耐旱力强，适作荒山绿化树种，亦可植作绿篱；民间用树皮治心悸、骨折。

4 金合欢属 Acacia L.

乔木、灌木或木质藤本，有刺或无刺。二回羽状复叶，羽片对生，总叶柄及叶轴上常有腺体，或小叶退化而叶轴特化为扁平的单叶状（特化叶），但在幼苗期则为羽状复叶。头状或穗状花序单生或数个簇生于叶腋，或再组成总状或圆锥花序；花小，多数，两性或杂性，3~5基数；花萼具齿裂；花瓣连合或分离；雄蕊多数，花丝分离或仅基部合生，伸出；子房具多数胚珠，花柱丝状。荚果扁平，稀圆柱形。种子扁平，光滑。

800~900种，广泛分布于全球热带、亚热带地区，主产于大洋洲和非洲。我国连栽培约18种；浙江连栽培有10种。

本属植物有较高的经济价值，有些种类可提取单宁、树胶、染料，有些种类为重要的荒山绿化、用材或景观树种。

近年有学者将该属拆分成数属。本志仍采用大属概念。

分种检索表

1. 幼苗为二回羽状复叶，后小叶退化，叶轴特化成扁平的单叶状，狭长略弯曲或卵形至椭圆形。
 2. 特化叶银白色至灰绿色，卵形至椭圆形，不弯曲，长不达5cm，两面连同小枝均有毛，具中脉和侧脉 ··· **1. 银叶金合欢 A. podalyriifolia**
 2. 特化叶绿色，狭长，略弯曲，长6~20cm，两面及小枝均无毛，具纵向平行脉。
  3. 特化叶较大，长10~20cm；穗状花序；荚果旋转状 ················· **2. 大叶相思 A. auriculiformis**
  3. 特化叶较小，长6~10cm；头状花序；荚果扁平带状 ················· **3. 台湾相思 A. confusa**
1. 成树小叶不退化，仍为二回偶数羽状复叶。
 4. 乔木或灌木，有刺或无刺；栽培。
  5. 植株有刺。
   6. 乔木；羽片10~27对，小叶16~50对；穗状花序；荚果扁平带状 ············ **4. 儿茶 A. catechu**
   6. 灌木或小乔木；羽片4~8对，小叶10~20对；头状花序；荚果近圆柱形 ··· **5. 金合欢 A. farnesiana**

5. 植株无刺。

  7. 小叶狭条形,长4~10mm,排列稀疏,着生点间距明显大于小叶宽度 ······ **6. 绿荆树 A. decurrens**

  7. 小叶条形,长不超过4mm,排列紧密,着生点间距小于或等于小叶宽度。

    8. 叶轴上的腺体位于左右2枚对生羽片着生点之间;小叶片长2.5~4mm,宽0.4~0.5mm;荚果宽7~13mm,无毛,被白霜 ······ **7. 银荆树 A. dealbata**

    8. 叶轴上的腺体位于上下2对羽片着生点之间;小叶片长1.5~3mm,宽0.8~1mm;荚果宽4~7mm,密被短柔毛,无白霜 ······ **8. 黑荆树 A. mearnsii**

4. 攀缘、多刺木质藤本;野生。

  9. 小枝及叶轴被灰黄色短毛;羽片6~10对,小叶15~25对,条状长圆形,宽2~3mm,细脉在下面隆起;荚果稍肉质 ······ **9. 藤金合欢 A. vietnamensis**

  9. 小枝及叶轴被锈色短毛;羽片8~24对,小叶30~70对,狭条形,宽0.5~1.5mm,细脉在下面不隆起;荚果薄带状 ······ **10. 海南羽叶金合欢 A. pennata subsp. hainanensis**

1. 银叶金合欢　珍珠相思　珍珠金合欢 (图5-5)

Acacia podalyriifolia A. Cunn. ex G. Don

常绿灌木或小乔木,高2~6m。树皮粗糙。小枝常呈"之"字形曲折,密被开展白色短柔毛。苗期为二回羽状复叶,后小叶退化,叶轴特化为单叶状,互生,银白色至灰绿色,狭长略弯曲,卵形至椭圆形,长2~4cm,宽1.5~2cm,先端急尖至圆钝,常有小尖头,基部近圆形,两面被毛,全缘,边缘密被短睫毛,中脉明显,略偏斜,侧脉细弱;有短柄。花序腋生或顶生,密被毛,由多个头状花序再组成总状花序,头状花序球形,直径

图5-5 银叶金合欢

0.8~1.5cm；花萼长1.5mm，5齿裂；花冠连合成管状，长约2.5mm，5齿裂；雄蕊长约为花冠的2倍，金黄色。荚果扁平带状，长4~10cm，宽1.5~3cm，密被短柔毛，劲直或扭曲。种子黑色，长卵形，长约5mm。花期2—4月，果期7—11月。

原产于澳大利亚昆士兰州。1981年由广西林业科学研究院引入我国，现华南、西南及福建、湖南等地均有引种。温州市区、泰顺等地有露地栽培。

叶色银白色至灰绿色，盛花时节，满树金黄，具极高的观赏价值，适宜配植于草坪、庭园中或用于道路绿化带，亦是极好的花境材料；枝叶及花枝可作切花。

2. 大叶相思　耳叶相思　（图5-6）

Acacia auriculiformis A. Cunn. ex Benth.

常绿乔木。树皮平滑，灰白色。枝条下垂，小枝绿色，具棱，无毛，皮孔显著。幼苗为二回羽状复叶，后小叶退化，叶轴特化为单叶状，革质，长圆状披针形，略弯曲，长10~20cm，宽1.5~5cm，平行脉3~7，近基部有1腺体。穗状花序长3.5~8cm，1~3个腋生；花萼钟状，5浅裂，萼齿长0.5~1mm；花冠橙黄色，长1.5~2mm，裂片盛开时向外反曲；雄蕊长2.5~3.5mm。荚果成熟时旋转状，长5~8mm，宽8~12mm，果瓣木质，有种子约12粒。种子黑色，围有折叠的珠柄。花期8—10月，果期次年3—4月。

原产于巴布亚新几内亚和澳大利亚的北海岸、托雷斯海岸及附近岛屿。华南及福建有引种。温州有栽培。

图5-6　大叶相思

3. 台湾相思（图5-7）
Acacia confusa Merr.

常绿乔木，高达16m。树皮灰褐色。幼苗期为羽状复叶，后小叶退化，叶轴特化为单叶状，革质，披针形，略呈镰状弯曲，长6～10cm，宽0.5～1.3cm，平行脉3～7。头状花序1～3个腋生；花序梗纤细，长8～10mm；萼齿长0.8～1mm；花冠淡绿色，基部连合，裂片倒披针形，长1.5～2mm；雄蕊多数，金黄色，明显超出花冠之外。荚果扁平带状，长4～12cm，宽0.7～1cm，两缝线于种子间略缢缩成浅波状，成熟时无毛，具2～11种子。种子卵状椭球形，略扁，长约6mm。花期6—10月，果期8—12月。

原产于华南及福建、云南等地。东南亚也有。江西、四川等地有引种。舟山、台州、温州的沿海地区多有引种，有时归化。

生长迅速，深根性，是我国东南沿海地区营造防护林和绿化的重要树种，也是荒山造林的优良树种；木材坚韧致密，可材用；枝、叶、芽可药用，枝叶有祛腐生肌的功效，嫩芽可治跌打损伤。

图5-7 台湾相思

4. 儿茶 孩儿茶（图5-8）
Acacia catechu (L. f.) Willd.—*Mimosa catechu* L. f.—*Senegalia catechu* (L. f.) P. J. H. Hurter et Mabb.

落叶乔木，高达15m。树皮灰棕色，呈条片状剥离而不脱落。小枝细柔，被短柔毛或无毛，常具成对棕色、扁平的钩状刺。二回羽状复叶，羽片10～27对，叶柄近基部及叶轴顶部数对羽片间有腺体；叶轴被长柔毛；小叶16～50对，狭条形，排列紧密，长2～6mm，宽1～1.5mm，先端圆钝，基部偏斜，叶缘被疏毛。穗状花序圆柱状，长2.5~10cm，1~4个腋生；花萼钟状，萼齿三角形，外被疏柔毛；花冠淡黄色或绿白色，裂片披针形或倒披针形，长约2.5cm，被疏柔毛。荚果扁平带状，棕色，有光泽，长5~12cm，宽1~1.8cm，顶端具喙，基部有长约1cm的果颈，

两缝线于种子间微缢缩成波状，成熟时开裂，具3~10种子。种子卵形，扁平。花期5—8月，果期10月至次年1月。

原产于云南南部。东南亚、南亚也有。华南各地均有引种。苍南（马站）有栽培。

木材可药用，有清热、生津、化痰、止血、生肌、镇痛等功效；材质坚硬细致，可材用。

图5-8 儿茶

5. 金合欢 鸭皂树 （图5-9）

Acacia farnesiana (L.) Willd.—*Mimosa farnesiana* L.—*Vachellia farnesiana* (L.) Wight et Arn.

落叶灌木或小乔木，高2~4m。树皮粗糙，褐色。小枝常呈"之"字形曲折，具成对针状刺，刺长1~2cm或小枝上的较短。二回羽状复叶长2~7cm，叶轴被灰白色柔毛，有腺体；羽片4~8对；

小叶10～20对，条状长圆形，长2～6mm，宽1～1.5mm，无毛。头状花序单生或2个、3个簇生于叶腋，直径1～1.5cm；花序梗被毛，长1～3cm；花黄色，芳香；花萼长约1.5mm，5齿裂；花冠连合成管状，长约2.5mm，5齿裂；雄蕊长约为花冠的2倍；子房圆柱状，被微柔毛。荚果近圆柱形，长3～7cm，直径8～15mm，褐色，无毛，具多粒种子。种子褐色，卵形，长约6mm。花期3—6月，果期7—11月。

原产于美洲热带地区，现全球热带地区广泛栽培。华南、西南及福建有引种。定海、普陀、玉环、苍南有引种栽培。

本种多分枝、多刺，可作刺篱；木材坚硬，可制贵重器材；根及荚果含单宁，可作黑色染料；入药有收敛、清热、止痛、抗菌、消炎、抗病毒等功效；花具芳香，可提取香精；茎干上流出的树脂可供美工用及药用，品质较阿拉伯胶优良。

图5-9 金合欢

6. 绿荆树 线叶金合欢 （图5-10）
Acacia decurrens Willd.

常绿乔木，高达20m。树皮平滑，灰色有黄斑，能分泌树胶。小枝具棱。二回羽状复叶，羽片5～20对，对生，每对羽片间具1腺体，腺体圆形，扁平，多少凹陷；总叶柄上具1腺体；小叶20～40对，排列较稀疏，小叶着生的间距明显大于小叶宽度；小叶片狭条形，长4～10mm，宽0.3～0.5mm，灰绿色，中脉靠近上缘。头状花序具20～30花，多数头状花序再组成圆锥花序，腋生或顶生；花小，淡黄白色。荚果扁平带状，长5～10cm，宽4～7mm，种子间缢缩。种子卵形。花期1—4月，果期5—7月。

原产于澳大利亚。福建、台湾、广东、海南、广西、云南等地有引种。临安、建德、玉环、温州市区（景山）、苍南（马站）等地有栽培。

为速生树种；树皮厚，富含单宁，可作栲胶原料；树形美观，可供观赏。

图 5-10　绿荆树

7. 银荆树（图5-11）

Acacia dealbata Link

常绿乔木或小乔木，高达15m。树皮灰绿色，平滑。小枝具棱，被灰色绒毛。二回羽状复叶，羽片8～25对，在羽轴上排列较密集，间距不超过小叶本身的宽度，叶柄及每对羽片着生处有1腺体，腺体位于左右2枚对生羽片着生点之间；小叶30～50对；小叶条形，长2.5～4mm，宽0.4～0.5mm，银灰色至淡绿色，被灰白色短柔毛。头状花序直径6～7mm，多数头状花序再排成腋生的总状花序或顶生的圆锥花序；花小，花冠淡黄色至深黄色。荚果红棕色或黑色，带状，长2.8～12cm，宽0.7～1.3cm，两缝线在种子间多少缢缩，无毛，被白霜，具3～10种子。种子椭球形，扁平。花期1—4月，果期5—8月。

图 5-11　银荆树

原产于澳大利亚。华东、华中、华南、西南有引种。全省各地多有栽培供观赏，但园林中多误称其为"金合欢"。

生长迅速，可作荒山造林、绿化、固堤保土树种；花极繁盛，可作蜜源植物和观赏植物；树皮为优良栲胶原料。

8. 黑荆树　黑儿茶（图5-12）
Acacia mearnsii De Wild.

常绿乔木，高达18m。小枝具棱，密被短绒毛。二回羽状复叶，羽片8～20对，腺体位于上下2对羽片着生点之间的叶轴上；小叶30～60对，排列紧密；小叶条形，长1.5～3mm，宽0.8～1mm，深绿色，边缘、下面或有时两面均密被短毛。头状花序球形，直径6～7mm，具

图5-12　黑荆树

20~36花，数个头状花序再组成顶生或腋生的圆锥花序；花序轴被黄色、稠密的短绒毛；花冠淡黄色或白色。荚果暗褐色，长带状，长3.5~11cm，宽0.4~0.7cm，密被短柔毛，种子间略缢缩，具3~13种子。种子黑色，卵球形，有光泽。花期3—5月及9—12月，果期5—10月。

原产于澳大利亚。华南、西南及江西、福建有引种。舟山、宁波、台州、温州的沿海各地多有栽培，以温州沿海地区较为普遍。

本种为世界著名的速生、高产、优质栲胶树种；根系发达，具根瘤菌，可用于水土保持、改良土壤；树皮在民间用作止血剂和收敛剂；也是优良的蜜源植物和绿化树种。

9. 藤金合欢　越南金合欢　（图5-13）

Acacia vietnamensis I.C. Nielsen—*A. sinuata* (Lour.) Merr.—*A. concinna* (Wild.) DC.—*Senegalia vietnamensis* (I.C. Nielsen) Maslin, Seigler et Ebinger

常绿攀缘藤本。小枝及叶柄散生小倒钩刺。小枝及叶轴均密被灰黄色短毛。二回羽状复叶长10~20cm；羽片6~10对，具小叶15~25对；总叶柄近基部及叶轴顶端1或2对羽片之间各有1腺体；小叶条状长圆形，长8~12mm，宽2~3mm，先端稍钝，上面淡绿色，下面微被白粉，有毛或近无毛，中脉偏于上缘，细脉在下面隆起。头状花序球形，直径约1cm，数个头状花序再组成顶生或腋生的圆锥花序；花序梗长约2.5cm，有毛；花萼漏斗状，长约2mm；花白色或淡黄色，芳香。荚果稍肉质，干时有皱纹，带状，长8~15cm，扁平，无毛，具6~10种子。花期3—7月，果期6—12月。

产于温州市区、乐清、瑞安、平阳、苍南、泰顺。生于低海拔的山坡疏林内、灌丛中或溪边。分布于江西、湖南、广东、广西、贵州、云南。亚洲热带地区广泛分布。

树皮可入药，有解热、散血的功效；可栽培作刺篱。

图5-13　藤金合欢

10. 海南羽叶金合欢 蛇藤（亚种）（图5-14）

Acacia pennata (L.) Willd. subsp. **hainanensis** (Hayata) I.C. Nielsen—*A. hainanensis* Hayata—*Senegalia pennata* (L.) Maslin subsp. *hainanensis* (Hayata) Maslin, Seigler et Ebinger

常绿攀缘藤本。全株多皮刺。小枝及叶轴均密被锈色短毛。二回羽状复叶长4~7.5cm；羽片8~24对，具小叶30~70对；总叶柄上及叶轴顶部2或3对羽片着生处各有1腺体；小叶狭条形，长5~10mm，宽0.5~1.5mm，先端钝尖，基部截形，中脉偏于上缘，下面细脉不隆起，具缘毛。头状花序圆球形，直径约1cm，多数头状花序再组成顶生或腋生的圆锥花序；花序梗有褐色柔毛；花萼近钟形，5齿裂；花白色，长约2mm；子房被微柔毛。荚果薄带状，长10~20cm，宽1.8~3cm，扁平，无毛，边缘稍增厚，呈浅波状，有明显的果颈，具8~12种子。花期3—10月，果期7月至次年4月。

产于永嘉、瑞安、平阳、苍南、泰顺。生于低海拔的山坡疏林中或水沟边；龙泉等地有栽培。分布于福建、湖南、广东、海南、广西、云南。亚洲和非洲热带地区也有。

南方少数民族用其治疗急性过敏性皮炎、风湿痹痛、劳伤、跌打损伤、痢疾、腹泻、手脚酸痛、疲乏无力、高热抽搐、乳腺炎等症以及用于安胎保产；可栽作刺篱。

图5-14　海南羽叶金合欢

5 朱缨花属 Calliandra Benth.

灌木或小乔木。托叶常宿存，有时变为刺状，稀无。二回偶数羽状复叶，无腺体；羽片1至数对；小叶对生，小而多对或大而少至1对。花组成头状或总状花序，5或6数，杂性；花萼钟状，浅裂；花冠连合至中部，中央的花常异型而具长管状花冠；雄蕊多数，花丝细长，红色或白色，下部连合成管；心皮1，胚珠多数，花柱条形。荚果条形，扁平，劲直或微弯，边缘增厚，成熟时2瓣开裂，自顶端向基部反卷。种子倒卵形或椭球形，压扁状，种皮硬，具马蹄形痕，无假种皮。

约200种，产于美洲、西非、印度至巴基斯坦的热带、亚热带地区。我国原产1种，引入至少5种；浙江栽培2种。

1. 朱缨花　美洲合欢　美蕊花　（图5-15）
Calliandra haematocephyla Hassk.

落叶灌木或小乔木，高1～3m。二回羽状复叶，总叶柄长1～2.5cm；羽片1对，长8～13cm；小叶6～9对，斜披针形，长2～4cm，宽7～15mm，中上部的小叶较大，下部的较小，先端钝而具小尖头，基部偏斜，边缘被疏柔毛；中脉略偏上缘；小叶柄极短；托叶卵状披针形，宿存。头状花序腋生，直径3～4cm，具25～40花；花序梗长1～3.5cm；花萼钟状，长约2mm，绿色；花冠管长3.5～5mm，淡紫红色，顶端5裂，裂片反折；雄蕊远伸出花冠之外，雄蕊管长约6mm，白色，上部离生的花丝长约2cm，深红色。荚果倒披针状条形，长6～11cm，宽5～13mm，暗棕色，成熟时由顶端至基部沿缝线开裂，具5或6种子。种子扁椭球形，长7～10mm，宽约4mm，棕色。花果期几全年。

原产于南美洲，现全球热带、亚热带地区多有栽培。华南及福建、四川、云南等地有引种；平阳、苍南等地有露地栽培。

花极美丽，为著名的观赏植物。

图5-15　朱缨花

2. 香水合欢　细叶粉扑花　（图5-16）
Calliandra brevipes Benth.

常绿灌木或小乔木，高1～2m。小枝有短柔毛。二回羽状复叶，总叶柄长约1cm，有毛；羽片1对，长4～5cm；小叶10～30对，条状披针形，长3～6mm，宽约1mm，先端渐尖，基部偏斜，阴天、夜间小叶会闭合；无小叶柄。头状花序腋生，状如粉扑，具香气；雄蕊多数，花丝细长，基部合生，上部粉红色至紫红色，下部白色，花药细小。荚果条形，扁平，成熟时2瓣开裂，向外弧曲。花期5—8月，果期9—11月，可宿存于树上至次年5月。

原产于巴西东南部、乌拉圭至阿根廷北部。华南及福建、四川、云南等地有引种；舟山等地有栽培，能正常开花结果。

为优美的观赏植物。

与朱缨花的区别为后者小叶6～9对，宽大，斜披针形；花丝深红色。

图5-16　香水合欢

⑥ 猴耳环属　Archidendron F. Muell.

常绿乔木，稀灌木。枝无刺，有时托叶呈刺状。二回偶数羽状复叶；叶柄有腺体。头状或穗状花序，单生于叶腋或簇生于枝顶，或再排成圆锥花序，有时为老茎生花；花小，两性，5基数；花萼钟状或漏斗状，有短齿；花冠狭漏斗状，中部以下合生；雄蕊多数，伸出花冠外，花丝合生成管，花药小，先端无腺体；子房有多数胚珠。荚果旋转成1圆圈或弯曲，稀劲直，扁平或肿胀，果瓣开裂后通常扭曲。种子卵形或圆形，悬垂于延伸的种柄上，有假种皮。

约100种，分布于热带、亚热带地区，尤以美洲热带地区为多。我国有16种，分布于西南部至东南部；浙江有2种。

《中国植物志》、Flora of China 等文献记载浙江产猴耳环（围涎树）A. clypearia (Jack) I.C. Nielsen，但作者及同行在野外从未调查到过该植物，也查不到依据标本，故不予收录。

1. 亮叶猴耳环 （图5-17）
Archidendron lucidum (Benth.) I.C. Nielsen——*Pithecellobium lucidum* Benth.

常绿小乔木，高3～10m。小枝微具纵棱，幼枝、叶柄及花序均被锈色短绒毛。二回羽状复叶，羽片1或2对；叶柄近基部和叶轴上羽片着生处及羽片轴上小叶着生处均有圆形、顶端凹陷的腺体；小叶2或3对，互生；小叶斜卵形、卵状椭圆形或倒披针形，长2～10cm，宽1.2～4cm，先端急尖、短尾尖至渐尖，基部楔形或钝圆，常偏斜，两面无毛，上面有光泽。头状花序具10～20花，多个花序再排成腋生或顶生的圆锥花序，腋生者有时呈总状；花萼与花冠同被短柔毛；花冠白色，长4～5mm；雄蕊长于花冠，花丝约在1/3处合生；子房有短柄，无毛。荚果旋转成环状，宽2～3cm，无毛。种子蓝黑色，椭球形或卵形，微被白粉。花期6—7月，果期10月至次年2月。

产于温州及玉环、龙泉。生于海拔500m以下的山坡、河边、路旁常绿阔叶林中。分布于华南、西南及福建。东南亚也有。

果实奇特，可供观赏；枝叶可入药，能消肿祛湿；种子有毒，忌食。

图5-17 亮叶猴耳环

2. 薄叶猴耳环 （图5-18）

Archidendron utile (Chun et How) I.C. Nielsen—*Pithecellobium utile* Chun et How

常绿灌木或小乔木，高2～6m。小枝圆柱形，幼时密被锈色短柔毛，老时渐疏。二回羽状复叶，羽片2或3对，羽片及小叶均对生；叶柄及在羽轴顶端1或2对小叶着生处各有1椭球形腺体；小叶4～7对，膜质或纸质，长圆状菱形，长2～9cm，宽1.5～4cm，先端渐尖或短尾尖，微凹，基部楔形，两侧不对称，上面绿色，无毛，下面苍绿色，被短柔毛或仅中脉有毛。头状花序再排成圆锥花序，近顶生；无花梗；花萼钟状，萼齿卵状三角形，与花冠外面均被柔毛；花冠白色，管状漏斗形，长6～7mm，裂片卵状椭圆形；子房无毛。荚果弯卷成环状或呈不规则卷曲。种子蓝黑色，椭球形或卵形，微被白粉。花期5—7月，果期10—12月。

产于温州市区、乐清、瑞安、平阳。生于海拔100～200m的山坡、沟谷边常绿阔叶林中。分布于福建、广东、海南、广西。

与亮叶猴耳环的主要区别为后者羽片1或2对，小叶2或3对，互生。

图5-18　薄叶猴耳环

7 南洋楹属 Falcataria (I.C. Nielsen) Barneby et J.W. Grimes

乔木或大乔木。二回偶数羽状复叶；托叶早落；羽片6～20对；小叶多数，近无柄，对生或近对生，总叶柄及叶轴上有腺体。穗状花序腋生，单生或数个组成圆锥花序。花萼宽钟状或半球形，具5（稀6）齿；花冠被毛，下部约1/4合生成筒；雄蕊多数；子房有多粒胚珠。荚果劲直,带状,扁平,成熟时开裂。种子多粒,种皮坚硬。

共3种,产于马来西亚、澳大利亚、印度尼西亚、新几内亚岛和太平洋群岛;全球热带地区广泛栽培1种。我国引种1种;浙江有栽培。

南洋楹（图5-19）

Falcataria moluccana (Miq.) Barneby et J.W. Grimes——*Albizia falcataria* (L.) Fosberg

常绿大乔木,树干通直,高可达45m。嫩枝圆柱状或微有棱,被柔毛。羽片6～20对,上部的通常对生,下部的有时互生;总叶柄基部及叶轴中部以上羽片着生处有腺体;小叶6～26对,菱状长圆形,长1～1.5cm,宽0.3～0.6cm,先端急尖,基部圆钝或近截形,中脉稍偏于上缘。穗状花序腋生,单生或数个组成圆锥花序;花初时白色,后变黄色;花萼钟状,长2.5mm;花冠长5～7mm,密被短柔毛,仅基部连合。荚果带状,长10～13cm,宽1.3～2.3cm,成熟时开裂。种子多粒,长约7mm,宽约3mm。花期4—7月,果期8—12月。

原产于马来西亚（马六甲）和印度尼西亚（马鲁古群岛）,现广泛种植于全球热带地区。华东南部、华南、西南多有引种栽培。温州市区（景山）、苍南（马站）有引种。

树形优美,常用作庭园树和行道树;为著名速生树种,木材可制一般家具、室内建筑、箱板、农具、火柴梗等,木材纤维含量高,是造纸、人造丝的优良材料;还是生产白木耳的优良段木。

图5-19 南洋楹

8 合欢属 Albizia Durazz.

落叶乔木或灌木,稀藤本。通常无刺。二回偶数羽状复叶互生;总叶柄及叶轴上有腺体。头状或聚伞花序,再排成腋生或顶生的圆锥花序;花两性,5基数;花萼钟状或漏斗状,具5齿或5浅裂;花冠在中部以下合生成管;雄蕊20~50,花丝显著长于花冠,中部或以下合生成管,花药小;子房具多粒胚珠。荚果带状,扁平,通常不开裂。种子扁平,无假种皮。

120~140种,分布于亚洲、非洲、大洋洲和美洲的热带、亚热带地区。我国有16种,主要分布于西南部、南部和东南部;浙江连栽培有4种。

分种检索表

1. 小叶长圆形或长椭圆形,较大,长1.8~4.5cm,宽7~20mm,中脉稍偏于小叶片上缘。
    2. 小叶两面均被短柔毛;总叶柄及叶轴上的腺体密被绒毛;荚果深棕色,具长5~10mm的果颈;乡土树种 ·· **1. 山合欢 A. kalkora**
    2. 小叶两面无毛或仅下面疏被微柔毛;总叶柄及叶轴上的腺体光滑无毛;荚果麦秆色,无果颈;引种植物 ·· **2. 阔荚合欢 A. lebbeck**
1. 小叶菜刀形,较小,长不足1.5cm,宽1~6mm,中脉紧靠小叶片上缘。
    3. 小枝仅嫩时有毛;托叶条状披针形,明显小于小叶;花丝上部粉红色;乡土树种 ············ ··· **3. 合欢 A. julibrissin**
    3. 小枝被灰黄色柔毛;托叶心状披针形,远大于小叶;花丝绿白色或淡黄色;引种植物 ······· ··· **4. 楹树 A. chinensis**

1. 山合欢 山槐 (图5-20)
Albizia kalkora (Roxb.) Prain

落叶乔木,高达15m。小枝深褐色,被短柔毛。二回羽状复叶;羽片2~6对,总叶柄、叶轴、羽片轴及小叶两面均被脱落性柔毛;总叶柄基部1~2cm处、羽轴基部及顶端各有1密被绒毛的腺体;小叶5~14对,对生;小叶片长圆形,长1.8~4.5cm,宽0.7~2cm,先端圆钝,基部偏斜,全缘,中脉略偏于上缘,两面有短柔毛。头状花序2~5个生于叶腋,或多个在枝顶排成伞房状;花冠白色,长为花萼的2倍;花丝黄白色,稀粉红色,长于花冠数倍,基部连合成管。荚果深棕色,长10~20cm,宽1.5~3cm,扁平,具长5~10mm的果颈,具6~11种子。种子黄褐色,扁平,长1~1.2cm,宽约6mm。花期5~7月,果期9—10月。

产于全省山区、丘陵。生于海拔1300m以下的向阳山坡、溪沟边疏林中及荒山上。分布于黄河以南各地。越南、缅甸、印度也有。

本种极喜光,不择土壤,适应性广,常作荒山先锋树种;树皮可制人造棉及纸浆;根及树皮可药用,能补气活血、消肿止痛;花有催眠作用。

图5-20 山合欢

2. 阔荚合欢 大叶合欢 （图5-21）

Albizia lebbeck (L.) Benth.

落叶乔木，高8~12m。嫩枝密被短柔毛，老枝无毛。二回羽状复叶；羽片2~4对，长6~15cm；总叶柄近基部及叶轴羽片着生处均有无毛腺体；小叶4~8对，对生；小叶片长椭圆形，长2~4.5cm，宽0.9~2cm，先端圆钝或微凹，基部偏斜，下侧圆形，上侧斜切，两面无毛或下面疏被微柔毛，中脉略偏于上缘。头状花序1至数个聚生于叶腋；花萼管状，被微柔毛；花冠

图5-21 阔荚合欢

黄绿色，芳香，长7～8mm，约为花萼的2倍；花丝白色或淡黄绿色，远长于花冠，基部连合成管状。荚果麦秆色，扁平，光亮，长15～28cm，宽2.5～4.5cm，无果颈，具4～12种子。种子椭圆形，扁平，棕色，长约1cm。花期5—9月，果期10月至次年5月。

原产于非洲热带地区，现广泛种植于全球热带、亚热带地区。华南及福建等地有栽培。苍南南部沿海地区有引种栽培，能正常开花结果。

3. 合欢（图5-22）
Albizia julibrissin Durazz.

落叶乔木，高达16m。树冠开展如伞。小枝微具棱，仅嫩时有毛。二回羽状复叶；羽片4～12（20）对，总叶柄下部及叶轴顶端各具1无毛腺体；托叶条状披针形，明显比小叶小，早落；小叶10～30对；小叶片菜刀形，长6～13mm，宽1～4mm，先端有小尖头，叶缘及下面中脉有短柔毛，中脉紧靠上缘。头状花序多个排成伞房状圆锥花序；花序梗长约3cm，花序轴常呈"之"字形曲折；花萼绿色，5浅裂，长3～4mm；花冠淡黄绿色，长8～10mm，5裂；雄蕊多数，花丝基部连合，上部粉红色。荚果扁平带状，长8～17cm，宽1.5～2.5cm。种子褐色，椭圆形，

图5-22 合欢

扁平。花期6—9月，果期9—12月。

产于全省山区、丘陵。生于海拔1500m以下的荒山、溪边疏林中或林缘；园林中广泛栽培供观赏。分布于黄河流域及以南各地。东亚、中亚、非洲也有；北美洲有引种。

耐旱、耐寒、喜光，适应性强，生长较快；树形优美，叶片清秀，花色艳丽，为极好的园林景观树和行道树；木材可制家具；嫩叶可蔬食，有催眠安神的功效；树皮可药用，有驱虫的功效；因其花色柔美，令人赏心悦目，枝叶交错，互不纠结，且嫩叶有安神镇静的功效，故自古即有"合欢蠲忿"的说法。

4. 楹树（图5-23）
Albizia chinensis (Osbeck) Merr.

图5-23　楹树

落叶乔木，高达30m。树冠广展。小枝被灰黄色柔毛。二回羽状复叶大型，羽片6~20对，嫩时下垂，总叶柄及叶轴上有2~4腺体；托叶心状披针形，远大于小叶，早落；小叶20~40对；小叶片菜刀形，长6~9mm，宽2~3mm，先端渐尖，基部近截形，下面粉绿色，被柔毛，叶缘具毛，中脉紧靠上缘。头状花序具10~20花，多数头状花序再排成顶生圆锥花序；花序轴直伸，花序梗长短不一，密被柔毛；花萼漏斗状，长约3mm，有5短齿；花冠长约为花萼的2倍；雄蕊长20~25mm，花丝绿白色或淡黄色；子房被黄褐色柔毛。荚果扁平，长7~15cm，宽1.8~2.3cm，具8~15种子。花期3—5月，果期6—9月。

原产于福建、湖南、广东、广西、云南、西藏。南亚、东南亚也有。苍南（马站）有栽培。

生长迅速，心材较耐腐，可材用；枝叶繁茂，可作行道树、护堤树及遮阴树。

八八　云实科 Caesalpiniaceae

乔木或灌木，有时为藤本，稀为草本。无刺或有枝刺、皮刺。叶互生，一回或二回羽状复叶，少为单叶；托叶和小托叶早落或缺。总状或圆锥状花序，稀为穗状花序或簇生，顶生或腋生；花两性，稀单性，通常为不同程度的两侧对称，极少辐射对称；萼片4（稀5），离生或下部合生；花瓣5，稀1或无花瓣，花蕾时呈覆瓦状排列，近轴的1枚被两侧的花瓣所覆盖；雄蕊10或较少，花丝离生或合生，花药2室；子房具柄或无柄，胚珠1至多数，花柱细长。荚果开裂，或不裂而呈核果状、翅果状。

约180属，3000余种，分布于全球热带或亚热带地区，少数分布至温带地区。我国有21属，约130种（含引种栽培者），主产于南部；浙江有10属，29种。

《中国植物志》记载浙江尚产格木属 *Erythrophleum* R. Br. 的格木 *E. fordii* Oliv.，但作者查不到标本，实地调查也未及，故本志不予收录。

分属检索表

1. 羽状复叶。
  2. 植株通常有钩状皮刺或具分枝的粗刺。
    3. 植株有具分枝的粗刺 ·· **2. 皂荚属 Gleditsia**
    3. 植株通常有钩状皮刺。
      4. 荚果不为翅果状，具1至数粒种子 ··· **3. 云实属 Caesalpinia**
      4. 荚果呈翅果状，仅具1种子 ··· **4. 老虎刺属 Pterolobium**
  2. 植株无刺。
    5. 二回偶数羽状复叶 ·· **1. 肥皂荚属 Gymnocladus**
    5. 一回偶数或奇数羽状复叶。
      6. 奇数羽状复叶；荚果腹缝线有阔翅 ··· **5. 任豆属 Zenia**
      6. 偶数羽状复叶；荚果无翅。
        7. 花瓣黄色；总叶柄或叶轴上通常有腺体。
          8. 花萼基部合生；羽状复叶具小叶2~10对；小叶长1.5cm以上，宽0.8~3cm（浙江种类） ·· **6. 番泻决明属 Senna**
          8. 花萼分离；羽状复叶具小叶8~50对；小叶长不逾1.5cm，宽仅1~3mm（浙江种类） ·· **7. 山扁豆属 Chamaecrista**
        7. 花瓣紫色；总叶柄及叶轴上无腺体 ··· **10. 仪花属 Lysidice**
1. 单叶。
  9. 叶片不分裂；花簇生于老枝干上或组成总状花序；荚果腹缝线上常具狭翅 ········· **8. 紫荆属 Cercis**
  9. 叶片通常2浅裂或深裂几达基部；花组成总状、伞房或圆锥花序；荚果腹缝线上无翅 ·· **9. 羊蹄甲属 Bauhinia**

1 肥皂荚属 Gymnocladus Lam.

落叶乔木。无刺。小枝粗壮,无顶芽。二回偶数羽状复叶;小叶互生,全缘。顶生圆锥花序或总状花序,花辐射对称;花萼筒状,4或5裂;花瓣4或5;雄蕊10,分离,5长5短,短于花冠,花药背着,药室纵裂;子房无柄,有2~8胚珠,花柱短而直,柱头偏斜。荚果肥厚,肉质,近圆柱形,2瓣裂。种子大,稍扁平。

约4种,分布于东亚和北美洲。我国原产1种,引入1种;浙江有1种。

《浙江植物志》记载杭州植物园栽培有美国肥皂荚 G. dioicus (L.) K. Koch,但目前已不见,故不再收录。

肥皂荚 (图5-24)
Gymnocladus chinensis Baill.

落叶乔木,高达20m。树皮灰褐色,具明显的白色皮孔。当年生小枝被锈色或白色短柔毛,后脱落;柄下芽叠生。二回偶数羽状复叶;羽片3~10对;小叶8~15对,互生或有时近对生;小叶长圆形或卵状长圆形,长1.5~4cm,宽1~2.2cm,两端圆钝,先端有时微凹;小托叶钻形,宿存。总状花序顶生;花杂性异株;花萼具5裂齿,萼筒漏斗状,有10纵棱;花冠白色或带紫色,花瓣5,长圆形,先端钝,较花萼稍长,被硬毛;花丝有柔毛;子房无柄,有4胚珠。荚果肥厚,长7~14cm,宽3~4cm,顶端有短喙,无毛,具2~4种子。种子黑色,扁球形,直径约2cm。花期

图5-24 肥皂荚

4—5月，果期10—12月。

产于杭州、衢州、丽水及安吉、上虞、鄞州、金华市区、台州市区、仙居、乐清、泰顺。生于海拔100～600m的山坡、沟谷疏林中，各地常有栽培。分布于华东、华中、华南、西南。

木材纹理直，质略坚重，一般用材；荚果富含皂素，为优良的制皂原料，亦可药用；种仁可食，并可榨油；树冠优美，为极好的庭园观赏植物。

❷ 皂荚属 Gleditsia L.

落叶乔木或灌木。树干和枝条常具分枝的枝刺。无顶芽，侧芽叠生。一回偶数羽状复叶或同一株上兼有二回羽状复叶；小叶常有锯齿。穗状或总状花序侧生，稀为圆锥花序；花杂性或单性异株；花萼钟形，3～5裂；花瓣与萼片同数；雄蕊6～10，伸出，离生，近等长，花药"丁"字形着生；子房有1至多粒胚珠。荚果扁平，劲直、弯曲或扭曲，不开裂或迟裂，具1至多粒种子。种子扁卵形或扁椭球形。

约16种，分布于亚洲中部和东南部、南美洲、北美洲、非洲热带地区。我国有6种，广泛分布于南北各地；浙江有3种。

分种检索表

1. 一回羽状复叶；花杂性；荚果较厚，通常劲直 ·· **1.皂荚 G. sinensis**
1. 一回或二回羽状复叶，有时同一复叶兼有一回与二回；花单性；荚果薄而扭曲。
   2. 羽片2～6对；小叶较大，长2～7cm，宽1～3cm；穗状花序；荚果长20～35cm；野生植物 ·· **2.山皂荚 G. japonica**
   2. 羽片4～14对；小叶较小，长1.5～3.5cm，宽4～8mm；总状花序；荚果长30～50cm；引种植物 ·· **3.美国皂荚 G. triacanthos**

1. 皂荚（图5-25）

Gleditsia sinensis Lam.——*G. officinalis* Hemsl.

落叶乔木，高达30m。树皮粗糙不裂。枝刺具粗壮分枝。一回羽状复叶，常簇生状；小叶4～9对，卵形、长圆状卵形或卵状披针形，长2～8cm，宽1～4cm，先端圆钝，具短尖头，基部圆形或楔形，缘有细锯齿，下面细脉明显。总状花序细长，腋生或顶生；花杂性；花萼4裂；花瓣4，黄白色；雄蕊8，4长4短；子房沿腹缝线有短柔毛。荚果稍肥厚，木质，通常劲直，长12～37cm，宽2～4cm，基部渐狭成长柄状，具多数种子。种子长圆形，扁平，长10～12mm，红棕色，有光泽。花期4—5月，果期8—12月，经冬不落。

零星产于全省各地。生于路旁、沟边、向阳山坡疏林中，也常栽培于房前屋后。分布于华北、华东、华中、华南、西南。

木材可供建筑、家具等用;荚果富含皂素,可代肥皂;嫩芽可蔬食,种子可煮熟糖渍食用;枝刺能消肿、杀菌治癣,种子、果荚有祛痰通窍的功效。

海盐见有1种果实发育不正常的类型,其荚果短小且弯曲,无种子,俗称"猪牙皂荚"。

图5-25 皂荚

2. 山皂荚 (图5-26)

Gleditsia japonica Miq.—*G. melanacantha* Tang et F.T. Wang

落叶乔木,高达25m。分枝刺粗壮。一回或二回羽状复叶,有时同一复叶兼具一回与二回,羽片2~6对;小叶3~10对;小叶片长圆形或卵状披针形,长2~7cm,宽1~3cm,二回羽状复叶的显著较小,先端圆钝,有时微凹,基部宽楔形或圆形,微偏斜,边缘具波状疏圆齿。穗状花序腋生或顶生,雄花序长8~20cm,雌花序长5~16cm;花单性,同株或异株;花小,被毛,花瓣黄绿色。荚果带状,长20~35cm,宽2~4cm,扁平,镰状弯曲或不规则扭曲,常具泡状隆起,无毛,具多数种子。种子长圆形,扁平,长9~10mm,深棕色,光滑。花期4—6月,果期9—11月。

产于杭州、绍兴、宁波、台州及衢州市区等地。生于向阳山坡、谷地上或路旁。分布于华北、华东、华中及辽宁。日本、朝鲜半岛也有。

与皂荚的主要区别在于本种同株兼具一回、二回羽状复叶，或一回、二回同时出现在同一复叶上；穗状花序；荚果较薄，常扭曲并具泡状隆起。

图 5-26 山皂荚

3. 美国皂荚（图 5-27）
Gleditsia triacanthos L.

落叶乔木，高达45m。树皮灰黑色，深纵裂。小枝深褐色，粗糙，微有棱，具皮孔。枝刺粗壮，略扁，常分枝。一回或二回羽状复叶，偶在同一复叶上兼有一回与二回，羽片4～14对；小叶11～18对，纸质，椭圆状披针形，长1.5～3.5cm，宽4～8mm，先端急尖或稍钝，基部楔形或稍圆，边缘疏生波状锯齿并有疏柔毛，上面常无毛，有光泽，下面中脉被短柔毛。雌雄异株；总状花序腋生或顶生；花黄绿色。荚果扁平带状，长30～50cm，镰状弯曲或不规则扭曲，红褐色。种子多数，扁卵形或椭圆形，长约8mm。花期4—5月，果期8—11月。

原产于美国。欧洲有引种。河北、山东、江苏、陕西、新疆等地有引种。杭州市区、三门等地有栽培。

图 5-27　美国皂荚

❸ 云实属　Caesalpinia L.

乔木、灌木或藤本。枝叶常有皮刺。二回偶数羽状复叶。总状或圆锥花序，腋生或顶生，花中等大或较大，通常美丽；萼齿5，最下方1枚明显较大；花冠黄色或橙黄色，花瓣5，稍不相等，具瓣柄；雄蕊10，分离，2轮排列。荚果木质或革质，稀肉质，卵球形、椭圆形或披针形，有时呈镰状弯曲，扁平或肿胀，平滑、有刺或有刚毛，具1至数粒种子。

约100种，分布于热带和亚热带地区。我国有20种，主要分布于长江以南各地；浙江有2种。

1. 春云实 （图5-28）

Caesalpinia vernalis Champ.

常绿攀缘藤本。全体密被锈色绒毛及倒钩皮刺。小枝具纵棱。二回羽状复叶，羽片8～16对；小叶5～18对，革质，卵状披针形、卵形或椭圆形，长12～18mm，宽6～12mm，先端急尖，基部圆形，上面深绿色，有光泽，无毛，下面粉绿色，被锈色绒毛。圆锥花序腋生或顶生，具多数花；萼片倒卵状长圆形，下面1枚较大，长约1cm；花冠黄色，花瓣5，卵形，均具瓣柄，上方1枚较小，有红色斑纹，外卷。荚果紫黑色，木质，斜椭圆形，较肥厚，长4～6cm，宽2.5～3.5cm，顶端具喙，腹缝线无翅，迟裂或不裂，具1或2种子。种子斧形，一端平截稍凹，宽约2cm。花期4—5月，果期8—11月。

产于宁波、衢州、金华、台州、丽水、温州及临安（九仙山）、建德、诸暨。生于海拔600m以下的山坡、沟谷灌丛中或疏林下。分布于福建、广东。

图5-28 春云实

2. 云实 斗米虫树 （图5-29）

Caesalpinia decapetala (Roth) Alston— *C. decapetala* var. *pubescens* (Tang et F.T. Wang) P.C. Huang—*C. sepiaria* Roxb.

落叶攀缘藤本。枝叶散生倒钩状皮刺。二回偶数羽状复叶，羽片3～10对；小叶6～15对，膜质，长圆形，长9～25mm，宽6～12mm，两端钝圆，全缘。总状花序顶生，直立，长

13～35cm，具多花，密被短柔毛；花梗顶端具关节；花萼筒短，萼齿5；花冠黄色，花瓣5，上方1枚较小且位于最内，其余4枚近等长；雄蕊10，分离，花丝基部密被绵毛；子房细条形。荚果栗褐色，革质，宽带状，长6～12cm，宽2.3～3cm，扁平，略肿胀，顶端有尖喙，沿腹缝线有宽约3mm的狭翅，成熟时沿腹缝线开裂，具6～9种子。种子棕褐色，有时有花纹，椭球形，长0.8～1cm。花期4—5月，果期7—10月。

产于全省各地。生于海拔1000m以下的山谷、山坡、路边、村旁灌丛中或林缘。分布于华东、华中、华南、西南、西北及河北。亚洲热带和温带地区也有。

花繁色艳，可供观赏，宜植为刺篱；树皮、果荚含单宁；种子含油35%，可供制皂及润滑油；

图5-29　云实

荚果、种子、花、茎及根均可入药；茎干的蛀虫名为"斗米虫"，用于治疗幼儿厌食积食，有提高人体免疫力等功效。

与春云实的主要区别在于后者为常绿；叶片革质；圆锥花序；荚果木质，较肥厚，斜椭圆形，长4~6cm，腹缝线无翅，具1或2种子。

④ 老虎刺属 Pterolobium R. Br. ex Wight et Arn.

木质藤本。枝叶具下弯皮刺。二回偶数羽状复叶互生；羽片和小叶多数；小叶片全缘。总状花序或圆锥花序，腋生或近顶生；花小，花萼5深裂，最下方1枚稍大，舟形；花瓣5，白色或黄色，长圆形或倒卵形，略不相等，上方1枚位于最内；雄蕊10，近等长，离生，向下倾斜，花药一型，"丁"字形着生；子房无柄，1室，1胚珠。荚果无柄，扁平，不开裂，具斜椭圆形或镰形的膜质翅。种子1。

约10种，分布于亚洲、非洲及大洋洲热带地区。我国有2种，分布于西南部、中部和南部；浙江有1种。

老虎刺（图5-30）
Pterolobium punctatum Hemsl.

藤本。小枝有棱角。枝叶均散生短倒钩刺，叶柄基部两侧的钩刺明显较大。二回偶数羽状复叶，具羽片9~14对；小叶

图5-30 老虎刺

10~30对，对生，狭长圆形，长9~10mm，宽2~3mm，先端钝圆或微凹，有小尖头，基部斜圆形，两面均无毛，下面疏生黑点，侧脉不明显。总状花序腋生，或在枝顶呈圆锥花序状，长8~15cm；花萼宽钟状；花瓣5，白色，近等大，倒卵形，与花萼近等长；雄蕊10，伸出花瓣外；子房无柄，扁平，柱头漏斗状。荚果椭圆形或近匙形，扁平，顶端有倒卵状长圆形的膜质翅，翅常呈红色，荚果连翅长4~6cm。花期6—7月，果期8—11月。

产于泰顺（龟湖）。生于海拔200m以下的溪边岩缝灌丛中。分布于华东、华中、华南、西南。老挝也有。

根叶可药用，有清热解毒、祛风除湿、消肿止痛的功效；果实奇特艳丽，可供观赏，也可植为刺篱。

5 任豆属 Zenia Chun

落叶乔木。一回奇数羽状复叶，无托叶；小叶互生，全缘，无小托叶。花两性，近辐射对称，组成顶生的圆锥花序；萼片5；花瓣5，稍不等大，红色；发育雄蕊4，稀5，生于花盘的周边；花盘小，深波状分裂；子房压扁状，具短柄，胚珠6~9。荚果膜质，压扁状，不开裂，有网状脉纹，靠腹缝一侧有宽翅。

仅1种，分布于华南、西南及湖南。越南也有。浙江有引种。

任豆 翅荚木 （图5-31）
Zenia insignis Chun

落叶乔木，高达20m。树皮片状脱落。羽状复叶互生，长25~45cm，具小叶19~27，总叶柄长3~5cm；小叶长圆状披针形，长6~9cm，宽2~3cm，基部圆形，先端短渐尖或急尖，全缘，仅下面有灰白色糙伏毛。圆锥花序顶生；花序梗和花梗均被黄色或棕色糙伏毛；花红色，长约14mm；萼片长圆形，稍不等大，长10~12mm，顶端圆钝，仅外面有糙伏毛；花瓣稍长于萼片，最上面1枚较宽。荚果条状长圆形，扁平，棕红色，长10~15cm，宽3~3.8cm，翅宽5~10mm。种子扁圆形，平滑，有光泽，棕色。花期5—6月，果期8—10月。

原产于湖南、广东、广西、贵州、云南。越南也有。杭州市区、淳安、奉化、兰溪、永康、莲都、松阳、龙泉、庆元、瑞安等地有引种，在钱塘江以南地区生长良好，但在钱塘江以北地区易受冻害。

为速生树种，木材不翘不裂，纹理美观，为家具及胶合板的优良用材；种子可榨油，供制肥皂及油漆；嫩叶可作饲料；树形美观，枝叶清秀，花果红艳，可供观赏；为蜜源树种；也是菇木及紫胶虫的优良寄主。

八八　云实科 Caesalpiniaceae

图 5-31　任豆

⑥ 番泻决明属　Senna Mill.

草本、灌木或小乔木。偶数羽状复叶互生，小叶对生；叶柄及叶轴上常有腺体。总状或圆锥花序，顶生或腋生，有时1至多朵簇生于叶腋；花较大，近辐射对称；花萼合生，萼筒极短，5裂；花瓣5，近相等或在下方的2枚较大，黄色；雄蕊10，有时3~5枚缺失或退化，常不等长，有些无花药，能育花药顶孔开裂或短纵裂；胚珠多数，花柱内弯。荚果圆柱形或扁平,2瓣裂或不裂,种子间常有隔膜。

约260种,分布于泛热带地区。我国有14种;浙江有6种。

分种检索表

1.亚灌木状草本。
　　2.小叶3～10对,先端渐尖或急尖,总叶柄近基部有1腺体;荚果长不达13cm,较宽或粗,扁平或近圆柱形。
　　　　3.小叶3～5对,先端渐尖;荚果扁平,长10～13cm,宽0.8～1.3cm …… **1.望江南 S. occidentalis**
　　　　3.小叶5～10对,先端短渐尖或急尖;荚果近圆柱形,长7～10cm,直径约1cm …………………………………………………………………………………… **2.槐叶决明 S. sophora**
　　2.小叶通常3对,先端圆钝,在每对小叶间各有1腺体;荚果长8～16cm,直径约4mm,近四棱柱形 ……………………………………………………………………… **3.决明 S. tora**
1.灌木或小乔木。
　　4.小叶3对及以上,最宽处在中部或中上部,先端圆钝或急尖。
　　　　5.小叶3～5对,最下1对小叶之间有1腺体;10枚雄蕊7枚能育,其中2或3枚长于花瓣,4或5枚短于花瓣,另3枚退化且无花药;荚果圆柱状,长13～17cm …… **4.双荚决明 S. bicapsularis**
　　　　5.小叶7～9对,叶轴上有2或3腺体;10枚雄蕊全部能育,最下2枚花丝较长;荚果扁平,带状,长7～10cm ……………………………………………………… **5.黄槐 S. surattensis**
　　4.小叶2或3对,最宽处在中下部,先端渐尖 …………………………… **6.伞房决明 S. corymbosa**

1. 望江南　羊角豆　(图5-32)

Senna occidentalis (L.) Link——*Cassia occidentalis* L.

亚灌木状草本,高0.8～1.5m。茎基部木质化,幼枝具棱,近无毛。羽状复叶具小叶3～5对,总叶柄近基部有1腺体;小叶片卵形至椭圆状披针形,长2.5～7.5cm,宽1～2.5cm,先端

图 5-32　望江南

八八　云实科 Caesalpiniaceae

渐尖，基部宽楔形或圆形，顶端2枚基部偏斜，侧脉6～13对。总状花序伞房状，顶生或腋生；萼齿5，不等大；花瓣黄色，倒卵形，先端圆或微凹；雄蕊10，上方3枚匙形，花药退化，能育花药卵形，长于花丝；子房有柄，密生白色柔毛，花柱卷曲。荚果扁平，条状镰形，长10～13cm，宽8～13mm，顶端具短喙，表面有毛，种子间具横隔，具25～40种子。种子暗绿褐色，卵形，长3～4mm。花期8—9月，果期9—11月。

原产于美洲热带地区，现广泛分布于全球热带地区。华北、华东、华中、华南、西南有栽培或逸生。全省各地有零星栽培或逸生。

种子可入药，有清肝明目、健胃润肠的功效；茎叶外敷可治蛇虫咬伤；种子含有毒蛋白和大黄素，对牲畜有害，误食可致命。

2. 槐叶决明　茳芒决明　（图5-33）
Senna sophora (L.) Roxb.—*Cassia sophora* L.

亚灌木状草本，高1～2m。小枝有棱。一回羽状复叶有小叶5～10对；在总叶柄近基部有1腺体；托叶早落；小叶片椭圆状披针形至披针形，长1.7～6cm，宽1.2～2.5cm，先端短渐尖或急尖，基部近圆形，具缘毛。总状花序伞房状，顶生或腋生，具少数花；花萼5；花冠黄色，直径约2cm；雄蕊10，7枚发育，3枚退化，最下2枚较长。荚果初时稍扁平，后呈近圆柱形，长7～10cm，直径约1cm，膨胀，有种子20余粒，种子间稍缢缩。花期7—9月，果期10—12月。

原产于亚洲热带地区。我国长江以南各地均有栽培。杭州、宁波及长兴、诸暨、天台等地有引种。

嫩叶及荚果可食用；种子为解热药，根能强壮利尿。

图5-33　槐叶决明

3. 决明（图5-34）

Senna tora (L.) Roxb.——*Cassia tora* L.——*C. obtusifolia* auct., non L.

一年生亚灌木状草本，高0.5~1.5m。全体被短柔毛。茎基部木质化。羽状复叶，小叶通常3对，顶端1对较大，每对小叶间的叶轴上各有1钻形腺体，小叶倒卵形或倒卵状长圆形，长1.5~6.5cm，宽0.8~3cm，先端圆钝，有小尖头，基部不对称，常于傍晚闭合。花通常2朵腋生；萼齿5；花瓣黄色，倒卵形或宽椭圆形，长约13mm，最下2枚稍长，具瓣柄及明显脉纹；雄蕊10，上方3枚不育，花药大，长2~4mm；子房被白色柔毛。荚果细长，近四棱柱形，长8~16cm，直径约4mm，顶端有长喙。种子多数，绿褐色，有光泽，近菱形，两侧各有1灰褐色斜凹纹。花期6—9月，果期10—12月。

原产于美洲热带地区，现广泛分布于全球热带及亚热带地区。我国黄河流域以南各地多有栽培。全省各地常见栽培，有时逸生。

种子可药用，有清肝明目、祛风通便的功效；种子和叶均有毒。

图5-34　决明

4. 双荚决明 双荚槐（图5-35）
Senna bicapsularis (L.) Roxb.——*Cassia bicapsularis* L.

半常绿灌木，高达3m。多分枝，小枝无毛。羽状复叶长7~12cm，具小叶3~5对，最下1对小叶间有1锥状腺体。小叶对生，倒卵形或倒卵状长圆形，长2.5~3.5cm，宽约1.5cm，先端圆钝或急尖，基部渐狭，全缘，偏斜，下面粉绿色，侧脉纤细，在近叶缘处网结。伞房状总状花序腋生于枝条上端；花鲜黄色，直径约2cm；雄蕊10，7枚能育，其中2或3枚长于花瓣，4或5枚短于花瓣，另3枚退化而缺花药。荚果圆柱状，直或微弯，长13~17cm，直径约1.6cm。种子2列。本种一年开花常2次，分别为5—6月和9—12月，果期10月至次年3月。

《中国植物志》记载本种7枚能育雄蕊中，有3枚长于花瓣。但据作者观察，有时仅有2枚长于花瓣，另1枚明显短于花瓣但长于其余4枚能育雄蕊。

原产于美洲热带地区，现广泛分布于全球热带地区。华中、华南、西南有栽培。全省各地多有栽培。

树形美观，花色亮丽，花期绵长，为优良的观赏花木。

图5-35　双荚决明

5. 黄槐 黄槐决明（图5-36）
Senna surattensis (Burm. f.) H.S. Irwin et Barneby——*Cassia surattensis* Burm. f.

常绿灌木或小乔木，高5~7m。幼枝及花序疏被柔毛。羽状复叶有小叶7~9对，叶轴上有2或3棒状腺体；小叶片椭圆形、长圆状椭圆形或卵形，长1.5~5cm，宽0.8~1.5cm，先端圆钝，基部圆形，下面粉白色，疏被长柔毛，脉上较密。总状花序腋生，长5~8cm；萼齿5，长短不等；花瓣鲜黄色至深黄色，长1.5~2cm，有明显脉纹；雄蕊10，最下2枚较长；子房被毛。荚果扁平带状，长7~10cm，宽8~13mm，顶端具细长喙。种子20~30。花果期几全年。

原产于印度。我国东南部和南部有引种。温州及普陀、龙泉等地有栽培。

树形优美,枝叶茂盛,花期绵长,黄花满树,为优良的行道树、园景树;叶可药用,有清凉解毒、润肺、通便的功效,种子有润肠作用。

图 5-36　黄槐

6. 伞房决明 （图 5-37）

Senna corymbosa (Lam.) H.S. Irwin et Barneby——*Cassia corymbosa* Lam.

常绿或半常绿灌木,高达 2m。多分枝,小枝圆柱形,具稍突起的淡褐色皮孔。羽状复叶长 5~10cm,具小叶 2 或 3 对,最下 1 对小叶间的叶轴上有 1 棒状腺体;小叶片对生,长 2.5~6cm,宽 1.2~1.8cm,长椭圆状披针形,先端渐尖,基部钝圆,稍不对

图 5-37　伞房决明

称，全缘，两面疏被毛。总状或圆锥花序，顶生或腋生；花萼筒短，萼齿5；花瓣5，卵圆形，先端微凹，鲜黄色，近辐射对称；能育雄蕊7；花柱弯曲。荚果圆柱形，具横向浅缢缩，长8～10cm，下垂，无毛，果梗长约1.5cm。种子多数，饼状，棕色。花期7—10月，果期10—12月，可宿存于树上至次年。

原产于南美洲。我国长江以南各地广为栽培。全省各地园林中及路边普遍栽培。

适应性强，生长旺盛，形态优美，枝叶清秀，花色艳丽，花期绵长，为优良的园林观赏树种，尤适用于边坡美化。

7 山扁豆属 Chamaecrista Moench

一年生草本或多年生亚灌木状草本。茎直立，多分枝。一回偶数羽状复叶互生；总叶柄与叶轴上常具腺体；小叶8～50对，对生，托叶宿存。花单生或组成短总状花序；花萼5，分离；花瓣5，黄色；能育雄蕊3～10，花丝直，花药基着；子房被毛，花柱内弯，柱头小。荚果扁平条形，开裂，被毛，种子间有横隔。种子扁卵圆形，光滑。

约270种，主要分布于美洲，少数分布于亚洲热带至亚热带地区。我国有4种；浙江有3种。

分种检索表

1. 小叶长3～9mm，宽1～2mm。
  2. 小叶长3～4mm，宽约1mm；能育雄蕊7～10；荚果宽3～4mm，具10～16种子···1. 山扁豆 C. mimosoides
  2. 小叶长5～9mm，宽约2mm；能育雄蕊3～5；荚果宽5～6mm，具6～12种子···3. 豆茶山扁豆 C. nomame
1. 小叶长8～13mm，宽2～3mm···2. 大叶山扁豆 C. leschenaultiana

1. 山扁豆 含羞草决明（图5-38）
Chamaecrista mimosoides (L.) Greene—*Cassia mimosoides* L.

一年生或多年生亚灌木状草本，高30～80cm。茎直立，分枝多，披散或上升，幼枝密被黄褐色曲柔毛，后渐脱落。羽状复叶具小叶20～50对，总叶柄顶端有1红色圆盘状腺体；托叶卵状披针形，长5～8mm，宿存；小叶条状镰形，长3～4mm，宽约1mm，先端急尖，具小尖头。花1～3朵腋生；花梗纤细，长5～7mm；萼片5，长椭圆形，长5～8mm；花瓣黄色，具短瓣柄；能育雄蕊7～10，长短相间着生；子房被毛。荚果棕色，扁平，镰形，长2.5～5cm，宽3～4mm，具10～16种子。种子近菱形，长约3mm，有光泽。花期8—10月，果期10—12月。

原产于美洲热带地区，现全球热带、亚热带地区广泛分布。华东、华中、华南、西南均有归化。丽水、温州及宁波市区（北仑）、常山等地有归化，生于山谷、山坡灌草丛中或林缘。

嫩叶可代茶；种子可入药，有健胃、利尿、消肿的功效，根、叶能解毒、治痢；又为良好的绿肥及水土保持植物。

图5-38　山扁豆

2. 大叶山扁豆　短叶决明　（图5-39）

Chamaecrista leschenaultiana (DC.) O. Deg. —— *Cassia leschenaultiana* DC.

一年生或多年生亚灌木状草本，高30～100cm。茎直立，具分枝，嫩枝密生黄色柔毛。羽状复叶具小叶10～25对，在总叶柄的上端有1圆盘状腺体；托叶条状披针形，长7～9mm，宿存；小叶狭条状镰形，长8～13mm，宽2～3mm，两侧不对称，中脉靠近上缘。花序腋生，着花1至数朵不等；萼齿5，长约1cm，外面疏被黄色柔毛；花冠橙黄色，花瓣稍长于萼片或等长；能育雄

图5-39　大叶山扁豆

蕊7～10；子房密被白色柔毛。荚果扁平，镰状长条形，长2.5～5cm，宽约5mm，具8～16种子。花期8—10月，果期10—12月。

产于温州及岱山。生于海拔200m以下的山坡灌草丛中。分布于华东、华南、西南。东南亚、南亚也有。

用途同山扁豆。

3. 豆茶山扁豆　豆茶决明　（图5-40）

Chamaecrista nomame (Makino) H. Ohashi——*Cassia nomame* (Siebold) Kitag.——*Senna nomame* (Makino) T.C. Chen

一年生亚灌木状草本，高可达60cm。茎直立或稍披散，分枝或单一，幼时密被淡黄色曲柔毛，后渐脱落。羽状复叶具小叶8～30对，在总叶柄上端有1黑褐色盘状无柄腺体；托叶条状披针形，长5～8mm，有明显脉纹；小叶条形或条状披针形，长5～9mm，宽约2mm，先端急尖或稍圆钝，具小尖头，基部宽楔形，略偏斜，仅边缘有毛。花1～3朵腋生；花梗长5～7mm；萼齿5，

图5-40　豆茶山扁豆

披针形；花瓣黄色，长圆形，长约6mm；能育雄蕊3～5；子房密被短柔毛。荚果扁平条形，长3～6cm，宽5～6mm，顶端具短喙，具6～12种子。花期8—10月，果期10—12月。

产于全省各地。生于山坡路边、山谷溪旁或林缘草丛中。分布于东北、华北、华东、华中、西南。朝鲜半岛及日本也有。

叶可代茶饮用；全草可药用，有驱虫、健胃的功效；植株低矮密集，叶片清秀，可用作园林地被。

*Flora of China*将其归入番泻决明属中，作者赞同《江苏植物志》(2015)的观点，认为置于本属中更为自然合理。

8 紫荆属 Cercis L.

落叶灌木或乔木。单叶互生；叶片全缘，掌状脉；具长柄。总状花序或簇生于老枝上；有花梗；花两性，稍两侧对称，通常先于叶开放；花萼通常红色，短钟状，5萼齿不等大；花冠假蝶形，通常红色、粉红色或白色，花瓣5，不等大；雄蕊10，分离；子房有短柄，柱头头状。荚果扁平，狭长圆形或带状，腹缝线上常具狭翅，具2～10种子。种子近圆形，扁平。

11种，分布于亚洲、欧洲和北美洲。我国原产5种；浙江连引种有5种。

本属植物均为优良观赏花木。

分种检索表

1. 总状花序，有明显花序轴。
   2. 小乔木或灌木；叶片菱状卵形，两侧不对称，先端渐尖，基部斜圆形；叶柄长0.5～1.2cm；荚果基部楔形至渐狭，翅宽不及1mm ·· **1. 广西紫荆 C. chuniana**
   2. 乔木；叶片心形或三角状圆形，两侧对称，先端钝或急尖，基部心形；叶柄长2～4.5cm；荚果基部圆钝，翅宽约2mm ·· **2. 湖北紫荆 C. glabra**
1. 花簇生，无明显花序轴。
   3. 侧生小枝与主枝或主干呈锐角；荚果薄革质，腹缝线有翅。
      4. 常无主干，树皮淡褐色；小枝曲折不明显；新叶通常绿色，亦非终年紫红色；花梗长6～10mm ·· **3. 紫荆 C. chinensis**
      4. 常有主干，树皮深褐色；小枝常呈"之"字形曲折；新叶紫红色或叶片终年紫红色；花梗长10～15mm或更长 ·· **4. 加拿大紫荆 C. canadensis**
   3. 侧生短枝常与主枝呈近直角；荚果厚革质，腹缝线无翅 ·· **5. 黄山紫荆 C. chingii**

1. 广西紫荆 （图5-41）

Cercis chuniana F.P. Metcalf.

小乔木或灌木，高2～8m。小枝红褐色，无毛，密生细小皮孔。叶片菱状卵形，长3～9cm，宽2～5cm，两侧不对称，先端渐尖，基部斜圆形，下面脉腋有褐色短柔毛；叶柄长5～12mm，无毛。总状花序长3.5～5cm；花序梗及花梗无毛；花梗长8～11mm；花萼杯状，不规则5浅裂；花冠紫红色，花瓣5，大小近相等；雄蕊10，离生，花丝基部被淡褐色短柔毛；子房条形，柱头头状。荚果扁平带状，长7～10cm，宽约1.5cm，网纹明显，基部楔形至渐狭，腹缝线翅宽不及1mm，顶端有短喙，无毛，具2～8种子。种子黑褐色，近圆形，略扁平，直径约5mm。花期4—5月，果期6—7月。

产于松阳、龙泉、景宁、乐清、瑞安、文成、泰顺。生于海拔800～1000m的山谷或溪边疏林中；浙江农林大学、杭州植物园等地有栽培。分布于福建、湖南、广东、广西。

枝叶清秀，花果艳丽，可供观赏。

图5-41　广西紫荆

2. 湖北紫荆　巨紫荆　天目紫荆（图5-42）

Cercis glabra Pamp.—*C. gigantea* Cheng et Keng f., nom. invalid.

乔木，高达20m。树皮和小枝灰黑色。叶片心形或三角状圆形，长5～12cm，宽4.5～11.5cm，两侧对称，先端钝或急尖，基部浅心形至深心形，上面光亮，下面无毛或基部脉腋间有簇生柔毛；掌状脉5或7；叶柄长2～4.5cm。短总状花序，花序轴长0.5～1cm，具花数朵至10余朵，偶呈簇生状；花淡紫红色或粉红色，先于叶开放或与叶同放，花冠长1.3～1.5cm，花梗纤细，长1～2.3cm。荚果狭长带状，紫红色，长9～14cm，宽1.2～1.5cm，先端渐尖，基部通常圆钝，腹缝线翅宽约2mm，果颈长2～3mm，具1～8种子。种子近圆形，扁平。花期3—5月，果期7—10月。

产于安吉、临安、淳安、金华市区、磐安。生于海拔300~1000m的山地林中，也常见于石灰岩山地；各地园林中常有栽培。分布于华中、华南、西南及安徽、陕西等地，江苏等地有栽培。

木材坚硬细致，纹理通直，可供建筑、家具等用；植株高大，花繁色艳，为极美的观赏花木。

据《浙江植物志》记载，浙江尚产巨紫荆（天目紫荆）*C. gigantea* Cheng et Keng f.，但此学名属不合格发表。文献记载两者的主要区别是湖北紫荆为短总状花序，具长5~10mm的花序轴，而巨紫荆的花呈簇生状，无花序轴。作者根据大量标本、活体植物和照片观察，发现其与湖北紫荆并无明显区别。故赞同向民等（2018）的考证结论，将其作为异名。

图 5-42　湖北紫荆

3. 紫荆 满条红 (图5-43)
Cercis chinensis Bunge

小乔木，高2~8m。栽培者常无明显主干，树皮淡褐色。小枝曲折不明显，无毛，具明显皮孔。新、老叶均绿色，近圆形，长6~14cm，宽5~14cm，先端急尖或骤尖，基部心形，两面无毛；叶柄长3~3.5cm，无毛；托叶长方形，早落。花先于叶开放，4~10余朵簇生于老枝上；花梗纤细，长6~10mm；花萼紫红色；花冠紫红色或玫红色，长1~1.4cm。荚果薄革质，扁平带状，长5~14cm，宽1.3~1.5cm，顶端具细而弯的喙，基部长渐狭，沿腹缝线有宽约1.5mm的窄翅，具明显的网纹，具2~8种子。种子深褐色，光亮，阔长圆形，长5~6mm，宽约4mm。花期4—5月，果期8—10月。

本省西北部及定海、上虞、景宁等地偶见野生状植株。生于低海拔的山坡、谷地灌丛中或砾石堆中；全省各地庭园中广泛栽培。分布于我国南北各地；全球多有栽培。

为重要的庭园观赏植物；树皮、木材、根及花均可入药，有解毒、消肿、破瘀等功效。

图5-43 紫荆

图5-44 白花紫荆

本省尚有1变型白花紫荆form. **alba** S.C. Hsu（图5-44），花白色。原产地不详；江苏、安徽、福建等地有栽培。杭州市区、诸暨等地有栽培，供观赏。

3a. 短毛紫荆(变种)（图5-45）

var. pubescens (C.F. Wei) G.Y. Li et Z.H. Chen—form. *pubescens* C.F. Wei

幼枝、叶柄及叶背沿脉均被短柔毛。

原产地不详；江苏、安徽、福建、河南、湖北、四川、贵州、云南等地有栽培。全省各地园林中普遍有栽培。

图5-45 短毛紫荆

4. 加拿大紫荆

Cercis canadensis L.

小乔木，高达10m。主干常明显，树皮深褐色。小枝常呈"之"字形曲折。叶片纸质，宽卵形、三角状宽卵形至近圆形，长、宽各8～13cm，基部心形至近平截，先端突尖、骤尖或渐尖，幼时下面沿脉及叶缘有毛，后脱落，新叶常呈紫红色并有终年红叶的品种，掌状脉7；叶柄两端膨大。先花后叶，多朵簇生于老枝或树干上；花梗长10～15mm或过之；花萼宽钟状，倾斜，紫红色；花冠长约1.3cm，淡紫色或粉红色，稀白色。荚果薄革质，扁平带状，长5～10cm，宽约1.4cm，两端渐尖，先端有喙，腹缝线有宽1～2mm的翅，未成熟时呈紫色，成熟时呈红棕色，有明显网纹，具4～10种子。种子长圆形，棕色，坚硬，压扁状，长6～7mm。花期3—5月，果期7—8月，荚果可宿存于树上越冬。

原产于北美洲，现欧美各国普遍栽培。我国各大城市常有栽培。嘉兴、杭州、宁波、台州、温州等地有引种，但栽培的均为其品种——红叶加拿大紫荆'Forest Pansy'（图5-46）。

花开时节，繁花满树，十分美丽，为著名的观赏花木。

图5-46 红叶加拿大紫荆

5. 黄山紫荆 浙皖紫荆 （图5-47）
Cercis chingii Chun

灌木，高2～6m。树皮灰褐色，不开裂，有多而密的小皮孔。短侧枝常与主干成近直角。叶片卵形、宽卵形或肾形，长3.5～11cm，宽4～12cm，先端急尖或圆钝，基部微心形至近平截，下面苍白色，掌状脉5，叶脉下部及脉腋有黄褐色柔毛；叶柄长2～4cm，两端微膨大。花先于叶开放，6～10朵簇生于老枝上；花梗长2～4cm；花萼长约6mm；花冠淡紫红色，长约1cm。荚果黄褐色，厚革质，大刀状，长6～8cm，宽约1.3cm，先端具粗而直的喙，腹缝线无翅，干后开裂而果瓣扭转，具3～8种子。种子长6～8mm，生于黄色（鲜时白色）的海绵状组织中。花期4—5月，果期9—10月。

产于金华及建德、诸暨、奉化、台州市区（黄岩）、天台、仙居、莲都。生于海拔300m以下的沟边、山坡灌丛中，多见于紫色砂岩上，常成片生长；杭州及诸暨、衢州市区、玉环、莲都等地有栽培。分布于安徽（黄山）、广东（龙坪山）；江苏南京等地有栽培。

图5-47 黄山紫荆

图 5-48　白花黄山紫荆

繁花似锦，可供观赏；树皮纤维可制人造棉及代麻用；根皮可入药。

本省尚有1变型白花黄山紫荆 form. **albiflora** S.H. Jin et D.D. Ma（图5-48），与黄山紫荆的主要区别为花白色或微带粉色。具体野生地不明，临安等地有栽培。模式标本采自临安市区（栽培植株）。

5a. 无毛黄山紫荆（变种）（图5-49）

var. **glabrata** G.Y. Li et Z.H. Chen

与黄山紫荆的主要区别为叶背面无毛。

产于金华市区（婺城）、兰溪（六洞山）、永康（西溪）、武义（菱道朱王村）。生于低海拔的山坡灌丛中。模式标本采自永康。

图 5-49　无毛黄山紫荆

⑨ 羊蹄甲属　Bauhinia L.

乔木、灌木或攀缘藤本，有时具拳卷状卷须。单叶互生；叶片全缘，先端凹缺或分裂为2裂片，有时深裂成2小叶，基出脉3至多条。总状、伞房或圆锥花序；花常两性；花萼杯状、佛焰苞状或分离为5萼片；花瓣5；能育雄蕊3、5或10，有时仅1或2，花丝分离；子房通常具柄。荚果通常扁平，开裂，稀不裂，具2至多粒种子。种子扁平。

约300种，遍布于全球热带地区。我国连栽培有47种，主要分布于南部和西南部；浙江连栽培有6种。

分种检索表

1. 乔木或灌木；无卷须；花大，紫红色、粉红色、桃红色或白色；花萼佛焰苞状，沿一侧开裂；栽培。
   2. 能育雄蕊5，花瓣较宽阔，宽达2cm以上，具短瓣柄。
      3. 总状花序开展，有时复合为圆锥花序；通常不结果 ············ 1.红花羊蹄甲　B. × blakeana
      3. 总状花序极短缩；花后能结果 ································ 3.洋紫荆　B. variegata
   2. 能育雄蕊3，花瓣较狭窄，宽通常不逾2cm，具长瓣柄 ············· 2.羊蹄甲　B. purpurea

1. 藤本；有卷须；花小，白色；花萼2或5裂；野生或栽培。
    4. 叶片先端2裂达叶片的近中部或中部以下，裂片先端钝圆。
        5. 叶柄长0.6～1.6cm；花序较小，与叶对生，花序梗长约1cm；花较小；花萼佛焰苞状，长3～4mm，2裂；花瓣边缘平整；能育雄蕊通常10，5长5短，略短于花瓣；子房有毛；荚果小，长5～7.5cm，宽0.9～1.2cm，成熟时开裂，具2～4种子；栽培……………………………… **4. 鞍叶羊蹄甲 B. brachycarpa**
        5. 叶柄长2～4cm；花序较大，顶生或与叶对生，花序梗长2.5～6cm；花较大；花萼细管状，长15～20mm，5裂；花瓣边缘皱波状；能育雄蕊3，长于花瓣，退化雄蕊5～7；子房无毛；荚果大，长15～30cm，宽4～6cm，不开裂，具10～35种子；野生 ……………………… **6. 粉叶羊蹄甲 B. glauca**
    4. 叶片先端2裂达叶片的1/2至浅裂、微裂，稀不裂，裂片先端渐尖 ………… **5. 龙须藤 B. championii**

1. 红花羊蹄甲（杂交种）（图5-50）

Bauhinia × blakeana Dunn

乔木，高5～10m。小枝被毛。叶片革质，近圆形或阔心形，长8.5～13cm，宽9～14cm，先端2裂为叶全长的1/4～1/3，裂片顶端钝或狭圆，基部心形，有时近平截，上面无毛，下面疏被短柔毛；掌状脉11～13；叶柄长3.5～4cm，被褐色短柔毛。总状花序开展，顶生或腋生，有时复合成圆锥花序，被短柔毛；花大，美丽；花萼佛焰苞状，长约2.5cm，有淡红色和绿色线纹；花瓣5，紫红色，倒卵状披针形，长5～8cm，宽2.5～3cm，近轴的1枚中间至基部呈深紫红色，具短瓣柄；能育雄蕊5，其中3枚较长，退化雄蕊2～5，丝状，极细；子房被短柔毛。花期全年，3—4月为盛花期，通常不结果。

为栽培植物。全球热带、亚热带地区广泛栽培供观赏。温州及玉环等地有栽培，常作行道树或庭园景观树。

花大艳丽，盛开时繁花似锦，花期绵长，为南方园林中重要的观赏花木。

图5-50 红花羊蹄甲

2. 羊蹄甲 （图5-51）

Bauhinia purpurea L.

小乔木，高7～10m。叶片厚纸质，近圆形，长10～15cm，宽9～14cm，先端分裂达叶长的1/3～1/2，裂片先端圆钝或近急尖，基部浅心形，两面无毛或下面有微柔毛；掌状脉9或11；叶柄长3～4cm。总状花序侧生或顶生，少花，花序被褐色绢毛；花梗长7～12mm；花萼佛焰苞状；花瓣5，桃红色或粉红色，倒披针形或狭椭圆形，长4～5cm，宽通常不逾2cm，具脉纹，有长瓣柄；能育雄蕊3，退化雄蕊5或6；子房具长柄，被黄褐色绢毛，柱头斜盾形。荚果扁平，长12～25cm，宽2～2.5cm，略呈弯镰状，成熟时开裂，果瓣扭曲将种子弹出。种子近圆形，扁平，深褐色，直径12～15mm。花期9—11月，果期次年2—3月。

原产于华南及云南。中南半岛、印度、斯里兰卡也有。全球亚热带地区广泛栽培。温州及玉环等地有栽培。

可供观赏或作行道树；树皮、花和根可药用，煎汤外洗可治烫伤及脓疮，嫩叶汁液或粉末可治咳嗽，但根皮有剧毒，忌内服。

图5-51 羊蹄甲

3. 洋紫荆 （图5-52）
Bauhinia variegata L.

落叶乔木，高达15m。枝条广展，稍呈"之"字形曲折，无毛。叶薄革质，宽卵形至近圆形，长5~9cm，宽7~11cm，先端2裂约达叶长的1/3，裂片阔，钝头或圆，基部浅心形；掌状脉9~13；叶柄长2.5~3.5cm。总状花序侧生或顶生，极短缩，少花，被灰色短柔毛；花大，近无梗；花萼佛焰苞状，被短柔毛，一侧开裂；花瓣5，倒卵形或倒卵状披针形，紫红色或淡红色，杂以黄绿色及暗紫色的脉纹，长4~5cm，宽2cm以上，近轴1枚较宽，具短瓣柄；能育雄蕊5，退化雄蕊1~5；子房具柄，被柔毛。荚果带状，扁平，长15~25cm，宽1.5~2cm，具长柄及喙，具10~15种子。种子近圆形，扁平，直径约1cm。花期近全年，3月最盛。

原产于我国南部。中南半岛及印度也有。全球热带地区及我国南方广泛栽培。温州有栽培。

花美丽且略有香气，花期长，生长快，为良好的观赏及蜜源植物；木材坚硬，可制农具；树皮含单宁；根皮水煎服可治消化不良；花芽、嫩叶和幼果可食。

图5-52　洋紫荆

3a. 白花洋紫荆（变种）（图5-53）
var. candida (Roxb.) Voigt

与洋紫荆的主要区别为花瓣白色，近轴的1枚或有时全部花瓣均杂以淡黄色的斑块；花无退化雄蕊；叶下面通常被短柔毛。

原产于我国南部；全球广泛栽培供观赏。温州园林中有栽培。

图5-53　白花洋紫荆

4. 鞍叶羊蹄甲 夜关门 （图5-54）
Bauhinia brachycarpa Wall. ex Benth.

木质藤本，长可达5m以上。卷须略扁。叶片扁圆形，长3～6cm，宽4～7cm，2裂达近中部，缺口狭窄，裂片先端钝圆，基部心形至截形，上面无毛，下面疏被微毛，掌状脉7～11；叶柄纤细，长0.6～1.6cm。伞房式总状花序与叶对生，小，具数花，密集；花序梗长约1cm；花萼佛焰苞状，长3～4mm，2裂；花冠白色，花瓣倒披针形，各瓣近相等，边缘平整，连瓣柄仅长7～8mm；能育雄蕊通常10，5长5短，略短于花瓣，无退化雄蕊；子房具短柄，有毛，柱头盾状。荚果扁平，长5～7.5cm，宽0.9～1.2cm，初时有短毛，后渐变无毛，成熟时开裂，果瓣革质，扭曲，果颈极短，具2～4种子。种子褐色，卵形，略扁平，有光泽。花期6—7月，果期10—12月。

原产于西南及湖北、广西、陕西、甘肃。老挝、缅甸、泰国也有。临安等地有栽培（引自重庆白帝城），生长良好，能正常开花结果。

藤蔓修长，枝叶清秀，叶形奇特，新叶红艳，可供园林观赏。

图5-54　鞍叶羊蹄甲

5. 龙须藤 相思藤 （图5-55）
Bauhinia championii (Benth.) Benth.

常绿藤本。小枝、叶背、花序均被锈色短柔毛；卷须不分枝，单生或对生。叶片卵形、长卵形或卵状椭圆形，长3～10cm，宽2.5～8cm，先端2裂达叶片的1/2至浅裂、微裂，有时不裂，裂片先端渐尖，基部心形至圆形，掌状脉5或7。总状花序与叶对生，具花多达50朵以上，或数个聚生于枝顶，长7～20cm；花萼钟状，长约5mm，5裂；花瓣白色；能育雄蕊3，花丝长约6mm，退化雄蕊2；子房具短柄，有毛，沿两缝线毛较密。荚果厚革质，椭圆状倒披针形或带状，长5～10cm，宽2～2.5cm，扁平，无毛，具2～6种子。种子扁圆形，直径约10mm。花期8—10月，果期10—12月。

产于舟山、台州、丽水、温州及象山、金华市区（婺城沙畈）。生于海拔800m以下的沟谷、山坡岩石边、林缘或疏林中。分布于华东、华中、华南、西南。越南、印度尼西亚和印度也有。

根和老藤可入药，有活血化瘀、祛风活络、镇静止痛的功效。为浙江省重点保护野生植物。

图5-55　龙须藤

6. 粉叶羊蹄甲 （图5-56）

Bauhinia glauca (Wall. ex Benth.) Benth.

木质藤本，长达10m以上。卷须略扁。叶片近圆形，长、宽各5～9cm，2裂达1/3～1/2或更深，裂片卵形，先端钝圆，基部心形，上面无毛，下面疏被柔毛，脉上较密，掌状脉7～11；叶柄纤细，长2～4cm。伞房式总状花序顶生或与叶对生，具10～25花，密集；花序梗长2.5～6cm；花萼细管状，长1.5～2cm，5裂；花冠白色，花瓣倒卵形，各瓣近相等，边缘皱波状，长10～12mm，瓣柄长约8mm；能育雄蕊3，长于花瓣，退化雄蕊5～7；子房具柄，无毛，柱头盘状。荚果带状，长15～30cm，宽4～6cm，无毛，不开裂，果瓣厚革质，果颈长6～10mm，具10～35种子。种子灰绿色，椭圆形，长约10mm。花期5—6月，果期8—10月。

产于洞头、瑞安、文成、平阳、苍南、泰顺。生于海拔500m以下的沟边、山坡疏林下或灌丛中。分布于华东（南部）、华南、西南及湖南、湖北。东南亚、南亚也有。

根、叶可药用，有补肾、提神、止血、镇咳、清热利湿、消肿止痛等功效；叶形奇特，新叶

红艳，可供观赏。

本种在《中国植物志》及 Flora of China 中均未提及浙江，但有资料将浙江产的定为薄叶羊蹄甲 *B. glauca* subsp. *tenuiflora* (Watt ex C.B. Clarke) K. Larsen et S.S. Larsen，作者检视了大量浙江产的标本和照片，发现叶柄长度、叶片质地及裂片深浅、掌状脉数目、萼筒与萼齿相对长短等均有程度不同的变化，难以截然区分；况资料记载薄叶羊蹄甲仅产于广西和云南。故仍作种处理。

图5-56　粉叶羊蹄甲

10 仪花属　Lysidice Hance

灌木或乔木。偶数羽状复叶，小叶对生，全缘。圆锥花序顶生；花紫红色或粉红色，具梗，基部托以红色或白色的苞片，小苞片较小，成对着生于花梗近顶部；花萼管状，顶端4裂，裂片花后反折；花瓣5，紫色，3枚较大，倒卵形，具长瓣柄，2枚小，退化成鳞片状或钻状；能育雄蕊2，退化雄蕊不等长，钻状，无花药或有1～3圆形小花药；子房具柄，其柄与萼筒贴生，胚珠6～14，花柱细长。荚果扁，具果颈，开裂。种子扁平，有光泽。

2种，原产于我国南部至西南部。越南也有。浙江栽培1种。

短萼仪花　（图5-57）
Lysidice brevicalyx C.F. Wei

常绿乔木，高10～20m。小叶3～5对，薄革质，长圆形、倒卵状长圆形或卵状披针形，长6～12cm，宽2～5.5cm，先端钝或尾状渐尖，基部楔形或钝。圆锥花序长13～20cm；苞片较大，与小苞片均呈白色；花萼筒长5~9mm，裂片淡绿色带紫色，长于萼筒；花瓣紫色，倒卵形，连瓣柄长1.6~1.9cm，先端近平截而微凹；子房沿两缝线被长柔毛，花柱细长弯曲，与花丝均呈白色。荚果大而扁平，长圆形或倒卵状长圆形，长15~26cm，宽3.5~5cm，开裂，具7~10种子。种子常呈扁椭圆形，长2~2.8cm，宽1.5~2.2cm，栗褐色，边缘稍增厚，种皮内面具胶质层。花期5—6月，果期8—9月。

原产于广东、广西、贵州、云南。温州市区（景山）有栽培，能正常开花结果。

本种根、茎、叶有小毒，有散瘀消肿、止血止痛的功效；木材黄白色，坚硬，为优良建筑用材；花朵美丽，为极好的园林观赏树种。

图 5-57　短萼仪花

八九　蝶形花科 Fabaceae

乔木、灌木、藤本或草本。有时具刺。叶互生，稀对生；常为羽状或掌状复叶，稀为单叶或退化成鳞片状；常具托叶。花两性，蝶形花冠，两侧对称；单生或组成总状、圆锥花序，稀为头状或穗状花序；花萼5齿裂；花瓣5，不等大，覆瓦状排列，最上方1枚包于其他花瓣之外，是为"旗瓣"，两侧2枚多少平行，称"翼瓣"，最下2枚位于最内，名"龙骨瓣"；雄蕊10，花丝连合成单体、二体或全部分离，花药2室，纵裂；单心皮雌蕊，子房上位，1室，边缘胎座，花柱单一，上弯。荚果，开裂或不裂，有时有翅或横向具关节而断裂成节荚。种子1至多数。

约440属，12000种，广泛分布于全球；较为原始的类群主要分布于热带和亚热带地区，多为木本植物；相对进化的类群通常分布于温带地区，以草本植物为主。我国有131属，约1380种（含引种栽培者）；浙江有62属，169种。

本科植物与人类生活密切相关，是植物蛋白主要来源之一；多为农、林、牧、园林、医药、工业的重要原料；根部常有根瘤菌共生，能改良土壤，可用作绿肥；部分植物有毒性。

《浙江植物志》及《浙江种子植物检索鉴定手册》中记载有甘草 *Glycyrrhiza uralensis* Fisch.（原种于天目山）和刺果甘草 *G. pallidiflora* Maxim.（原种于杭州药物种植场）及胡卢巴 *Trigonella foenum-graecum* L.，经实地调查、查阅标本及多方询问，现上述2属，3种植物在浙江境内均已不见栽培，故均不予收录。

分属检索表

1. 雄蕊分离或仅基部合生，无明显雄蕊管。
   2. 乔木或灌木，稀草本；一回羽状复叶。
      3. 荚果扁平，不呈串珠状。
         4. 常绿乔木（浙江种）；花瓣有柄；种子通常红色 ·············· **1. 红豆属 Ormosia**
         4. 落叶乔木或灌木；花瓣无柄；种子通常褐色，稀红色。
            5. 芽外露，单生，具芽鳞；小叶对生或近对生；花序直立 ·············· **3. 马鞍树属 Maackia**
            5. 芽隐藏于叶柄内，叠生，无芽鳞；小叶互生；花序常下垂 ·············· **2. 香槐属 Cladrastis**
      3. 荚果圆柱形，通常因种子间具缢缩而呈串珠状 ·············· **4. 槐属 Sophora**
   2. 多年生草本；掌状三出复叶。
      6. 荚果通常扁平，果柄无或极短；花冠通常黄色，稀紫色 ·············· **58. 野决明属 Thermopsis**
      6. 荚果通常膨胀，果柄明显；花冠蓝色、紫色或白色，稀黄色 ·············· **59. 靛蓝豆属 Baptisia**
1. 雄蕊连合成单体或二体，除紫穗槐属外，均具显著的雄蕊管，如系后者，则花冠仅具旗瓣，其余缺。
   7. 荚果由数个荚节组成，成熟时逐节断开，每荚节具1种子，有时仅1荚节。
      8. 掌状复叶，具2~4小叶；叶有透明腺点；雄蕊单体，花药二型 ·············· **45. 丁癸草属 Zornia**

8. 羽状复叶、羽状三出复叶或单身复叶；叶无透明腺点；雄蕊二体或单体，花药一型或二型。
   9. 荚果各荚节反复折叠，包藏于花萼内或伸出。
      10. 荚果包藏于花后增大的花萼内。
         11. 羽状三出复叶或单身复叶；托叶基部着生 ································· **18.蝙蝠草属 Christia**
         11. 偶数羽状复叶，具小叶4～10对；托叶盾状着生，基部下延成披针形的长耳 ············
            ··· **44.坡油甘属 Smithia**
      10. 荚果伸出萼外，花萼于花后不增大 ··· **17.狸尾豆属 Uraria**
   9. 荚果不折叠，也不为花萼所包。
      12. 小叶多数；雄蕊二体(5+5)；草本或亚灌木 ··· **43.合萌属 Aeschynomene**
      12. 小叶3，稀5～7，或为单身复叶；雄蕊二体或单体；灌木或草本。
         13. 叶柄两侧有翅。
            14. 羽状三出复叶，叶柄两侧有狭翅 ·· **12.小槐花属 Ohwia**
            14. 单身复叶，叶柄两侧有宽翅 ··· **16.葫芦茶属 Tadehagi**
         13. 叶柄两侧无翅。
            15. 雄蕊二体(9+1)；荚果背、腹缝线于荚节间稍缢缩，或背缝线呈波状而腹缝线平直，荚节近矩形，无果颈 ·· **13.山蚂蝗属 Desmodium**
            15. 雄蕊10，单体；荚果背缝线于荚节间深凹入几达腹缝线而形成1深缺口，腹缝线在每一荚节中部不缢缩或稍缢缩，荚节斜三角形或稍呈宽的半倒卵形，果颈细长 ············
               ··· **14.长柄山蚂蝗属 Hylodesmum**
7. 荚果不由荚节组成，2瓣裂或不裂。
   16. 乔木或藤本(仅指浙江产种类)，如为藤本时则小叶互生。
      17. 托叶常呈刺状；荚果2瓣裂，腹缝线具狭翅 ··· **9.刺槐属 Robinia**
      17. 托叶不为刺状；荚果不开裂，腹缝线无翅 ·· **5.黄檀属 Dalbergia**
   16. 灌木、草本或藤本，如为藤本时则小叶对生。
      18. 羽状复叶(专指具4枚及以上小叶者)。
         19. 偶数羽状复叶。
            20. 直立草本、亚灌木或灌木。
               21. 羽状复叶有多数小叶；托叶不显著，早落；荚果细长，2瓣裂 ·········· **10.田菁属 Sesbania**
               21. 羽状复叶有2～6小叶；托叶大而显著或成托叶刺，宿存；荚果粗短或肿胀，开裂或不裂。
                  22. 灌木；托叶特化成硬针刺；叶轴顶端常延伸成针刺 ········ **47.锦鸡儿属 Caragana**
                  22. 草本；托叶、叶轴非上述情况。
                     23. 托叶条状披针形，中部以下与叶柄贴生，全缘；荚果在土中成熟，表面网纹显著，不开裂 ··· **46.落花生属 Arachis**
                     23. 托叶常为半箭头形或箭头形，不与叶柄贴生，边缘常有锯齿；荚果在植株上成熟，表面无网纹，开裂或不裂 ··· **50.野豌豆属 Vicia**
            20. 缠绕或攀缘草质藤本。
               24. 花柱圆柱形，在上部周围被柔毛或在顶端有1丛髯毛 ············· **50.野豌豆属 Vicia**
               24. 花柱扁平，仅在上部内侧有髯毛。

    25.托叶常小于小叶；雄蕊管口部斜切；花柱内弯 ·· 51.山黧豆属 Lathyrus
    25.托叶常大于小叶；雄蕊管口部平截；花柱向外反折 ·· 52.豌豆属 Pisum
19.奇数羽状复叶。
  26.茎直立或茎极度缩短。
    27.灌木或亚灌木。
      28.植物体各部被紧贴的"丁"字形毛或分歧开展毛，有时为多节毛；小叶片常无油点；花冠
        具旗瓣、翼瓣和龙骨瓣；荚果具1至多粒种子，常开裂，表面无小瘤点；野生，稀栽培 ·····
        ··· 11.木蓝属 Indigofera
      28.植物体各部无上述类型的毛；小叶片常具油点；花冠仅具旗瓣；荚果具1或2种子，不开
        裂，表面具小瘤点；栽培或有时逸生 ·· 42.紫穗槐属 Amorpha
    27.草本（仅指浙江种）。
      29.茎不缩短；龙骨瓣与翼瓣近等长；荚果2室 ··· 48.黄耆属 Astragalus
      29.茎极缩短；龙骨瓣长度为翼瓣的1/3～1/2；荚果1室 ··· 49.米口袋属 Gueldenstaedtia
  26.茎攀缘或缠绕。
    30.缠绕性草质藤本。
      31.花较大，蓝紫色、淡红色或白色，单生于叶腋；花柱沿内侧具髯毛，子房基部无腺体；小
        苞片大，近圆形，宿存；无块根；栽培 ·· 31.蝶豆属 Clitoria
      31.花较小，黄绿色或暗紫色，排成腋生的总状花序；花柱无毛，子房基部有腺体；小苞片远
        较小，条形，早落；有块根；野生 ·· 24.土圞儿属 Apios
    30.攀缘性木质藤本（仅指浙江产种类）。
      32.荚果薄，不开裂；仅腹缝线有翅或两缝线均有翅；无小托叶 ································ 8.鱼藤属 Derris
      32.荚果稍厚，稀肥厚，开裂、迟裂或不裂；两缝线上均无翅；通常具小托叶。
        33.落叶藤本；荚果开裂 ·· 7.紫藤属 Wisteria
        33.常绿藤本，稀落叶；荚果开裂、迟裂或不裂 ······························· 6.崖豆藤属 Millettia
18.单叶、三出复叶或掌状复叶（小叶5枚以上）。
  34.单叶或三出复叶，即叶片1枚或小叶3枚（下一条见本检索表的最后）。
    35.单叶或掌状三出复叶（后者指顶生小叶柄与侧生者近等长）。
      36.单叶。
        37.叶片具黑色或红色透明腺点，边缘具粗锯齿；托叶基部抱茎；花冠小而密，蓝紫色、粉红
          色或白色；荚果小，卵球形，仅具1种子 ··· 41.补骨脂属 Cullen
        37.叶片无透明腺点，全缘；托叶基部不抱茎或无托叶；花冠大而稀疏，黄色；荚果远较大，
          非卵球形，具多粒种子。
          38.多分枝灌木；植株叶片极稀少；荚果扁平 ·································· 62.鹰爪豆属 Spartium
          38.草本或灌木；植株叶片较多；荚果肿胀 ····························· 56.猪屎豆属 Crotalaria
      36.掌状三出复叶。
        39.托叶离生或缺；荚果较大，肿胀，不为花萼所包。
          40.叶片下面及花萼无腺点；雄蕊单体，花药二型；荚果具2至多粒种子。
            41.灌木或小乔木；荚果扁平 ·· 61.金雀儿属 Cytisus
            41.草本或灌木；荚果肿胀 ·· 56.猪屎豆属 Crotalaria

40. 叶片下面或至少花萼有腺点；雄蕊二体(9+1)，花药一型；荚果具1或2种子 ············ **39. 千斤拔属 Flemingia**
39. 托叶多少与叶柄贴生；荚果小，不肿胀，常包藏于宿萼内 ············ **55. 车轴草属 Trifolium**
35. 羽状三出复叶，即顶生小叶柄明显较侧生者长（其中四棱豆属中有单小叶种类，但我国无引种）。
  42. 荚果具4列纵翅 ············ **32. 四棱豆属 Psophocarpus**
  42. 荚果不呈上述特征。
    43. 小叶片背面有腺点。
      44. 直立灌木或缠绕藤本；荚果两面在种子间有凹入的斜槽纹 ············ **37. 木豆属 Cajanus**
      44. 草质缠绕藤本（浙江分布种）；荚果两面在种子间无凹入的斜槽纹。
        45. 荚果具1或2种子 ············ **40. 鹿藿属 Rhynchosia**
        45. 荚果具多粒种子 ············ **38. 野扁豆属 Dunbaria**
    43. 小叶片背面无腺点。
      46. 乔木、灌木或木质藤本（其中胡枝子属有多年生草本，但浙江产的均为灌木），稀为一年生草质藤本，若是则为油麻藤属的狗爪豆，但其龙骨瓣远长于其他花瓣。
        47. 乔木或灌木。
          48. 茎干有刺；荚果具多粒种子；花红色，旗瓣远比其他花瓣长；栽培 ············ **22. 刺桐属 Erythrina**
          48. 茎干无刺；荚果仅具1种子；花色多样，但非鲜红色，旗瓣短于或略长于其他花瓣；野生。
            49. 荚果较大，椭球形，肉质而肿胀，呈核果状 ············ **57. 山豆根属 Euchresta**
            49. 荚果较小，扁平，非上述形状。
              50. 苞片脱落，每苞腋内具1花；花梗具关节；龙骨瓣先端尖 ············ **19. 蔓子梢属 Campylotropis**
              50. 苞片宿存，每苞腋内具2花；花梗无关节；龙骨瓣先端钝 ············ **20. 胡枝子属 Lespedeza**
        47. 木质藤本，稀一年生草质藤本（油麻藤属的狗爪豆）。
          51. 无块根；花药二型；种脐几与种子等长或稍短 ············ **23. 油麻藤属 Mucuna**
          51. 有块根；花药一型；种脐远比种子短 ············ **27. 葛属 Pueraria**
      46. 草本或草质藤本。
        52. 小叶片边缘有锯齿；托叶常与叶柄贴生。
          53. 花组成细长的总状花序；荚果短直，卵形或近球形，无刺 ············ **53. 草木樨属 Melilotus**
          53. 花序头状或短总状；荚果螺旋形或弯曲，具刺或光滑 ············ **54. 苜蓿属 Medicago**
        52. 小叶片全缘或具裂片；托叶与叶柄分离。
          54. 小叶较小，长通常不超过1.5 cm，侧脉细密；叶柄短，不逾5 mm；荚果小，不肿胀，具1种子 ············ **21. 鸡眼草属 Kummerowia**
          54. 小叶较大，长通常在2 cm以上，侧脉稀疏；叶柄长1 cm以上；荚果较大，扁平或肿胀，具2至多粒种子。
            55. 多年生亚灌木状草本；小叶3，有时仅有1枚，顶生小叶长不逾3.5 cm；荚果长椭球形，长6~15 mm，明显肿胀，具横脉纹 ············ **15. 密子豆属 Pycnospora**

55. 一年生或多年生草质藤本，稀为一年生直立草本；小叶3，顶生小叶远长于3.5cm；荚果细长圆柱形、带状至长椭圆形，长5～40cm，扁平或肿胀，无横脉纹。
  56. 总状花序有肿胀而隆起的节瘤，花单朵或数朵簇生于节上。
    57. 花柱无毛；荚果大型，带状或长椭圆形，长5～40cm，宽2～6cm ········ **25. 刀豆属 Canavalia**
    57. 花柱上部内侧具纵列髯毛或在周围有毛；荚果较小或细长，宽通常不逾2cm。
      58. 小叶中部以上浅裂；地下有肉质块根 ·································· **26. 豆薯属 Pachyrhizus**
      58. 小叶通常无裂片；地下无肉质块根。
        59. 荚果长圆状镰形，扁平；龙骨瓣先端具喙，花柱顶端不旋卷 ······ **33. 扁豆属 Lablab**
        59. 荚果细长圆柱形，有时稍扁平；龙骨瓣先端圆钝，具喙或呈旋卷状，花柱顶端旋卷或不旋卷。
          60. 托叶基部着生。
            61. 翼瓣长于龙骨瓣；花柱增厚部分2次作90°弯曲，形成方形的轮廓 ··············
              ··· **35. 大翼豆属 Macroptilium**
            61. 翼瓣短于龙骨瓣；花柱增厚部分旋卷常超过360° ······ **36. 菜豆属 Phaseolus**
          60. 托叶盾状着生（浙江有产的野豇豆例外）······················ **34. 豇豆属 Vigna**
  56. 总状花序无肿胀而隆起的节瘤，有时在植株下部的花单生或簇生。
    62. 花冠淡黄色；花萼圆筒状，一侧肿胀，筒口斜截形，萼齿不明显 ···· **29. 山黑豆属 Dumasia**
    62. 花冠非黄色；花萼形状不为上述，萼齿明显。
      63. 花较小，一型；子房基部具不发达的环状腺体；苞片脱落 ············ **28. 大豆属 Glycine**
      63. 花较大，二型，即具生于茎上部的有瓣花和生于茎下部且钻入土中结果的无瓣花；子房基部具鞘状腺体；苞片宿存 ····················· **30. 两型豆属 Amphicarpaea**
34. 掌状复叶，具小叶5枚以上 ·· **60. 羽扇豆属 Lupinus**

1 红豆属 Ormosia Jacks.

乔木，稀灌木。裸芽，稀鳞芽。通常为奇数羽状复叶；小叶对生，全缘。圆锥花序顶生或总状花序腋生；花萼宽钟形，萼齿5；花冠白色、橘红色或紫色，花瓣有柄，旗瓣近圆形，龙骨瓣分离；雄蕊10，花丝分离，不等长且内弯，稀5枚发育，5枚退化；花柱长，顶端略旋卷，子房具2至数粒胚珠。荚果扁平，基部有宿萼。种子通常红色。

约130种，分布于美洲热带地区、东南亚及澳大利亚西北部。我国约有37种，主要分布于南部和西南部；浙江有2种。

1. 红豆树 （图5-58）
Ormosia hosiei Hemsl. et E.H. Wilson

常绿乔木，高达20～30m。树皮幼时绿色，平滑，老时灰色，浅纵裂。幼枝疏被毛，后脱落。小叶5～9，叶柄及小叶柄近无毛；无托叶；小叶长卵形、长圆状倒卵形至长圆状倒披针形，长

5～13cm，宽2.5～6.5cm，先端急尖或短渐尖，基部楔形或圆钝，两面无毛或下面沿中脉两侧疏被毛，上面有光泽。圆锥花序顶生或腋生；花萼钟状，密生短柔毛，萼齿短，近圆形；花冠白色或淡红色；雄蕊10，分离，子房无毛。荚果暗褐色，木质，扁的卵圆形、长圆形或长椭圆形，长4～6.5cm，宽2.5～4cm，顶端喙状，具1或2种子，种子间无横隔。种子鲜红色，有光泽，扁球形，直径1.3～2cm，种脐长8～9mm。花期4—6月，果期9—11月。

产于龙泉、庆元、云和、永嘉。常生于海拔300～800m的山坡、沟谷常绿阔叶林中或林缘；全省各地常有栽培。分布于华东、西南、西北及湖北。

材质坚韧细致，花纹美丽，为优质的木雕工艺及家具用材；树姿优雅，种子鲜红色，为良好的庭园观赏树种；种子可入药。为国家Ⅱ级重点保护野生植物。

图 5-58　红豆树

2. 花榈木 毛叶红豆 （图5-59）

Ormosia henryi Prain —— *O. henryi* Hemsl. et E.H. Wilson

常绿乔木，高达16m。树皮青灰色，光滑。幼枝、叶轴、小叶柄、叶背及花序均密被灰黄色绒毛。裸芽。小叶5～9；无托叶；小叶革质，椭圆形、长圆状倒披针形或长椭圆状卵形，长6～17cm，宽2～6cm，先端急尖或短渐尖，基部圆或宽楔形。圆锥花序顶生或腋生，或总状花序腋生；花萼筒短，倒圆锥形，萼齿5，与萼筒近等长；花冠黄白色，旗瓣有瓣柄；雄蕊10，分离，伸出；子房边缘具疏长毛。荚果木质，狭长圆形，长7～11cm，宽2～3cm，扁平，稍有喙，无毛，具2～7种子，种子间横隔明显。种子鲜红色，稍扁的椭球形，长8～12mm，种脐长约3mm。花期6—8月，果期10—11月。

产于全省山区、丘陵。生于海拔700m以下的山谷、山坡林下或林缘。分布于华东、华中、华南和西南。

心材材质坚重、结构细致、花纹美丽，为优质家具用材；根皮可药用，有活血消肿、祛风除湿的功效；树形端整，种子艳丽，可供观赏。为国家Ⅱ级重点保护野生植物。

与红豆树的主要区别在于后者叶轴、小叶柄及小叶等无毛或近无毛，小叶上面有光泽；荚果短，具1或2种子，种子间无横隔；种子较大，种脐长8～9mm。

图5-59 花榈木

② 香槐属 Cladrastis Raf.

落叶乔木或灌木。叶柄下芽。奇数羽状复叶，小叶互生，全缘。圆锥花序顶生或腋生，常下垂；无苞片和小苞片；花萼筒状钟形，萼齿短而宽，几等长，上方2枚近合生；花冠白色，稀淡红色，各瓣近等长，无柄；雄蕊10，分离或近分离；子房具短柄，花柱钻形，内弯，胚珠多数。荚果长椭圆形或条状披针形，扁平，上部边缘稍增厚，无翅或两侧有翅，成熟时开裂，具3～6种子。种子长圆形，扁平，褐色。

5种，间断分布于东亚和北美洲东部。我国有3种，分布于华东、华南、西南和西北；浙江有2种。

1. 翅荚香槐 （图5-60）

Cladrastis platycarpa (Maxim.) Makino——*C. chingii* Duley et Vincent

乔木，高达15m。小枝褐色，光滑无毛，密生淡黄色皮孔。叶柄下芽，密被金黄色绒毛。奇数羽状复叶，小叶7～9，互生；具宿存的钻形小托叶；小叶卵状长圆形或长圆形，长4～9cm，宽2～5cm，先端渐尖，边缘常呈波状起伏，基部圆形，上面沿中脉微被柔毛，下面黄绿色，沿中脉被长柔毛。圆锥花序顶生，长10～30cm；花萼杯状，萼齿密被棕色绢毛；花冠白色，长约1.5cm，旗瓣近圆形，翼瓣和龙骨瓣长圆形，均具瓣柄和黄色小斑点。荚果扁平，长椭圆形或披针形，长3～7cm，宽约1.5cm，无毛，两缝线均有狭翅，具1～4种子。花期6—7月，果期9—10月。

产于长兴、安吉、德清、临安、淳安、上虞、新昌、余姚、台州市区、天台。生于海拔450m以上的山坡、山沟阔叶林中。分布于江苏、湖南、广东、广西、贵州、云南。日本也有。

木材坚重致密，供家具、器具等用；繁花如雪，可供观赏。

2003年，Duley与Vincent发表了新种秦氏香槐*C. chingii*，并引证了1份采自浙江临安龙塘山的标本（1958年6月4日，28827号，采集人缺，中国科学院植物研究所标本馆），*Flora of*

图5-60 翅荚香槐

*China*承认并收录。2014年,宋柱秋等发表论文《香槐属分类学研究随记》,认为该种不成立。本书作者研究了该文并核实了采自浙江的标本照片,同意并采纳其观点,作异名处理。

2. 香槐（图5-61）
Cladrastis wilsonii Takeda

乔木,高4~16m。小枝无毛。叶柄下芽,芽叠生,被棕黄色卷曲柔毛。奇数羽状复叶,小叶9或11,互生;无小托叶;小叶长椭圆形或长圆状卵形,长8~12cm,宽3~5cm,先端急尖,边缘平整,上面深绿色,下面灰白色,侧生小叶往下渐小。圆锥花序顶生或腋生,长12~18cm;花长1.5~2cm;花萼钟状,长5~6mm,密被淡褐色短毛,萼齿5,三角形,近等大;花冠白色,翼瓣、龙骨瓣先端略带粉红色,各瓣近等长。荚果带状,长4.5~18cm,宽7~9mm,扁平,无翅,密被黄褐色短柔毛,后渐疏。种子肾形,长约3mm,扁平,光滑。花期6—7月,果期9—10月。

产于全省山区,东部沿海地区较少见。生于海拔500m以上的山坡、沟谷阔叶林中。分布于华东、华中、西南及陕西。

木材坚重致密,可制家具;根入药,可治关节疼痛;开花繁茂,可供观赏。

图5-61 香槐

八九　蝶形花科 Fabaceae

与翅荚香槐的主要区别为后者小叶7或9，小叶卵状长圆形或长圆形，上面沿中脉微被柔毛，边缘常呈波状起伏；具小托叶；荚果较宽短，两缝线均有狭翅。

③ 马鞍树属　Maackia Rupr.

落叶乔木或灌木。鳞芽，单生。奇数羽状复叶，小叶对生或近对生，全缘；无小托叶。花多而密集，排成顶生、直立的总状或圆锥花序；花萼钟状，4或5齿裂；花冠黄色或白色，花瓣无柄，旗瓣倒卵形，龙骨瓣钝；雄蕊10，仅基部合生；子房具柄，密被毛，有多数胚珠。荚果扁平，沿腹缝线有窄翅或几无翅，成熟时通常不开裂，具1~5种子。种子红色或褐色，椭圆形，稍压扁状。

约12种，分布于东亚。我国有7种；浙江有3种。

分种检索表

1. 灌木；幼叶绿色；荚果无翅或具极狭翅。
　　2. 小叶5或7，长圆状倒卵形、卵形至椭圆形；花长约20mm；荚果条状披针形，无翅 ·· **1. 光叶马鞍树　M. tenuifolia**
　　2. 小叶9或11，卵形至长椭圆状披针形；花长在7mm以下；荚果椭圆形，具极狭翅 ·· **2. 浙江马鞍树　M. chekiangensis**
1. 乔木；幼叶银白色；荚果翅宽2~4mm ·················· **3. 马鞍树　M. hupehensis**

1. 光叶马鞍树（图5-62）

Maackia tenuifolia (Hemsl.) Hand.-Mazz. — *Euchresta tenuifolia* Hemsl.

灌木，高约2m。二年生枝红褐色，有光泽。芽卵球形，稍压扁状，

图 5-62　光叶马鞍树

腋生，具2～4芽鳞。奇数羽状复叶，小叶通常5，稀7；顶生小叶片长圆状倒卵形；侧生小叶片卵形至椭圆形，长4～11cm，宽2～5.5cm，先端急尖至短尾状渐尖，基部楔形，有时近圆形，下面疏被短柔毛。总状花序顶生，长4～10cm；花长约20mm；花萼杯状，长约8mm，萼齿4，甚短，边缘有柔毛；花冠绿白色。荚果条状披针形，微呈镰状弯曲，长5～10cm，无翅，具柄，成熟时开裂，具3～10种子。种子红色，有光泽，椭圆形，压扁状，长约9mm，宽约5mm。花期4—5月，果期9—10月。

产于临安、淳安、鄞州、东阳、永康、武义、仙居、莲都、缙云、景宁等地。生于海拔300～700m的山坡疏林中、林缘及路边灌丛中。分布于江苏、安徽、江西、河南、湖北、陕西。模式标本采自宁波。

根入药，可治跌打损伤，但有剧毒，须慎用。

2. 浙江马鞍树（图5-63）
Maackia chekiangensis S.S. Chien

灌木，高1～1.5m。小枝暗绿色，有白斑。奇数羽状复叶，具9或11小叶；小叶片卵形至长椭圆状披针形，长3～6cm，宽1.5～3cm，先端急尖或渐尖，基部楔形，下面疏被短柔毛。总状花序，有时再分枝而呈圆锥状，长达16cm，花较密集；花萼近钟形，长约2mm；花冠白色，长约6mm。荚果椭圆形，扁平，长2～4cm，宽1.2～1.4cm，腹缝线有宽约1mm的翅，具1～5种子。种子淡褐色，圆肾形，压扁状，直径约4mm。花期6月，果期8—9月。

产于富阳（渔山）、诸暨（廿里牌）。生于海拔250m以下的山坡疏林下或林缘灌丛中；临安（浙江农林大学）有栽培。分布于安徽（歙县、潜山）、江西（新建）。模式标本采自诸暨。为浙江省重点保护野生植物。

图5-63 浙江马鞍树

3. 马鞍树 （图5-64）

Maackia hupehensis Takeda—*M. chinensis* Takeda

乔木，高5~23m。树干具大型菱形皮孔。小枝浅绿色。奇数羽状复叶，小叶9~13；小叶片纸质，卵形、卵状椭圆形或椭圆形，长2~6cm，宽1.2~3cm，先端渐尖至短渐尖，基部圆形，下面苍绿色，幼时两面密被毛而呈银白色，后仅下面被伏贴长柔毛。圆锥花序长达15cm，花密集；花序梗及花梗被绒毛；花萼钟状，长约4mm，被绒毛；花冠白色或淡黄色。荚果长椭圆形至条形，长3~8cm，宽1~1.6cm，扁平，腹缝线具宽2~4mm的翅，具1~6种子。种子椭圆形，压扁状。花期7—8月，果期10月。

产于全省山区。生于海拔600~1200m的山坡或山谷阔叶林中。分布于江苏、安徽、江西、河南、湖北、湖南、四川、陕西。

木材致密，稍坚重，可作建筑材料或制家具；幼叶银白色，可栽培供观赏。

图 5-64 马鞍树

4 槐属 Sophora L.

常绿或落叶，乔木或灌木，稀草本。奇数羽状复叶，稀单叶，小叶对生或近对生，全缘。总状或圆锥花序；花萼宽钟状，5齿裂；花冠白色、黄色或蓝紫色；雄蕊10，离生或基部稍合生成环状，有时成二体(9+1)；子房具短柄，有多数胚珠。荚果肉质、革质或木质，圆柱状或稍压扁状，种子间常缢缩成串珠状，有时多少卷曲，偶有4列软木栓翅，开裂或不开裂。

约70种，主要分布于亚洲至大洋洲。我国约有21种，南北各地均产；浙江有4种。

据《中国植物志》等文献记载，浙江尚产白刺花 S. davidii (Franch.) Skeels，但作者在省内从未见过野生植株和标本，杭州植物园曾有栽培，但现已不见，故本志不予收录。

分种检索表

1. 灌木或亚灌木状草本；总状花序。
  2. 亚灌木状草本；羽状复叶长20～35cm，小叶11～35；托叶条形，长5～8mm；枝和茎被脱落性毛；荚果长5～10cm，具2～8种子；种子棕褐色，长约6mm ············ **1. 苦参 S. flavescens**
  2. 常绿灌木；羽状复叶长10～15cm，小叶7～11；托叶针状，长约3mm；小枝、叶背密被锈色绒毛；荚果通常仅具1种子；种子黄色，长8～10mm ············ **2. 闽槐 S. franchetiana**
1. 乔木；圆锥花序。
  3. 翼瓣、龙骨瓣无粉红色条纹，雌蕊与雄蕊近等长；荚果呈密接串珠状 ············ **3. 槐 S. japonica**
  3. 翼瓣、龙骨瓣具粉红色条纹，雌蕊长不达雄蕊的一半；荚果呈疏离串珠状 ············ **4. 短蕊槐 S. brachygyna**

1. 苦参 牛人参 (图5-65)
Sophora flavescens Aiton

亚灌木状草本，高0.5～2m。根圆柱状，有刺激性气味，味极苦而持久。奇数羽状复叶，长20～35cm，有11～35小叶；托叶条形，长5～8mm，早落；小叶片披针形或条状披针形，稀椭圆形，长3～4cm，宽1.2～2cm，先端渐尖，基部楔形，上面有疏毛或无毛，下面密生伏贴柔毛。总状花序顶生，长15～25cm，具多数花；花萼钟状，偏斜，萼齿短三角形，被伏贴柔毛；花冠黄白色，长约1.5cm；花丝有毛，基部稍合生；子房密被淡黄色柔毛。荚果革质，近圆柱形，长5～10cm，种子间微缢缩，呈不明显串珠状，顶端具1～1.5cm的喙，疏生短柔毛，具2～8种子。种子棕褐色，卵圆形，长约6mm。花期5—7月，果期7—9月。

产于全省各地。生于向阳山坡草丛中、路边、溪沟边。分布于我国南北各地。日本、朝鲜半岛及俄罗斯西伯利亚地区也有。

根可入药，有清热利湿、抗菌消炎、健胃驱虫等功效，常用于治疗皮肤瘙痒、神经衰弱、消化不良及便秘等症；全株可制生物农药。

八九　蝶形花科 Fabaceae

图5-65　苦参

1a. 红花苦参（变种）（图5-66）
var. **galegoides** (Pall.) DC.

与苦参的主要区别为花冠多少呈紫红色，花萼紫色或绿色。

产于湖州市区（吴兴）、长兴、金华市区（沙畈）、玉环、景宁（东坑）、文成（铜铃山）。生于

图5-66　红花苦参

海拔100～900m的山沟毛竹林下、山坡灌丛中或石灰岩山地上。分布于安徽、贵州。

药用价值同苦参；花色艳丽，可供观赏。

2. 闽槐 （图5-67）
Sophora franchetiana Dunn

常绿灌木，高0.6～2m。小枝、叶轴、叶柄、叶背、花序和花萼密被锈色绒毛。复叶长10～15cm；托叶针状，长约3mm；小叶7～11，互生，厚纸质，椭圆状长圆形或卵状长圆形，长3～4cm，宽1.5～2cm，先端急尖或渐尖，基部圆形或渐狭，边缘内卷，上面亮绿色。总状花序顶生，长约6cm；花序梗长2cm；花萼长2～3mm，萼齿三角形；花冠白色；雄蕊10，分离或基部稍连合；子房具4胚珠。荚果圆柱形，长4～6cm，被棕褐色柔毛，先端具纤细的喙，通常只含1种子，稀见2或3，如为后者，则种子间明显缢缩成串珠状。种子卵球形，长8～10mm，黄色，光滑。花期4—5月，果期9—10月。

产于宁波市区（北仑）、余姚、奉化、象山、宁海、东阳、磐安、武义、天台、临海、庆元、景宁。生于海拔500m以下的山谷、沟边灌丛中或林下。分布于福建、湖南、广东。日本也有。

图5-67　闽槐

3. 槐　槐树　国槐 （图5-68）
Sophora japonica L.

落叶乔木，高达20m以上。树皮暗灰色，成块状深裂。二年生枝绿色，皮孔明显。冬芽被锈色细毛，着生于叶痕中央，无顶芽。羽状复叶长15～25cm，有7～17小叶，小叶对生；托叶条形，

八九　蝶形花科 Fabaceae

常呈镰状弯曲，早落；小叶卵状长圆形或卵状披针形，长2.5～7.5cm，宽1.5～3cm，先端急尖至渐尖，基部宽楔形，下面疏生短柔毛。圆锥花序顶生，长15～30cm；花序梗及花梗微被柔毛；花萼被微柔毛；花冠乳白色；雄蕊不等长，基部连合；雌蕊与雄蕊近等长。荚果黄绿色，肉质，密接串珠状，长2.5～5cm，无毛，不裂，具1～6种子。种子棕黑色，卵球形，长约8mm。花期7—8月，果期9—10月。

见于全省各地，多为栽培。辽宁以南各地多有野生或栽培。日本、朝鲜半岛、越南也有。

材质坚重，有弹性，耐水湿，可材用；花蕾、果实、根皮及枝叶均可药用；本种对SO_2等气体及烟尘的抗性较强，为四旁绿化的优良树种。

图 5-68　槐

本省园林中常见栽培有2个品种：龙爪槐'Pendula'（图5-69），嫁接形成的小乔木，高2～4m，枝条下垂；黄金槐'Golden Stem'（图5-70），小枝及新叶呈金黄色。

图5-69　龙爪槐　　　　　　　　　　　　　　图5-70　黄金槐

4. 短蕊槐 （图5-71）
Sophora brachygyna C.Y. Ma

落叶乔木，高达20m。树皮褐色。二年生枝灰绿色，具皮孔。羽状复叶长达20cm，有9～13小叶；托叶条形，通常镰状弯曲，早落；小叶卵状披针形或卵状椭圆形，长2.5～6cm，宽1.5～3cm，先端渐尖，稀急尖，基部钝圆，稍偏斜，下面灰白色，中脉基部及小叶柄被柔毛。圆锥花序顶生，长达25cm；花萼近钟形，萼齿不明显，具缘毛；花冠白色或淡黄色，翼瓣、龙骨瓣具粉红色条纹；雄蕊仅基部合生或近分离；雌蕊长不达雄蕊的一半。荚果呈疏离串珠状，肥厚，肉

图5-71　短蕊槐

质,长4~6(8)cm,无毛,成熟时不开裂,具1~4种子。种子淡褐色,卵球形,长9~11mm。花期8月,果期10—11月。

产于杭州市区、临安、慈溪、东阳、磐安、景宁、泰顺等地。生于海拔200~800m的山坡疏林中或路边林缘。分布于江西、湖南、广西。模式标本采自临安(西天目山)。

5 黄檀属 Dalbergia L. f.

落叶或常绿,乔木、灌木或攀缘藤本。无顶芽。奇数羽状复叶,稀单叶;托叶早落;小叶互生,小叶片全缘;无小托叶。花小,通常多数,排成顶生或腋生的二歧聚伞花序或圆锥花序;花萼钟形,5齿裂,萼齿上方2枚较宽短;花冠伸出萼外,白色、紫色或黄色,花瓣具瓣柄;雄蕊9或10,单体或二体(5+5,稀9+1);子房有1至数粒胚珠,有柄,花柱短,内弯。荚果长圆形或带状,薄而扁平,不开裂,荚缝薄,无翅,具1至数粒种子。种子肾形,扁平。

100余种,分布于热带、亚热带地区。我国约有29种,分布于西南部至东南部;浙江有9种。

分种检索表

1. 木质藤本,有时呈灌木状;侧枝常呈刺状、钩状或螺旋状。
   2. 小叶较多,21~53,排列紧密,狭小,长在1.5cm以下,宽2~6mm。
      3. 小叶31~53,先端圆形,宽2~3mm;荚果宽约0.8cm ·················· **1. 狭叶黄檀 D. stenophylla**
      3. 小叶21~35,先端截形或微凹,宽3~6mm;荚果宽1~2cm。
         4. 小叶长6~12mm,宽5~6mm,两面幼时疏被柔毛,后变无毛或近无毛;小苞片脱落;旗瓣长圆状倒卵形;荚果仅在对种子部分有网纹 ·················· **2. 象鼻藤 D. mimosoides**
         4. 小叶长10~15mm,宽3~5mm,两面均无毛,小苞片宿存;旗瓣倒卵状圆形;荚果全体有网纹 ·················· **3. 香港黄檀 D. millettii**
   2. 小叶较少,通常5~15,排列稀疏,宽大,长1~5cm,宽5~25mm。
      5. 小叶通常9~13,长1~2.5cm,宽5~12mm,基部圆或宽楔形;圆锥花序大,长13~19cm;萼齿等长或近等长 ·················· **4. 藤黄檀 D. hancei**
      5. 小叶通常11~15,长2.5~5cm,宽10~25mm,基部通常楔形;圆锥花序小,长约5cm;最下1枚萼齿较其余的长 ·················· **5. 大金刚藤 D. dyeriana**
1. 乔木;枝条不呈刺状、钩状或螺旋状。
   6. 小叶3或5,近圆形,稀倒卵形,先端急尖或短尾尖,基部宽楔形或近圆形;栽培 ·················· **6. 印度黄檀 D. sissoo**
   6. 小叶7~21,不呈上述形状;野生或栽培。
      7. 小叶先端急尖或短渐尖;雄蕊9,单体;栽培 ·················· **7. 降香 D. odorifera**
      7. 小叶先端通常圆钝而微凹;雄蕊10,呈5+5的二体;野生。
         8. 小叶9~11;圆锥花序顶生或在近枝顶腋生;花冠淡紫色或黄白色;子房无毛 ·················· **8. 黄檀 D. hupeana**
         8. 小叶13~21;圆锥花序腋生;花冠白色;子房有毛 ·················· **9. 南岭黄檀 D. assamica**

1. 狭叶黄檀 （图5-72）

Dalbergia stenophylla Prain

落叶藤本。小枝灰白色或灰褐色，有皮孔，无毛或被极稀疏的短柔毛。羽状复叶长4～10cm；叶轴和叶柄略被短柔毛；托叶卵形，脱落；小叶31～53，长8～12mm，宽2～3mm，两端圆形，背面灰白色，网脉不甚清晰，嫩时两面疏被伏贴短柔毛，后除下面中脉外，渐变无毛；小叶柄极短。圆锥花序腋生，长4～6cm；花序梗、花序轴、分枝和花梗均被短柔毛；花萼钟状，长约1.5mm；花冠白色或淡黄色；雄蕊9，单体，花丝长短相间；子房具长柄，沿缝线被疏柔毛，有3胚珠。荚果舌状至带状，长2.5～5cm，宽约8mm，顶端近急尖，基部渐狭成1明显果颈，具1或2种子。种子肾形，扁平。花期5—6月，果期8—9月。

产于仙居（淡竹）、龙泉（凤阳山）、景宁（上标、大仰湖）。生于海拔600～1300m的山谷林中。分布于湖北、广西、四川、贵州。越南也有。

本种与象鼻藤和香港黄檀很相似，但小叶多达31～53枚，先端钝圆，绝不呈截形，可区别于后两种；另小苞片宿存有别于象鼻藤；小叶嫩时两面被毛，则与香港黄檀不同。

图5-72 狭叶黄檀

2. 象鼻藤　含羞草叶黄檀 （图5-73）

Dalbergia mimosoides Franch.

落叶藤本。幼枝密被褐色短粗毛。羽状复叶长6～10cm；叶轴、叶柄和小叶柄初时密被柔毛，后渐稀疏；小叶21～35，条状长圆形，长6～12mm，宽5～6mm，先端截形或微凹，基部圆或阔楔形，背面网脉清晰，嫩时两面略被褐色柔毛，尤以下面中脉上较密，老时无毛或近无毛。圆锥花序腋生，比复叶短，分枝聚伞花序状；花序梗、花序轴、分枝与花梗均被柔毛；小苞片脱落；花小，稍密集，长约5mm；花萼钟状，萼齿下方1枚较长，披针形，余呈卵形，均具缘毛；花冠白色或淡黄色，旗瓣长圆状倒卵形；雄蕊9，偶10，单体，花丝长短相间；子房有2或3胚珠。荚果无毛，长圆形至带状，扁平，长3～6cm，宽1～2cm，果瓣革质，仅在对种子部分有网纹，具1（2）种子。种子肾形，扁平，长约10mm，宽约6mm。花期4—5月，果期7—8月。

产于丽水及苍南、泰顺。生于海拔900～1300m的山沟林缘或山坡灌丛中。分布于西南及湖北、陕西。印度也有。

图5-73　象鼻藤

3. 香港黄檀 （图5-74）
Dalbergia millettii Benth.

落叶藤本。小枝常弯曲成钩状，主干和大枝有明显的纵沟和棱。奇数羽状复叶，小叶25～35；叶轴被微毛；小叶片长圆形，长10～15mm，宽3～5mm，两端圆形至平截，先端有时微凹，两面均无毛，小叶柄无毛。圆锥花序腋生，长1～1.5cm，宽1.2～1.5cm；苞片和小苞片宿存；花小；花梗短，被短柔毛；花萼钟状，5齿裂，最下方1枚最长，卵状三角形，中间2枚先端钝或近圆形，最上方2枚合生或近合生，先端钝或近截形；花冠白色，旗瓣倒卵状圆形，先端微缺，翼瓣长圆形，龙骨瓣斜长圆形，先端圆钝；雄蕊9，单体；子房具柄。荚果狭长圆形，长3.5～5.5cm，宽1.3～1.8cm，全体有网纹，通常具1种子，稀2或3。花期6—7月，果期8—9月。

产于绍兴、宁波、衢州、金华、台州、丽水、温州及淳安。生于山坡上、路边、溪沟边林中或灌丛中。分布于江西、福建、湖南、广东、广西、四川。

叶可入药，有清热解毒的功效；枝干可制手杖及工艺品。

图5-74 香港黄檀

4. 藤黄檀（图5-75）
Dalbergia hancei Benth.

落叶藤本。幼枝疏被白色柔毛，有时小枝弯曲成钩状或螺旋状。奇数羽状复叶，有(5)9～13小叶；托叶早落；小叶片长圆形或倒卵状长圆形，长10～25mm，宽5～12mm，先端微凹，基部圆形或宽楔形，下面疏被平伏柔毛。圆锥花序腋生，长13～19cm；花序梗及花梗密被锈色短柔毛；花小；花萼钟状，5齿裂，萼齿极短，等长或近等长，先端钝，外被短柔毛；花冠绿白色，旗瓣近圆形，先端微凹，近于反折，翼瓣和龙骨瓣镰状长圆形；雄蕊9，单体，有时10(9+1)；子房条形，被短柔毛。荚果舌状，长3～7cm，宽1～1.5cm，扁平，无毛，具1～3(4)种子。种子肾形，长约7mm，扁平。花期3—4月，果期7—8月。

产于台州、丽水、温州。生于山坡上、溪边、岩石旁、林缘灌丛中或疏林中。分布于安徽、江西、福建、广东、海南、广西、四川、贵州。

根、茎及树脂可入药，有舒筋活络、理气止痛的功效。

图 5-75　藤黄檀

5. 大金刚藤 （图 5-76）

Dalbergia dyeriana Prain ex Harms

落叶藤本。奇数羽状复叶，小叶（7）11～15；叶轴无毛或有毛；小叶片倒卵形或长圆状倒卵形，长 2.5～5cm，宽 1～2.5cm，先端钝圆，微凹，基部楔形，有时阔楔形，下面有平伏柔毛。

图 5-76　大金刚藤

圆锥花序腋生，长约5cm，疏生少数花；花序梗及花梗有微毛；花梗长约2.5mm；花萼钟形，被微柔毛，萼齿5，最下方1枚披针形，先端急尖，较其余的长；花冠黄白色，旗瓣长圆形，先端微凹；雄蕊9，单体；子房有柄，被微柔毛，花柱无毛，胚珠2或3。荚果狭长圆形，长6.5～9cm，宽1.3～1.5cm，具1或2种子。种子扁平，长约13mm，宽约5mm。花期5—6月，果期7—8月。

产于温州及龙泉、景宁等地。生于海拔1000m以下的山坡、沟谷林缘或灌丛中。分布于湖北、湖南、四川、云南、陕西。

6. 印度黄檀 （图5-77）
Dalbergia sissoo Roxb. ex DC.

常绿乔木，高可达20m。树皮灰色。幼枝及叶轴多少呈"之"字形曲折，被短柔毛。奇数羽状复叶有3或5小叶；托叶卵状披针形，早落；小叶片近圆形，稀倒卵形，长3～7cm，宽2.5～5.5cm，先端急尖或短尾尖，基部宽楔形或近圆形，幼时两面被平伏柔毛，后渐脱落；小叶柄长3～5mm。圆锥花序腋生，较复叶稍短；花序梗、分枝、花梗及花萼均被毛；花梗短，长约1mm；花萼筒状，萼齿5，上方2枚近圆形，其余披针形；花冠黄色或白色，花瓣均具长瓣柄；雄蕊9，单体；子房有柄，结实时伸长可达6mm。荚果长圆状倒披针形，长3～8cm，宽6～12mm，无毛，具1～3种子。种子肾形，略扁平。花期3—5月，果期8—10月。

原产于伊朗东部、印度和巴基斯坦。福建、台湾、广东、海南有引种。平阳、苍南有栽培。

为珍贵材用树种，心材褐色，有暗色条纹，材质坚硬，不易开裂，供雕刻、细木工、板料及高级家具用材。

图5-77　印度黄檀

7. 降香（图5-78）

Dalbergia odorifera T.C. Chen

常绿乔木，高可达20m。树皮灰褐色，粗糙。小枝近无毛。奇数羽状复叶有（7）9～15小叶；小叶片卵形、椭圆形或宽卵形，长3.5～7cm，宽1.5～3.5cm，先端急尖或短渐尖，基部宽楔形或圆形，下面初被平伏柔毛，后渐脱落。圆锥花序腋生，长8～10cm；花梗长约1mm；花萼钟形，长约2.5mm，萼齿5，最下方1枚披针形，其余宽卵形；花冠黄色或乳白色，长约6mm；雄蕊9，单体。荚果长圆形，长5～9cm，宽约1.5cm，扁平，具1（2）种子，果颈长0.5～1cm，对种子部分突起极为明显，成熟时不开裂。种子黄褐色，长圆形，扁平，长约10mm，宽约5mm，厚可达5mm，状若棋子。花期4—5月，果期10—11月。

原产于海南。临安（浙江农林大学）、象山、温州市区（景山）、苍南（马站）等地有引种。

为珍贵材用树种，心材红褐色至近黑色，耐腐性强，供高级家具、乐器、镶嵌、雕刻等用；心材有香气，可作香料用；根部心材名为"降香"，可药用，为优良镇痛剂，还可治刀伤出血。

图5-78 降香

8. 黄檀 檀树 不知春 （图5-79）
Dalbergia hupeana Hance

落叶乔木，高达18m。树皮条片状纵裂。当年生小枝绿色，皮孔明显，无毛，二年生小枝灰褐色。冬芽紫褐色，略扁平，顶端圆钝。奇数羽状复叶有9或11小叶；小叶片长圆形或宽椭圆形，长3～5.5cm，宽1.5～3cm，先端圆钝而微凹，基部圆形或宽楔形，两面被平伏短柔毛。圆锥花序顶生或生于近枝顶叶腋；花梗及花萼被锈色柔毛；萼齿5，上方2枚宽卵形，几合生，最下方1枚较长，披针形；花冠淡紫色或黄白色，具紫色条斑；雄蕊10，二体（5+5），花丝上部分离；子房无毛，有1～4胚珠。荚果长圆形，长3～9cm，扁平，不开裂，具1～3种子。种子扁平，黑色，有光泽，近肾形，长约9mm，宽约4mm。花期5—6月，果期8—9月。

产于全省各地。常生于山坡上、溪沟边、路旁、林缘或疏林中。分布于长江流域及以南各地。

木材坚重致密，可制各种负重力和强拉力的用具及器材；根及叶可入药，有清热解毒、止血消肿的功效。

图5-79 黄檀

9. 南岭黄檀 秧青 （图5-80）
Dalbergia assamica Benth.——*D. balansae* Prain

落叶乔木，高达15m。树皮灰黑色至灰白色，有纵纹至条片状开裂。分枝平展；小枝幼时疏被毛，后无毛。奇数羽状复叶，常在枝条上排成2列，长25～30cm，有13～21小叶，叶轴有疏毛；托叶较大，叶状，长约5mm，早落；小叶片长圆形或倒卵状长圆形，长1.8～4.5cm，宽约2cm，先端钝圆，常微凹，基部圆形或宽楔形，初时两面均被短柔毛，后渐脱落。圆锥花序腋生，短于复叶,长5~10cm,密被锈褐色柔毛;花较小,长6~7mm;花梗长约3mm;花萼钟形,萼齿5,最下方1枚披针形,长约为其余的2倍;花冠白色;雄蕊10(5+5);子房密被锈色柔毛。荚果椭圆形,长6~13cm,扁平,果柄长约6mm,具1或2种子。花期6月,果期10—11月。

产于台州、丽水、温州。生于山坡、沟谷阔叶林中;杭州市区、临安、宁波市区(江北、北仑)、鄞州、慈溪、永康、松阳等地有栽培。分布于福建、广东、海南、广西、四川、贵州。越南也有。

木材与黄檀相近,可供高级家具及细木工用;树形优美,冠幅宽广,可供绿化观赏。

图5-80　南岭黄檀

⑥ 崖豆藤属　Millettia Wight et Arn.

木质藤本、乔木或灌木,常绿,稀落叶。奇数羽状复叶;小叶对生,全缘。圆锥花序顶生或腋生,腋生者有时呈总状;花萼钟状或筒状,4或5齿裂,稀平截;花冠紫色、玫瑰红色或白色；雄蕊10，单体或二体（9+1）；子房无柄，稀具柄，条形。荚果扁平或肿胀，开裂、迟裂或不裂，果瓣木质或革质，具1至数粒种子。种子凸镜形、扁圆形或肾形。

约200种，主要分布于亚洲和非洲。我国有35种，分布于西南至台湾；浙江有7种。

*Flora of China*将本属分为崖豆藤属和鸡血藤属 *Callerya* Endl.，鉴于两属区别特征不甚明显，本志仍采用《中国植物志》的大属观点，不予分开。

分种检索表

1. 小叶9～17，无小托叶；雄蕊10，单体；荚果肿胀而肥厚，长圆形或卵球形 ··· **1.厚果崖豆藤 M. pachycarpa**
1. 小叶5～13，有小托叶；雄蕊二体（9+1）；荚果多少扁平，条形。
   2. 小叶5～13；旗瓣无毛；荚果无毛或有毛（美丽崖豆藤）。
      3. 小叶5～13，下面有毛；花较大，长2.5～3.5cm；荚果有毛（栽培）··· **2.美丽崖豆藤 M. speciosa**
      3. 小叶5～9，下面无毛；花较小，长1.2～1.7cm；荚果无毛（野生）。
         4. 托叶基部距突明显；小叶革质；圆锥花序顶生 ················ **3.网络崖豆藤 M. reticulata**
         4. 托叶基部距突不明显；小叶纸质；总状或圆锥花序腋生 ········ **4.江西崖豆藤 M. kiangsiensis**
   2. 小叶5；旗瓣有毛；荚果有毛。
      5. 常绿；小叶两面无毛或下面稍有毛，或初时有毛，后脱落无毛。
         6. 花序通常不下垂；小叶片下面中、侧脉通常不呈紫色；旗瓣内面中下部具1绿斑；荚果锈黄色或锈红色 ·· **5.亮叶崖豆藤 M. nitida**
         6. 花序通常下垂；小叶片下面中、侧常带淡紫红色；旗瓣内面中下部具1白斑或黄绿斑；荚果灰绿色 ·· **7.香花崖豆藤 M. dielsiana**
      5. 落叶；小叶上面中脉有毛，下面被疏柔毛 ···························· **6.密花崖豆藤 M. congestiflora**

1. 厚果崖豆藤 （图5-81）

Millettia pachycarpa Benth.

大型常绿藤本。奇数羽状复叶长30～50cm，叶柄及叶轴幼时密被短柔毛，后渐脱落；小叶9～17，长圆形或长圆状倒披针形，长5～15cm，宽2～7cm，先端急尖或短尾尖，基部圆形或宽楔形，上面无毛，下面密被锈色绢状毛；小托叶缺。总状花序2～6个簇生于叶腋或呈圆锥状，长15～30cm；花2～5朵簇生于花序轴节上；花序轴、花梗及花萼均密被白色至淡黄色柔毛，老时渐脱落；花萼钟状，5浅裂，下方1枚萼齿较长；花冠淡紫色至白色；雄蕊10，单体；子房条形，中部以下密被白色柔毛。荚果肿胀而肥厚，长圆形或卵球形，具1至数粒种子。种子黑褐色，肾形，长2.5～3.5cm。花期5月，果期10月至次年2月。

产于庆元、景宁、瑞安、文成、平阳、苍南、泰顺。生于海拔300m以下的山坡灌丛中。分布于华东南部、华南、西南及湖南。东南亚、南亚也有。

种子和根含鱼藤酮，磨粉可作杀虫剂；茎皮可制绳索及作造纸原料。

图 5-81　厚果崖豆藤

2. 美丽崖豆藤　牛大力藤　（图5-82）

Millettia speciosa Champ. ex Benth.

常绿藤本，长1.5～3m。嫩枝被毛。奇数羽状复叶长15～25cm；托叶披针形，长3～5mm，宿存；小叶5～13，硬纸质，长椭圆形或长圆状披针形，稀卵形或倒卵形，长3～8cm，宽1～3cm，先端钝圆，短尖，基部钝圆，边缘略反卷，上面无毛，光亮，下面被锈色柔毛，侧脉5或6对，二次环结，细脉网状；小托叶针刺状，长2～3mm，宿存。总状花序腋生，常在枝梢聚集成带叶的大型圆锥花序，长达30cm，密被黄褐色绒毛；花大，长2.5～3.5cm，有香气；花萼钟状，萼齿短于萼筒；花冠白色、米黄色至淡红色，花瓣近等长，旗瓣圆形，无毛，具2胼胝体，翼瓣基部一侧具耳，龙骨瓣镰形；雄蕊二体（9+1）；子房具柄，花柱向上旋卷，柱头下指。荚果条形，扁平，长10～15cm，宽1～2cm，密被褐色绒毛，果瓣木质，开裂后扭曲，具4～6种子。种子卵圆形。花期9—10月，果期次年2月。

原产于华南、西南及福建、湖南。越南也有。临海涌泉镇兰田山等地有规模化栽培。

根富含淀粉，可酿酒；根可入药，有通经活络、补虚润肺及健脾等功效；花美芳香，可供观赏。

图 5-82　美丽崖豆藤

3. 网络崖豆藤　昆明鸡血藤　（图5-83）
Millettia reticulata Benth.

半常绿或落叶藤本，长5m以上。小枝黄褐色，无毛。小叶5～9；托叶钻形，基部距突明显；小叶革质，卵状椭圆形、长椭圆形或卵形，长2.5～12cm，宽1.5～5.5cm，先端尾尖、钝头、微凹，基部圆形，两面无毛，下面网脉隆起；小托叶钻形。圆锥花序顶生，下垂，长达15cm；花序梗被黄色疏柔毛；花萼钟状，长3～5mm；花冠长1.3～1.7cm，紫红色或玫瑰红色，无毛；雄蕊二体（9+1）；子房条形，几无柄，花柱向上弯曲。荚果紫褐色，条状长圆形至倒披针状长圆形，长8～16cm，宽1～1.5cm，扁平，无毛，种子间略缢缩，顶端具喙，成熟时开裂，果瓣木质，扭曲，具3～10种子。种子扁圆形，褐色，具花纹。花期6—8月，果期10—11月。

产于全省山区、丘陵。生于山坡、沟谷灌丛中或疏林下。分布于华东、华中、华南、西南。越南北部也有。

根、茎可入药，有镇静、活络的功效；花美色艳，可供庭园观赏。

本省尚有1变型白花网络崖豆藤 form. **albiflora** Y.Q. Zhu et G.L. Zheng，与网络崖豆藤的区别在于花冠白色，偶有红晕。产于武义。生于海拔约200m的山坡灌丛中。模式标本采自武义（大田）。

八九　蝶形花科 Fabaceae

图 5-83　网络崖豆藤

4. 江西崖豆藤 （图5-84）

Millettia kiangsiensis Z. Wei——*Callerya kiangsiensis* (Z. Wei) Z. Wei et Pedley

落叶藤本。小叶5或7；托叶条形，基部距突不明显；小叶纸质，卵形，长（1.5）3～5（10）cm，宽1～2.5（6）cm，先端锐尖，钝头，不明显微凹，基部近圆形，两面无毛，干时淡棕色，侧脉4～6对，细脉不明显，上面平坦、粗糙；小叶柄长约2mm，无毛；小托

图 5-84　江西崖豆藤

叶刚毛状。总状花序，有时呈圆锥花序，腋生，与复叶等长或短于复叶；花长1.2~1.5cm；花萼钟状，长、宽均约9mm，除边缘外几无毛，萼齿三角形；花冠白色或绿白色，旗瓣长圆形，无毛；雄蕊二体（9+1）；子房具短柄，胚珠多数。荚果黑褐色，条形，无毛，长5~10cm，宽1~1.2cm，扁平，顶端具弯喙，基部渐狭，具5~7种子。种子双凸镜状。花期6—8月，果期9—10月。

产于金华及临安、诸暨、开化等地。生于山地上、旷野中、林缘或疏林下及灌丛中。分布于安徽、江西、湖北、湖南。

本省尚有1变型紫花江西崖豆藤 form. **purpurea** Z.H. Chen，与江西崖豆藤的区别在于花紫色。产于桐庐。生于海拔约100m的山沟灌丛中。模式标本采自桐庐（分水）。

5. 亮叶崖豆藤 （图5-85）
Millettia nitida Benth.——*Callerya nitida* (Benth.) R. Geesink

常绿藤本。幼枝被黄褐色丝状柔毛，后几无毛。小叶5，小叶片薄革质，椭圆形、窄椭圆形或卵形，长4~11cm，宽2~5cm，先端钝尖或短尾尖，钝头，基部圆形，侧脉4~6对，细脉两面隆起，两面无毛或下面稍被短柔毛，上面有光泽；小托叶针刺状。圆锥花序顶生；花序梗、花梗、花萼及旗瓣外面均被丝状柔毛；花萼钟状，5齿裂，萼齿三角形；花冠长2~2.5cm，旗瓣外面粉白色，内面紫红色，中下部具绿色斑块；雄蕊二体（9+1）；子房具短柄，密被毛。荚果木质，扁平或稍肿胀，条状长椭圆形，长5~16cm，宽1.5~2cm，顶端具喙，密被锈黄色或锈红色绒毛，具4或5种子。种子双凸镜状。花期6—7月，果期10—11月。

产于龙泉、庆元、景宁、温州市区、文成、泰顺等地。生于山坡或山谷林下或灌丛中。分布于华南、西南及江西、福建、湖南。

茎皮可制绳索及作造纸原料；根可制杀虫剂；花美丽，可供观赏。

图5-85　亮叶崖豆藤

5a. 峨眉崖豆藤（变种）（图5-86）

var. **minor** Z. Wei—*Callerya nitida* R. Geesink var. *minor* (Z. Wei) X.Y. Zhu

与亮叶崖豆藤的区别在于小叶较狭小，长3.5～5.5cm，宽2～3cm，先端渐尖；花冠较小，长1.6～1.8cm。

产于缙云、龙泉、庆元、景宁、文成。生于山地疏林与灌丛中，海拔可达1000m以上。分布于江西、福建、台湾、广东、广西、云南、贵州、四川。

茎可入药，有活血行经的功效。

图5-86　峨眉崖豆藤

6. 密花崖豆藤（图5-87）

Millettia congestiflora T.C. Chen—*Callerya congestiflora* (T.C. Chen) Z. Wei et Pedley

落叶藤本，长达5m。羽状复叶长15～30cm；小叶5，纸质，阔椭圆形至阔卵形，长11～13cm，宽6～8cm，先端短锐尖，基部阔楔形或钝，侧生小叶较小，下方1对更小，近卵形，上面仅中脉有细柔毛，下面被疏柔毛，侧脉6或7对，近叶缘向上弧曲，细脉网结，下

图5-87　密花崖豆藤

面明显隆起；小托叶刺毛状。圆锥花序顶生，长14～16cm，分枝粗壮密集，常2或3枝簇生；花序轴密被黄色柔毛；花密集；花萼钟状，密被绢毛；旗瓣外面粉白色，密被毛，内面紫色或紫红色，中间黄绿色，翼瓣、龙骨瓣紫色；雄蕊二体(9+1)；子房条形，密被毛。荚果扁平条形，长10～12cm，宽1.2～1.4cm，密被褐色绢毛，顶端具钩喙，基部渐狭，种子间稍缢缩，具3～6种子。种子栗褐色，长圆形。花期6—8月，果期9—10月。

产于衢州市区（衢江药王山）、金华市区（婺城南山）、庆元、乐清、文成。生于海拔500～1200m的山地林中。分布于安徽、江西、湖北、湖南、广东、四川。

7. 香花崖豆藤 （图5-88）

Millettia dielsiana Harms—*Callerya dielsiana* (Harms) P.K. Lôc ex Z. Wei et Pedley

常绿藤本。根状茎及根粗壮，折断有红色汁液。羽状复叶，小叶5，椭圆形、长圆形、披针形或卵形，长5～12(22)cm，宽2.5～4(8)cm，先端渐尖至圆钝，基部钝圆，边缘向下反卷，下面幼时多少被短柔毛，后渐脱落，中脉及侧脉均隆起，略带紫红色；小托叶钻形。圆锥花序顶生，长达15cm，密被黄褐色绒毛，分枝细弱，常下垂；花萼钟状，长约5mm，密被锈色绒毛；花冠紫红色，长1.2～2cm，旗瓣外侧稍带白色，密被金黄色或锈色丝状绒毛，基部无胼胝体状附属物，

图5-88　香花崖豆藤

内面中下部具白色或黄绿色斑块；雄蕊二体(9+1)；子房条形，无柄，密被短绒毛。荚果近木质，条形，灰绿色，长5.5～12cm，宽1.4～2.5cm，略扁，被褐色绒毛，具3～5种子。种子紫棕色，长圆形，长约1.5cm。花期6—7月，果期9—11月。

产于全省山区、丘陵。生于海拔400～800m的山坡、沟谷林缘或灌丛中。分布于华东、华中、华南、西南及陕西。越南、老挝也有。

根及茎可入药，有活血补血、舒筋通络的功效；花美丽，可供观赏。

7a. 异果崖豆藤（变种）（图5-89）

var. **heterocarpa** (Chun ex T.C. Chen) Z. Wei—*M. heterocarpa* Chun ex T.C. Chen

与香花崖豆藤的区别为小叶较宽大，卵形至阔披针形；荚果较肥厚；种子近圆形，稍扁。产于建德、淳安、金华市区、磐安、武义、衢州市区、常山、松阳、景宁。生于山坡、沟谷阔叶林林缘或灌丛中，有时见于石灰岩山地。分布于江西、福建、广东、广西、贵州。

用途同香花崖豆藤。

本省尚有1变型白花香花崖豆藤 form. **alba** L.H. Lou et G.Y. Li，与香花崖豆藤的区别为花冠白色。产于缙云（大洋山）、庆元。生于海拔约1000m的山谷林中。模式标本采自缙云（大洋山）。

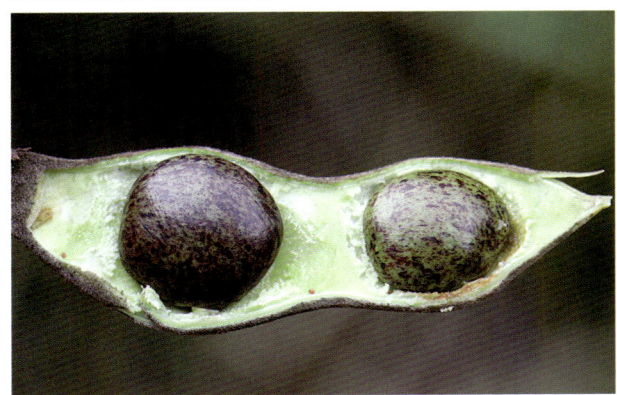

图 5-89 异果崖豆藤

7 紫藤属 Wisteria Nutt.

落叶木质藤本。奇数羽状复叶互生，托叶早落；小叶9～19，对生；叶片全缘；有小托叶。总状花序生于去年生小枝顶端，下垂；花萼钟状，萼齿5，上方2枚常合生，下方3枚较长；花冠白色、蓝色、淡紫色或青紫色，旗瓣大，反卷，近基部常有耳和2胼胝体，翼瓣镰状，基部有耳，龙骨瓣钝；雄蕊二体(9+1)；子房有毛，花柱上弯。荚果长条形，厚而扁平，有柄，种子间通常缢缩，成熟时开裂，具数粒种子。种子扁圆形。

约10种，分布于东亚、北美洲东北部及澳大利亚。我国有5种；浙江有2种。

1. 紫藤 （图5-90）
Wisteria sinensis (Sims) Sweet

落叶木质藤本。奇数羽状复叶，小叶7～13；托叶条状披针形，早落；小叶片卵状披针形或卵状长圆形，长4～11cm，宽2～5cm，先端渐尖或尾尖，基部圆形或宽楔形，幼时两面被柔毛，后渐脱落，仅中脉被柔毛；小叶柄长2～4mm，密被短柔毛；小托叶针刺状。总状花序长15～30cm，下垂，花密集；花序梗及花序轴密被黄褐色柔毛；花梗长1～2cm，被短柔

图5-90　紫藤

毛;花萼宽钟状,被疏柔毛;花冠紫色或深紫色;子房密被灰白色绒毛,有数粒胚珠。荚果条形或条状倒披针形,长10~20cm,扁平,密被灰黄色绒毛,具1~5(7)种子,成熟时开裂。种子灰褐色,扁圆形,直径0.7~1cm,种皮有花纹。花期4—5月,果期5—10月。

产于全省各地。生于向阳山坡上、沟谷中、旷地上、灌草丛中或疏林下;庭园中常有栽培。分布于北自辽宁、内蒙古,南至广东、广西,野生或栽培。国外多有栽培。

花含芳香油;茎皮纤维可制绳索或造纸;根、茎皮及花均可入药,有利尿消肿、解毒驱虫、止吐泻的作用;种子有防腐作用;常于庭园栽培,供观赏;花可食用。

本省尚有1变型白花紫藤 form. **alba** (Lindl.) Rehder et E.H. Wilson—*W. alba* Lindl.—*W. sinensis* (Sims) Sweet var. *albiflora* Lemaire(图5-91),与紫藤的区别为花冠白色,花蕾时有时微带紫色。产于临安(西天目山、高虹)、磐安(大盘山)。生于海拔600~850m的沟谷林缘;海宁、杭州市区、诸暨等地有栽培。分布于湖北。用途同紫藤。

图5-91 白花紫藤

2. 多花紫藤 (图5-92)

Wisteria floribunda (Willd.) DC.

落叶木质藤本,长达8m以上。奇数羽状复叶,小叶13~19,小叶片卵状椭圆形或卵状长圆形,长4~8cm,宽2~3.5cm,先端渐尖,基部圆形或宽楔形,幼时两面有平伏细毛,老叶无毛或几无毛,小叶柄长约3mm,被柔毛;小托叶针刺状,与小叶柄近等长。总状花序生于去年生枝顶端,长30~90cm;花极密集,下垂;花序梗及花序轴被柔毛;花梗长1~2cm,被毛;花萼宽钟状,5浅裂,外被柔毛;花冠淡紫色、蓝紫色或白色,长1.5~2cm,芳香,倒卵状圆形,基部有2胼胝体及短瓣柄,翼瓣和龙骨瓣短于旗瓣,基部均有瓣柄及耳,子房有柄;被绢毛。荚果条状倒披针形,长10~15cm,扁平,具1~4种子。种子扁平,近圆形。花期4—5月,果期9—10月。

原产于日本。我国秦岭—淮河以南各地常有引种。海宁、诸暨等地有栽培。

与紫藤的主要区别在于本种小叶13~19，花序长30~90cm，在我国仅见栽培；紫藤小叶7~13，花序长15~30cm。

图5-92　多花紫藤

❽ 鱼藤属　Derris Lour.

木质藤本，稀灌木或小乔木。奇数羽状复叶，小叶对生；托叶小，宿存，小托叶缺。总状或圆锥花序，腋生或顶生；花萼钟状，喉部近平截或有极短的齿；花冠白色、粉红色或紫红色；雄蕊10，通常单体，花药"丁"字形着生；子房无柄或有短柄，胚珠少数，花柱上弯。荚果扁平，长圆形或带状，沿腹缝线有翅或两缝线均有窄翅，成熟时不开裂，具1或少数种子。种子肾形或圆形，扁平，种脐小。

约50种，分布于全球热带、亚热带地区。我国包括引入约16种，分布于西南部经中部至东南部；浙江有2种。

1. 鱼藤　（图5-93）

Derris trifoliata Lour.

木质藤本。枝、叶无毛。小叶3~7，通常5，革质，卵状椭圆形、长椭圆形或卵状披针形，长3.5~10cm，宽1.5~5cm，先端渐尖，钝头，基部圆形。总状花序腋生或侧生于老枝上，长

5~15cm；苞片及副萼状小苞片宽卵形，被白色缘毛；花萼钟状，长2~3mm，无毛或疏被短柔毛，有不明显钝齿；花冠白色或粉红色，长0.8~1cm，无毛，各瓣近等长；雄蕊10，单体；子房无柄，被短柔毛。荚果薄，斜卵形、近圆形或宽椭圆形，长2.5~4cm，宽2~3cm，扁平，无毛，腹缝翅宽约1.5mm，背缝无翅，具1或2种子。种子暗褐色，扁平，近肾形。花期7—8月，果期9—11月。

原产于福建、台湾、广东、海南、广西。印度、马来西亚、澳大利亚北部也有。杭州、宁波、金华、台州、丽水、温州等地有栽培。

根、茎及叶含鱼藤酮，可毒鱼和制杀虫剂；根和茎可药用，有散瘀、止痛、杀虫的功效；有大毒，不可内服。

图 5-93　鱼藤

2. 中南鱼藤（图5-94）
Derris fordii Oliv.

木质藤本。小叶5或7，椭圆形或卵状长圆形，长4~12cm，宽2~5cm，先端短尾尖或尾尖，钝头，基部圆形，两面无毛，侧脉6或7对；小叶柄长4~6mm。圆锥花序腋生；花序梗及花梗均有棕色短硬毛；小苞片2，钻形，有毛；花萼钟状，萼齿5，三角形，极短，被棕色短柔毛及红色腺点或腺条；花冠白色，无毛，旗瓣有短柄，翼瓣一侧有耳，龙骨瓣与翼瓣近等长，基部有尖耳；雄蕊10，单体；子房无柄，有黄色长柔毛。荚果长圆形，长4~9cm，宽1.5~2.3cm，扁平，腹缝翅宽2～3mm，背缝翅宽不及1mm，具1或2种子。种子浅灰色，长约1.4cm。花期6月，果期11—12月。

产于丽水、温州及金华市区（婺城沙畈）、玉环。生于低山丘陵、山溪边的灌丛中或疏林下；江山、三门等地有栽培。分布于江西、福建、湖南、广东、海南、广西、四川、贵州。

用途同鱼藤。

图5-94　中南鱼藤

2a. 亮叶中南鱼藤（变种）（图5-95）
var. **lucida** How

与中南鱼藤的区别为小叶片3～7，较小，卵状披针形或椭圆状披针形，上面有光泽，侧脉不明显；花序梗及花梗被褐色柔毛；荚果背缝线翅较宽，达1～1.5mm。

产于莲都、松阳、景宁、乐清、泰顺。生于阴湿溪流边、山沟灌丛中或林缘。分布于广东、广西、贵州、云南。

与鱼藤的主要区别在于后者为总状花序；荚果仅腹缝线有翅。

图5-95　亮叶中南鱼藤

9 刺槐属 Robinia L.

落叶乔木或灌木。枝常有托叶刺。叶柄下芽,无顶芽。奇数羽状复叶,小叶对生;小叶片全缘;有小托叶。总状花序腋生,下垂;苞片膜质,早落;花萼钟状,5齿裂,稍二唇形,上方2枚几合生;花冠白色或红色,各瓣均具瓣柄,旗瓣圆形,向外反曲,无附属物,翼瓣镰状长圆形,龙骨瓣内弯,先端钝;雄蕊10,二体(9+1),花药一型或其中5枚略小;子房有柄,胚珠多数,花柱上弯,顶端有毛。荚果长圆形或条形,扁平,沿腹缝线有狭翅,种子间不具隔膜,成熟时开裂,果瓣薄。种子长圆形或肾形,偏斜。

约10种,分布于北美洲。我国引入2种;浙江栽培2种。

1. 刺槐 洋槐 (图5-96)
Robinia pseudoacacia L.——*R. pseudoacacia* L. var. *inermis* DC.

乔木,高达25m,胸径1m。树皮灰褐色至黑褐色,深纵裂。小枝暗褐色,无毛或幼时有细微毛。奇数羽状复叶有7~19小叶;小叶椭圆形、长圆形或宽卵形,长2~5.5cm,宽1~2cm,先端圆形或微凹,有时有小尖头,基部圆或宽楔形,两面无毛或下面幼时被绢状毛;小叶柄长约2mm;具针状小托叶。总状花序长10~20cm;花序梗及花梗有柔毛;花萼钟状,具柔毛;花冠白色,芳

图 5-96 刺槐

香,长15~18mm,旗瓣基部有2黄色斑点;子房无毛。荚果赤褐色,条状长圆形,长5~10cm,宽1~1.5cm,扁平,具3~10种子。种子黑褐色,肾形,扁平。花期4—5月,果期7—8月。

原产于北美洲。现全球普遍有引种栽培。全省各地有栽培。

为优良的行道、庭园观赏树种和重要的速生材用树种;木材坚硬耐水,可供枕木、车辆、家具、建筑用材;树皮、根及叶可入药,有利尿止血的功效;也是优良的蜜源植物。

本省尚有1变型及1品种:粉花刺槐 form. **decaisneana** (Carrière) Voss(图5-97),与刺槐的区别为花粉红色;原产于北美洲;杭州市区、金华市区等地有栽培。香花槐 'Idaho'(图5-98),与刺槐的区别为花紫红色,香气不明显;一年常开2次花;全省各地普遍栽培供观赏。

图5-97 粉花刺槐

图5-98 香花槐

2. 毛刺槐 毛洋槐 (图5-99)
Robinia hispida L.

灌木或小乔木,高可达5m。嫩枝、花序轴及花梗密被红色刺毛。二年生枝褐色,无毛。叶柄下芽,无顶芽。奇数羽状复叶,小叶7~13,卵形或卵状长圆形,长2~4cm,宽1.5~3cm,先端钝或钝尖,基部圆形或宽楔形,老叶两面无毛;小叶柄长约3mm;小托叶钻形,短于小叶柄。总状花序腋生,具3~7花;花萼杯状,浅裂,外被刺毛及柔毛;花冠玫红色或淡紫色。荚果革质,条状长圆形,长5~8cm,宽1.2~1.5cm,被红色刺毛。在本省通常不结果。

图5-99 毛刺槐

八九 蝶形花科 Fabaceae

原产于北美洲。河北、江苏等地有引种。杭州等地有栽培。

花色艳丽,可供观赏。用刺槐作砧木,嫁接繁殖。

与刺槐的主要区别为后者小枝、花梗及荚果均无红色刺毛。

⑩ 田菁属 Sesbania Scop.

半灌木状草本或灌木,稀乔木状,有时具刺。偶数羽状复叶有多数小叶;托叶不显著,早落,小叶常具腺点。总状花序腋生,具数花;花萼钟状或宽钟状,呈二唇形或具5齿;花冠远较花萼长,通常黄色而带紫色斑点或条纹,稀紫色或白色,旗瓣宽,有瓣柄,翼瓣与龙骨瓣均具耳及细瓣柄;雄蕊二体(9+1),花药一型;子房具柄,有多数胚珠。荚果极细长,2瓣开裂,具多数种子,种子间有隔膜。

约60种,分布于全球热带、亚热带地区。我国有5种;浙江有1种。

田菁 (图5-100)
Sesbania cannabina (Retz.) Poir.

一年生半灌木状直立草本,高可达3m。小枝及叶轴无刺。偶数羽状复叶有10~40对小叶;托叶盾状着生,披针形或披针状钻形,长达1cm,早落;小叶条形或条状长圆形,长8~25mm,宽2.5~5mm,先端钝,有小尖头,基部圆形,两面密生褐色小腺点;小托叶针形。总状花序腋生,疏生2~6花;花萼钟状,无毛,萼齿5,短于萼筒;花冠黄色,长1~1.5cm,旗瓣外面常有紫斑;雄蕊二体,花药一型;子房条形,无毛,花柱内弯。荚果细圆柱形,长

图5-100 田菁

15～22cm，直径2.5～3.5mm，2瓣开裂，具多数种子。种子绿褐色，短圆柱形，长约3mm，种脐圆形，白色。花期8—9月，果期10—11月。

可能原产于澳大利亚和西南太平洋岛屿。栽培并归化于全国多数地区。本省曾作海岸护堤植物广泛栽培，现已归化并成为入侵物种，沿海地区极常见，部分内陆地区也有归化。

嫩茎叶可作绿肥或饲料用；全株可药用，叶有清热凉血、解毒利尿的功效，根能涩精、缩尿、止带，种子可用于消炎止痛。

11 木蓝属 Indigofera L.

落叶灌木或草本，稀小乔木。植株多少被平贴"丁"字形毛，有时被开展毛、多节毛或腺毛。一回奇数羽状复叶，偶为羽状三出复叶或单叶；具托叶。总状花序腋生，稀头状或穗状；萼齿5；花冠紫红色至淡红色，稀白色或黄色，旗瓣卵形或长圆形，具短柄，外面常被毛，翼瓣较狭长，具耳，龙骨瓣匙形，常有距，与翼瓣钩连；雄蕊二体（9+1），花药一型，顶端具硬尖或腺点，有时两端或一端具髯毛；子房具1至多数胚珠。荚果圆柱形，稀长圆形或卵形。种子肾形、长圆形或近方形。

约750种，广泛分布于热带及亚热带地区，多数分布于非洲。我国有79种，主要分布于西南；浙江有10种。

本属植物可供观赏、药用及作绿肥、饲料、染料。

Flora of China 记载浙江产苏木蓝 *I. carlesii* Craib，但作者从未调查到，仅在中国数字植物标本馆上查到1份采自龙泉昴山的果枝标本（8847，中国科学院植物研究所标本馆），但其小叶多达15或17枚，叶形也与苏木蓝明显不符，且鉴定标签上明确为宁波木蓝，可能系标本归类及录入时发生错误所致。因此浙江并无该种分布的确切依据，本志不予收录。

分种检索表

1. 茎或至少在幼枝及花序轴上具开展毛。
  2. 枝、叶、花序被多节卷毛，荚果无毛；花冠长1.1～1.5cm。
    3. 小叶通常5或7，长4～7cm；花序长于复叶，花序梗长达7cm ················· **4. 长总梗木蓝 I. longipedunculata**
    3. 小叶通常9～15，长1.3～3cm；花序常短于复叶，花序梗长不超过1.5cm ················· **5. 浙江木蓝 I. parkesii**
  2. 枝、叶、花序及荚果均被开展长硬毛；花冠长4～6mm ················· **10. 硬毛木蓝 I. hirsuta**
1. 茎和幼枝及花序轴上无毛或具伏贴"丁"字形毛。
  4. 荚果钩状弯曲，长1～1.5cm；花序短于叶；花冠长4～5mm（栽培）········ **7. 野青树 I. suffruticosa**
  4. 荚果直，长1.7～7cm；花序与叶等长或长于叶；花冠长5～18mm（野生）。
    5. 花大，长9mm以上；荚果无毛。

6. 小叶下面网脉不明显，下面或两面均有伏贴"丁"字形毛 ················· **1. 庭藤 I. decora**
6. 小叶下面网脉突出而清晰，两面无毛或仅幼时在叶缘及下面中脉疏生"丁"字形毛，后脱落。
　　7. 小叶7～15，小叶片长1.5～5.5cm；花序长8～15cm；花冠长9～11mm ···· **2. 华东木蓝 I. fortunei**
　　7. 小叶5或7，小叶片长3.5～8cm；花序长可达24cm；花冠长12～15mm ··· **3. 光叶木蓝 I. neoglabra**
5. 花小，长7mm以下；荚果被毛。
　　8. 小叶11～23，干后下面变黑或有黑斑；花序梗长达2cm；荚果长1.7～2.5cm ·················
　　　　·· **6. 黑叶木蓝 I. nigrescens**
　　8. 小叶5～11，干后下面不变黑；花序梗短或近无；荚果长2.5～7cm。
　　　　9. 顶生小叶与侧生小叶近等大；叶柄长1～1.5cm ················· **8. 马棘 I. bungeana**
　　　　9. 顶生小叶大于侧生小叶；叶柄长2～5cm ················· **9. 多花木蓝 I. amblyantha**

1. 庭藤 （图5-101）
Indigofera decora Lindl.

落叶灌木，高40～100cm。茎圆柱形，分枝有棱，无毛或近无毛。小叶7～15，对生或在下部互生；叶柄长1～1.5（3）cm；小叶变异大，通常为卵状椭圆形至披针形，长2～7cm，宽1～3.5cm，先端渐尖或急尖，稀圆钝，具小尖头，基部楔形或宽楔形，上面无毛，下面被白色伏贴"丁"字形毛。总状花序长13～21cm；花序梗长2～4cm，具棱；花萼长2.5～3mm，萼齿5，三角形；花冠粉红色，稀白色，旗瓣椭圆形，长1.2～1.8cm，外被短柔毛，翼瓣长1.2～1.4cm，龙骨瓣与翼瓣近等长，有距及瓣柄；花药宽卵形，两端有髯毛；子房条形。荚果圆柱形，长3～7cm，近无毛，具7或8种子。种子椭圆形，长4～4.5mm。花期5—8月，果期7—10月。

产于全省山区、丘陵。生于海拔300～1500m的溪边、沟旁及阔叶林缘或灌丛中。分布于江苏、安徽、福建、广东。日本也有。

根可药用，有清热解毒、消肿止痛的功效，但有毒，须慎用；嫩叶可作饲料，枝叶可作绿肥；可供观赏。

图5-101　庭藤

1a. 宁波木蓝（变种）（图5-102）
var. **cooperii** Y.Y. Fang et C.Z. Zheng —— *I. cooperi* Craib

本变种小叶13～23，萼齿近披针形，可与庭藤相区别。

产于除嘉兴、湖州外的全省山区。生于海拔400～1500m的山坡灌丛中或溪边、路旁。分布于江西、福建。模式标本采自宁波。

用途同庭藤。

图5-102　宁波木蓝

1b. 宜昌木蓝（变种）（图5-103）
var. **ichangensis** (Craib) Y.Y. Fang et C.Z. Zheng —— *I. faberi* Craib

本变种小叶两面有毛，与庭藤不同。

产于临安、建德、天台、开化、缙云、龙泉、永嘉、瑞安、文成、泰顺。生于山坡灌丛或疏林中。分布于华东、华中、华南及贵州。

用途同庭藤。

图 5-103 宜昌木蓝

2. 华东木蓝　福琼木蓝　（图 5-104）
Indigofera fortunei Craib

落叶灌木，高 30～80cm。茎直立，无毛。小叶 7～15，对生；叶柄长 1.5～4cm；小叶宽卵形、卵形或卵状椭圆形，稀卵状披针形，长 1.5～5.5cm，宽 0.8～3cm，先端圆钝或急尖，有时微凹，

图 5-104 华东木蓝

具小尖头，基部圆形或宽楔形，幼时在下面中脉及边缘疏生"丁"字形毛，后脱落无毛，网脉明显。总状花序长8~15cm；花序梗常短于叶柄，无毛；花萼长2.5mm，萼齿5，最下方1枚稍长；花冠紫红色或粉红色，长9~11mm，旗瓣宽倒卵形，先端微凹，外面密被短柔毛，翼瓣与龙骨瓣近等长，有瓣柄及短距；花药两端有髯毛；子房无毛，有10余粒胚珠。荚果圆柱形，长3~4.5cm，无毛。花期4—5月，果期6—11月。

产于湖州、杭州、绍兴、宁波、台州、温州及开化等地。生于海拔200~700m的山坡疏林下或灌丛中。分布于江苏、安徽、江西、河南、湖北、陕西。

根可药用，有清热解毒、消肿止痛的功效；花美丽，可供观赏。

3. 光叶木蓝 （图5-105）

Indigofera neoglabra X.Y. Zhu —— *I. neoglabra* Hu ex F.T. Wang et Tang —— *I. glabra* S.S. Chien

落叶小灌木，高约60cm。除花和花序外全体无毛或近无毛。茎褐色，圆柱形，幼枝具棱。羽状复叶有5或7小叶；叶柄长2.5~4.3cm；小叶对生，卵形、菱状卵形或椭圆形，长3.5~8cm，宽1.5~4cm，先端急尖或短渐尖，具小尖头，基部宽楔形或近圆形，两面无毛或近无毛，下面网脉清晰。总状花序长达24cm；花序梗长约4.5cm，疏被短毛；花萼斜杯状，长3.5mm，外被棕色并间杂有白色"丁"字形毛，萼齿5，最下方1枚较长；花冠淡紫色或近白色，旗瓣倒卵状长圆形，长12~15mm，外被短柔毛，翼瓣狭条形，龙骨瓣镰状长圆形，与旗瓣近等长，均有瓣柄；花药基部有髯毛；子房无毛，有11~13胚珠。荚果圆柱形，长4~5cm。花期5—6月，果期8—10月。

产于余姚、象山、宁海、永康、仙居、莲都、青田、文成、泰顺。生于海拔500~800m的山坡路旁或灌丛中。分布于广东、台湾。

用途同华东木蓝。

图5-105 光叶木蓝

4. 长总梗木蓝 （图5-106）

Indigofera longipedunculata Y.Y. Fang et C.Z. Zheng—*I. parkesii* Craib var. *longipedunculata* (Y.Y. Fang et C.Z. Zheng) X.F. Gao et Schrire

灌木，高达1m。茎圆柱形，分枝曲折，具明显4棱，与叶柄、叶轴及花序轴多少被开展多节卷毛。羽状复叶长达20cm，有5或7（9）小叶；叶柄长2～7cm；托叶早落；小叶宽卵形、卵形或椭圆形，长4～7cm，宽2～3.7cm，先端急尖或圆钝，具小尖头，基部宽楔形至圆形，上面疏生白色短"丁"字形毛，下面尤其是沿脉被多节卷毛，网脉明显。总状花序长达25cm；花序梗长达7cm；花萼筒长2～2.5mm；花冠紫红色，旗瓣倒卵状长圆形，长1.4～1.5cm，外面密被短柔毛，翼瓣倒披针形，基部具柄瓣及耳，龙骨瓣镰刀状，中部以下有距；雄蕊二体，花药两端有髯毛；子房无毛。荚果圆柱形，长3～5cm。花期4—5月，果期7—9月。

产于嵊州、余姚、鄞州、奉化、宁海、缙云、永嘉、瑞安、文成、苍南。生于海拔200～1000m的山坡路旁及疏林下。分布于江西。模式标本采自宁波鄞州（四明山）。

*Flora of China*将其降为浙江木蓝的变种，但从小叶数目与形状、花序与复叶相对长度、花序梗长度及花的大小等方面，两者均存在明显区别，故本志仍将其作为种处理。

图5-106 长总梗木蓝

5. 浙江木蓝 （图5-107）

Indigofera parkesii Craib

小灌木，高30～60cm。茎通常斜展，"之"字形曲折，有时基部呈匍匐状，与分枝常被白色或棕色开展多节卷毛。羽状复叶长8～15cm，小叶（5）9～15；托叶条形，长达8mm；小叶坚纸质，宽卵形、卵形、椭圆形以至披针形，顶生的常为倒卵形，长1.3～3（5）cm，宽1～3cm，先端圆形或急尖，基部楔形或圆形，有时近心形，上面散生白色"丁"字形毛，下面有开展卷毛，网状细脉两面均明显。总状花序长3～13cm；花序梗长达1.5cm，被多节卷毛；花萼长4～4.5m，疏生多节毛，萼齿不等长；花冠淡紫色，稀白色，旗瓣长1.1～1.3cm，外面密被柔毛；雄蕊二体，花药两端具髯毛；子房无毛。荚果圆柱形，长3～4.7cm。花期7—8月，果期9—10月。

产于全省山区、丘陵。生于海拔100～600m的山坡疏林下或灌丛中。分布于华东。模式标本采自浙江（具体产地不明）。

图5-107　浙江木蓝

图5-108　多叶浙江木蓝

5a. 多叶浙江木蓝（变种）（图5-108）

var. **polyphylla** Y.Y. Fang et C.Z. Zheng

与浙江木蓝的区别为小叶15～25；花白色或带紫红色。

产于金华市区（北山）、武义（牛头山）、龙泉（兰巨）、景宁（九龙）。生于海拔200～600m的山坡林下或林缘。分布于安徽、江西。

6. 黑叶木蓝 （图5-109）

Indigofera nigrescens Kurz ex King et Prain

直立灌木，高1~2m。茎红褐色，分枝绿色，被棕褐色平贴"丁"字形毛。羽状复叶长8~18cm，有11~23小叶；叶柄长2~2.5cm，疏生毛；小叶椭圆形或倒卵状椭圆形，长1.5~3cm，宽0.7~1.3cm，先端圆钝，具小尖头，基部宽楔形或近圆形，两面疏生短"丁"字形毛，干后下面通常变黑色或有黑色斑点与斑块。总状花序，花密集，长可达19cm；花序梗长达2cm，花梗与苞片同被棕色毛；苞片明显，狭条形，长5~7mm；花萼长2~2.5mm，萼齿三角形，短于萼筒；花冠红色或紫红色，长6.5~7mm，旗瓣倒卵形，有短瓣柄，外面被棕色并间杂白色"丁"字形毛，翼瓣与龙骨瓣近等长，均有瓣柄，龙骨瓣有距；花药基部有少数髯毛；子房无毛，有8或9胚珠。荚果圆柱形，长1.7~2.5cm，疏生毛；果梗长约1mm，下弯。种子红褐色，长约2.5mm。花期9—10月，果期10—12月。

产于遂昌、龙泉、景宁、文成、平阳、泰顺。生于海拔300~1500m的山坡荒地灌丛中或疏林下。分布于华东、华中、华南、西南。

图5-109 黑叶木蓝

7. 野青树 （图5-110）
Indigofera suffruticosa Mill.

图5-110 野青树

直立灌木或亚灌木，高0.8～1.5m。茎有少数分枝，灰绿色，被平贴"丁"字形毛。羽状复叶有11～15（19）小叶；叶柄长约1.5cm，被毛；托叶钻形，长达4mm；小叶长椭圆形或倒披针形，长1～4cm，宽5～15mm，先端急尖，稀圆钝，基部宽楔形，两面常被平贴"丁"字形毛或上面毛脱落。总状花序呈穗状，常短于叶，长2～3cm；花序梗极短或缺；花萼长1.5mm，萼齿短而宽，与萼筒近等长；花冠红色，长4～5mm，旗瓣宽倒卵形，外面密被毛，具瓣柄，翼瓣与龙骨瓣近等长，龙骨瓣两侧有距；花药球形，无髯毛；子房在腹缝线上密被毛。荚果呈钩状弯曲，长1～1.5cm，被毛，常下垂，具6～8种子。种子长圆形。花期3—5月，果期6—10月。

原产于美洲热带地区，现广泛种植于全球热带地区。江南各地常有栽培；平阳有栽培。

枝叶可提取靛蓝染料；全株可入药，有清热解毒、凉血、透疹等功效；全株有毒，根部毒性较强，须慎用。

8. 马棘 河北木蓝 （图5-111）
Indigofera bungeana Walp.—*I. pseudotinctoria* Matsumu.

落叶灌木，高50～150cm。茎多分枝，枝细长，幼时明显具棱，被平贴"丁"字形毛。羽状复叶长3.5～5.5cm，小叶7～11；叶柄长1～1.5cm，被毛；小叶倒卵状椭圆形、倒卵形或椭圆形，长1～2cm，宽0.5～1.1cm，先端圆或微凹，具小尖头，两面被平贴毛。总状花序长3～11cm，常长于复叶，花密集；花序梗短于叶柄；花萼长2.5～3.5m，萼齿5，不等长；花冠淡红色或紫红色，长5～6mm，旗瓣倒宽卵形，外被"丁"字形毛，翼瓣基部具耳，龙骨瓣两侧有距，各瓣均具瓣柄；花药无髯毛；子房被毛，有多数胚珠。荚果圆柱形，长2.5～5cm，被毛。种子长圆形。花期7—8月，果期9—11月。

产于全省山区、丘陵。生于海拔1300m以下的山坡林缘、岩隙间及灌草丛中。分布于华北、华东、华中、西南、西北及广西、辽宁。日本、朝鲜半岛也有。

根及全草可入药，有清热解毒的功效；适应性强，可用于荒山、边坡美化。

图 5-111　马棘

9. 多花木蓝 （图 5-112）
Indigofera amblyantha Craib

落叶灌木，高 80～150cm。茎圆柱形，幼枝具棱，密被白色平贴"丁"字形毛，后变无毛。羽状复叶具 7～11 小叶；叶柄长 2～5cm，被平贴毛；小叶的形状、大小变化大，长 1.5～6cm，宽 1～2.5cm，顶生的较大，先端圆钝，具小尖头，基部楔形或宽楔形，两面被平贴毛，下面较密。总状花序长达 9cm，近无花序梗；花萼长约 3.5mm，萼齿 5，不等长；花冠淡红色，旗瓣倒宽卵

图 5-112　多花木蓝

形，长6~6.5mm，翼瓣长约7mm，龙骨瓣较翼瓣稍短，有距，各瓣均具瓣柄；花药无髯毛；子房被毛，有多数胚珠。荚果圆柱形，长3.5~7cm，被毛。种子褐色，长圆形，长约2.5mm。花期5—7月，果期9—11月。

产于湖州、杭州及诸暨、衢州市区（衢江）。生于海拔300~1000m的山坡路旁灌丛中或林缘，多见于石灰岩山地。分布于华东、华中、西南及河北、山西。

根或全株可入药，有清热解毒、消肿止痛等功效；可供石灰岩地区及边坡美化。

10. 硬毛木蓝 （图5-113）
Indigofera hirsuta L.

平卧或直立亚灌木，高30~60m。植物体各部均密被开展长硬毛。茎圆柱形，多分枝。羽状复叶有7~11小叶；小叶倒卵形或长圆形，长2~3.5cm，宽1~2cm，先端圆钝，基部宽楔形，两面有伏贴毛，下面较密；小叶柄长约2mm。总状花序腋生，花小，密集；花序梗较叶柄长，花梗长约1mm；花萼长4mm，萼齿狭披针形；花冠红色，长4~6mm，旗瓣倒卵状椭圆形，基部有瓣柄，翼瓣与龙骨瓣等长，有短小的距及瓣柄；花药顶端有红色尖头；子房密被淡黄棕色长硬毛，花柱无毛。荚果圆柱形，长1.5~2cm，具6~8种子；果梗下弯。花期7—8月，果期9—11月。

产于定海。生于滨海沙滩内缘草丛中。分布于福建、台湾、湖南、广东、广西。亚洲、非洲热带地区、大洋洲、美洲也有。

图5-113 硬毛木蓝

八九 蝶形花科 Fabaceae

⑫ 小槐花属 Ohwia H. Ohashi

落叶灌木或亚灌木。茎多分枝。羽状三出复叶互生；顶生小叶较侧生者大，全缘；叶柄两侧有狭翅；具托叶和小托叶。总状花序，花序轴被柔毛和钩状毛，每节着生2花；具小苞片；花萼狭钟状，萼齿5，上部2枚近合生；花瓣白色或浅黄色，有脉纹，均具瓣柄；雄蕊二体（9+1）；子房有柄。荚果扁平，长条形，被钩状毛，背、腹缝线在节处微缢缩。

2种，分布于东亚和东南亚。我国均有；浙江有1种。

小槐花 （图5-114）
Ohwia caudata (Thunb.) H. Ohashi——*Desmodium caudatum* (Thunb.) DC.

灌木，高0.5~2m。羽状三出复叶；叶柄两侧具狭翅；小叶披针形、宽披针形或长椭圆形，稀椭圆形，长2.5~9cm，宽1~4cm，先端渐尖或尾尖，稀钝尖，基部楔形或宽楔形，稀圆形，上面疏被短柔毛，下面毛稍密，两面脉上的毛较密。总状花序腋生或顶生；花序轴密被毛；花萼狭钟状，裂齿5，上方2枚几合生，下方3枚披针形，密被毛；花冠绿白色或淡黄白色，长约7mm，旗瓣长圆形，先端圆钝，翼瓣狭小，基部有瓣柄，龙骨瓣狭长圆形，基部亦有瓣柄；雄蕊10；子房条形，密被绢毛。荚果带状，长4~8cm，宽3~4mm，有4~8荚节，两缝线均缢缩成浅波状，密被棕色钩状毛。花期7—9月，果期9—11月。

产于全省山区、丘陵。生于山坡、山谷、山沟疏林下、灌草丛中或空旷地上。分布于长江流域及以南各地。日本、朝鲜半岛、缅甸、马来西亚、印度也有。

根或全株可入药，有祛风利湿、解毒、利尿等功效。

图5-114 小槐花

13 山蚂蝗属 Desmodium Desv.

灌木或亚灌木，稀草本。羽状三出复叶或退化为单小叶；具托叶及小托叶；小叶全缘，稀为浅波状。花通常较小，组成腋生或顶生的总状或圆锥花序，稀为单生或成对生于叶腋；花萼钟状，4或5裂；花冠白色、粉红色或紫色，花瓣具瓣柄；雄蕊10，二体（9+1）；子房有数粒胚珠。荚果扁平，不开裂，背缝线稍缢缩，腹缝线劲直；荚节数个，近矩形，无果颈（子房柄）。

约280种，分布于热带和亚热带地区。我国有32种，主要分布于西南部至东南部；浙江有3种。

《中国植物志》及 *Flora of China* 记载浙江尚产三点金草 *D. triflorum* (L.) DC.，但作者在多年调查工作中均未及，仅在中国数字植物标本馆上查到3份相关标本（均藏于浙江自然博物院植物标本馆）：1份（8352号）采自泰顺三魁，为小叶三点金草的误定；另2份（29646号及1968号）采自临安昌化龙塘山，实为截叶山黑豆 *Dumasia truncata* Siebold et Zucc.，标本置于该种中可能系归类错误。故浙江并无该种分布的确切依据，本志不予收录。

分种检索表

1. 叶片大，顶生小叶片长2～8.5cm。
  2. 植株通常斜升或平卧；荚果扁平，仅背缝线呈浅波状；叶脉在两面下陷或隆起均不明显，侧生小叶先端通常圆钝或微凹 ·················· 1.假地豆 **D. heterocarpon**
  2. 植株通常直立；荚果稍肿胀，腹缝线略呈浅波状，背缝线波状；叶脉在上面明显下陷，下面显著隆起，侧生小叶先端常急尖 ·················· 3.饿蚂蝗 **D. multiflorum**
1. 叶片远较小，顶生小叶片长0.2～1.5cm ·················· 2.小叶三点金草 **D. microphyllum**

1. 假地豆 （图5-115）
Desmodium heterocarpon (L.) DC.

亚灌木或小灌木，高0.3～0.5m。茎斜升或平卧，多少被伏毛或开展毛，老时渐疏。羽状三出复叶；顶生小叶椭圆形、长椭圆形或倒卵状椭圆形，长2～6cm，宽1.3～3cm，先端圆钝或微凹，基部圆形或宽楔形，上面无毛，下面多少被伏毛；侧生小叶较小。总状花序腋生或顶生，长3～10cm，花密集；花序轴密被毛，每节着生1～3花；花梗纤细，长2～5mm；花萼钟状，萼齿长于萼筒；花冠紫红色或蓝紫色，稀白色，长5～6mm，旗瓣宽倒卵形，翼瓣倒卵形，有耳，龙骨瓣极弯曲，先端钝；雄蕊二体（9+1）；子房被短柔毛。荚果条形，长1～2.5cm，宽2～3mm，扁平，多少被毛，背缝线呈浅波状，腹缝线几平直，具4～8荚节。种子圆肾形，暗褐色，有光泽。花期7—9月，果期9—11月。

产于除嘉兴外的全省各地。生于山坡、山谷、路旁疏林下或灌草丛中。分布于华东、华中、华南、西南。东亚、东南亚、太平洋群岛、非洲及澳大利亚也有。

全株可入药，有清热解毒、消肿止痛的功效；花色艳丽，可供观赏。

八九 蝶形花科 Fabaceae

图 5-115 假地豆

2. 小叶三点金草 （图 5-116）
Desmodium microphyllum (Willd.) DC.

亚灌木。茎平卧或稍直立，多纤细分枝。羽状三出复叶，稀单叶；叶柄细短；顶生小叶椭圆形或倒卵形，长 2～15mm，宽 1～7mm，先端圆或钝，有时微凹，具小尖头，基部浅心形，上面

图 5-116 小叶三点金草

近无毛，下面疏被白色伏毛；侧生小叶片明显较小，基部偏斜。总状花序腋生或顶生，花稀疏；花序梗多少曲折，有细钩状毛和开展的软毛，每节通常着生1花；花萼浅钟状，5深裂，萼齿狭披针形，被长柔毛；花冠粉红色或淡紫色，长约5mm，旗瓣宽倒卵形或近圆形，先端微凹，翼瓣具瓣柄及耳，龙骨瓣与翼瓣近等长；雄蕊二体(9+1)；子房被毛。荚果扁平，长8~16mm，宽约3mm，具2~5荚节，两面被细钩状毛，两缝线在荚节间缢缩成波状。种子暗褐色，有光泽，椭圆形。花期7—8月，果期9—10月。

产于除嘉兴外的全省各地。生于山脚、山坡、路旁草地或灌草丛中。广泛分布于长江流域以南各地。日本、中南半岛、印度、澳大利亚也有。

根及全草可入药，有消积、止咳、散瘀、解毒等功效。

3. 饿蚂蝗 （图5-117）

Desmodium multiflorum DC.——*D. sambuense* (D. Don) DC.

灌木，高0.5~1.5m。茎直立或稍披散，具棱角，疏生长柔毛。羽状三出复叶；顶生小叶宽椭圆形或椭圆形，长4~8.5cm，宽2~5cm，先端钝或钝尖，具小尖头，基部圆形或宽楔形，两面疏被长柔毛，边缘略反卷，侧生小叶较小，先端急尖，叶脉在上面明显凹下，下面显著隆起。

总状花序腋生或圆锥花序顶生，长可达16cm，花密集；花序梗长2~8cm，被毛，每节着生1~3花；花梗纤细，果时长可达1cm；花萼钟状，萼齿三角形或三角状披针形；花冠粉红色或紫红色，长约1cm，旗瓣宽卵形，无瓣柄，翼瓣与旗瓣近等长，龙骨瓣较短，与翼瓣具瓣柄；雄蕊二体(9+1)；子房两缝线密被白色伏毛。荚果条形，稍肿胀，长1.5~4cm，密被黄褐色伏毛，具4~8荚节，腹缝线略呈浅波状，背缝线波状。种子赭红色，长圆形，扁平。花期7—8月，果期9—10月。

产于莲都、缙云、龙泉、庆元、景宁、青田、洞头、泰顺。生于海拔600m以下的山坡、山沟疏林下或林缘灌草丛中。分布于华东、华中、华南、西南。东南亚、南亚也有。

根或全株可入药，有健胃止痛及解蛇毒的功效。

图5-117 饿蚂蝗

14 长柄山蚂蝗属 Hylodesmum H. Ohashi et R.R. Mill

多年生草本或亚灌木。羽状复叶，小叶3～7；具托叶及小托叶。花通常较小；总状或稀疏的圆锥花序，顶生或腋生，每节常着生2或3花；花萼5裂；旗瓣宽椭圆形或倒卵形，翼瓣、龙骨瓣通常狭椭圆形；雄蕊10，单体或近单体。荚果有明显果颈（子房柄），具2～5荚节，背缝线于荚节间凹入而成1深缺口，腹缝线在每荚节中部不缢缩或微缢缩；荚节通常为斜三角形或略呈宽的半倒卵形。

约14种，主要分布于亚洲，少数种类产于美洲。我国有10种，5亚种，分布于全国各地；浙江有3种。

分种检索表

1. 小叶通常7，偶3或5 ··· **1. 羽叶长柄山蚂蝗 H. oldhamii**
1. 小叶全为3。
  2. 常绿；小叶坚纸质，有光泽；荚果长3.5～5cm，荚节2～4，果颈长10～12mm ··· **2. 细长柄山蚂蝗 H. leptopus**
  2. 落叶；小叶纸质，无光泽；荚果长不逾2cm，荚节通常2，果颈长4～7mm ··· **3. 长柄山蚂蝗 H. podocarpium**

1. 羽叶长柄山蚂蝗 （图5-118）

Hylodesmum oldhamii (Oliv.) H. Ohashi et R.R. Mill—*Desmodium oldhamii* Oliv.—*Podocarpium oldhamii* (Oliv.) Yen C. Yang et P.H. Huang

落叶亚灌木，高0.5～1.5m。茎直立，小枝略具棱角。羽状复叶具7小叶，偶3或5，长达

图5-118　羽叶长柄山蚂蝗

25cm；顶生小叶椭圆状披针形或披针形，长4～10cm，宽2～4cm，先端渐尖，基部楔形，上面疏被糙伏毛，下面疏被柔毛；侧生小叶片较小。圆锥花序顶生，花稀疏，花序轴密被黄色短柔毛，每节着生1或2花；花梗细长，果时长达1cm；花萼钟状，萼齿三角形；花冠粉红色，长约7mm，旗瓣倒卵形或倒卵状椭圆形，翼瓣长圆形，龙骨瓣长圆形；雄蕊10，单体；子房有柄。荚果长2～3cm，通常具2荚节，荚节半菱形，密被钩状短柔毛；果颈长0.8～1.3cm。花期8—9月，果期9—10月。

产于全省山区、丘陵。生于海拔100～1500m的山谷、沟边、山坡疏林下或灌草丛中。分布于东北、华东、华中、西南及河北、陕西。日本、朝鲜半岛及俄罗斯远东地区也有。

根或全草可入药，有祛风、活血、利尿、驱虫的功效。

2. 细长柄山蚂蝗　长果柄山蚂蝗　（图5-119）

Hylodesmum leptopus (A. Gray ex Benth.) H. Ohashi et R.R. Mill—*Desmodium leptopus* A. Gray ex Benth.—*Podocarpium leptopus* (A. Gray ex Benth.) Yen C. Yang et P.H. Huang

常绿亚灌木，高30～70cm。羽状三出复叶簇生或散生；顶生小叶坚纸质，卵形至卵状披针形，长10～15cm，宽3.5～6cm，先端长渐尖，基部楔形或圆形，上面除中脉被小钩状毛外，余近无毛，有光泽，下面有极疏的短柔毛，基出脉3；侧生小叶通常较小，基部极偏斜。花序顶生，总状花序或具少数分枝的圆锥花序，有时从茎基部抽出，花极稀疏；花梗长3～4mm，果时长11～13mm，密被钩状毛；花萼长2～3mm，萼齿较萼筒

图5-119　细长柄山蚂蝗

短；花冠粉红色，长约5mm，旗瓣宽椭圆形，先端微凹，各瓣均具瓣柄；雄蕊单体；子房具长柄。荚果扁平，稍弯曲，长3.5～5cm，腹缝线直，背缝线于荚节间深凹并接近腹缝线，有2～4斜三角形荚节，被小钩状毛；果颈长10～12mm。花期8月，果期9—10月。

产于台州、丽水、温州及淳安、诸暨、象山、宁海、开化、江山、东阳。生于海拔800m以下的沟谷或山坡疏林下。分布于华东、华中、华南、西南。东南亚及日本也有。

3. 长柄山蚂蝗　圆菱叶山蚂蝗（图5-120）

Hylodesmum podocarpium (DC.) H. Ohashi et R.R. Mill—*Podocarpium podocarpum* (DC.) Yen C. Yang et P.H. Huang—*Desmodium podocarpum* DC.

落叶灌木或亚灌木，高50～100cm。茎直立，通常不分枝。羽状三出复叶，常聚生于茎中上部；小叶纸质，无光泽；顶生小叶圆菱形，长2～7cm，宽2～6cm，先端钝尖，基部宽楔形，两面疏生短柔毛，有时上面近无毛；侧生小叶略小。圆锥花序顶生，稀为总状花序腋生，果时长达40cm；花序轴密被柔毛，每节着生1或2花；花梗细，长2～3mm，果时可伸长至5mm；花萼钟状，萼齿短，宽三角形；花冠紫红色，长约4mm，旗瓣近圆形，先端微凹，翼瓣和龙骨瓣具瓣柄；雄蕊10，单体；子房有柄。荚果长12～16mm，通常具2荚节，被短钩状毛，腹缝线近平直，背缝线在种子间深缢缩；果颈长4～7mm，顶端通常膝曲。花期7—8月，果期9—10月。

产于全省山区、丘陵。生于海拔100～1200m的向阳山坡上、路边草丛中或疏林下。分布于华北、华东、华中、华南、西南、西北。东亚、东南亚、南亚也有。

根或全株可入药，有健脾化湿、祛风止痛、破瘀散肿等功效。

图5-120　长柄山蚂蝗

3a. 宽卵叶长柄山蚂蝗（亚种）（图5-121）

subsp. **fallax** (Schindl.) H. Ohashi et R.R. Mill—*Desmodium podocarpum* DC. subsp. *fallax* (Schindl.) H. Ohashi—*Podocarpium podocarpum* var. *fallax* (Schindl.) Yen C. Yang et P.H. Huang

与长柄山蚂蝗的主要区别在于叶通常全部聚生于近枝顶；顶生小叶宽卵形，先端渐尖或尾尖，长5～13cm，宽3～8cm，两面被短柔毛；花在圆锥花序上排列较疏松；果颈长7～10mm。花期8—9月，果期9—11月。

产于全省山区、丘陵。生于海拔100～1200m的山坡、山谷疏林下或林缘灌草丛中。分布于华东、华中、华南、西南、西北。日本、朝鲜半岛也有。

图5-121　宽卵叶长柄山蚂蝗

3b. 尖叶长柄山蚂蝗（亚种）（图5-122）

subsp. **oxyphyllum** (DC.) H. Ohashi et R.R. Mill—*Podocarpium podocarpum* var. *oxyphyllum* (DC.) Yen C. Yang et P.H. Huang—*Desmodium racemosum* (Thunb.) DC.

与长柄山蚂蝗的主要区别在于茎常具分枝；叶在枝上多散生；顶生小叶片长菱形，长3～13cm，宽1～4cm，先端短渐尖，两面通常无毛或近无毛；顶生花序总状而非圆锥状；果颈长1～3mm。花期8—9月，果期9—11月。

产于全省山区、丘陵。生于海拔100～1500m的山坡上、路边、林缘灌草丛中或荒山上。几广泛分布于全国各地。东亚、东南亚、南亚及俄罗斯远东地区也有。

八九　蝶形花科 Fabaceae

图5-122　尖叶长柄山蚂蝗

15 密子豆属 Pycnospora R. Br.

多年生亚灌木状草本。羽状三出复叶或有时侧生小叶缺；具小托叶。花小，排成顶生总状花序；花萼小，钟状，深裂；花冠伸出萼外，各瓣近等长，旗瓣近圆形，基部渐狭，龙骨瓣与翼瓣粘连；雄蕊二体(9+1)，花药一型；子房无柄，胚珠多数，花柱丝状，内弯。荚果长椭球形，肿胀，具横脉纹，无横隔，亦不分节，具8～10种子。

仅1种，产于非洲热带地区、亚洲至澳大利亚东部。我国有1种；浙江也有。

密子豆 （图5-123）
Pycnospora lutescens (Poir.) Schindl.

亚灌木状草本，高15～60cm。茎直立或平卧，从基部分枝，小枝被灰色短柔毛。叶片薄革质，顶生小叶倒卵形或倒卵状长圆形，长1.2～3.5cm，宽1～2.5cm，先端圆或微凹，基部楔形或微心形，两面密被伏贴柔毛，侧脉4～7对，纤细，在下面隆起，网脉明显；侧生小叶常较小或有时缺。总状花序长3～6cm，花小，2朵生于疏离的节上；花序梗被灰色柔毛；花萼长约2mm，深裂，萼齿窄三角形，被柔毛；花冠淡蓝紫色，长约4mm；子房有柔毛。荚果长椭球形，膨胀，长6～10mm，宽及厚各5～6mm，有横脉纹，成熟时呈黑色，沿腹缝线开裂，背缝线明显突起，被开展柔毛，具8～10种子；果梗纤细。种子肾状椭圆形，长约2mm。花期8月，果期9—10月。

产于苍南（南关岛）。生于海拔50m以下的山坡草丛中。分布于江西、福建、台湾、广东、海南、广西、贵州、云南。东南亚、南亚及澳大利亚东部也有。

可作水土保持和绿肥植物，也可用作地被。

图5-123　密子豆

16 葫芦茶属　Tadehagi H. Ohashi

灌木或亚灌木。单身复叶，叶柄有宽翅，翅顶有2小托叶。总状花序顶生或腋生，通常每节着生2或3花；花萼钟状；花瓣具脉，旗瓣圆形、宽椭圆形或倒卵形，翼瓣较龙骨瓣长，基部具耳和瓣柄，龙骨瓣先端急尖或钝；雄蕊二体（9+1）；子房基部具花盘，有3～8胚珠。荚果有3～8荚节，腹缝线直或稍呈波状，背缝线稍缢缩至深缢缩。

约6种，分布于亚洲热带地区、太平洋群岛及澳大利亚北部。我国有2种；浙江有1种。

蔓茎葫芦茶　（图5-124）

Tadehagi pseudotriquetrum (DC.) H. Ohashi—*Desmodium pseudotriquetrum* (Schindl.) DC.

披散或匍匐亚灌木，茎长0.5～2m。幼枝三棱形，棱上疏被短硬毛，后脱落。单身复叶；叶柄长1～3cm，两侧具翅，先端有关节及小托叶；托叶发达，长1～2cm，有多数纵条纹；小叶革质，长圆状披针形，长3～10cm，宽1～5cm，先端急尖，基部圆形或浅心形，上面无毛，下面沿脉疏被伏毛，侧脉每边约8条，近叶缘处弧曲联结，下面网脉明显。总状花序顶生和腋生，长10～30cm，被粗长和细短两种柔毛；苞片长达10mm；萼齿披针形；花冠紫红色，伸出萼外；旗瓣近圆形，翼瓣倒卵形，龙骨瓣镰刀状；子房被毛，花柱无毛。荚果带状，长2～4cm，宽约

5mm，两缝线密被白色柔毛，背缝线直，腹缝线稍缢缩，具4～8荚节，荚节宽大于长。花期8—9月，果期10—11月。

产于温州及青田。生于海拔200～500m的向阳山坡上或路边灌草丛中。分布于华南、西南及江西、福建、湖南。菲律宾、印度、尼泊尔、不丹也有。

全草可药用，有清热解毒、健脾利湿的功效。

图5-124　蔓茎葫芦茶

17 狸尾豆属　Uraria Desv.

多年生草本、亚灌木或灌木。单叶、羽状三出复叶或奇数羽状复叶；有小托叶。总状花序穗状或圆柱状，有时呈圆锥状，密生极多数小花；每苞片内具1～3花；花萼花后不增大，萼筒短，萼齿5，上方2枚稍合生，下方3枚刚毛状；花冠紫色或黄色，旗瓣宽，有瓣柄，翼瓣和龙骨瓣黏合，有耳及瓣柄；雄蕊二体（9+1），花药一型；子房有2～10胚珠。荚果伸出花萼外，具2～7个反复折叠的荚节，荚节肿胀不开裂。

约20种，主要分布于非洲热带地区、亚洲及澳大利亚。我国有7种，分布于台湾至西南；浙江有1种。

长苞狸尾豆　（图5-125）

Uraria neglecta Prain—*U. longibracteata* Yen C. Yang et P.H. Huang

亚灌木。茎平卧或斜升，花、果枝直立。枝条密被柔毛。羽状三出复叶；叶柄长1～1.5cm；托叶披针状钻形，长约1cm，易脱落；顶生小叶椭圆形、长圆形或近圆形，长3～5.5cm，宽2～4.5cm，先端圆或微凹，具小尖头，基部圆形或宽楔形，上面被糙伏毛，下面密被柔毛，侧脉

9~11对，在下面隆起，网脉明显。总状花序长10~20cm，顶生或腋生，有时基部具分枝而呈圆锥状，花密生；苞片长卵形，先端尾尖；花梗顶端弯曲，与花序梗及花萼均密被长腺毛；萼筒短，萼齿5，近等长；花冠紫色，长约5mm；雄蕊稍短于花冠；子房无毛。荚果长5~6mm，外露，有4~7个反复折叠的扁球形荚节，荚节黑色，无毛，有网纹。花期8—9月，果期9—11月。

产于景宁（鹤溪）、泰顺（里光）。生于海拔150~200m的溪边、路旁草丛中。分布于华南及江西、福建。印度、孟加拉国、尼泊尔也有。

图5-125　长苞狸尾豆

18 蝙蝠草属　Christia Moench

直立或披散，草本或亚灌木。羽状三出复叶或单身复叶；托叶基部着生；具小托叶。花小，组成总状或圆锥花序，顶生或腋生；花萼膜质，钟状，5裂，结果时增大；花冠与花萼等长或较长，旗瓣宽，基部渐狭成瓣柄，翼瓣与龙骨瓣贴生；雄蕊二体（9+1），花药一型；子房有数粒胚珠，花柱内弯。荚果由数个荚节组成，荚节有脉纹，彼此重叠，藏于宿萼内。

约13种，分布于亚洲热带地区和大洋洲。我国有5种，产于南部至东南部；浙江有1种。

铺地蝙蝠草　（图5-126）

Christia obcordata (Poir.) Bahn. f. ex Meeu.

多年生平卧草本，长15~60cm。茎与枝纤细，被短柔毛。羽状三出复叶，偶为单身复叶；叶柄长8~10mm，疏被柔毛；顶生小叶肾形、圆三角形或倒心形，长0.5~1.5cm，宽1~2cm，先端平截或略凹，基部近圆形，上面无毛，下面被疏柔毛，侧脉每边3～5条；侧生小叶较小，倒卵形、心形或近圆形。总状花序多为顶生，长3～18cm；每节生1花；花小，花梗纤细，被柔毛；花萼被灰色柔毛，最初长约2mm，果时长达6～8mm，有明显网脉，5裂，萼齿三角形；花冠蓝紫色或玫红色。荚果具直径约2.5mm的圆形荚节4或5个，荚节无毛，全包于宿萼内。花期5—8月，果期9—10月。

产于苍南（北关岛）。生于海拔20m左右的山沟湿地草丛中。分布于福建、广东、海南、广西和台湾南部。东南亚、南亚及日本、澳大利亚北部也有。

图5-126　铺地蝙蝠草

⑲ 杭子梢属　Campylotropis Bunge

落叶灌木。羽状三出复叶；托叶钻形，宿存；小叶先端具细尖头。总状花序腋生，有时再组成圆锥花序；苞片早落，每苞腋内具1花；花梗顶端有关节；花萼钟状，5齿裂；花冠通常紫色或紫红色，旗瓣卵形或近圆形，龙骨瓣弯曲，先端急尖；雄蕊10，二体(9+1)；子房有短柄。荚果卵形或长圆形，扁平，不开裂，具1种子，果瓣有网纹。

约37种，分布于亚洲温带地区。我国有32种，大多分布于西南；浙江有1种。

茿子梢 （图 5-127）

Campylotropis macrocarpa (Bunge) Rehder——*C. ichangensis* Schindl.——*Lespedeza ciliata* Benth.

落叶灌木，高 1~2m。幼枝密被白色或淡黄色短柔毛。顶生小叶长圆形或椭圆形，长 3~6.5cm，宽 1.5~4cm，先端微凹或钝圆，具短尖头，基部圆形，全缘，上面近无毛，下面有淡黄色短柔毛，细脉明显；侧生小叶稍小。总状花序，有时为圆锥花序，腋生或顶生，长 4~12cm；花序梗及花梗均被开展的短柔毛，花梗纤细，长可达 1cm，顶端有关节，花自关节处脱落；花萼宽钟状，5齿裂；花冠长约 1cm，旗瓣先端紫红色，向基部色渐淡，倒卵形，翼瓣斜长方形，基部有耳，龙骨瓣镰形，弯曲近 90°；花柱纤细。荚果斜椭圆形，长 10~12mm，宽 5~6mm，网纹明显，腹缝线有短柔毛，具 1 种子。种子褐色，近圆形，扁平。花期 6—8 月，果期 9—11 月。

产于全省山区、丘陵。生于山坡上、山沟边、林缘或疏林下。分布于华北、华东、华中、西南、西北及广西、辽宁。朝鲜半岛也有。

根或全株可入药，有祛风散寒、舒筋活血的功效；花色艳丽，可供观赏，尤宜用于边坡美化。

图 5-127 茿子梢

⑳ 胡枝子属 Lespedeza Michx.

灌木、亚灌木或多年生草本。羽状三出复叶；托叶通常宿存；小叶全缘，先端有小尖；无小托叶。总状花序腋生，或呈簇生状，或在枝端再集生成圆锥花序；苞片宿存，每腋苞内具 2 花；花梗顶端无关节；花二型，一种为有瓣花，结实或不结实，另一种为无瓣花（闭锁花），能结实，同一植株上仅具前者或两者兼有；花萼钟形，萼齿 5；花冠长于花萼，龙骨瓣先端钝；雄蕊二体（9+1）；子房具 1 胚珠，花柱上弯。荚果扁平，卵形或椭圆形，不开裂，果瓣常有网纹，内有 1 种子。

60余种，分布于亚洲、北美洲及澳大利亚。我国有25种，全国广泛分布；浙江有16种。

本属植物适应性较强，耐旱、耐寒、耐瘠，为优良的护坡、固沙、固氮植物；有的可供药用；有的可供观赏，尤宜种植于边坡、荒山。

本属与近缘的筅子梢属易于混淆，两者的主要区别在于本属花梗顶端不具关节，苞片宿存，每苞腋具2花，龙骨瓣先端钝；后者花梗顶端有关节，苞片早落，每苞腋具1花，龙骨瓣先端急尖。

分种检索表

1. 直立灌木，成年植株高通常在1m及以上（广东胡枝子例外）；全为有瓣花，无闭锁花。
  - 2. 小叶先端圆钝、微凹至深凹，稀钝尖。
    - 3. 总状花序短于复叶，偶近等长，花序梗无或极短，稀明显（春花胡枝子）。
      - 4. 花序梗无或极短；小叶上面无毛或近无毛。
        - 5. 植株高1～3m；顶生小叶卵形、倒卵形、近圆形或椭圆形，干后不转暗色；花萼5中裂，萼齿披针形，先端渐尖；荚果斜卵形，稍扁，长6～7mm ………… **1. 短梗胡枝子 L. cyrtobotrya**
        - 5. 植株高通常不及50cm；顶生小叶长圆形或卵状长圆形，干后变为灰黑色；花萼5裂至中部以下，萼齿狭披针形，先端长渐尖；荚果长圆状椭圆形，扁平，长10～15mm ……………………………………………………………………… **2. 广东胡枝子 L. fordii**
      - 4. 花序梗明显；小叶上面多少有毛 ……………………………………… **6. 春花胡枝子 L. dunnii**
    - 3. 总状花序通常长于复叶，花序梗极明显。
      - 6. 茎、枝粗壮，具明显纵棱或狭翅；小叶较大，长3.5～11cm，宽2.5～7cm ……………………………………………………………………………………………… **5. 大叶胡枝子 L. davidii**
      - 6. 茎、枝较纤细，稍具纵棱；小叶远较上种为小。
        - 7. 萼齿远长于萼筒；旗瓣先端圆，长于翼瓣而短于龙骨瓣；小叶先端通常急尖、圆钝或微凹 …………………………………………………………………… **7. 美丽胡枝子 L. formosa**
        - 7. 萼齿与萼筒近等长或短于萼筒；旗瓣先端微凹，长于翼瓣和龙骨瓣；小叶先端通常圆钝、微凹至深凹 ………………………………………………… **8. 胡枝子 L. bicolor**
  - 2. 小叶先端短渐尖或急尖，无凹缺。
    - 8. 小枝常呈"之"字形曲折；小叶上面无毛，下面有毛；花冠黄绿色或绿白色；花期4—6月 ……………………………………………………………………………… **3. 绿叶胡枝子 L. buergeri**
    - 8. 小枝不呈"之"字形曲折；小叶两面均被毛；花冠紫红色；花期7—9月 …………………………………………………………………………………… **4. 宽叶胡枝子 L. maximowiczii**
1. 灌木或亚灌木，直立、斜升或平卧，成年植株高通常在1m及以下（绒毛胡枝子例外）；兼具有瓣花和无瓣花（闭锁花）。
  - 9. 茎平卧或斜升 …………………………………………………………… **9. 铁马鞭 L. pilosa**
  - 9. 茎直立。
    - 10. 顶生小叶较宽大或宽短，长为宽的2倍或以下；花序远长于或略长于复叶，稀短于复叶（短梗胡枝子）。

11. 顶生小叶较宽大，长3~6cm，宽1.5~3cm，下面叶脉明显突起；叶柄长2~3cm，上部者渐短 ··· 12. 绒毛胡枝子 L. tomentosa
11. 顶生小叶较宽短，长0.4~2.5cm，宽0.3~1.6cm，下面叶脉突起不明显；叶柄短于2cm。
　　12. 小叶上面无毛；花序梗细长，花序显著长于复叶················ 11. 细梗胡枝子 L. virgata
　　12. 小叶上面疏生伏毛；花序梗较粗短，花序略长于或短于复叶。
　　　　13. 顶生小叶长圆形或倒卵形；花序稍长于复叶·············· 10. 多花胡枝子 L. floribunda
　　　　13. 顶生小叶倒卵形或倒心形，稀为椭圆形；花序短于复叶······ 13. 短叶胡枝子 L. mucronata
10. 顶生小叶较狭长，长通常为宽的3倍以上；花序明显短于复叶。
　　14. 顶生小叶长椭圆形、倒卵状长圆形、卵形或倒卵形，长约为宽的3倍 ··· 14. 中华胡枝子 L. chinensis
　　14. 顶生小叶狭倒披针形，长为宽的4~6倍。
　　　　15. 花冠白色或淡黄色，翼瓣和旗瓣密被毛；荚果宽卵形或斜卵形···· 15. 截叶铁扫帚 L. cuneata
　　　　15. 花冠堇紫色、淡紫色或粉红色，翼瓣和旗瓣无毛；荚果椭圆形··· 16. 红花截叶铁扫帚 L. lichiyuniae

1. 短梗胡枝子（图5-128）

Lespedeza cyrtobotrya Miq.

落叶灌木，高1~3m，多分枝。小枝贴生疏柔毛。顶生小叶卵形、倒卵形、近圆形或椭圆形，长1.5~4.5cm，宽1~3cm，两端钝圆，先端常微凹，具小尖头，上面绿色，无毛或几无毛，下面被白色伏贴柔毛，干后不转暗色；叶柄长1~2.5cm。总状花序腋生，短于复叶，稀与复叶近等长；花序梗短或几无，密被白色柔毛；花萼钟状，长2~2.5mm，5中裂，萼齿披针形，渐尖，密被柔毛；花冠紫红色，长约1cm，旗瓣倒卵形，先端圆或微凹，翼瓣比旗瓣短1/3，龙骨瓣与旗瓣近等长。荚果斜卵形，稍扁，长6~7mm，表面具网

图5-128　短梗胡枝子

纹，密被毛。花期7—9月，果期10—11月。

产于淳安、临海、天台、磐安、开化、乐清、苍南。生于海拔700m以下的山坡灌丛中或疏林下。分布于东北、华北、华东、华中、西北。日本、朝鲜半岛、俄罗斯也有。

2. 广东胡枝子 （图5-129）

Lespedeza fordii Schindl.—*L. anhweiensis* Rick.

直立小灌木，高不及50cm。幼枝有脱落性柔毛，二年生枝无毛。顶生小叶长圆形或卵状长圆形，长1.5～4cm，宽1～2cm，两端钝圆，先端微凹，具小尖头，上面无毛，下面疏被短柔毛，有时几无毛，干后常变灰黑色；叶柄长1～2cm。总状花序腋生，远短于复叶，几无花序梗；花萼钟状，长4～5mm，5裂至中部以下，萼齿狭披针形，先端长渐尖；花冠紫红色，长8～10mm，旗瓣倒卵形，先端圆或微凹，翼瓣较旗瓣短，龙骨瓣稍长于旗瓣；子房被毛，花柱丝状。荚果长圆状椭圆形，扁平，长1～1.5cm，被贴生短柔毛。花期7—8月，果期9—10月。

产于舟山及安吉、淳安、开化、莲都、龙泉。生于海拔800m以下的山坡路旁灌丛中或林缘。分布于华东及湖南、广东、广西。

图5-129 广东胡枝子

3. 绿叶胡枝子 （图5-130）

Lespedeza buergeri Miq.

落叶灌木，高1～3m。幼枝密被毛，二年生枝无毛或几无毛，常呈"之"字形曲折。顶生小叶卵状椭圆形至卵状披针形，长2～7cm，宽1～3cm，先端急尖或短渐尖，有小尖头，基部钝圆，上面无毛，下面有伏贴长粗毛；叶柄长2～5mm。总状花序长于复叶，在近枝顶者常分枝成圆锥状；花萼钟状，长3～4mm，5中裂，萼齿卵状披针形，密被长柔毛；花冠黄绿色或绿白色，长约10mm，旗瓣近圆形，基部有时带紫色，翼瓣较旗瓣短，常呈紫色，龙骨瓣长于旗瓣；子房有

毛,花柱丝状。荚果扁平,长圆状卵形,长10~15mm,有网纹和长柔毛。花期4—6月,果期8—10月。

产于湖州、杭州、金华、台州及余姚、宁海、衢州市区、遂昌等地。生于海拔400~1500m的山坡、沟边、路旁灌丛中或林缘。分布于华东、华中、西北及四川、山西。日本也有。

根及叶可入药,有清热、止血、镇咳等功效。

图5-130　绿叶胡枝子

4. 宽叶胡枝子　拟绿叶胡枝子　(图5-131)
Lespedeza maximowiczii Schneid.—*L. pseudomaximowiczii* D.P. Jin

落叶灌木,高达2m。多分枝,幼枝被白色疏柔毛。顶生小叶卵状椭圆形或宽椭圆形,长2~6cm,宽1.5~3.5cm,先端渐尖至急尖,具小尖头,基部宽楔形或圆形,两面疏被伏贴短柔毛,下面毛稍密;叶柄长1~4.5mm。总状花序腋生,长于复叶,或在枝顶数个排成圆锥状;花序梗及花梗被白色柔毛;花萼钟状,5中裂,萼齿卵状披针形,先端呈针状,上方2枚几全合生;花冠紫红色,旗瓣倒卵形,先端微凹,翼瓣最短,龙骨瓣较旗瓣稍短;子房被短柔毛。荚果扁,倒卵形或卵状椭圆形,长8~10mm,宽约4mm,疏被白色柔毛,网纹明显。花期7—9月,果期9—11月。

产于杭州、宁波及安吉、上虞、衢州市区。生于海拔1500m以下的山坡、路旁灌丛中或林缘。分布于江苏、安徽、江西、河南、湖北。日本、朝鲜半岛也有。

图 5-131 宽叶胡枝子

5. 大叶胡枝子 （图 5-132）

Lespedeza davidii Franch.—*L. davidii* Franch.var. *exalata* L.H. Lou —*L. merrillii* Rick.

落叶灌木，高1~3m。小枝较粗壮，密被柔毛，常具明显的棱或狭翅。顶生小叶宽椭圆形、宽倒卵形或近圆形，长3.5~11cm，宽2.5~7cm，先端钝圆或微凹，基部圆形或宽楔形，两面被短柔毛，下面尤密；叶柄长1~3cm。总状花序通常长于复叶，腋生或在枝顶排成圆锥花序，花密集；花序梗及花梗均密被柔毛；花萼宽钟状，长约6mm，5深裂达中部以下，萼齿狭披针形，先端长渐尖，密被柔毛；花冠紫红色，有时旗瓣或龙骨瓣近白色，长10~12mm，旗瓣长圆形，先端钝圆或微凹，翼瓣较旗瓣短，龙骨瓣与旗瓣等长，各瓣均具耳及瓣柄；子房密被柔毛。荚果斜卵形、倒卵形或椭圆形，长0.8~1.2cm，具短尖，密被绢毛。花期7—9月，果期9—11月。

产于全省山区、丘陵。生于海拔50~1600m的向阳山坡上、沟边灌草丛中或疏林下。分布于华东、华中、华南及四川。

本种较耐旱，根系发达，可作水土保持树种；根及叶可入药，有清热、镇咳、止血等功效；花密集而美丽，可供观赏。

图 5-132　大叶胡枝子

6. 春花胡枝子 （图 5-133）

Lespedeza dunnii Schindl.—*L. metcalfii* Rick.

落叶灌木，高 1~2m。老枝暗褐色，微具棱，幼枝密被黄色柔毛。顶生小叶长椭圆形或卵状椭圆形，长 1.5~4.5cm，宽 1~2cm，两端钝圆，先端常微凹，具小尖头，上面被有或疏或密的短柔毛，有时仅沿中脉有毛，下面密被伏贴长粗毛；叶柄长 0.8~1cm。总状花序腋生，较复叶短

图 5-133　春花胡枝子

或近等长；花序梗明显；花萼钟状，5深裂，萼齿条状披针形，长为萼筒的2~3倍，上方2枚多少合生；花冠紫红色，长约1cm，旗瓣倒卵形，先端微凹，翼瓣较旗瓣稍短，龙骨瓣与旗瓣近等长；子房椭圆形，被柔毛。荚果长圆形或倒卵状长圆形，两端尖，被毛，具长喙。花期4—7（10）月，果期6—9（11）月。

产于钱塘江沿岸及以南的山区、丘陵地带。生于海拔500m以下的向阳山坡上、溪边灌丛中及石缝中。分布于安徽、福建。

7. 美丽胡枝子 （图5-134）

Lespedeza formosa (Vog.) Koehne—*L. thunbergii* (DC.) Nakai subsp. *formosa* (Vogel) H. Ohashi

直立灌木，高1~2m。多分枝，小枝稍具棱，被疏柔毛。顶生小叶椭圆形、长圆状椭圆形或卵形，稀倒卵形，先端急尖、圆钝或微凹，长2.5~6cm，宽1~3cm，上面绿色，稍被短柔毛，下面淡绿色，贴生短柔毛；叶柄长1~5cm。总状花序腋生，长于复叶，或排成顶生的圆锥花序；花序梗长可达10cm；花萼钟状，长5~7mm，5深裂，萼齿长圆状披针形至狭披针形，长为萼筒的1.5倍以上，外面密被短柔毛；花冠紫红色，长10~15mm，旗瓣近圆形或稍长，先端圆，翼瓣最短，龙骨瓣在花盛开时通常长于旗瓣。荚果倒卵形或倒卵状长圆形，长约8mm，宽约4mm，表面具网纹且被疏柔毛。花期8—10月，果期10—11月。

产于湖州市区（吴兴）、海盐、临安、嵊州、新昌、衢州市区（衢江）、开化、天台、临海、仙居等地。生于海拔800m以下的向阳山坡上、山谷中、路边灌丛中或林缘。分布于华东、华南。

花及根皮可入药，有祛痰止咳、凉血消肿的功效；开花繁艳，可供观赏。

Flora of China 将其作为日本胡枝子 *L. thunbergii* (DC.) Nakai 的亚种，并称浙江也有日本胡枝子分布，但作者一直未查到或拍到日本胡枝子典型的标本、照片，若是两者分布区重叠，则作亚种也不恰当，经比对藏于英国皇家植物园（邱园）的本种模式标本照片，与浙

图 5-134 美丽胡枝子

江产的特征基本吻合,故仍根据《中国植物志》的观点作为独立的种对待。本种与胡枝子的区别点在各种文献中极为混乱,特征描述也各不相同。早期国外文献中记载2个种的区别为胡枝子的萼齿与萼筒近等长,旗瓣长于翼瓣和龙骨瓣;而美丽胡枝子的萼齿显著长于萼筒,旗瓣长于翼瓣而短于龙骨瓣。作者认为这应该是比较可靠的。

《浙江植物志》记载有中华垂花胡枝子 *L. thunbergii* (DC.) Nakai subsp. *cathayana* (Hsu et al.) Hsu et al.,从其花的特征描述看,基本与本志记载的美丽胡枝子相符,至于花序下垂的情况,作者在野外调查中发现,在同一生境或居群中,美丽胡枝子既有下垂也有不下垂的情况;另外在胡枝子中也同样存在这种现象。故作者认为,在这两个类群中花序是否下垂在分类上可能并不重要。

8. 胡枝子 (图5-135)

Lespedeza bicolor Turcz.—*L. wilfordii* Rick.—*L. pubescens* Hayata—*L. viatorum* Champ. ex Benth.—*L. chekiangensis* Rick.

直立灌木,高1~3m。多分枝,小枝稍具棱,幼时被短柔毛。小叶形状变化极大,卵形、倒卵形、宽倒卵形、倒心形、卵状长圆形、长圆状椭圆形或椭圆形,顶生小叶较大,长1.5~6cm,宽1~3.5cm,先端圆钝、微凹至深凹,有时稍尖,具小尖头,基部圆形或宽楔形,上面通常无毛,下面被短柔毛或老时变无毛。总状花序腋生,长于复叶,在枝顶常排成圆锥花序;花序梗明显;花萼5中裂至浅裂,萼齿较宽短,与萼

图5-135 胡枝子

筒近等长或较短，常带紫色；花冠紫红色，长约10mm，旗瓣倒卵形、宽倒卵形或近圆形，先端微凹，长于翼瓣和龙骨瓣；子房有毛。荚果斜卵形、斜倒卵形或长圆形，长约10mm，宽约5mm，具网脉，密被短柔毛。花期7—9月，果期9—11月。

产于全省山区、丘陵。生于海拔50～1600m的山坡、路旁灌丛中或疏林下。分布于东北、华北、华东、华中、华南、西北。蒙古、日本、朝鲜半岛、俄罗斯西伯利亚地区也有。

耐干旱瘠薄，宜用于荒山、边坡、石隙美化；根可入药，有清热解毒、祛痰止咳、凉血消肿的功效；花艳丽，可供观赏。

8a. 白花胡枝子（变种）（图5-136）

var. **alba** Bean—*L. albiflora* Rick.—*L. formosa* (Vog.) Koehne form. *albiflora* (Rick.) L.H. Lou

花冠白色，花萼黄绿色。花期8—12月，果期10月至次年2月。

原产于福建、广东。景宁、永嘉、文成、平阳、泰顺等地常见栽培，常种植于房前屋后。

花可作菜食用，并有镇咳祛痰、清肺热、除风湿的功效；繁花如雪，可供观赏。

图5-136　白花胡枝子

9. 铁马鞭（图5-137）

Lespedeza pilosa (Thunb.) Siebold et Zucc.

亚灌木，高达30cm。茎细长，平卧或斜升。全体密被淡黄色或棕黄色长柔毛。顶生小叶宽卵形或倒卵形，长0.8～2.5cm，宽0.6～2.2cm，先端钝圆、截形或微凹，有短尖，基部圆形或宽楔形，两面密被长柔毛；侧生小叶片明显较小。总状花序腋生，通常具3～5花；花序梗和花梗均极短或几无，呈簇生状；花萼5深裂达中部以下，萼齿披针形，先端长渐尖，边缘具长毛；

花冠黄白色或白色，旗瓣基部有紫斑，椭圆形或倒卵形，先端微凹，翼瓣较旗瓣短，龙骨瓣略长于旗瓣；闭锁花常1～3朵簇生于枝条上部叶腋，花梗无或极短，全部结实。荚果宽卵形，长3～4mm，凸镜状，顶端具喙，两面密被长柔毛。种子灰绿色，椭圆形。花期7—9月，果期9—10月。

产于全省各地。生于向阳山坡上、路边、田边灌草丛中或疏林下。分布于华东、华中、华南、西南、西北。日本、朝鲜半岛也有。

根及全草可入药，有散结、通络、健胃、安神的功效。

图5-137　铁马鞭

10. 多花胡枝子 （图5-138）
Lespedeza floribunda Bunge

直立灌木，高30～100cm。常近基部多分枝，小枝微具棱，被灰白色柔毛。顶生小叶长圆形或倒卵形，长0.6～2.5cm，宽0.4～1.6cm，先端圆钝、截形或微凹，有小尖头，基部楔形或近圆形，上面疏生伏毛，下面密被白色伏毛；叶柄长3～7mm。总状花序腋生，略长于复叶，具5～7花；花序梗长不逾1cm，不呈毛发状；花萼宽钟状，5深裂，萼齿狭披针形，疏被白色柔毛；花冠紫色、紫红色或蓝紫色，长约8mm，旗瓣椭圆形，先端圆钝，翼瓣稍短，龙骨瓣略长于旗瓣；闭锁花簇生于叶腋，呈头状花序。荚果菱状卵形，长约5mm，伸出宿萼，密被柔毛，有网纹。种子暗褐色，近卵形。花期8—10月，果期10—12月。

产于长兴、安吉、德清、杭州市区、临安、新昌、普陀、浦江、龙泉、景宁、平阳、苍南、泰顺。生于海拔400m以下的干旱山坡上、路旁灌草丛中或疏林下。分布于华北、华东、华中、西北（新疆除外）及辽宁、广东、四川。印度、巴基斯坦也有。

根可入药，有消积的功效；花繁色艳，可供园林观赏或用于边坡美化。

本省产的总状花序略长于复叶，通常仅具5～7花，花序梗长不逾1cm，与《中国植物志》等记载的稍有不同。

图 5-138　多花胡枝子

11. 细梗胡枝子 （图5-139）
Lespedeza virgata (Thunb.) DC.

小灌木，高25～80cm。小枝纤细，微具棱，被白色伏贴柔毛或近无毛。顶生小叶长圆形或倒卵形，长0.4～2cm，宽0.3～1.2cm，先端圆钝，有时微凹，具小尖头，基部圆形，上面无毛，下面被短柔毛；侧生小叶片略小；叶柄长3～15mm。总状花序腋生，显著长于复叶，具2～6花；

图 5-139　细梗胡枝子

花序梗纤细如发丝；花萼狭钟状，5深裂达中部以下，萼齿狭披针形，先端长渐尖；花冠白色或黄白色，旗瓣基部有紫斑，长6～8mm，翼瓣较短，龙骨瓣与旗瓣近等长；无瓣花簇生于叶腋，无花梗。荚果近卵形，长约4mm，通常不超出花萼，疏被短柔毛或近无毛，具网纹。花期7—8月，果期9—10月。

产于全省各地。生于海拔600m以下的山脚、山坡或路边灌草丛中。分布于华北、华东、华中、西北及辽宁、台湾、贵州。日本、朝鲜半岛也有。

根及叶可入药，有清热、镇咳的功效。

12. 绒毛胡枝子　山豆花　（图5-140）
Lespedeza tomentosa (Thunb.) Siebold ex Maxim.

直立灌木，高1～2m。全体被黄色或锈色绒毛。茎单一或上部有少数分枝。顶生小叶狭长圆形、长圆形或卵状长圆形，长3～6cm，宽1.5～3cm，先端圆钝或微凹，具短尖头，基部圆形，上面中脉凹陷，疏被短柔毛或近无毛，下面密被黄褐色毛；叶柄长2～3cm，上部渐短。总状花序在茎上部腋生或在枝顶排成圆锥花序，显著长于复叶，花密集；花序梗粗壮，长4～12cm；花萼5深裂，萼齿狭披针形，密被柔毛；花冠白色或淡黄色，长约1cm，旗瓣椭圆形，基部有时带紫色，翼瓣较旗瓣短，有时呈紫色，龙骨瓣较旗瓣稍长；子房密被短柔毛；无瓣花着生于茎上部叶腋，簇生成头状。荚果倒卵形或卵状长圆形，长约4mm，密被伏贴柔毛，网纹明显。种子近椭圆形，长约1.5mm。花期7—8月，果期9—10月。

图5-140　绒毛胡枝子

产于全省各地。生于向阳山坡上、路旁灌草丛中或林缘。全国除新疆、西藏外普遍有分布。朝鲜半岛、日本、蒙古、俄罗斯、印度、尼泊尔、巴基斯坦也有。

根可入药，有健脾补虚、增进食欲、滋补及清热、止血、镇咳等功效。

13. 短叶胡枝子 （图5-141）
Lespedeza mucronata Rick.

小灌木，高约60cm。茎直立，上部被绒毛，下部毛渐稀疏，通常基部分枝。顶生小叶倒卵形或倒心形，稀为椭圆形，长1～2cm，宽1～1.3cm，先端截形、微凹或凹，基部宽楔形，上面疏生伏毛，下面密被长硬毛，沿中脉尤多，侧脉细密；叶柄长5～6mm。短总状花序腋生或顶生，少花，短于复叶；花黄白色；花萼密被灰白色毛，长约4mm，5深裂，萼齿狭披针形，长约3mm，先端有芒尖；旗瓣长约6mm，基部具紫斑，翼瓣与龙骨瓣稍长于旗瓣；闭锁花簇生于茎下部叶腋，结实。荚果卵形至宽卵形，长3～4mm，宽2～3mm，稍超出宿萼，具刺尖。花期8—10月，果期10—12月。

产于临安（昌化）、象山、普陀、温岭、苍南。生于低海拔的山坡灌草丛中，多见于海岛或沿海地带。分布于江西、福建、广东。

本省产的花序短于复叶，小叶有时为椭圆形，与《中国植物志》记载的略有不同。

图5-141 短叶胡枝子

14. 中华胡枝子 （图5-142）
Lespedeza chinensis G. Don

直立灌木，高0.5～1m。小枝被白色短柔毛。叶柄、叶轴及小叶柄密被柔毛；顶生小叶长椭圆形、倒卵状长圆形、卵形或倒卵形，长1～3.5cm，宽0.3～1.2cm，先端钝圆、截形或微凹，具小尖头，两面被毛，下面较密；叶柄长3～20mm。总状花序腋生，短于复叶，花少数；花序梗极短；花萼狭钟状，长约为花冠的一半，5深裂达中部以下，萼齿狭披针形，外面及边缘有毛；花冠白色或淡黄色，长约8mm，旗瓣倒卵状椭圆形，有时基部及边缘带紫色，翼瓣较旗瓣短，龙骨瓣长于旗瓣；无瓣花簇生于下部枝条叶腋。荚果卵圆形，长约4mm，表面有网纹，密被短柔毛。种子豆青色，肾状椭圆形，长约2mm。花期8—9月，果期10—11月。

产于全省各地。生于山坡、路旁草丛中或疏林下。分布于华东及台湾、湖北、湖南、广东、四川。

根及全草可入药，有清热止痢、祛风止痛、截疟的功效。

图5-142　中华胡枝子

15. 截叶铁扫帚 （图5-143）
Lespedeza cuneata (Dum. Cours.) G. Don

直立灌木，高0.5～1m。枝具纵棱，有短柔毛。顶生小叶狭倒披针形，长1～3cm，宽2～5mm，先端截形或圆钝，微凹，具小尖头，基部狭楔形，上面几无毛，下面密被伏毛。总状花序腋生，远短于复叶，几无花序梗，具2～4花，有时单生；花萼狭钟状，长约4mm，5深裂达中部以下，萼齿披针形，被白色短柔毛；花冠白色或淡黄色，长约7mm，旗瓣倒卵状长圆形，基部有紫斑，先端圆钝，微凹，翼瓣与旗瓣近等长，两者均密被毛，龙骨瓣略长于旗瓣；子房及花柱被短柔毛；闭锁花簇生于叶腋。荚果宽卵形或斜卵形，长约3mm，被柔毛。种子赭褐色，圆肾

八九 蝶形花科 Fabaceae

图 5-143 截叶铁扫帚

形。花期6—9月，果期10—11月。

产于全省各地。生于山坡上、路边、林缘及空旷地草丛中。广泛分布于除东北外的全国各地。东亚、东南亚、南亚也有；北美洲及澳大利亚有归化。

全草可入药，有清热解毒、利湿消积的功效。

16. 红花截叶铁扫帚（图5-144）
Lespedeza lichiyuniae T. Nemoto, H. Ohashi et T. Itoh

小灌木，高20～40cm。茎被伏贴或开展的短柔毛。顶生小叶狭倒披针形，长8～28mm，宽2～6mm，先端钝或截形，有短尖头，基部狭楔形，上面无毛，下面密被伏贴毛；叶柄长2～15mm。总状花序常具2～4花；花萼长3～4mm，5深裂，萼齿披针形，被毛；花冠堇紫色、淡紫色或粉红色，旗瓣宽椭圆形，长约7mm，基部具深紫色斑点，翼瓣淡黄色带紫色，与旗瓣近等长，两者均无毛，龙骨瓣淡黄紫色，先端常为深紫色，略长于旗瓣；闭锁花簇生于叶腋，结实。荚果扁，椭圆

图 5-144 红花截叶铁扫帚

形,长约2.5mm,略长于宿萼,密被伏贴毛。花期8—9月,果期9—10月。

原产于华中、西南及山西、江苏、安徽、甘肃。日本也有。温岭(石桥头镇洞桥村)、玉环(大麦屿街道鹭鸶礁村)有归化,可能系随花木引种时带入。

花色艳丽,可供观赏,适应性强,尤宜用于边坡绿化。

21 鸡眼草属 Kummerowia Schindl.

一年生草本。茎匍匐,分枝多而纤细。羽状三出复叶;叶柄短;托叶大,干膜质,宿存;小叶倒卵形至长椭圆状倒卵形,先端圆或微凹,具小尖头,全缘,有长缘毛,侧脉密,近平行。花1～3朵腋生,二型,有瓣花及无瓣花;苞片及小苞片干膜质,宿存;花小;花萼5裂;花冠淡红色;雄蕊二体(9+1);子房具1胚珠。荚果小,近扁球形,常为宿萼所包,不开裂,具1种子。

仅2种,分布于我国、日本、朝鲜半岛和俄罗斯。浙江均有。

1. 鸡眼草 (图5-145)

Kummerowia striata (Thunb.) Schindl.

一年生草本,高10～30cm。茎匍匐平卧,分枝纤细直立,茎及分枝均被向下的毛。小叶3;托叶淡褐色,干膜质,有明显脉纹和长缘毛,宿存;小叶倒卵状长椭圆形或长椭圆形,有时倒卵形,长5～15mm,宽3～8mm,先端圆钝,有小尖头,基部楔形,两面沿中脉及叶缘被长柔毛,侧脉密而平行。花1～3朵腋生;小苞片4,1枚生于花梗关节下,其余生于花萼下面,具5～7脉;萼齿5,卵形,宿存,边缘及外面有毛;花冠紫红色,长5～7mm,有时退化成无瓣花。荚果宽卵形,长约4mm,扁平,顶端有尖喙,常为宿萼所包或稍伸出宿萼外,有细柔毛,不开裂,具1种子。花期7—9月,果期10—11月。

图5-145 鸡眼草

产于全省各地。生于路边、草地上、田边或杂草丛中。分布于全国各地。日本、朝鲜半岛、俄罗斯西伯利亚地区也有。

全草可入药,有清热利湿、消疳止泻的功效;又可作绿肥及饲料。

2. 竖毛鸡眼草　短萼鸡眼草　(图5-146)
Kummerowia stipulacea (Maxim.) Makino

与鸡眼草很相似,但本种的茎及分枝均被向上的毛。托叶具短缘毛;小叶常为倒卵形,有时为倒卵状长圆形,先端常微凹。小苞片3,具1~3脉;花萼长1~1.5mm,有缘毛,外面无毛。荚果较小,宽椭圆形,长约3mm,顶端圆钝,无尖喙,疏被细毛,有网纹,大部分伸出宿萼外。花果期同鸡眼草。

产地、生境及用途同鸡眼草,但在本省不如鸡眼草常见。

图5-146　竖毛鸡眼草

22 刺桐属　Erythrina L.

乔木或灌木。小枝具皮刺,髓心大,白色,松软。羽状三出复叶;叶柄长;托叶早落;小叶全缘,羽状脉;小托叶腺体状。总状花序,花大,密集;花萼常偏斜,或二唇形,萼齿短小或几无;花冠红色,旗瓣远比翼瓣和龙骨瓣长,其中翼瓣最短;雄蕊10,单体或二体(9+1);子房具柄,花柱稍上弯,无髯毛,柱头头状,有4至多粒胚珠。荚果条形,具长柄,肿胀,种子间多少缢缩。

约100种，分布于全球热带、亚热带地区。我国原产5种，主要分布于西南部至南部，另有引入栽培5种；浙江栽培3种。

分种检索表

1. 旗瓣狭长直伸，包住龙骨瓣，花冠形如象牙；小叶宽卵形、菱状卵形，基部宽楔形或截形。
　　2. 灌木或小乔木；羽状三出复叶较小，顶生小叶片长大于宽；总状花序长达30cm以上，花稀疏；荚果较小，长约10cm ·· **1. 龙牙花 E. corallodendron**
　　2. 大乔木；羽状三出复叶较大，顶生小叶片宽大于长或长宽近相等；总状花序长10～16cm，花密集；荚果大，长15～30cm ·· **3. 刺桐 E. variegata**
1. 旗瓣宽大开展，不包住龙骨瓣，呈浅勺状；小叶长卵形或长椭圆状披针形，基部近圆形 ·· **2. 鸡冠刺桐 E. crista-galli**

1. 龙牙花　象牙红　（图5-147）
Erythrina corallodendron L.

图5-147　龙牙花

落叶灌木或小乔木，高3～6m。树干疏生粗壮皮刺。羽状三出复叶；叶柄长6～12cm，疏生小皮刺；顶生小叶片菱形或菱状卵形，长5～10cm，宽3～7cm，先端渐尖，有钝头，基部宽楔形或近截形，两面无毛，有时下面中脉上有小皮刺；侧生小叶片较小，基部略偏斜；小叶柄长3～5mm，小托叶腺体状。总状花序腋生，长可达30cm以上，着花稀疏；花序梗及花序轴初被毛，后脱落，疏生皮刺，每节具2或3花；花萼暗紫褐色，钟状，长8～10mm，喉部近平截，仅下方有1三角形刺芒状小齿；花冠深红色，长4.5～6cm，狭而近闭合状，旗瓣椭圆形，远长于翼瓣和龙骨瓣，均无瓣柄；雄蕊10（9+1）；子房有长柄，被白色短柔毛，花柱微弯，无毛。荚果长约10cm，顶端具喙，种子间略缢缩。种子长圆形，黑褐色。花期3—6月，果期8—9月，可宿存于树上至次年4月。

原产于美洲热带地区。福建、台湾、广东、海南、广西、云南等地有引种；温州及杭州市区、普陀等地有栽培。

花美丽，可供观赏；树皮含龙芽花素，药用可作麻醉剂和止痛镇静剂。

2. 鸡冠刺桐 （图5-148）
Erythrina crista-galli L.

灌木或小乔木，高2~4m。茎和叶柄稍具皮刺。羽状三出复叶；小叶片长卵形或长椭圆状披针形，长7~10cm，宽3~4.5cm，先端钝，基部近圆形。花与叶同出，总状花序顶生，每节具1~3花；花深红色，长3~5cm，稍下垂或与花序轴成直角；花萼钟状，先端2浅裂；旗瓣宽大开展，开放时张开，不包住龙骨瓣，呈浅勺状；雄蕊二体；子房有柄，被细绒毛。荚果长约15cm，褐色，种子间缢缩。种子大，亮褐色。在本省花期通常5—8月，有时可到12月，果期12月至次年3月，但极少结果。

原产于巴西。我国南方常有露地栽培，北方偶有盆栽，但需在室内越冬；本省园林中多有栽培，因易受冻害，冬天需采取防寒措施。

花艳形美，可供庭园观赏。

图5-148　鸡冠刺桐

3. 刺桐 （图5-149）
Erythrina variegata L.—*E. variegata* var. *orientalis* (L.) Merr.

落叶大乔木，高可达20m。树皮灰色，有鼓钉状皮刺。羽状三出复叶较大，长20~30cm；叶柄长10~15cm，通常无刺；顶生小叶片宽卵形至卵状三角形，通常宽大于长或长宽近相等，先端短渐尖，钝头，基部平截、圆形或宽楔形，无毛，小叶柄短，长约7mm；侧生小叶较小，卵形至宽卵形。总状花序长10～16cm，花密集；花序梗粗壮，木质，长7～10cm；花萼佛焰苞状，长2～3cm，喉部偏斜；花冠红色，旗瓣长5～6cm，翼瓣与龙骨瓣近等长，均短于旗瓣。荚果肿胀，长15～30cm，串珠状，具4～12种子。种子肾形，暗红色，长约1.5cm。花期3—4月，果期9—10月。

原产于亚洲热带地区。华南、西南有引种；慈溪、温州市区、苍南等地有栽培。

姿态雄伟，花色艳丽，为南方重要的行道树和庭园观赏树种；木材轻软，白色，供制器具等；茎皮纤维可制绳索；树皮可药用，有祛风除湿的功效，叶可驱虫及止吐。

图5-149　刺桐

23 油麻藤属　Mucuna Adans.

木质或草质藤本，稀直立。羽状三出复叶；托叶早落，小托叶存在。总状花序，稀圆锥花序，腋生或生于老茎上；花萼钟状，5齿裂，上方2枚常合生；花冠深紫色、黄绿色或近白色，旗瓣长常仅为龙骨瓣的一半，基部有内弯的耳，龙骨瓣长于或近等长于翼瓣，先端内弯成硬喙状；雄蕊10，二体(9+1)，花药二型，较长的5枚与花瓣互生，基着药，较短的5枚

八九　蝶形花科 Fabaceae

与花瓣对生，"丁"字形着药；子房无柄。荚果条形或长圆形，平滑或有斜褶，沿荚缝线有隆脊，多被柔毛或刺激性刺毛，具少数至多数种子。种子通常较大，种脐与种子近等长。

约100种，分布于热带、亚热带地区。我国有18种，分布于华东、华中、华南、西南；浙江有3种。

据《浙江植物志》记载平阳、苍南尚分布有白花油麻藤（禾雀花）*M. birdwoodiana* Tutch.，与常春油麻藤相似，但花冠较大，长7.5～8.5cm，白色；荚果沿两缝线有锐利的狭翅；种子近黑色。经查证，浙江最早记载该种的资料为吴长春先生编写的《浙江种子植物名录》(1981，手稿，油印本)。但作者及同行多次前往所记录产地平阳、苍南调查均未及，也未查到标本，故本志不予收录。

分种检索表

1. 木质或半木质藤本；小叶先端渐尖、急尖，侧生小叶基部偏斜；荚果扁平。
  2. 落叶半木质藤本；叶片纸质，无光泽；荚果长7～14cm，面上有斜褶，密被硬刺毛，种子间无缢缩 ……………………………………………………………………………………………… **1. 宁油麻藤 M. lamellata**
  2. 常绿大型木质藤本；叶片革质，有光泽；荚果长30～60cm，面上无褶，亦无刺毛，种子间有缢缩 ……………………………………………………………………………………………… **2. 常春油麻藤 M. sempervirens**
1. 草质藤本；小叶先端圆钝或微凹，具小尖头，侧生小叶基部极偏斜；荚果近圆柱形 ……………………………………………………………………………………………………… **3. 狗爪豆 M. pruriens var. utilis**

1. 宁油麻藤　褶皮黧豆　（图5-150）
Mucuna lamellata Wilmot-Dear

落叶半木质缠绕藤本，长达10m。茎常被稀疏短硬毛。羽状三出复叶；叶片纸质，无光泽；顶生小叶宽卵形，长8～12cm，宽4～8cm，先端急尖或渐尖，上面近无毛，下面疏被白色平伏短刚毛，后渐脱落；侧生小叶斜卵形，稍小，小叶柄长3～4mm，被白色绒毛。总状花序，有时呈圆

图5-150　宁油麻藤

锥花序，腋生，花多数，密集；花萼宽钟状，长约0.8cm，外面疏被浅棕色长粗毛，内面密被白色短柔毛；花冠紫色，旗瓣长约3cm，翼瓣和龙骨瓣长约5cm；子房无柄。荚果条状长圆形，长7~14cm，扁平，有时略弯曲，果瓣纸质或厚纸质，有薄片状斜褶，被棕黄色针状刺毛，具3~6种子。种子黑褐色，椭球形，压扁状，光滑无毛。花期7—8月，果期9—11月。

产于湖州、杭州、绍兴、宁波、衢州、金华及天台、永嘉。生于山坡、沟边林中或灌丛中。分布于江苏、江西、福建、湖北、广东、广西。

种子有毒，去毒后可做豆腐食用；花大艳丽，可供观赏。

2. 常春油麻藤 （图5-151）
Mucuna sempervirens Hemsl.

大型常绿木质藤本，长达25m，基部直径可达30cm以上。羽状三出复叶；小叶革质，全缘，有光泽；顶生小叶卵状椭圆形或卵状长圆形，长7~13cm，先端渐尖或短渐尖，基部圆楔形，上面有光泽；侧生小叶片基部偏斜。总状花序生于老茎上或近根部，花多数；花萼钟状，外面疏被锈色长硬毛，内面密生绢状绒毛；花冠暗紫色，干后变黑色，长约6.5cm，旗瓣宽卵形，长约2.5cm，翼瓣卵状长圆形，长约4.2cm；子房无柄，被锈色长硬毛，花柱无毛。荚果近木质，长带状，长30~60cm，扁

图5-151　常春油麻藤

八九 蝶形花科 Fabaceae

平，密被锈色毛，两缝线有隆起的脊，表面无皱褶，种子间略缢缩，具10~18种子。种子棕褐色，近圆形，压扁状，直径2~2.8cm，种脐包围种子的1/2~2/3。花期4—5月，果期9—10月。

产于全省山区、丘陵。生于山坡上、山谷中及溪边，以石灰岩山地最为常见；园林中普遍栽培。分布于华东、华南、西南及湖北、陕西。日本也有。

根、茎皮及种子可入药，有活血补血、通筋活络的功效；茎皮纤维可编织麻袋及造纸；块根可提制淀粉；巨藤如龙，叶片清秀，花大美丽，果长奇特，生长快速，为优良的垂直绿化植物。

3. 狗爪豆　黧豆（变种）（图5-152）

Mucuna pruriens (L.) DC. var. **utilis** (Wall. ex Wight) Baker ex Burck—*M. cochinchinensis* (Lour.) Cheval.

一年生草质藤本。茎缠绕，具纵棱，被倒向开展的白色疏柔毛。羽状三出复叶；顶生小叶宽卵形、菱状卵形或长椭圆形，长7~14cm，宽5~8.5cm，先端圆钝或微凹，有短尖头，基部宽楔形或近圆形，两面均被伏贴白色柔毛，下面叶脉明显隆起；

图5-152　狗爪豆

侧生小叶基部极偏斜。总状花序腋生，下垂，长达20cm；花萼宽钟状，密被灰绿色柔毛，并杂生长粗毛；花冠淡黄绿色或紫黑色，旗瓣长为龙骨瓣的1/2，翼瓣比龙骨瓣略短，龙骨瓣长约4cm；子房无柄，密被短柔毛，花柱细长。荚果成熟时呈黑色，近圆柱形，长6~10cm，宽1.5~2cm，稍肿胀，顶端略弯，密或疏被毛，具5~8种子。种子灰白色，椭球形，光滑。花期7—9月，果期10—11月。

原产于南亚及菲律宾。我国南部广泛栽培；衢州、丽水、温州及宁海等地有种植。

嫩荚及种子可食用，种子具微毒，采后应将荚果置于水中煮半小时，然后剥取种子并连同嫩果皮置于清水中浸泡24小时后方可做菜食用；成熟种子可入药，能治腰背酸痛。

24 土圞儿属 Apios Fabr.

多年生缠绕藤本。有块根。羽状复叶有3~7（9）小叶；托叶及小托叶常存在。总状花序短，腋生；苞片及小苞片小，早落；花萼上方2枚合生，最下方1枚最长；花冠黄绿色或暗紫红色，旗瓣宽，外反，龙骨瓣初时为1内弯的管，最后旋卷，翼瓣最短；雄蕊二体(9+1)，花药一型；子房基部有腺体。荚果条形，稍扁平，具多数种子。

8种，分布于东亚和北美洲。我国有6种，分布于东部至西南部；浙江有1种。

土圞儿 （图5-153）
Apios fortunei Maxim.

多年生草质藤本。块根椭球形或纺锤形。茎被倒向的短硬毛。羽状复叶具3~7小叶；叶柄

图5-153　土圞儿

长2.5~7cm；托叶宽条形；顶生小叶宽卵形至卵状披针形，长4~10cm，宽2~6cm，先端渐尖或尾状，基部圆形或宽楔形，两面有糙伏毛，脉上尤密；侧生小叶常为斜卵形。总状花序长8~20cm；花萼钟形，长约5mm，淡黄绿色；旗瓣宽倒卵形，长宽近相等，淡绿色或黄绿色，翼瓣最短，长7~8mm，淡紫色，龙骨瓣长约1.2cm，初时内卷成1管，先端弯曲，后旋卷，黄绿色；雄蕊二体；子房无柄，条形，疏被白色短毛，花柱长而卷曲。荚果条形，长5~8cm，被短柔毛，具多数种子。花期6—8月，果期9—10月。

产于全省山区、丘陵和近海岛屿。生于海拔1200m以下的向阳山坡林缘或灌草丛中，常缠绕在其他植物上。长江以南各地均有分布。日本也有。

块根可食用，也可入药，有消肿解毒、祛痰止咳的功效。

25 刀豆属 Canavalia Adans.

一年生或多年生，直立或缠绕草质藤本。羽状三出复叶；托叶小，有时为疣状或不显著，具小托叶。总状花序腋生；花梗极短；花较大；花萼钟状或管状，萼齿呈二唇形，上唇全缘或微缺，较下唇长，下唇具3短齿；花冠紫红色或白色，旗瓣大，外反，翼瓣狭镰刀状，与内弯的龙骨瓣近等长；雄蕊单体或其中1枚基部稍分离，花药一型；子房具短柄，花柱上弯，无髯毛。荚果大，带状或长椭圆形，扁平或略膨胀，近背缝线一侧通常有隆起的纵脊或狭翅。

约50种，分布于热带地区。我国连引入栽培5种；浙江有2种。

据 Flora of China 记载浙江尚产海刀豆 C. rosea (Sw.) DC.— C. maritima Thou.，但作者检视了产自浙江的标本和照片，均未找到与之相符者；另据《浙江植物志》记载浙江栽培有矮刀豆 C. ensiformis (L.) DC.，但作者未查到标本，也未见再有栽培，故均不收录。

1. 刀豆 蔓性刀豆 （图5-154）
Canavalia gladiata (Jacq.) DC.— *C. gladiolata* Sauer

一年生缠绕草质藤本，长达数米。羽状三出复叶；叶柄长3~10cm；顶生小叶宽卵形，长8~15cm，宽5~12cm，先端渐尖，基部近圆形，两面无毛；侧生小叶基部偏斜。总状花序腋生，花数朵聚生于总轴中部以上的瘤节上；花梗极短；花萼二唇形，上唇大，长约1cm，合生成2浅齿，下唇3齿，卵形，长2~3mm；花冠白色或淡紫色，长3~4cm，旗瓣宽椭圆形，先端凹，翼瓣狭窄，龙骨瓣弯曲，各瓣均具耳及瓣柄；子房被毛。荚果长条形，长15~40cm，宽5~6cm，略弯曲，边缘具隆脊，具10~14种子。种子红色或褐色，扁长椭球形，长约3.5cm，宽约2cm，厚约1.5cm，种脐约占全长的3/4。花期6—7月，果期8—10月。

原产于美洲热带地区，现广泛栽培于全球热带及亚热带地区。我国长江以南各地多有栽培；全省各地常见栽培。

荚果可供食用，但种子具微毒，需经煮熟去皮，浸泡于清水中2～3小时，除去毒素后方可食用。荚壳及种子可入药，荚壳止泻、通经，种子温中下气、益肾补元；种子还可作咖啡代用品。

图5-154　刀豆

2. 狭刀豆　海刀豆（图5-155）

Canavalia lineata (Thunb. ex Murr.) DC.—*Dolichos lineatus* Thunb. ex Murr.

多年生草质藤本。茎缠绕或匍匐，长可达3m，粗壮，疏生倒向短伏毛，后渐脱落。羽状三出复叶；叶柄长2.5～7cm；顶生小叶倒卵形、宽椭圆形或近圆形，长5～10cm，宽4.5～8cm，先端圆或平截，有时稍凹入，基部圆形，上面疏被伏毛，下面脉上有疏毛。总状花序长5～20cm；花萼钟状，长约1cm，萼齿二唇形，上方2枚合生成半圆形，较长，下方3枚卵形，较小；花冠淡紫红色，或白色带紫色，长2.5～3cm，旗瓣近圆形，先端微凹，基部有2附属体，翼瓣镰状长椭圆形，具平截的耳，龙骨瓣钝，弯曲，有条形的耳，均具瓣柄；子房被绒毛。荚果短圆柱形，长5～6cm，宽2～3cm，幼时扁平，成熟时肿胀，顶端具喙，背缝具3条隆起的纵肋，具数粒种子。种子椭球形，长1.3～1.5cm，宽约1cm，种脐长约8mm。花期8—9月，果期10—12月。

产于舟山、台州、温州及象山。生于滨海沙滩内侧、岩缝间或灌丛中。分布于华南及福建。

东亚、东南亚也有。

花色艳丽，可供观赏，尤宜供滨海沙滩美化。

与刀豆的主要区别在于后者为栽培植物；顶生小叶宽卵形，先端渐尖，两面无毛；荚果较大，长条形，长15～40cm，宽约5cm。

图5-155　狭刀豆

26 豆薯属 Pachyrhizus Rich. ex DC.

多年生草质缠绕藤本。块根大。羽状三出复叶；托叶披针形；小叶中部以上常浅裂或有角；具小托叶。圆锥花序腋生，花簇生于花序轴隆起的节上；花萼二唇形；花冠堇紫色、淡红色或白色，伸出花萼外，旗瓣宽，基部有耳，龙骨瓣钝，向内弯曲；雄蕊二体（9+1）；花柱长，顶端旋卷，内侧有毛。荚果大，狭长，扁平或肿胀，种子间有缢痕。

约5种，原产于美洲热带地区，现广泛栽植于全球热带、亚热带地区。我国常见栽培1种；浙江也有栽培。

豆薯 地瓜 （图5-156）

Pachyrhizus erosus (L.) Urban

多年生草质缠绕藤本。块根纺锤形或扁球形，肉质，与皮部易分离。茎粗壮，具棱，常被毛。羽状三出复叶，叶柄长3.5~15cm，有棱及毛；顶生小叶圆菱形或卵状肾形，长宽几相等或宽大于长，先端短渐尖，基部近截形，中部以上呈不规则浅裂，稀全缘，侧生小叶偏斜。圆锥花序腋生，长15~30cm，被毛，花3~5朵簇生于花序轴隆起的节上；花萼二唇形，被金黄色伏毛；花冠堇紫色或淡红色，旗瓣近圆形，近基部中央有黄绿色斑纹及2胼胝体附属物，翼瓣与龙骨瓣均为镰形，各瓣均有瓣柄及耳；雄蕊二体；子房密被淡黄色硬毛，花柱顶端向内旋卷。荚果条形，长7~13cm，宽约1.3cm，稍扁平，密被糙伏毛，具8~10种子，种子间有缢痕。种子黄褐色，近方形，长、宽各约7mm。花期7—8月，果期11—12月。

原产于美洲热带地区，现广泛栽培于全球热带、亚热带地区。华东、华中、华南、西南均有栽培；全省各地有零星栽培。

块根可生食、熟食或提取淀粉；入药能消暑、生津、降压；种子有大毒，可制杀虫剂，误食有生命危险。

图5-156　豆薯

27 葛属 Pueraria DC.

草质或半木质缠绕藤本。有块根。羽状三出复叶；托叶基部着生或盾状着生；小叶大，全缘或有缺裂；具小托叶。总状花序腋生；花萼钟状，萼齿5，不等长；花冠蓝紫色或紫色，稀白色，伸出萼外，旗瓣近圆形或倒卵形，具瓣柄，有耳，翼瓣较狭，在中部与龙骨瓣贴生，各瓣近等长；雄蕊10，单体，花药一型；子房常无柄，基部具鞘状腺体，花柱丝状，极上弯，无毛。荚果条形，扁平或近圆柱形，具多数种子。种子扁平，近圆形或横向椭圆形，种脐远短于种子。

约20种，广泛分布于亚洲热带地区至日本。我国有10种，全国广泛分布，主产于南部；浙江有1种。

据《中国植物志》、Flora of China、《浙江植物志》等记载浙江尚分布有三裂叶野葛P. phaseoloides Benth.。但作者及浙江同行多年来从未在浙江境内拍到过符合该种植物特征的照片，仅查到1份藏于浙江自然博物院植物标本馆的标本（2038号），由洪利兴、谢珂于1985年8月8日采自浙江遂昌（果枝），被鉴定为三裂叶野葛，但其荚果宽而扁平，密被开展的长硬毛，应为越南葛藤的误定。故本志不予收录。

越南葛藤　葛　（图5-157）

Pueraria montana (Lour.) Merr.—*P. lobata* (Willd.) Ohwi var. *montana* (Lour.) Maesen

多年生半木质藤本。块根肥厚。茎较细，疏被棕褐色粗毛或近无毛。羽状三出复叶；顶生小叶宽卵形或斜卵形，通常不裂，长9～18cm，宽6～12cm，先端渐尖，基部圆形，全缘，上面疏被长伏毛，后渐脱落，下面被绢质柔毛，侧生小叶较小，斜卵形；叶柄长4～12cm；托叶较大，盾状着生，小托叶钻状。花序总状或圆锥状，腋生，长15～30cm，花序轴上的节较密，每节簇生3花；苞片与小苞片等长或较短，脱落；花萼钟形，长7～8mm，被黄褐色毛，萼齿5，披针形；花冠紫色，长10～12mm，旗瓣近圆形，基部具短耳；子房被毛。荚果条形，长4～9cm，宽6～8mm，扁平，密被锈色开展的长硬毛，通常不开裂，含种子10粒以下。花期7—9月，果期9—11月。

产于丽水、温州。生于海拔650m以下的山坡、路边灌丛中。分布于华东、华中、华南、西南。东南亚及日本也有。

茎皮纤维可制绳索、织葛布、造纸；叶为优良饲料；块根可提取葛粉，供食用或酿酒；根、花可入药，根能解表退热、生津止渴、解酒毒，花能醒胃、止渴、解酒毒。

图5-157　越南葛藤

a. 野葛 葛藤 葛麻姆（变种）（图5-158）

var. **lobata** (Willd.) Maesen et S. M. Almeida ex Sanjappa et Predeep——*P. lobata* (Willd.) Ohwi

与越南葛藤的区别在于茎较粗，密被棕褐色粗毛；顶小叶常3裂；苞片远比小苞片长；花萼长8～10mm；花冠长15～18mm，旗瓣倒卵形；荚果宽8～11mm。

产于全省各地。生于海拔1600m以下的山坡草地上、荒山上、路边、疏林下或灌丛中，近年已成为重要有害植物之一。分布于除青海、新疆、西藏外的全国各地。东南亚及日本也有；非洲、欧洲及美国有归化。

图5-158 野葛

图 5-159 白花葛藤

本省尚有1变型白花葛藤form. **alba** G.Y. Li, F.G. Zhang et J.S. Wang（图5-159），与野葛的区别在于花白色。产于金华市区（婺城北山）、浦江（檀西镇）。生于海拔200～1000m的山沟溪边或山顶灌草丛中。模式标本采自浦江（檀西镇）。

b. 粉葛（变种）（图5-160）
var. **thomsonii** (Benth.) M. R. Almeida

与越南葛藤的区别在于块根肥大；顶生小叶先端急尖或具长的小尖头；花萼长达2cm；花冠长1.6～1.8cm；荚果长10～14cm，宽1～1.3cm。

原产于江西、广东、海南、广西、四川、云南、西藏。南亚和东南亚也有。全省各地有零星栽培，未见野生。

块根富含淀粉（葛粉），可食用。

图 5-160 粉葛

28 大豆属 Glycine Willd.

草质缠绕藤本，或为直立、匍匐草本。羽状三出复叶；托叶小，与叶柄离生，小托叶存在。总状花序腋生；苞片小，脱落；花小；花萼钟状，萼齿5，上方2枚多少合生；花冠白色或紫色，略伸出萼外，旗瓣近圆形，基部两侧有耳，翼瓣狭窄，微贴生于短钝的龙骨瓣上；雄蕊10，单体或二体（9+1）；子房有数粒胚珠，基部具不发达的环状腺体。荚果条形或长圆形，扁平或稍肿胀，种子间常有缢缩。

约9种，主要分布于亚洲、大洋洲和非洲。我国有6种，南北各地均有分布；浙江有2种。

1. 大豆 黄豆（图5-161）

Glycine max (L.) Merr.

一年生草本，高50～150cm。茎粗壮直立或上部稍带蔓性，多分枝。植物体各部密被开展的棕褐色长硬毛。羽状三出复叶；托叶卵形，渐尖；顶生小叶片菱状卵形，长7～13cm，宽3～6cm，先端渐尖，基部宽楔形或圆形，两面被毛；侧生小叶片斜卵形，较小。总状花序腋生，具2～10花；花小，长5～8mm；花萼钟状，萼齿5，披针形，最下1枚最长；花冠白色或淡紫色，略长于花萼，旗瓣倒卵形，先端微凹，基部渐狭成瓣柄，翼瓣具耳及瓣柄，龙骨瓣斜倒卵形，具短瓣柄；雄蕊二体；子房无柄。荚果条状长圆形，长2～7cm，宽1～1.5cm，略弯曲，具2～5种子。种子因品种不同而呈不同的形状和颜色（青绿色、棕色、黄色及黑色等）。花期4—9月，果期5—10月。

原产于我国，为重要的粮食作物之一，据记载已有5000多年栽培历史。全球广泛栽培。全省各地广泛栽培。

种子富含蛋白质和油脂，为重要的油料作物之一，可供食用及工业用；茎、叶、豆渣、豆饼为优质饲料和肥料；黑大豆可入药，有养血、补虚、祛风、解毒的功效。

图5-161 大豆

2. 野大豆 (图5-162)

Glycine soja Siebold et Zucc.

一年生草质藤本。茎缠绕，细长，密被棕黄色倒向伏贴长硬毛。羽状三出复叶；托叶宽披针形，被黄色硬毛；顶生小叶片卵形至条形，长2.5～8cm，宽1～3.5cm，先端急尖，基部圆形，两面密被伏毛；侧生小叶片较小，基部偏斜。总状花序腋生，长2～5cm；花小，长5～7mm；花萼钟形，萼齿5，披针状钻形，与萼筒近等长，密被棕黄色长硬毛；花冠淡紫色，稀白色，稍长于萼，旗瓣近圆形，翼瓣倒卵状长椭圆形，龙骨瓣较短，基部一侧有耳；雄蕊近单体；子房无柄，密被硬毛。荚果条形，长1.5～3cm，宽4～5mm，扁平，略弯曲，密被棕褐色长硬毛，2瓣开裂，具2～4种子。种子黑色，椭圆形或肾形，稍扁平。花期6—8月，果期9—10月。

产于全省各地。生于向阳山坡灌丛中或林缘、湖边、溪岸、路边、田边及抛荒地中。分布于东北、华北、华东、华中、西北。日本、朝鲜半岛、俄罗斯远东地区也有。

可作牧草及绿肥；全草可入药，有补气血、强壮、利尿、平肝、止汗的功效，种子入药可益肾止汗。为国家Ⅱ级重点保护野生植物。

与大豆的主要区别在于后者为栽培植物；直立草本；茎较粗壮；小叶、荚果、种子均大于本种。

图5-162 野大豆

29 山黑豆属 Dumasia DC.

草质缠绕藤本或攀缘状亚灌木。羽状三出复叶；有托叶及小托叶。总状花序腋生；花中等大小；苞片和小苞片小；花萼圆筒状，基部向一侧膨大，萼筒喉部呈斜截形，萼齿不明显；花冠淡黄色，伸出萼外，各瓣均有长瓣柄，除旗瓣外，其他各瓣均无耳；雄蕊二体(9+1)，花药一型；子房有短柄，基部具腺体，胚珠多数，花柱长。荚果条形，略呈串珠状，种子间无隔膜。种子近球形。

约10种，分布于亚洲热带地区和非洲。我国有9种，主产于西南；浙江有1种。

截叶山黑豆 （图5-163）
Dumasia truncata Siebold et Zucc.

多年生草质缠绕藤本。茎纤细，具沟纹，疏被短伏毛或近无毛。羽状三出复叶；叶柄长3～5cm；托叶狭披针形，极尖锐，有3脉；顶生小叶长卵形，长2.5～8cm，宽1.5～5.5cm，先端圆钝，有时微凹，具小尖头，基部圆形或截形，仅下面疏生短柔毛；侧生小叶基部略偏斜；小托叶针状。总状花序长2～6cm，1～3个腋生；花常两两对生，花梗长3～4mm；花萼长8～10mm，萼筒基部截形，向一侧膨大，喉部呈斜截形，萼齿极不明显；花冠黄色，长1.5～1.8cm；子房具柄。荚果倒披针形或条形，长3～4.5cm，宽7～9mm，扁平无毛，成熟时2瓣开裂，具2～5种子。种子宽长圆形，长约5mm。花期8—9月，果期10—11月。

产于临安、淳安、金华市区（北山）、浦江、磐安、武义、天台、临海、遂昌、景宁、庆元、文成、泰顺。生于海拔400～1100m的山坡路旁草丛中及山谷林下。分布于江苏、安徽、江西、福建、河南、湖北、广东、陕西。日本也有。

图5-163 截叶山黑豆

30 两型豆属 Amphicarpaea Elliot

草质缠绕藤本。羽状三出复叶；有宿存的托叶及小托叶。苞片宿存；花常二型，无瓣花常单生于下部叶腋或分枝基部，子房柄延长入土结果；有瓣花紫色，数花组成腋生的短总状花序；花萼筒长，萼齿近等长或上方的较短；花冠远伸出萼外；雄蕊二体（9+1），花药一型；子房有长或极短的子房柄，具多数胚珠，花柱丝状，向上弯曲。荚果扁平，宽条形或镰状，在土中结的果实常肿胀，椭球形。

约5种，分布于东亚、北美洲和非洲热带地区。我国有3种；浙江有1种。

三籽两型豆　两型豆　（图5-164）
Amphicarpaea edgeworthii Benth.——*A. trisperma* (Miq.) Baker

一年生草质缠绕藤本。全株密被倒向淡褐色粗毛。茎纤细。羽状三出复叶；托叶狭卵形，长3~4mm，有显著脉纹，宿存；顶生小叶菱状卵形或宽卵形，长2~6cm，宽1.8~5cm，先端钝，有小尖头，基部圆形或宽楔形，两面密被伏贴毛；侧生小叶斜卵形，稍小。总状花序具3~7花；花序梗长0.5~2cm，花梗长2~2.5mm；花萼长约7mm，萼筒长于萼齿，萼齿三角状钻形；花冠白色或淡紫色，长1.3~1.5cm，旗瓣倒卵形，翼瓣椭圆形，有耳，龙骨瓣具瓣柄；无瓣花生于分枝基部。荚果镰状，长2~2.5cm，扁平，沿腹缝线被长硬毛，具3种子，在土中结的果实呈白色或紫色，椭球形，具1或2种子。种子圆肾形，红棕色，有黑色斑纹。花期8—9月，果期10—12月。

产于全省各地。生于海拔1500m以下的山坡灌丛中、林缘及路边草丛中。分布于东北、华北、华东、华中、西南及台湾、海南、陕西、甘肃。俄罗斯、日本、朝鲜半岛、越南、印度也有。

种子入药，可治白带。

图5-164　三籽两型豆

31 蝶豆属 Clitoria L.

多年生草质缠绕藤本或亚灌木。奇数羽状复叶，小叶3～9；托叶和小托叶宿存。花大而美丽，单朵或成对腋生或排成总状花序；苞片托叶状，近圆形，成对，宿存；小苞片与苞片相似或较大，或有时呈叶状；花单生于叶腋，蓝紫色、淡红色或白色；花萼膜质，管状，5裂；花冠伸出萼外，旗瓣大，近平直伸展或有时呈兜状，具瓣柄，无耳，翼瓣和龙骨瓣很短；雄蕊二体(9+1)或多少联合成一体，花药一型；子房基部常为鞘状花盘所包围，有多粒胚珠，花柱扁，长而弯曲，沿内侧有髯毛。荚果条形或条状长圆形，扁平或肿胀，具果颈。

约70种，分布于热带和亚热带地区。我国原产4种，引入1种；浙江栽培1种。

蝶豆 蝴蝶花豆 蓝蝴蝶 （图5-165）

Clitoria ternatea L.

草质缠绕藤本。茎、枝被脱落性伏贴短柔毛。羽状复叶具5～9小叶；小叶宽椭圆形或有时近卵形，长2.5～5cm，宽1.5～3.5cm，先端钝，微凹，基部钝，两面疏被伏贴的短柔毛或有时无毛。花大，单朵腋生；苞片2，披针形；小苞片大，膜质，近圆形，绿色，直径5～8mm，网脉清晰；花萼5裂，膜质，长1.5～2cm，有纵脉，萼齿披针形；花冠蓝紫色、淡红色或白色，长可达5.5cm，旗瓣宽倒卵形，中央有1白色或橙黄色浅晕，基部渐狭，具短瓣柄，翼瓣与龙骨瓣远较旗瓣为小，均具柄；雄蕊二体；子房被短柔毛。荚果长5～11cm，扁平，具长喙，具6～10种子。种子黑色，种阜明显。花果期7—12月。

原产于印度，现全球热带地区常有栽培。华南及福建、云南等地有栽培；杭州市区、苍南等地有栽培。

花大色艳，酷似蝴蝶，为优美的观赏花卉；根、种子有毒。

图5-165 蝶豆

32 四棱豆属 Psophocarpus Neck. ex DC.

草质藤本或平卧草本，稀直立亚灌木。具块根。单小叶或羽状三出复叶；托叶盾状着生，具小托叶。花单生或排成总状花序，腋生，花序轴上小花梗着生处肿胀；花萼5裂；花冠蓝色或微带紫色，伸出萼外，旗瓣近圆形，基部具耳及附属体，翼瓣斜倒卵形，龙骨瓣弯成直角；对旗瓣的1枚雄蕊分离或连合至中部；子房有翅，具3~21胚珠，花柱弯曲，具纵列的髯毛或柱头下具1圈毛，柱头画笔状。荚果沿棱角具明显或不太明显的4列纵翅，种子间多少具隔膜。种子有或无假种皮。

约10种，分布于东半球热带地区。我国引种栽培1种；浙江引种栽培1种。

四棱豆 翼豆（图5-166）
Psophocarpus tetragonolobus (Linn.) DC.

多年生草质藤本，茎长2~4m。具块根。羽状三出复叶；小叶卵状三角形，长4~15cm，宽3.5~12cm，全缘，先端急尖或渐尖，基部平截或圆形；托叶盾状着生，长0.8~1.2cm。总状花序腋生，长1~10cm，具2~10花；花萼钟状，长约1.5cm；旗瓣外面淡绿色，里面浅蓝色，先端凹，翼瓣浅蓝色，龙骨瓣白色而略带浅蓝色；雄蕊10，对旗瓣的1枚基部离生，中部以上和其他雄蕊合生成管；子房具短柄。荚果长10~25（40）cm，宽2~3.5cm，具4列纵翅，翅宽0.3~1cm，边缘具不规则锯齿。种子8~17，近球形，直径0.6~1cm，白色、黄色、棕色、黑色或杂色，光亮，边缘具假种皮。花期9—10月，果期10—12月。

可能原产于亚洲热带地区，现亚洲南部、大洋洲、非洲等地均有栽培。华南及四川、云南常见栽培，近年华北及江苏也有引种；平阳等地有栽培。

本种的嫩叶、嫩荚、花可蔬食；块根富含淀粉、蛋白质，可食；种子可食。

图5-166 四棱豆

33 扁豆属 Lablab Adans.

一年生草质缠绕藤本。羽状三出复叶；托叶基部着生，反折。总状花序腋生；花萼钟状，二唇形；花冠白色或紫红色，旗瓣圆形，基部有2附属体及耳，翼瓣倒卵形，与龙骨瓣贴生，龙骨瓣内弯，具喙，但不为螺旋状；雄蕊二体(9+1)；子房近无柄，有数粒胚珠，花柱上部增粗，近顶端有髯毛。荚果大而扁平，长圆状镰形，顶端具弯喙。种子白色、黑色或紫色。

仅1种，原产于非洲，现全球热带地区均有栽培。我国南方各地普遍栽培；浙江也有。

扁豆（图5-167）

Lablab purpureus (L.) Sweet——*Dolichos purpureus* L.——*D. lablab* L.

一年生草质缠绕藤本。茎淡绿色或淡紫色，无毛。顶生小叶三角状宽卵形，长6~12cm，长宽近相等，先端渐尖、尾状或急尖，基部近截形，两面疏被毛；侧生小叶斜卵形或斜三角状宽卵形。总状花序腋生，长15~25cm，具2~20花，每节着2~5花；花萼钟状，长约8mm，萼齿5；花冠白色或紫红色，长1.5~1.8cm，旗瓣基部两侧有2附属体，下延

图5-167 扁豆

为2耳，翼瓣宽，有平截的耳，龙骨瓣有囊状附属体，具喙，弯曲几成直角，均有瓣柄；子房被绢毛，基部有腺体，花柱近顶部有白色髯毛。荚果扁平，绿色或紫色，长6~9cm，宽约2.5cm，顶端有弯喙，具2~5种子。种子椭圆形，扁平，长约8mm，白色或紫黑色。花期7—11月，果期9—12月。

原产于埃及，现世界各地均有栽培。我国各地普遍栽培。本省普遍栽培。

嫩荚可食用；白色种子可入药，有消暑解毒、健脾开胃的功效，花有和中、消暑、化湿的功效。

34 豇豆属 Vigna Savi

草质缠绕藤本或近直立草本。羽状三出复叶；托叶常盾状着生。花常聚生于总状花序上部，花间常有垫状腺体；花萼钟状，萼齿5；花冠白色、黄色或紫色，旗瓣有耳，基部有附属体及短瓣柄，翼瓣有耳，与龙骨瓣均具瓣柄，龙骨瓣常有囊状附属体，其先端圆钝，具喙或与花柱增厚部分旋卷，但不超过360°；雄蕊二体(9+1)，花药一型；子房无柄，花柱上端内侧常有髯毛，柱头侧生或倾斜。荚果细长圆柱形。种子长椭球形或近肾形。

约100种，分布于热带、亚热带地区。我国有14种；浙江有7种。

本属中有些种类是重要的粮食或蔬菜作物；根及种子均可入药。

分种检索表

1. 野生或归化植物。
    2. 多年生植物；地下有圆柱形或圆锥形肉质主根；托叶基部着生；花冠紫红色至紫褐色，偶为黄绿色或乳黄色带紫色 ·················· **1. 野豇豆 V. vexillata**
    2. 一年生植物；地下无肉质主根；托叶盾状着生；花冠黄色。
        3. 托叶较小，长3~5mm；小叶片较窄，宽0.4~3cm ·················· **4. 山绿豆 V. minima**
        3. 托叶较大，长于10mm；小叶片较宽，宽通常为4~11cm。
            4. 托叶先端渐尖或锐尖，全面被疏毛；荚果无毛；种子通常暗红色，圆柱形，长5~8mm；归化种 ·················· **6. 赤小豆 V. umbellata**
            4. 托叶先端急尖，仅边缘具较整齐的睫毛；荚果有毛；种子黑色或黑褐色，近方形或圆形，长2~3mm；野生种 ·················· **3. 黑小豆 V. stipulata**
1. 栽培植物。
    5. 茎有毛或至少幼时有毛；叶两面有毛；花黄色；荚果长5~9cm。
        6. 托叶卵形；荚果散生硬毛；种子绿色 ·················· **2. 绿豆 V. radiata**
        6. 托叶箭头形；荚果无毛；种子常为暗红色 ·················· **5. 赤豆 V. angularis**
    5. 茎无毛或近无毛；叶两面无毛；花淡黄色或淡紫色；荚果长10~90cm ·················· **7. 豇豆 V. unguiculata**

1. 野豇豆 （图5-168）

Vigna vexillata (L.) A. Rich

多年生缠绕性草质藤本。主根圆柱形或圆锥形，肉质，外皮橙黄色。羽状三出复叶；托叶基部着生，长3～5mm；顶生小叶变异大，宽卵形、菱状卵形至披针形，长4～8cm，宽2～4.5cm，先端急尖至渐尖，基部圆形或近截形，两面被淡黄色糙毛；侧生小叶基部常偏斜。花2～4朵着生于花序上部；花序梗长8～25cm，花梗极短，被棕褐色粗毛；花萼钟状，萼齿5；花冠紫红色至紫褐色，偶为黄绿色或乳黄色带紫色，旗瓣长约2cm，先端微凹，有短瓣柄，翼瓣弯曲，基部一侧有耳，龙骨瓣先端喙状，有短距状附属体及瓣柄；子房被毛，花柱弯曲，内侧被髯毛。荚果圆柱形，长9～11cm，被粗毛，顶端具喙。种子黑色，椭球形或近方形，长约4mm，有光泽。花期8—9月，果期10—11月。

产于全省各地。生于山坡林缘、路边草丛中。分布于华东、华中、西南及台湾。印度、斯里兰卡也有。

根可入药，有补中益气、清热解毒等功效。为浙江省重点保护野生植物。

图5-168　野豇豆

2. 绿豆 （图5-169）
Vigna radiata (L.) R. Wilczek

一年生草本，高60~90cm。茎有时顶梢伸长成蔓生状，被淡褐色长硬毛。羽状三出复叶；托叶盾状着生，卵形，长8~12mm；顶生小叶宽卵形或菱状卵形，长6~10cm，宽3~7cm，先端渐尖，基部宽楔形、圆形或截形，上面疏被长硬毛，下面毛较短或仅脉上有毛；侧生小叶基部偏斜。总状花序腋生，短于复叶；花序梗与花梗均密被长硬毛；花萼宽钟状，疏被毛；花冠黄色，旗瓣长约1cm，先端微凹，翼瓣有细瓣柄及耳，龙骨瓣先端极旋卷，具细瓣柄；子房密被长硬毛，花柱上部沿内侧有髯毛。荚果圆柱形，成熟时呈黑色，长6~9cm，表面散生硬毛，具10~14种子。种子绿色，短圆柱形，长4.5~6mm，有白色凸出的种脐。花期6—7月，果期8月。

原产于东南亚。世界各地多有栽培。我国南北各地广泛栽培。本省均有栽培。

种子可食用，入药有清热解毒、明目退翳的功效。

图5-169　绿豆

3. 黑小豆（新拟）　黑种豇豆　野绿豆　（图5-170）
Vigna stipulata Hayata

一年生草质缠绕藤本。茎长1~3m，被开展或反折的长糙毛。羽状三出复叶；托叶盾状着生，长约1cm，宽约4mm，先端急尖，基部钝，具放射状脉，仅边缘具整齐的睫毛；顶生小叶近三角形或三角状菱形，长5~12cm，宽4~11cm，先端钝尖、急尖或短渐尖，基部宽楔形至近截形，边缘有时具浅裂，两面疏被糙毛；侧生者与顶生的近等大，基部偏斜，边缘有时有不规则小缺裂或1或2粗大圆齿；叶柄长3~20cm，被糙毛。花序梗及花萼均被糙毛，近无花梗；花冠黄色，有时带紫晕。荚果圆柱形，长4~7cm，直径4~5mm，具6~14种子，果瓣开裂后扭曲，被短

图5-170 黑小豆

糙毛。种子极小,近方形或圆形,直径2～3mm,黑色或黑褐色。花期8—10月,果期9—11月。

产于上虞、诸暨、嵊州、新昌、金华市区(婺城)等地。生于低海拔的山坡、路边及旷野草丛中。分布于台湾。

在诸暨一带称为"野绿豆",饥荒时种子曾代绿豆食用。

本省所产的叶片较大,荚果较长,与《中国植物志》记载的略有差异。

4. 山绿豆　贼小豆　(图5-171)

Vigna minima (Roxb.) Ohwi et H. Ohashi

一年生缠绕性草质藤本。羽状三出复叶;托叶盾状着生,披针形,长3～5mm;顶生小叶卵形、披针形至条形,形状变化较大,长2~8cm,宽0.4~3cm,先端急尖或稍钝,有时具缺裂或波状,基部圆形或宽楔形,上面近无毛,下面脉上有毛;侧生小叶基部常偏斜。总状花序腋生,花序梗较叶柄长;花萼钟状,萼齿5;花冠黄色,旗瓣宽卵形,长约1.7cm,有耳及短瓣柄,翼瓣斜卵状长圆形,具耳及细瓣柄,龙骨瓣淡黄色或绿色,先端卷曲,具长距状附属体及细瓣柄;子房圆柱形,花柱顶部内侧有白色髯毛。荚果短圆柱形,长3~5.5cm,无毛,具10余粒种子。种子红褐色或深灰色,椭球形,长约3mm。花期8—10月,果期10—11月。

产于全省各地。生于山坡、溪边、路旁草丛中。分布于长江以南各地。日本、菲律宾、印度也有。

种子有行气止痛的功效。为浙江省重点保护野生植物。

图5-171 山绿豆

5. 赤豆 (图5-172)
Vigna angularis (Willd.) Ohwi et H. Ohashi

一年生直立草本,高30~90cm。茎常密被开展长硬毛。羽状三出复叶;托叶盾状着生,箭头形,长1~1.5cm;顶生小叶卵形或宽卵形,长4~10cm,宽2.5~7cm,先端急尖或渐尖,基部圆形或宽楔形,全缘或3浅裂,两面有白色微柔毛;侧生小叶基部偏斜。总状花序腋生,花4~6朵聚生于花序上部;花萼斜钟状,萼齿5;花冠黄色,长1~1.3cm,旗瓣扁圆形,翼瓣宽长圆形,

图5-172 赤豆

与旗瓣均具短瓣柄及耳,龙骨瓣先端卷曲约半圈,下部具瓣柄,一侧有长距状附属体;子房无毛,花柱细长,顶部卷曲,沿内侧有髯毛。荚果圆柱形,长5～9cm,无毛,具6～10种子。种子通常暗红色,有时为其他颜色,椭球形,长5～8mm。花期6—7月,果期8—10月。

原产于亚洲热带地区。世界各地多有栽培。我国各地普遍有栽培。本省普遍有栽培。

种子可食用,常用于制作红豆沙及煮粥;入药有消肿利尿、解毒排脓的功效。

6. 赤小豆 （图5-173）

Vigna umbellata (Thunb.) Ohwi et H. Ohashi

一年生直立或蔓性草本。疏被开展的柔毛。羽状三出复叶;托叶盾状着生,披针形或卵状披针形,长10～15mm,先端渐尖或锐尖,全面被疏毛;顶生小叶卵形、宽卵形至披针形,长4～9cm,宽(2)5～7.5cm,先端渐尖,基部宽楔形或近截形,上面疏被毛,下面较密,不裂或有时3浅裂;侧生小叶斜卵形,有时3浅裂。总状花序腋生,具6～8花;花序梗常长于叶柄;花萼钟状,萼齿5;花冠黄色,旗瓣先端微凹,基部有短瓣柄及耳,翼瓣有细瓣柄及耳,龙骨瓣上部稍卷曲,呈绿色,下部有细瓣柄,一侧有长距状附属体;花柱细长卷曲,上端内侧有白色髯毛。荚果圆柱形,长6～10cm,无毛,具6～10种子。种子常为暗红色,稀褐色、淡绿色或黑色,圆柱形,长5～8mm,种脐中间具凹槽。花期7—9月,果期10—11月。

原产于亚洲热带地区,我国南部有野生。东南亚及日本、朝鲜半岛等地有栽培。我国南北各地常有栽培;全省各地偶有栽培,常见归化。

种子可食用,但种皮较厚,品质不如赤豆;药用功效同赤豆。

八九　蝶形花科 Fabaceae

图 5-173　赤小豆

7. 豇豆 （图 5-174）
Vigna unguiculata (L.) Walp.

一年生草质缠绕藤本。茎无毛或近无毛。羽状三出复叶；托叶盾状着生，披针形，长约1cm，向下延伸为1短距；顶生小叶菱状卵形，长5～15cm，宽4～7cm，先端急尖或短渐尖，基部近截形或宽楔形；侧生小叶斜卵形。花4～6朵聚生于总状花序上部；花萼钟状，萼齿5，上方2枚稍合

图 5-174　豇豆

生，下方最下1枚最长，几与萼筒等长；花冠淡黄色或淡紫色，旗瓣扁圆形，长2～2.5cm，先端微凹，两侧有耳，基部具短瓣柄，内面有2胼胝状附属体，翼瓣倒卵状长圆形，较短，两侧具耳，龙骨瓣稍弯，具囊状附属体，均具瓣柄；子房条形，无毛，花柱顶端沿内侧有髯毛。荚果稍肉质，柔软，圆柱形，长20～30cm，下垂、直立或斜展，具多数种子。种子长6～9mm。花果期5—10月。

原产于非洲热带地区和亚洲，现全球温带和热带地区均有种植。我国各地广泛栽培。本省广泛栽培。

嫩荚作蔬菜食用；种子可入药，有健胃补气、滋养消食的功效。

7a. 长豇豆（亚种）（图5-175）
subsp. **sesquipedalis** (L.) Verd.

与豇豆的区别为荚果长30～90cm，下垂；种子长8～12mm。

原产地不明，现亚洲和非洲热带及温带地区均有栽培。我国各地常见栽培。本省有栽培。

嫩荚作蔬菜，品种依荚果的色泽可大致分为白皮种（淡绿色）、青皮种、红皮种及斑纹种4类。

图5-175　长豇豆

7b. 短豇豆　眉豆　饭豆（亚种）（图5-176）
subsp. **cylindrica** (L.) Verd.—*V. cylindrica* (L.) Skeels

与豇豆的区别为直立草本，高20～40cm，分枝多，常呈丛生状；荚果长10～16cm，直立、斜展或弯垂；种子长6～9mm，颜色多种。

原产于亚洲，现世界各地多有栽培。我国各地常有种植。

图5-176　短豇豆

种子供食用，可代粮食，常与大米相拌煮饭，故名"饭豆"，也可煮粥、熬汤及做豆沙馅；入药可健胃补气。

35 大翼豆属 Macroptilium (Benth.) Urban

直立、攀缘或匍匐草本。羽状复叶具3小叶（稀1）；托叶基着，具明显的脉纹。花序长，花通常成对或数朵生于花序轴上；苞片有时宿存；花萼裂齿5；花冠白色、紫色、深红色或黑色，旗瓣反折，翼瓣大，圆形，较旗瓣及龙骨瓣为长，翼瓣及龙骨瓣均具长瓣柄，部分与雄蕊管连合，龙骨瓣旋卷；雄蕊二体，药室单一，花柱的增厚部分突然2次作90°弯曲，形成轮廓近方形。荚果细长。种子小。

约20种，原产于美洲热带地区。我国引入栽培2种，常有归化；浙江归化1种。

紫花大翼豆 （图5-177）
Macroptilium atropurpureum (DC.) Urban—*Phaseolus atropurpureus* DC.

多年生匍匐草本。茎被短柔毛或绒毛，逐节生根。羽状复叶具3小叶；托叶卵形，长4～5mm，被长柔毛；小叶卵形至菱形，长1.5～7cm，宽1.3～5cm，有时具浅裂，侧生小叶偏斜，外侧常有浅裂，先端钝或急尖，基部圆形，上面被短柔毛，下面被银色绒毛；叶柄长0.5～5cm。花序梗长10～25cm；花萼钟状，被白色长柔毛，具5齿；旗瓣勺状，黄绿色或稍带紫色；翼瓣紫黑色，边缘皱褶，远长于旗瓣和龙骨瓣，具长瓣柄；龙骨瓣紫红色，旋卷。荚果细长圆柱形，长5～9cm，顶端具尖喙，具12～15种子。种子椭球形，长约4mm，具棕色及黑色的花

图5-177 紫花大翼豆

纹。花期9—10月，果期11—12月。

原产于美洲热带地区，现全球热带、亚热带地区广泛栽培或归化。台湾、广东、海南有栽培或归化。瑞安（高楼）见有归化，生于路边沙石滩中。

为高产牧草，抗旱，耐放牧，有良好的固氮作用，对土壤适应性广，产种子多，叶含丰富的蛋白质，适口性好；花大形奇，紫黑色，可供观赏。

36 菜豆属 Phaseolus L.

草质缠绕藤本或近直立草本，稀半灌木状，常被钩状毛。羽状三出复叶；托叶常宿存，基部着生；有小托叶。总状花序腋生，花梗着生处肿胀；小苞片2；花萼钟状，萼齿5，上方2枚常合生；花冠白色、黄色、红色或紫色，旗瓣反折，翼瓣之一有时有角，龙骨瓣无囊状附属物，先端延长成1螺旋状的长喙；雄蕊10，二体(9+1)，花药一型；子房基部有腺体，具2至多数胚珠，花柱长，与龙骨瓣同旋卷且超过360°，顶端内侧常有髯毛。荚果条形至长圆形，扁平或肿胀，具数粒种子。

约50种，广泛分布于热带及温带地区。我国引进栽培3种；浙江均有栽培。

分种检索表

1. 花冠白色、淡紫色、淡黄色或淡红色；无块根。
    2. 小苞片卵形，与花萼等长或稍长，宿存；花冠白色或淡紫色；荚果条形，肿胀，长10~16cm，具3~8种子 ·· 1.菜豆 P. vulgaris
    2. 小苞片椭圆形，明显短于花萼，脱落；花冠白色、淡黄色或淡红色；荚果较扁且宽，长5~10cm，具2~4种子 ·· 3.棉豆 P. lunatus
1. 花冠鲜红色；有块根 ·· 2.红花菜豆 P. coccineus

1. 菜豆 四季豆 （图5-178）

Phaseolus vulgaris L.

一年生草质缠绕藤本。茎具短柔毛。羽状三出复叶；顶生小叶宽卵形或菱状卵形，长4~16cm，宽3~11cm，先端急尖至渐尖，有小尖头，基部宽楔形或圆形，两面沿中脉被疏柔毛；侧生小叶基部偏斜。总状花序腋生，较复叶短；苞片卵形，有明显脉纹；小苞片2，与苞片同形，等长或稍长于花萼，宿存；花萼钟状；花冠白色或淡紫色，长约1.5cm，旗瓣扁圆形，先端微凹，翼瓣卵状长圆形，有耳及细长瓣柄，龙骨瓣先端旋卷达1~2圈；子房无柄，被毛，花柱圆柱形，近顶端与龙骨瓣同旋卷。荚果条形，长10~16cm，肿胀，具3~8种子。种子呈白色、褐色、红棕色、蓝黑色等或有斑纹，椭球形或长圆状肾形，长1.3~1.7cm。花果期初夏至晚秋。

原产于中美洲及墨西哥。我国南北各地广泛栽培。本省均有栽培。

嫩荚可食用,为重要的蔬菜;种子可入药,有清凉、利尿、消肿的功效。

图 5-178　菜豆

1a. 矮菜豆　龙牙豆(变种)（图5-179）
var. **humilis** Alef.

与菜豆的区别在于茎矮小,直立;荚果通常稍呈扁平,有时略肿胀。

全省各地有零星栽培。

用途同菜豆。

图 5-179　矮菜豆

2. 红花菜豆　荷包豆　多花菜豆　（图5-180）

Phaseolus coccineus L.

一年生草质缠绕藤本，长2～7m。具块根。羽状三出复叶；顶生小叶宽卵形，长5～11cm，宽4～8cm，先端急尖或渐尖，基部圆形或宽楔形，两面无毛；侧生小叶基部偏斜。总状花序腋生，较复叶长；苞片长圆状披针形；小苞片披针形或条状披针形，与花萼近等长；花萼宽钟形，萼齿5，被短毛；花冠鲜红色，长1.8～2.5cm；子房被疏柔毛，花柱与花丝随龙骨瓣旋卷，近顶端周围有髯毛。荚果条形，长10～16cm，宽1.5～2.5cm，顶端具喙。种子黑色、红色或深紫色带红色花纹，稀白色，肾状长圆形，长1.3～2.5cm。花期6—8月，果期9—11月。

原产于美洲热带地区，现温带至热带地区广泛栽培。我国各地有零星栽培。本省有零星栽培。

花繁色艳，可供观赏；种子可食用。

图5-180　红花菜豆

3. 棉豆 金甲豆 （图5-181）

Phaseolus lunatus L.

一年生或多年生缠绕藤本。茎无毛或被微柔毛。羽状三出复叶；顶生小叶卵形，长5~12cm，宽3~9cm，先端渐尖或急尖，基部圆形或阔楔形，沿脉上被疏柔毛或无毛，侧生小叶常偏斜；托叶三角形，长2~3.5mm，基着。总状花序腋生，长8~20cm；花梗长5~8mm；小苞片较花萼短，椭圆形，有3粗脉，脱落；花萼钟状，外被短柔毛；花冠白色、淡黄色或淡红色。旗瓣长7~10mm，先端微缺，翼瓣倒卵形，龙骨瓣先端旋卷1~2圈；子房被短柔毛，柱头偏斜。荚果镰状长圆形，长5~10cm，宽1.5~2.5cm，扁平，顶端有喙，内有2~4种子。种子近菱形或肾形，长12~13mm，白色、紫色或其他颜色，种脐白色，突起。花期8—10月，果期11—12月。

原产于美洲热带地区，现广泛种植于热带及温带地区。我国大部分地区常见栽培。本省东南部各地常见栽培。

成熟的种子供蔬食，荚不堪食，有的品种种子含氢氰酸，食用前应先用沸水煮熟，再换清水浸泡去毒。

图5-181 棉豆

37 木豆属 Cajanus Adanson

直立灌木、亚灌木，或为木质、草质藤本。羽状三出复叶；小叶全缘，下面有松脂状腺点。腋生伞房状总状花序或顶生圆锥花序；花萼5裂，萼齿披针形；花冠黄色，有时带淡紫色条纹，旗瓣和翼瓣基部有耳，龙骨瓣先端钝，弯曲；雄蕊10，二体（9+1），花药一型；子房有2至多粒胚珠。荚果条形，压扁状，果瓣于种子间有凹入的斜槽纹。种子球形，略压扁状。

约30种，分布于非洲热带地区、大洋洲和亚洲。我国有7种，主产于南部和西南部；浙江栽培1种。

《中国植物志》及 Flora of China 记载浙江尚产大花虫豆 C. grandiflorus (Benth. ex Baker) Maesen，但作者在多年调查工作中均未发现，也查不到标本，且该种分布于广西、四川、贵州、云南、缅甸，印度、不丹也有，突然出现在浙江的可能性不大，疑为误定或误记，故本志不予收录。

木豆（图5-182）
Cajanus cajan (L.) Huth

直立灌木，高1~3m。植株各部密被灰色短柔毛。小枝具明显纵棱。羽状三出复叶；托叶小，披针形，长约2mm；小叶长圆状披针形，长2.5~10cm，宽1~3cm，先端渐尖，基部楔形，下面有不明显的松脂状腺点；小托叶钻形。总状花序腋生，或在枝顶排成圆锥状，长3~7cm；花萼长约6mm；花冠黄色至橘黄色，旗瓣外面常呈紫红色，长达18mm。荚果条状长圆形，长4~7cm，宽0.6~1cm，被毛，顶端有渐尖长喙，具4~7种子，果瓣在种子间有明显的斜槽纹。种子暗红色，有时具褐色斑点。花果期3—11月。

原产于印度，现全球热带、亚热带地区广泛栽培。华东、华南、西南各地多有引种；临安、平阳、苍南等地有栽培。

耐干旱，易繁殖，结实量大，宜植于荒山坡地或道路边坡，可改良土壤；种子可榨油或做豆腐食用；叶可作饲料；根可药用，有清热解毒、止血、止痛、杀虫的功效。

图5-182 木豆

38 野扁豆属 Dunbaria Wight et Arn.

草质或木质藤本。茎缠绕或平卧。羽状三出复叶；小叶下面有明显腺点；托叶和小托叶早落。总状花序腋生，稀单朵腋生；花萼5裂，上方2枚合生，最下1枚最长；花冠黄色，旗瓣和翼瓣具耳，龙骨瓣稍短，弯曲，各瓣均具瓣柄；雄蕊10，二体(9+1)，花药一型；子房通常无柄，有多数胚珠，基部有腺体。荚果条形或条状长圆形，扁平，开裂后果瓣扭曲。

约20种，分布于亚洲热带地区和大洋洲。我国约有8种，广泛分布于西南部至东南部；浙江有2种。

1. 毛野扁豆 （图5-183）
Dunbaria villosa (Thunb.) Makino

多年生草质缠绕藤本。植株各部均有锈色腺点。茎细弱，具棱纹，密被倒向短柔毛。羽状三出复叶；顶生小叶近扁菱形，长1.3~3cm，宽1.5~5cm，先端骤凸尖或急尖，基部圆形至截形，两面疏被微柔毛；侧生小叶斜宽卵形，较小。总状花序腋生，具2~7花；花萼钟状，长9~11mm，萼齿5；花冠黄色，旗瓣肾形，长1.4~1.6cm，先端微凹，基部有耳及瓣柄，翼瓣亦有耳，与旗瓣近等长，龙骨瓣极弯曲，稍短；子房密被长柔毛，基部有杯状腺体，花柱纤细，下部有毛。荚果条形，长4~5cm，宽约0.7cm，扁平，顶端有尖喙，密被短毛及锈色腺点，具5~7种子。花期8—10月，果期10—12月。

产于全省各地。生于低海拔的草丛或灌丛中。分布于华东、华中、华南。东亚、东南亚、南亚也有。

种子入药，可治妇女白带；也可榨取工业用油。

图5-183 毛野扁豆

2. 圆叶野扁豆 （图5-184）

Dunbaria rotundifolia (Lour.) Merr.

多年生草质缠绕藤本。茎纤细，微被短柔毛。羽状三出复叶；顶生小叶圆菱形，长1.5～2.7cm，宽常稍大于长，先端钝圆，基部圆形，两面微被极短柔毛或近无毛，被黑褐色腺点，下面较密，基出脉3，与网脉在上面均下陷；侧生小叶稍小，偏斜。花1或2朵腋生；花萼钟状，长2～5mm，萼齿卵状披针形，密被红色腺点和短柔毛；花冠黄色，长1～1.5cm，旗瓣倒卵圆形，先端微凹，基部具紫色脉纹，有2齿状的耳；雄蕊二体；子房被毛，无柄。荚果条状，扁平，略弯，长3～5cm，宽约8mm，被极短柔毛或近无毛，先端具针状喙，无果颈。种子4～8，扁球形，直径约3mm，黑褐色。花期9—10月，果期10—12月。

产于缙云（新建镇坡岭头村）。生于海拔200m左右的路边灌草丛中。分布于华南及江苏、江西、福建、四川、贵州。东南亚、南亚及澳大利亚也有。

与毛野扁豆的区别在于后者花2～7朵组成短总状花序，旗瓣基部无紫色脉纹。

图5-184 圆叶野扁豆

39 千斤拔属 Flemingia Roxb. ex Aiton

灌木或亚灌木，稀为草本。茎直立、蔓生或缠绕。掌状三出复叶或单叶，下面常有腺点；托叶宿存或早落，小托叶缺。花序各式，腋生或顶生；苞片2列，小苞片缺；花萼5裂，萼齿狭长，萼管短；花冠伸出萼外或内藏；雄蕊10，二体(9+1)，花药一型；子房有2胚珠，花柱丝状。荚果椭球形，膨胀，具1或2种子。种子近球形。

约30种，分布于亚洲热带地区、非洲和大洋洲。我国有15种，分布于东南部至西南部；浙江有1种。

千斤拔 蔓千斤拔（图5-185）

Flemingia prostrata Roxb.— *F. philippinensis* Merr. et Rolfe—*Maughania philippinensis* (Merr. et Rolfe) H.L. Li—*M. prostrata* (Roxb.) Mukerjee

直立或蔓性灌木。幼枝三棱柱状，密被短柔毛。掌状三出复叶；小叶厚纸质，长椭圆形或卵状披针形，偏斜，长5～10cm，宽2～3cm，先端钝或急尖，基部圆或楔形，上面疏被毛，下面密被毛；基出脉3；侧生小叶略小；叶柄长2～2.5cm，密被短柔毛；托叶条状披针形，长0.6～1cm，有纵纹，被毛，宿存。总状花序腋生，长2～2.5cm，各部密被毛；苞片狭卵状披针形；花密生，具短梗；萼齿披针形，远较萼管长，密被腺点；花冠淡紫红色，与花萼近等长，旗瓣长圆形，翼瓣镰状，龙骨瓣略弯，基部具瓣柄，一侧具1尖耳；雄蕊二体；子房被毛。荚果卵形或长椭球形，长7～8mm，被短柔毛。种子2，近球形，黑色。花期3—6月，果期5—10月。

产于玉环（坎门）。生于海拔约50m的平地旷野中。永嘉有栽培及逸生。分布于华东、华中、华南、西南。日本、缅甸、菲律宾、孟加拉国、印度也有。

根可药用，有祛风除湿、舒筋活络、强筋壮骨、消炎止痛等功效。

图5-185 千斤拔

40 鹿藿属 Rhynchosia Lour.

草质缠绕藤本或亚灌木。羽状三出复叶；叶片下面常有腺点。总状花序腋生；花萼钟状，萼齿5；花冠黄色，稀紫色，旗瓣基部有耳，龙骨瓣内弯；雄蕊10，二体（9+1），花药一型；子房有2胚珠，花柱长，弯曲，下部被毛，基部常有腺体。荚果长圆形、斜圆形或近镰状，扁平或膨胀，具1或2种子。

约200种，广泛分布于全球热带和亚热带地区。我国有13种，分布于长江以南各地；浙江有3种。

分种检索表

1. 顶生小叶圆菱形，先端急尖或圆钝…………………………………………………… 1. 鹿藿 R. volubilis
1. 顶生小叶卵形、长卵形或菱状卵形，先端渐尖或长渐尖。
 2. 顶生小叶的小叶柄长1.5～3cm；花序长3～10cm，花疏生…………………… 2. 菱叶鹿藿 R. dielsii
 2. 顶生小叶的小叶柄长0.4～1.1cm；花序长1.5～2.5cm，花密生… 3. 渐尖叶鹿藿 R. acuminatifolia

1. 鹿藿 （图5-186）
Rhynchosia volubilis Lour.

多年生草质缠绕藤本。植株各部密被棕黄色开展柔毛。羽状三出复叶；托叶膜质，条状披针形，长6～8mm，宿存；顶生小叶圆菱形，长2.7～6cm，宽2.3～6cm，先端急尖或圆钝，基部近截形，两面被毛，下面尤密，并散生橘红色腺点；侧生小叶较小，斜卵形或斜宽椭圆形。总状花序具10余

图5-186　鹿藿

朵花，有时聚生成圆锥状；花萼钟状，萼齿5，密被毛及腺点；花冠黄色，长7～8mm，各瓣近等长，均具耳及瓣柄，旗瓣较宽，两侧有内弯的耳，基部有附属体，龙骨瓣先端有长喙。荚果红褐色或紫褐色，长约1.5cm，宽7～9mm，成熟时开裂，具2种子。种子黑色，有光泽，近球形，直径3～4mm。花期6—9月，果期8—11月。

产于全省各地。生于海拔1000m以下的山坡路边及灌丛中。分布于长江以南各地。日本、朝鲜半岛、越南也有。

全草可药用，有利尿消肿、解毒杀虫的功效。

2. 菱叶鹿藿 （图5-187）
Rhynchosia dielsii Harms

多年生草质缠绕藤本。茎细弱，被开展粗毛与短柔毛。羽状三出复叶；顶生小叶卵形或菱状卵形，长4～10cm，宽2～6cm，先端渐尖或长渐尖，基部圆形或近截形，上面及下面脉上被细毛，具缘毛，下面散生橘黄色腺点，基出3脉明显，小叶柄长1.5～3cm；侧生小叶斜卵形，较小。总状花序腋生，长3～10cm，被毛，花疏生；花萼钟状，萼齿5，被细毛及松脂状腺点；花冠黄色，旗瓣椭圆形，翼瓣稍短，龙骨瓣先端具尖喙，各瓣均有耳及瓣柄；子房有短柄。荚果紫红色，长约2cm，宽约9mm，被微柔毛及散生不明显腺点，具1或2种子。种子黑色，球形，直径约4mm，有光泽。花期7—8月，果期9—12月。

产于丽水、温州及临安、常山、江山、金华市区、仙居等地。生于海拔400～1200m的山谷溪边、路旁等稍阴湿处及山坡灌丛中，常缠绕于树上。分布于华东、华中、华南、西南及陕西。

茎叶和根可药用，有祛风解热的功效。

图5-187 菱叶鹿藿

3. 渐尖叶鹿藿 (图5-188)
Rhynchosia acuminatifolia Makino

图5-188　渐尖叶鹿藿

多年生草质缠绕藤本。茎纤细，与叶柄、花序等均密被硬毛，有时近无毛。羽状三出复叶；顶生小叶长卵形、卵形或菱状卵形，长3.5~9cm，宽2~5cm，先端渐尖或长渐尖，有小尖头，基部圆形或截形，上面疏生细毛，下面仅脉上有毛及散生松脂状腺点，基出3脉明显，小叶柄长0.4~1.1cm；侧生小叶较小，斜卵形。总状花序腋生，长1.5~2.5cm，比叶短，具10~15花，较密集；花萼斜钟状；花冠黄色，旗瓣长8~9mm，翼瓣与龙骨瓣略短。荚果红色，长1.8~2cm，宽约8mm，顶端具尖喙，被微细毛及散生橘黄色腺点。种子近球形，黑色。花期6—9月，果期9—11月。

产于杭州、衢州、丽水及长兴、天台、永嘉、泰顺等地。生于海拔150~1000m的山坡疏林下及沟谷林缘路边。分布于江苏、安徽、贵州。日本也有。

㊶ 补骨脂属　Cullen Medik.

草本或亚灌木。全体具黑色或红色透明腺点。单叶、奇数羽状复叶或掌状三出复叶，有锯齿；托叶基部抱茎，与叶柄几贴生。头状、穗状、总状或簇生花序；每苞片内具2或3花；花小而密；花萼筒状，萼齿5，近等大；花冠蓝紫色、粉红色或白色，旗瓣卵形或圆形，有小耳，翼瓣镰刀状长圆形，龙骨瓣先端稍内弯，各瓣均具瓣柄；雄蕊10，二体或单体。荚果小，卵球形，不开裂，具1种子。

约33种，主要分布于非洲和大洋洲。我国有1种，分布于西南；浙江有少量栽培。

八九　蝶形花科 Fabaceae

补骨脂（图5-189）

Cullen corylifolium (L.) Medik.—*Psoralea corylifolia* L.

一年生草本，高50～150cm。全株有黑褐色腺点和白色柔毛。茎粗壮，分枝坚硬，具纵棱。单叶互生；叶片宽卵形，长5～9cm，宽3～6cm，先端圆钝，基部圆形、浅心形或斜心形，边缘有粗齿，两面有显著黑色腺点；叶柄长2～4.5cm；托叶三角状披针形，长约1cm。花组成密集的总状花序，腋生；花序梗长3～7cm；花小，长3～5mm；花萼5齿裂；花冠淡紫色、黄色或白色；雄蕊单体；子房具1胚珠。荚果成熟时呈黑色，卵球形，长约5mm，不开裂，有不规则网纹，果皮与种子不易分离。种子黑褐色，肾形，有香气。花期9—12月，果期11月至次年2月。

原产于四川、贵州、云南。东南亚、南亚、西亚及非洲东部（索马里）也有。华东、华中、华南及河北等地有栽培。萧山、临安（浙江农林大学）、金华市区（婺城）、浦江、温岭等地有种植，有时有逸生。

种子可入药，有补肾壮阳、补脾健胃、纳气止泻的功效，并有抗肿瘤、抗菌、治疗骨质疏松等作用；浸酒可治风湿病，外用可治牛皮癣等皮肤病。

图5-189　补骨脂

42 紫穗槐属 Amorpha L.

落叶灌木。枝无刺,冬芽2或3枚叠生。奇数羽状复叶,小叶全缘,常具透明油点;托叶早落。总状花序穗状,顶生或腋生;花萼钟状,5齿裂,通常具腺点;花冠仅具旗瓣,围抱雄蕊,翼瓣和龙骨瓣退化;雄蕊10,呈不明显二体,花药一型;子房具2胚珠。荚果短,椭球形、镰形或新月形,不开裂,具小瘤点。种子1或2。

约15种,分布于北美洲。我国引入1种;浙江也有栽培。

紫穗槐 (图5-190)
Amorpha fruticosa L.

落叶丛生灌木,高可达4m。小枝初时疏生短柔毛,后光滑。羽状复叶具11~25小叶,对生;小叶长卵形或长椭圆形,长1.5~4cm,宽0.6~1.5cm,先端圆钝或微凹,有小尖头,基部圆形,两面无毛或近无毛,成长叶疏生透明油腺点。总状花序狭长,集生于枝条上部,长7~15cm,花紧密;萼齿钝三角形,比花萼筒短,外面被

图5-190 紫穗槐

细毛；旗瓣蓝紫色或褐紫色，围抱雄蕊，长约6mm；花药黄色，伸出花冠外。荚果深褐色，长6～10mm，微弯曲，顶端有小尖头，表面具疣状油腺点。种子棕色，顶端微弯，有光泽。花期5—6月，果期8—10月。

原产于美国东北部及东南部。我国大部分地区有引种；全省各地多有栽培，有时逸生。

萌蘖性强，耐旱耐涝，耐瘠薄及轻度盐碱，为优良的护坡及固氮肥土植物；叶和种子可作饲料；枝条可编筐篮；荚果含油率8.7%～22%，可制油漆、甘油及润滑油；为优良蜜源植物。

43 合萌属 Aeschynomene L.

草本或亚灌木。茎直立。偶数羽状复叶，小叶小而多，常易闭合。总状花序腋生；花小；花萼二唇形，全缘或上唇2齿裂，下唇3齿裂；花冠黄色，旗瓣圆形，无瓣柄，翼瓣近匙形，较短，具瓣柄，龙骨瓣弯曲，具瓣柄；雄蕊10，二体(5+5)，花药一型；子房具柄，胚珠2至多数，花柱细而内弯。荚果扁平，由4～10荚节组成，成熟时在荚节之间断离。

150余种，分布于热带至温带地区。我国有2种；浙江有1种。

合萌 田皂角 （图5-191）
Aeschynomene indica L.

一年生亚灌木状草本，高30～200cm。茎直立，圆柱形，具细棱，无毛。偶数羽状复叶，小叶20～30对；托叶膜质，披针形，长约1cm，盾状着生；小叶条状长椭圆形，长3～8mm，宽1～3mm，先端钝，具小尖头，基部圆形，仅具1脉；无小叶柄。

图5-191 合萌

总状花序腋生，具2~4花；花序梗疏生刺毛，与花梗均具黏性；苞片2，膜质，边缘有锯齿；小苞片披针状卵形，宿存；花萼上唇2裂，下唇3浅裂；花冠黄色，带紫纹，旗瓣近圆形，翼瓣短于旗瓣，龙骨瓣最短；雄蕊二体，花药一型；子房无毛。荚果长条形，长3~4cm，由4~10荚节组成，腹缝直，背缝多少呈波状，成熟时逐节断离。花期7—8月，果期9—10月。

产于全省各地。多生于低海拔的湿地、塘边、溪旁及田埂上。广泛分布于除草原、沙漠外的全国各地。亚洲、大洋洲、非洲热带地区、南美洲及太平洋岛屿也有。

全草可入药，有清热解毒、平肝明目及利尿等功效；去皮后的茎称"梗通草"，有清热、利尿及通乳的功效。种子有毒，不可误食。

44 坡油甘属 Smithia Aiton

平卧、披散草本或矮小灌木。偶数羽状复叶，具小叶4~10对；托叶干膜质，盾状着生，基部下延成披针形的长耳，宿存。花小，单朵至多朵排成腋生的总状花序或花束，或多少蝎尾状；花萼膜质，二唇形；花冠伸出萼外，黄色、蓝色、白色或紫色；雄蕊初时合生为鞘状，后期分为相等的二体（5+5），花药一型；子房有多粒胚珠，花柱丝状，向内弯曲。荚果具数个扁平或膨胀的荚节，折叠包藏于萼内。

约20种，分布于非洲和亚洲热带地区。我国有5种，主产于西南至台湾；浙江有1种。

缘毛合叶豆 缘毛施氏豆 （图5-192）
Smithia ciliata Royle

一年生草本。茎紫色，常匍匐，小枝纤细，无毛。一回羽状复叶具小叶4~10对，叶轴下面被较密的长毛；托叶

图5-192　缘毛合叶豆

连耳长8~10mm，无毛；小叶长圆形、条状长圆形或倒卵状长圆形，长6~12mm，宽2~4mm，先端圆钝，具芒尖，边缘、背面中脉有疏长粗毛，有时叶背疏被伏毛。总状花序腋生或顶生，花1~3朵或多朵簇生；苞片托叶状，有缘毛；小苞片披针形，被毛；花萼膜质，长6~8mm，深裂成二唇形，具网状脉纹，边缘密被刚毛；花冠白色，稍长于萼，旗瓣近圆形，与翼瓣、龙骨瓣均具瓣柄。荚果有6~8荚节，折叠包藏于萼内，荚节近扁圆形，具乳头状突起。花期8—10月，果期10—12月。

产于三门（湫水山）、仙居（上岙）、景宁（鹤溪）、永嘉（四海山）、泰顺（岭北）。生于海拔150~700m的沟边、路旁、山坡草丛中或岩隙间。分布于华东南部、华南、西南及湖南。东南亚、南亚及日本也有。

浙江产的小叶有时可达10对，叶轴下面被较密的长毛，叶片下面有时有疏伏毛，与文献记载有所不同，尚待进一步观察研究。

45 丁癸草属 Zornia J.F. Gmel

多年生矮小草本。掌状复叶，小叶2~4；托叶近叶状，盾状着生；小叶片有透明腺点，无小托叶。穗状花序腋生，常包藏于1对披针形苞片内；花小，近无梗；花萼膜质，二唇形；花冠黄色，伸出萼外，各瓣均具瓣柄；雄蕊10，单体，花丝长短互生，花药二型；子房近无柄。荚果由数个近圆形的荚节组成，腹缝线直，背缝线深波状，荚节扁平。

约75种，分布于全球热带和温暖地区。我国有2种；浙江有1种。

二叶丁癸草 丁癸草 （图5-193）
Zornia gibbosa Spanog.— Z. gibbosa var. cantoniensis (Mohlenbr.) H. Ohashi—Z. cantoniensis Mohlenbr.

多年生草本。茎纤弱，披散或匍匐，多分枝，无毛。羽状复叶仅具1对小叶；托叶卵状披针形，盾状着生，无毛，具脉纹；小叶卵状长圆形、狭倒卵形至披针形，长0.8~2.5cm，先端急尖，具短尖头，基部偏斜，两面无毛，边缘有疏毛，背面有深色腺点。总状花序腋生，长2~6cm，疏生2~10花；苞片2，卵形，盾状着生，具缘毛，有5或6条明显的纵脉纹；花萼长3mm；花冠黄色，旗瓣具数条紫红色脉纹，翼瓣和龙骨瓣均较小，具瓣柄。荚果通常长于苞片，有2~6近圆形荚节，具明显脉网及刺毛。花期4—7月，果期7—9月。

产于普陀、莲都、洞头、平阳。生于低海拔的田边或稍干旱的旷野草地中。分布于华东南部、华南和西南。东南亚、南亚及日本、澳大利亚也有。

全草可药用，有清热解毒、利尿通淋的功效，据《生草药性备要》载："味甜、性温，敷大疮，其根煲酒饭解热毒，用根煅灰捣为末，散痈疽，治疗疾，和蜜捣敷治牛马疗，亦治蛇伤。"也是优良的牧草。

图 5-193 二叶丁癸草

46 落花生属 Arachis L.

一年生或多年生草本。茎常匍匐。偶数羽状复叶，小叶2或3对，托叶与叶柄合生。花单生或数朵聚生于叶腋；花萼筒与花托合生成托管，细长如花梗状，萼齿5，上方4枚合生，下方1枚分离；花冠黄色，花瓣和雄蕊生于萼筒顶端，旗瓣圆形，翼瓣长圆形，龙骨瓣内弯，具喙；雄蕊10，有时1枚退化，花丝合生成1狭管，花药二型，长短间生；子房有2~5胚珠，受精后子房柄伸长，将尚未膨大的子房顶入土中发育成果。荚果长圆状圆柱形，稍呈念珠状，表面有网纹，不开裂。

约22种，分布于美洲热带地区。我国引入2种；浙江均有栽培。

1. 落花生 花生（图5-194）

Arachis hypogaea L.

一年生草本，高20～70cm。根部有根瘤。茎基部匍匐，多分枝，具棱，被棕色长柔毛。小叶通常4，叶柄长3～6cm；托叶条状披针形，长1.5～3cm，部分与叶柄合生成鞘状抱茎；小叶长圆形或倒卵形，长2～4cm，宽1.3～2.5cm，先端圆钝或急尖，两面无毛。花单生或数朵聚生于叶腋；托管长达2.5cm，萼齿二唇形，长6mm；花冠黄色，旗瓣近圆形，长8～9mm，龙骨瓣先端具喙，与翼瓣均短于旗瓣；雄蕊9，合生，1枚退化。荚果于地下成熟，不裂，长圆状圆柱形，长1～5cm，具网纹，具1～5种子。花期6—7月，果期9—10月。

原产于巴西，现广泛栽培于世界各地，品种较多。自明代引入我国，现全国各地普遍栽培，本省普遍栽培。

种子可食用，又可榨食用油；油粕可作饲料及肥料；茎叶为极好的绿肥和饲料；种子和叶可药用，种子有补脾润肺、止血的功效，叶有安神的作用。

图5-194 落花生

2. 蔓花生 遍地黄金 （图5-195）

Arachis duranensis Krapov. et W.C. Greg.

多年生匍匐草本。茎常伏地生长，长可达30cm，节上生不定根，具根瘤。羽状复叶互生；小叶4，对生，夜间闭合；托叶卵状披针形，基部与叶柄合生成鞘状抱茎；小叶倒卵形、倒卵状椭圆形或椭圆形，长1.5～3cm，宽1～2cm，先端圆钝或急尖，具小尖头，全缘。花单生于叶腋，花梗细长；托管细长，呈花梗状，花瓣及雄蕊均生于其顶端，花通常高于枝叶；花冠黄色，旗瓣圆心形，远大于其他花瓣；子房藏于托管中。花期3—10月，本省栽培者未见结果。

原产于南美洲，现全球热带、亚热带地区广泛栽培。华南及福建等地有引种栽培；温州园林中有栽培应用。

植株低矮密集，花期绵长，花色金黄，为优良的地被及护坡植物，也常用于建植观赏草坪。

与落花生的主要区别在于后者为一年生草本，茎仅基部匍匐；花不挺出枝叶之上。

图5-195 蔓花生

八九　蝶形花科 Fabaceae

47 锦鸡儿属 Caragana Fabr.

落叶灌木，稀乔木。偶数羽状复叶；叶轴顶端常有1针刺或刺毛；托叶膜质或硬化成针刺。偶数羽状复叶或假掌状复叶，有小叶2~10对。花单生或稀为2或3朵组成的小伞形花序；花梗常具关节；花萼筒状或钟状，基部偏斜，5齿裂；花冠黄色，稀紫红色或白色；雄蕊10，二体（9+1）；胚珠多数。荚果圆柱状，2瓣裂。种子横长圆形或近球形。

约100种，分布于中亚及我国。我国有66种；浙江有2种。

1. 锦鸡儿　土黄芪　（图5-196）
Caragana sinica (Buc'hoz) Rehder

灌木，高1~2m。小枝黄褐色或灰色，多少有棱，无毛。一回羽状复叶有小叶2对，顶端1对通常较大；叶轴先端与托叶常硬化成针刺；小叶倒卵形、倒卵状楔形或长圆状倒卵形，长1~3.5cm，宽0.5~1.5cm，先端圆或微凹，常具短尖头。花两性，单生于叶腋，长2.5~3cm；花梗长0.8~1.5cm，中部具关节；花萼钟状，绿色，萼齿宽三角形，基部呈短囊状；花冠黄色带红色，凋谢前呈红褐色，长2~3cm，旗瓣基部带绿色或红绿两色，翼瓣长圆形，黄色，龙骨瓣黄绿色；花药黄色；子房条形。荚果稍扁，长3~3.5cm，宽约0.5cm，无毛。花期4—5月，果期5—8月。

产于全省各地。生于海拔1000m以下的山坡、山谷、路旁灌丛中；各地农家常有栽培。分布于华北、华东、西南、西北及辽宁、广西。朝鲜半岛也有；日本有栽培和归化。

根皮可入药，称"土黄芪"，有祛风活血、平肝、利尿的功效；花可炒鸡蛋食用，有补中益气的功效；为优良的庭园观赏植物。

图5-196　锦鸡儿

2. 红花锦鸡儿 （图5-197）

Caragana rosea Turcz. ex Maxim.

灌木，高可达2m。小枝细长，具条棱。托叶在长枝上呈细针刺，长3~4mm，在短枝上脱落；一回羽状复叶有小叶2对，假掌状着生；小叶楔状倒卵形，长1~2.5cm，宽4~12mm，先端圆钝或微凹，具刺尖，基部楔形。花梗长8~18mm，无毛，关节在中部以上；花萼筒状，长7~9mm，常紫褐色，萼齿三角形，内面密被短柔毛；花冠黄色，长2~2.2cm，常带紫红色或全部呈淡红色，凋谢前转为红褐色。荚果圆柱形，长3~6cm，具渐尖头，无毛。花期4—6月，果期6—7月。

原产于东北、华北及安徽、河南、四川、陕西、甘肃。杭州市区、临安、三门、景宁等地有栽培。

花色艳丽，可供园林观赏，宜作花灌木或制作盆景；可药用，功效同锦鸡儿。

与锦鸡儿的主要区别为后者的2对小叶不呈假掌状着生；花梗关节位于中部；花萼常呈绿色；荚果较短，长3~3.5cm，稍扁。

图5-197　红花锦鸡儿

48 黄耆属（黄芪属）Astragalus L.

草本或亚灌木。羽状复叶，稀三出复叶或单叶；小叶全缘；小托叶缺。花排成腋生总状花序或密集成头状的小伞形花序；花萼管状，萼齿5，近相等；花冠红紫色、白色或淡黄色，旗瓣直，龙骨瓣钝头，与翼瓣近等长，各瓣均具长瓣柄；雄蕊10，二体（9+1），花药一型；子房有多数胚珠。荚果膜质，条形或椭圆形，背缝线向内凹入，常纵隔成2室。种子多为肾形。

约3000种，广泛分布于全世界，但主要分布于北半球、南美洲、非洲。我国有401种，主产于西南至东北；浙江栽培1种。

本属有些种类是重要的中药材，有些则是优良的绿肥、饲料、蜜源及观赏植物。

紫云英（图5-198）
Astragalus sinicus L.

二年生草本，高10~25cm。全株疏生白色伏毛。茎纤细，基部匍匐，多分枝。奇数羽状复叶，小叶7~13；托叶离生，卵形，长3~6mm；小叶倒卵形或宽椭圆形，长6~15mm，先端圆，有时微凹，基部宽楔形，两面被伏毛，下面较密。总状花序短缩成头状，具7~10花；花序梗长5~15cm，花梗短；萼齿披针形，与花萼筒近等长；花冠紫红色，稀白色，旗瓣倒卵形，翼瓣较短，龙骨瓣钝头，均具瓣柄；雄蕊二体，花药一型；子房有短柄。荚果成熟时呈黑色，条状长圆形，长1.5~2.5cm，顶端具喙，微弯，背缝线内凹成沟。种子棕色，肾形，光滑。花期3—5月，果期4—6月。

原产于华东、华中、华南、西南及河北。日本也有。全国多数地区有栽培；全省各地均有栽培，通常栽于水田中，有时逸生于山坡上、溪畔、林缘、路旁或村边。

为优良的绿肥和饲料，又为重要的蜜源植物；嫩茎叶可蔬食；种子及全草可药用，有清热解毒、利尿消肿的功效；繁花艳丽，可供观赏。

《中国植物志》记载其模式标本采自宁波，经浙江大学刘军考证实为误记。

图5-198 紫云英

49 米口袋属 Gueldenstaedtia Fisch.

多年生草本。主根圆锥状；主茎极缩短而成根颈，自根颈发出多数缩短的分茎。奇数羽状复叶，具多对全缘的小叶，着生于缩短的分茎上而呈丛生莲座状，稀退化为1小叶；托叶贴生于叶柄。伞形花序具3~12花；花萼钟状，萼齿5，上方2枚较长而宽；旗瓣顶端微凹，翼瓣斜倒卵形，龙骨瓣长为翼瓣的1/3~1/2；雄蕊二体(9+1)；子房圆柱状，花柱内卷。荚果圆柱形，1室，具多数种子。

12种，分布于亚洲。我国有3种；浙江有1种。

少花米口袋 （图5-199）

Gueldenstaedtia verna (Georgi) Boriss.— *G. verna* subsp. *multiflora* (Bunge) H.P. Tsui—*G. harmsii* Ulbrich

多年生草本。主根圆锥状。茎缩短，长2~3cm。全株被白色长柔毛。一回羽状复叶集生于短茎上，长12~18cm；托叶三角形，基部与叶柄合生；小叶9~17，对生，卵形、椭圆形至长椭圆形，长1~2.5cm，宽5~10mm，先端钝或急尖。伞形花序具4~12花；花序梗长16~26cm；花萼钟状，上面2萼齿较大，下面3萼齿较小；花冠堇紫色或紫红色，旗瓣卵形，长约13mm，翼瓣较短，龙骨瓣最短；子房密被伏贴柔毛，花柱

图5-199 少花米口袋

无毛，内卷。荚果圆柱形，长15～22mm，直径3～4mm，被长柔毛，开裂。种子圆肾形，直径约1.5mm，具浅凹点及光泽。花期3—4月，果期5—7月。

产于嵊州（鹿山街道、黄泽）、岱山（岱山岛、衢山岛）。生于海拔100m以下的丘陵或海岛山坡草丛中。分布于东北、华北、华东、华中、西南、西北。俄罗斯、蒙古、老挝、缅甸、印度、巴基斯坦也有。

全草可药用，有清热解毒、散瘀消肿的功效；植株低矮，生性强健，花色艳丽，可供观赏。本省产的每花序着花最多可达12朵，与文献记载的稍有出入。

50 野豌豆属 Vicia L.

一年生、二年生或多年生草本。茎通常攀缘，稀直立或匍匐。偶数羽状复叶；叶轴顶端小叶常特化为卷须或小刺毛，稀为小叶状；托叶常为半箭头形、箭头形，离生。花单生或为腋生的总状花序，有时呈圆锥状；花萼钟状，萼齿5；花冠白色、蓝色、紫色或紫红色，旗瓣常较长，龙骨瓣与翼瓣黏合，均具瓣柄；雄蕊二体（9+1），花药一型；子房有2至多数胚珠，花柱细，上部周围被柔毛或在顶端有1丛髯毛。荚果略扁，稀圆柱形。种子球形或肾形。

约160种，分布于北半球温带地区至南美洲温带地区、东非及太平洋岛屿，以地中海为分布中心。我国有40余种，全国广泛分布；浙江有11种。

《中国植物志》及 Flora of China 等文献中提到浙江有确山野豌豆 V. kioshanica L.H. Bailey分布，但作者多次调查均未及，仅在中国数字植物标本馆中查阅到3份相关标本，经反复考证发现，均属误定或地名误记所致，浙江并无确切分布的依据，故本志不予收录。

分种检索表

1. 叶轴先端有发达的卷须。
    2. 总状花序有明显的长梗。
        3. 总状花序具花6朵以上；花较大，长7mm以上。
            4. 多年生草本；茎被短柔毛；小叶狭椭圆形、条形至条状披针形，长1～2.5cm，宽0.2～0.8cm ·················· **1.广布野豌豆 V. cracca**
            4. 一年生草本；茎被长柔毛；小叶长圆形、条状长圆形至条状披针形，长1～5cm，宽0.2～0.4cm ·················· **2.长柔毛野豌豆 V. villosa**
        3. 总状花序具花6朵以下；花较小，长6mm以下。
            5. 小叶3～6对；卷须不分枝或2分枝；花1或2，通常蓝紫色；荚果无毛，有柄，长1～1.4cm，具3或4种子 ·················· **8.四籽野豌豆 V. tetrasperma**
            5. 小叶4～8对；卷须2～7分枝；花2～6，通常白色；荚果有毛，无柄，长0.7～1cm，具1或2种子 ·················· **9.小巢菜 V. hirsuta**
    2. 花1或2朵腋生，几无花序梗 ·················· **10.大巢菜 V. sativa**

1.叶轴顶端无卷须，常呈细小尖头、针刺状或刺毛状。

　　6.茎较细；小叶先端渐尖、长渐尖、尾尖或急尖；花冠长不及2cm；荚果扁平，长不及5cm，种子间无隔膜；种子小；野生。

　　　　7.羽状复叶仅具1对小叶。

　　　　　　8.总状花序长于或近等长于复叶；花序梗明显 ·················· 6.歪头菜 V. unijuga

　　　　　　8.总状花序明显短于复叶；花序梗极短 ·················· 7.头序歪头菜 V. ohwiana

　　　　7.羽状复叶具小叶通常2～4对。

　　　　　　9.总状花序单一。

　　　　　　　　10.小叶通常2对；托叶半箭头形或披针形，长0.8～1.3cm，宽0.3～0.5cm ············ 3.牯岭野豌豆 V. kulingiana

　　　　　　　　10.小叶3或4对；托叶三角形或披针形，长0.3～0.6cm，宽0.1～0.3cm ············ 4.弯折巢菜 V. deflexa

　　　　　　9.总状花序有分枝 ·················· 5.北野豌豆 V. ramuliflora

　　6.茎粗壮；小叶先端通常圆钝；花冠长3.2～3.5cm；荚果肥厚，长5～12cm，种子间有隔膜；种子大；栽培 ·················· 11.蚕豆 V. faba

1. 广布野豌豆 （图5-200）

Vicia cracca L.

多年生蔓性草本，长60～150cm。茎具棱，疏生短柔毛。羽状复叶具小叶4～12对，叶轴顶端有分枝卷须；托叶披针形或戟形，有毛；小叶狭椭圆形、条形至条状披针形，长1～2.5cm，宽2～8mm，先端圆钝，具小尖头，基部圆形，两面疏生毛或近无毛。总状花序腋生，常较复叶短，具7～25花；花序梗长2～6cm；花萼斜钟状，外被黄色短柔毛，萼齿5，其中4枚三角形，最下1枚披针形，较长；花冠蓝色或淡红色，旗瓣提琴形，长9～12mm，先端微凹，与翼瓣近等长，龙骨瓣稍短，均有瓣柄；子房柄长2～4mm，花柱上部被长柔毛。荚果长圆形，扁平，无毛，长2.3～3cm，宽6～8mm，具4～6种子。花期4—9月，果期6—10月。

图5-200　广布野豌豆

产于湖州市区、长兴、杭州市区、临安、诸暨、天台、玉环、金华市区、景宁、乐清、泰顺等地。生于库尾、路旁、田边或草坡上。分布于我国南北各地。亚洲、欧洲、北美洲也有。

为优良牧草、饲料、绿肥；花繁色艳，可供观赏；嫩茎叶可作菜；茎叶有祛风除湿、活血消肿、解毒止痛的功效。

2. 长柔毛野豌豆 （图5-201）
Vicia villosa Roth

一年生草本，高30~100cm。茎细弱，具棱，被淡黄色长柔毛。偶数羽状复叶有小叶6~10对，叶轴顶端有分枝卷须；托叶披针形或2深裂成半箭头形，长约8mm；小叶长圆形、条状长圆形至条状披针形，长1~5cm，宽2~4mm，先端钝，具小尖头，基部圆形，两面有长柔毛。花多数，疏生于总状花序的一侧；花萼斜钟状，有长柔毛，萼齿5，条状披针形，上方2枚较宽短，下方3枚较狭长，被长柔毛；花冠堇蓝色，稀白色，旗瓣提琴状长圆形，长1.5~1.8cm，先端微凹，翼瓣狭长圆形，一侧有耳及较长瓣柄，龙骨瓣先端稍弯，有耳和较长瓣柄；子房有细长柄，无毛，花柱周围有长柔毛。荚果长圆形，长约3cm，两侧扁平，无毛，具2~8种子。种子近黑色，球形。花果期5—9月。

原产于欧洲和亚洲西南部。我国各地多有栽培，有时逸为野生；杭州市区、鄞州、天台等地有栽培或逸生。

为优良的饲料及绿肥植物；花色艳丽，可供观赏。

图5-201 长柔毛野豌豆

3. 牯岭野豌豆 山蚕豆 （图5-202）
Vicia kulingiana L.H. Bailey—*V. edentata* W.T. Wang et Tang

多年生草本，高30～90cm。茎直立，具棱。小叶通常2对，稀1或3对；叶轴顶端呈小刺毛状；托叶半箭头形或披针形，长8～13mm，宽3～5mm；小叶椭圆形、卵状椭圆形或长卵形，长2～10cm，宽1～4cm，先端急尖至长渐尖，具小尖头，基部楔形或宽楔形，两面无毛。总状花序腋生，具10余朵花；萼齿5，疏被细毛；花冠紫红色至蓝紫色，旗瓣提琴状，长10～18mm，先端圆而微凹，翼瓣与之等长，具耳，龙骨瓣略短，均具细长瓣柄；子房无毛，具柄，花柱中部以上四周被长柔毛。荚果斜长椭圆形，长3.5～4.5cm，宽约0.8cm，无毛，具不明显斜皱纹，具1～5种子。种子青褐色，扁圆形。花期6—8月，果期8—10月。

产于湖州、杭州、绍兴、宁波、台州、金华、丽水。生于海拔40～1100m的沟边或溪旁。分布于山东、江苏、安徽、江西、河南、湖南。

嫩茎叶可蔬食；多年生，花艳丽，可作花境材料或林下地被。

图5-202　牯岭野豌豆

4. 弯折巢菜 羽叶野豌豆 （图5-203）
Vicia deflexa Nakai

多年生直立草本，高30～100cm。茎具棱，常呈"之"字形弯折。偶数（有时奇数）羽状复叶，叶轴顶端无卷须，具短尖头；托叶三角形或披针形，长3～6mm，宽1～3mm；小叶3或4对，狭长圆形至长圆状披针形，长3～6.5cm，宽1.1～2cm，先端渐尖，基部圆形，叶脉清晰，边缘微波状。总状花序长2～7cm，与叶近等长，具7～10花；花萼近钟形，萼齿呈微波状；花冠深紫红色至浅紫色，旗瓣长圆形，长约1.5cm，先端圆，基部渐狭，翼瓣、龙骨瓣近等长；子房条形，花柱上部四周被毛。荚果长圆状菱形，长2.5～4cm，宽约0.6cm，具2～6种子。种子扁圆柱形，长0.5cm，褐色，具黑斑。花果期6—10月。

产于德清、临安、鄞州、余姚、奉化、金华市区（北山）、磐安、泰顺等地。生于海拔200～1000m的山谷中、山坡上、溪边及竹林中。分布于江苏、安徽、湖北、湖南。日本也有。

用途同牯岭野豌豆。

图5-203　弯折巢菜

5. 北野豌豆　（图5-204）

Vicia ramuliflora (Maxim.) Ohwi

多年生草本，高30～100cm。具粗壮的木质根状茎，直径可达2cm。茎直立，具棱。偶数羽状复叶，长5～8cm，具小叶2～4对，叶轴顶端具短针刺；小叶长卵圆形或长卵圆状披针形，长3～8cm，宽1～3cm，全缘，先端渐尖或长尾尖，基部圆形或楔形，两面无毛或下面沿中脉有微毛；托叶半箭头形、斜卵形或长圆形，长8～16mm，宽10～13mm，全缘或基部蚀齿状。通常由2或3条总状花序组成近圆锥状花序，腋生，通常短于复叶；花萼斜钟状，萼齿5，三角形，远短于萼筒；花冠蓝色、蓝紫色或玫红色，旗瓣长1～1.4cm，翼瓣略短，龙骨瓣与翼瓣近等长。荚果长圆菱形，长2.5～5cm，无毛，两端狭渐尖，顶端有短的弯喙。种子椭球形，直径约5mm，深褐色。花期6—8月，果期7—9月。

产于临安（青山、功臣山、西天目山）、诸暨（东白山）、磐安（灵江源）、莲都（猕猴峡）。生于海拔60～1000m的山坡、沟谷林下或灌草丛中。分布于东北、华北及安徽。俄罗斯、蒙古、日本、朝鲜半岛也有。

用途同牯岭野豌豆。

图5-204 北野豌豆

6. 歪头菜　两叶豆苗　（图5-205）
Vicia unijuga A. Br.

多年生草本，高30~100cm。茎具纵棱，疏被柔毛，后渐脱落。叶轴末端细针状；托叶戟形或斜披针形，长0.8~2cm，宽3~5mm；小叶1对，卵状披针形或近菱形，长3~10cm，宽1.5~4cm，先端渐尖，基部楔形，两面均疏被微柔毛。总状花序单一，稀有分枝，

图5-205 歪头菜

呈圆锥状复总状花序,长于复叶或近等长,长4.5~7cm;花8~20朵密生于花序轴上部;花序梗明显;花萼紫色,萼齿明显短于萼筒;花冠蓝紫色、紫红色或淡蓝色。荚果扁平,长圆形,长2~3.5cm,宽0.5~0.7cm,无毛,棕黄色,两端渐尖,先端具喙,开裂后果瓣扭曲。种子3~7,扁圆球形,黑褐色,直径2~3mm。花期9—10月,果期10—12月。

产于嵊州(亭山、城隍山)。生于海拔50~200m的山坡林下或草丛中。分布于东北、华北、华东、华中、西南、西北。俄罗斯、蒙古、日本、朝鲜半岛也有。

为优良牧草,牲畜喜食;嫩苗可蔬食;全草可药用,有补虚、调肝、理气、止痛等功效。

7. 头序歪头菜 (图 5-206)
Vicia ohwiana Hosok.—*V. unijuga* A. Braun var. *ohwiana* (Hosok.) Nakai

多年生草本,高50~70cm。具粗壮的木质根状茎。茎具棱,呈"之"字形曲折,无毛。偶数羽状复叶仅具1对小叶,叶轴末端具细短尖头;托叶狭卵状披针形,先端锐尖,基部钝圆,全缘;小叶长椭圆形至近菱形,长4~8cm,宽2~3cm,先端短渐尖,全缘,基部楔形,两面疏被微柔毛。总状花序缩短,明显短于复叶;花序梗极短;花多数密集,偏向一侧;花萼无毛,白色或微带紫色,钟状,长5~7mm,萼齿明显短于萼筒;花冠蓝紫色或后变蓝色,长10~14mm,旗瓣最长,先端内凹,龙骨瓣短于翼瓣;子房条形,具柄。荚果扁,长圆形,长2.5~3cm,宽约5mm,无毛,先端具短喙。花期8月,果期9—10月。

产于新昌、宁海。生于海拔300~800m的山坡、山沟灌丛中。分布于东北、华北及河南、陕西。俄罗斯、日本、朝鲜半岛也有。

图 5-206 头序歪头菜

本省产的茎无毛，花萼无毛，萼齿明显短于萼筒，与文献记载的略有不同，有待进一步观察研究。

8. 四籽野豌豆 （图5-207）
Vicia tetrasperma (L.) Schreb.

一年生、二年生草本，高20～50cm。茎纤细，具棱，分枝多，被疏柔毛或近无毛。小叶3～6对，卷须不分枝或2分枝；托叶半箭头形，长4～5mm；小叶条形或条状长圆形，长4～6mm，宽2～4mm，先端圆钝，具小尖头，基部楔形，仅下面疏生毛。总状花序腋生，具1或2花；花序梗纤细，比复叶短或近等长，花梗丝状，长3～4mm；花萼长约3mm，萼齿5，近等长，较萼筒短；花冠蓝紫色，旗瓣先端微凹，翼瓣与旗瓣近等长，龙骨瓣比翼瓣略短，与翼瓣均具耳及瓣柄；子房有短柄，无毛，花柱上部周围有毛。荚果条状长圆形，长1～1.4cm，宽2～4mm，两侧扁，无毛，有柄，具3或4种子。种子球形。花期4—6月，果期6—8月。

产于全省各地。生于田边、荒地上、路旁及草地中。分布于长江流域及河南、台湾、广东、四川、云南、陕西。亚洲、欧洲、北非、北美洲也有。

可作饲料及绿肥；全草有清热解毒、利湿、止血、调经等功效，种子有活血、明目的作用；嫩苗可蔬食。

图 5-207 四籽野豌豆

9. 小巢菜 硬毛野豌豆 （图5-208）
Vicia hirsuta (L.) Gray

一年生、二年生草本，高10～60cm。茎纤细，具棱，几无毛或疏生短柔毛。小叶4～8对，卷须羽状2～7分枝；托叶一侧有2或3裂齿；小叶条形或条状长圆形，长3～15mm，宽1～4mm，先端截形,具小尖头,基部楔形,两面无毛。总状花序腋生,较叶短,具2~6花;花萼钟状,外面疏生短柔毛,萼齿5;花冠通常白色,旗瓣椭圆形,先端截形,有小尖头,翼瓣与旗瓣近等长,无耳,龙骨瓣稍短,与翼瓣均具短瓣柄;雄蕊二体;子房无柄,密生棕色长硬毛,花柱顶端周围有短毛。荚果扁平,长圆形,长0.7~1cm,宽3.5~4mm,外面被硬毛,无柄,具1或2种子。种子棕色,扁圆形。花期3—5月,果期5—8月。

产于全省各地。多生于平原、山坡、山脚荒地上。分布于华东、华中、华南、西南和西北。亚洲、欧洲、南非、北美洲及太平洋岛屿也有。

用途同四籽野豌豆。

图 5-208　小巢菜

10. 大巢菜　救荒野豌豆　(图5-209)
Vicia sativa L.

一年生、二年生草本,高20~80cm。茎具棱,疏被黄色短柔毛。小叶6~14;卷须2~4分枝;托叶半箭头形,边缘具齿牙;小叶倒卵形或倒披针形,长7~20mm,宽3~7mm,先端截形或微凹,具小尖头,基部楔形,两面疏生黄色短柔毛。花1或2朵腋生;几无花序梗;花萼外被黄色短柔毛,萼齿5;花较大,长1.8~3cm;花冠紫红色,稀近白色,旗瓣宽卵形,翼瓣色较深,有耳,龙骨瓣先端稍弯,各瓣均具瓣柄;子房被毛,花柱上部背面有1簇黄色髯毛。荚果扁平条形,长3~5cm,宽4~7mm,成熟时呈棕黄色,开裂后果瓣扭曲,具6~9种子。种子深褐色,球形。花期3—6月,果期4—7月。

产于全省各地。生于海拔1200m以下的路旁灌草丛中、山坡路旁、溪边及荒地上。分布于我国南北各地。亚洲、欧洲暖温带地区及俄罗斯西伯利亚地区也有。

用途同四籽野豌豆。

图 5-209　大巢菜

10a. 窄叶野豌豆（变种）（图 5-210）

var. **angustifolia** L.—*V. sativa* subsp. *nigra* Ehrh.—*V. angustifolia* L.

与大巢菜的区别为小叶条形、条状披针形或狭长矩圆形，长 1~2.5cm，宽 2~5mm，先端截形、渐尖、微尖或圆钝；花长 1~1.8cm；荚果成熟时呈黑色。

图 5-210　窄叶野豌豆

产于全省各地。生于河滩、库尾、山沟、谷地、田边草丛中。分布于华东、华中、华南、西南、西北。亚洲、欧洲及北非也有,温带地区广为归化。

11. 蚕豆 罗汉豆 佛豆 （图5-211）
Vicia faba L.

二年生草本,高50～150cm。茎粗壮,直立,无毛,常具棱。偶数羽状复叶具2～6小叶,叶轴顶端具小尖头；托叶半箭头状,长约1.5cm,边缘有齿,基部贴生于叶柄上；小叶互生,椭圆形、宽椭圆形或倒卵状长圆形,长3～6cm,宽2～3.5cm,先端圆钝,稀急尖,具小尖头,基部宽楔形,两面无毛。花1至数朵腋生；花序梗极短；花萼钟状,长1.2～1.3cm,萼齿5；旗瓣白色或紫色,有深紫色条纹,长3.2～3.5cm,翼瓣白色,中间有黑色大斑块,短于旗瓣,具耳,龙骨瓣最短,与翼瓣同具细长瓣柄；子房无柄,花柱顶端有1丛髯毛。荚果大,肥厚,长5～12cm,宽约2cm,具2～5种子,种子间有隔膜。种子大而扁。花期3—4月,果期5—6月。

原产于里海南部至非洲北部,现世界各地广泛种植。我国各地普遍有栽培。本省普遍有栽培。

种子可食用及作饲料；茎叶为优良绿肥；花及茎能治各种内出血；民间用种子治高血压和浮肿病；果壳烧炭研粉后用麻油调敷,可治脓疮；少数人吃蚕豆或吸入花粉会引起溶血症状。

图5-211 蚕豆

51 山黧豆属 Lathyrus L.

一年生或多年生草本。茎攀缘或匍匐，稀直立。偶数羽状复叶有1至数对小叶；叶轴顶端小叶常变为卷须或刚毛；托叶叶状，半箭头形或箭头形，常小于小叶。花单生或为腋生总状花序；花萼钟状，萼筒基部偏斜或背部偏突，萼齿近等长或上方2枚较短；花冠各色，旗瓣具宽短的瓣柄，龙骨瓣比翼瓣短；雄蕊二体（9+1），雄蕊管口部斜切，花药一型；花柱扁平内弯，沿内侧有髯毛。荚果近圆柱状或扁平。种子球形。

约160种，分布于亚洲、欧洲及北美洲的北温带地区，少数产于南美洲及非洲。我国有18种，主要分布于东北、华北、西南、西北；浙江连栽培共有7种。

本属植物可供食用、观赏及作绿肥。

分种检索表

1. 多年生草本；茎及总叶柄无翅，或具纵棱、狭翅；复叶具小叶4枚以上；野生。
   2. 花冠紫色或紫红色。
      3. 茎、叶无毛；小叶宽椭圆形或长倒卵形，长不达宽的2倍；托叶宽大，叶状；花序短于复叶；滨海植物 ·· 2. 海滨山黧豆 L. japonicus
      3. 茎、叶有毛；小叶条形或条状披针形，长为宽的6倍以上；托叶狭长，非叶状；花序长于复叶；山地植物 ·· 5. 毛山黧豆 L. palustris var. pilosus
   2. 花冠黄色、橙黄色或橘红色。
      4. 攀缘草质藤本；小叶先端圆钝或急尖，上部常有"V"形白色斑纹，下部沿中脉常有白色斑块；茎具狭翅 ·· 1. 中华山黧豆 L. dielsianus
      4. 直立或披散状草本；小叶先端尾尖或渐尖，上部无"V"形斑纹；茎具纵棱或条纹。
         5. 小叶先端尾尖，基部常有白色斑块；托叶宽1.5~2mm；全体疏被具柄腺体 ·· 3. 尾叶山黧豆 L. caudatus
         5. 小叶先端渐尖，基部无白色斑块；托叶宽2~5mm；植株无腺体 ·· 4. 安徽山黧豆 L. anhuiensis
1. 一年生草本；茎及总叶柄具明显宽翅；复叶仅具2小叶；栽培或逸生。
   6. 小叶条形或披针形；花序短于复叶；花无香气；荚果腹缝线内凹成2厚狭翅，无毛，具种子5粒以下 ·· 6. 家山黧豆 L. sativus
   6. 小叶宽椭圆形或卵形；花序长于复叶；花有香气；荚果无翅，密被长柔毛，具种子5粒以上 ·· 7. 香豌豆 L. odoratus

1. 中华山黧豆 （图5-212）
Lathyrus dielsianus Harms

多年生攀缘草质藤本，长可达1.5m。全体无毛；茎近四棱形，有狭翅。羽状复叶通常有2~4对小叶，小叶对生或近对生；叶轴顶端有卷须，卷须2、3分枝或不分枝；托叶斜卵形或卵

八九 蝶形花科 Fabaceae

图5-212 中华山黧豆

状披针形,具尖耳;小叶卵形、椭圆形或狭长椭圆形,稍不对称,长2~5cm,宽1~2cm,先端圆钝或急尖,具小尖头,基部楔形至近圆形,上部有"V"形白色斑纹,下部沿中脉常有白色斑块,羽状脉。总状花序腋生,具7~16花;萼钟状,长5~7mm,绿白色,萼齿短;旗瓣长18~20mm,上部橘黄色,中下部白色,间杂有蓝紫色条纹,翼瓣和龙骨瓣稍短于旗瓣。荚果扁条形,长4~8cm,宽5~6mm。种子椭球形,长约5mm,光滑。花期5—6月,果期7—8月。

产于临海(琳山)。生于海拔约50m的山坡林缘或灌丛中。分布于山西、福建、河南、湖北、四川、陕西。

2. 海滨山黧豆 海滨香豌豆 （图5-213）

Lathyrus japonicus Willd.—*L. japonicus* subsp. *maritimus* (L.) Ball—*L. maritimus* Bigel.—*L. japonicus* form. *pubescens* (Hartman) H. Ohashi et Tateishi

多年生草本，高20～60cm。茎基部稍匍匐，分枝曲折上升，具棱，无毛。羽状复叶有小叶3～6对，无毛，叶轴顶端具1～3分枝的卷须；托叶大，叶状，近斜卵形或三角状箭形，长达2cm；小叶宽椭圆形或长倒卵形，长1.5～3cm，宽0.8～2cm，先端钝，有小尖头，基部楔形或宽楔形。总状花序短于复叶，具2～5花；花萼钟状，长8～9mm，萼齿披针形，与萼筒近等长，上方2枚较短；花冠紫色，长1.8～2.2cm；雄蕊二体；子房有短柔毛，花柱内侧有髯毛。荚果条状长圆形，长4.5～6.5cm，宽约1cm，扁平，顶端具尖喙，表面有明显网纹，具3～7种子。种子黑色，近球形，直径约4mm。花期5—6月，果期6—8月。

产于舟山、宁波、台州、温州的滨海地带。生于海滨沙滩、砾石滩地上或海岸岩缝中。分布于辽宁、河北、山东、江苏。欧洲北部、北美洲及俄罗斯远东地区、日本也有。

种子可食用，茎叶可作饲料；花色艳丽，可供园林观赏。

图5-213 海滨山黧豆

3. 尾叶山黧豆 （图5-214）

Lathyrus caudatus Z. Wei et H.P. Tsui

多年生草本，高达1.5m。全体疏被具柄腺体。茎粗壮，直立或斜升，有分枝，具纵棱，无毛。偶数羽状复叶有4或5对小叶；叶轴顶端具单一或分枝的卷须；托叶半箭头形，长1.2～1.8cm，宽1.5～2mm；小叶对生或近对生，披针形或卵状披针形，长9～12cm，宽2.4～4cm，先端尾尖，全缘，基部宽楔形，两面无毛，上面中、侧脉下陷，小叶近基部常有白色斑块。总状花序腋生，具多花；花序梗长约10cm，花梗基部具关节；花萼钟状，萼筒长约6mm，萼齿不等大，最下1枚钻形，稍长；花冠淡黄色。果实成熟时呈黑褐色，条状扁平，长5～8cm，宽5～6mm，顶端具细长尖喙，果瓣开裂后螺旋状扭曲，具6～16种子。花期5—6月，果期8—10月。

产于临安、建德、富阳、天台。生于海拔80～300m的溪边灌丛中。浙江特有。模式标本采自建德（泷江）。

图5-214　尾叶山黧豆

4. 安徽山黧豆 （图5-215）

Lathyrus anhuiensis Y.J. Zhu et R.X. Meng—*L. henanensis* S.Y. Wang

多年生草本，高0.8～1.2m。全体无毛；茎直立或披散，常呈"之"字形曲折，具纵条棱。托叶半箭头形，全缘或上部具1裂齿，长8～15mm，宽2～5mm；叶轴末端具分枝或不分枝的卷须或缺；小叶5～8对，狭椭圆形、狭卵形或椭圆形，长3～7cm，宽1～3cm，先端渐尖，基部宽楔形，全缘，两面无毛，上面绿色，下面苍白色，羽状脉两面明显。总状花序腋生，短于复叶或近等长，具花10余朵；花萼筒斜钟状，萼齿不等大；花冠黄色或初时白色后转黄色，长1.4～1.8cm。荚果条形，长6～8cm。种子长圆形，棕褐色。花期4—6月，果期7—9月。

产于杭州市区（余杭百丈）、萧山（楼塔）、金华市区（长山）、永康（大寒山）。生于海拔

70～300m的山坡毛竹林下或山沟灌丛中。分布于安徽（宣城）、河南（伏牛山区）。

嫩茎叶可蔬食；花繁色黄，可供观赏。

图 5-215　安徽山黧豆

5. 毛山黧豆（变种）（图 5-216）

Lathyrus palustris L. var. **pilosus** (Cham.) Ledeb.—*L. pilosus* Cham.

多年生草本，高40～80cm。茎有狭翅，下部伏卧，分枝攀缘斜上，被毛。偶数羽状复叶有小叶2～4对，叶轴顶端小叶退化成2或3分枝的卷须，叶柄短；托叶半箭头形，长6～18mm，宽1～4mm；小叶条形或条状披针形，长3～5cm，宽4～8mm，先端微凸尖，基部狭楔形，上面无毛，侧脉下陷，下面略带粉白色，通常有毛。总状花序通常长于复叶，具2～5花；花序梗长10～15cm；花萼钟状，萼筒长3.5～5mm，萼齿5，不等长，最下1枚最长，但短于萼筒；花冠紫红色，长1～1.5cm；雄蕊二体；子房有黄色长硬毛，花柱内侧有白色髯毛。荚果扁平，条状长椭圆形，长4～5cm，宽7～8mm，无毛。花期6—7月，果期8—9月。

图 5-216　毛山黧豆

产于宁波市区（穿山、大榭）。生

于低海拔的山坡林缘或灌丛中。分布于东北、华北及江苏、湖北、四川、云南、甘肃、青海。俄罗斯、蒙古、日本、朝鲜半岛也有。

模式变种欧山黧豆 L. palustris L.产于欧洲，与本变种的主要区别为植株无毛，最下1枚萼齿长于或等长于萼筒。

6. 家山黧豆 （图5-217）
Lathyrus sativus L.

一年生草本，高50~70cm。全体无毛。茎斜升或近直立，有翅。羽状复叶仅具1对小叶；叶轴具翅，顶端有分枝卷须；托叶半箭头形，狭长，仅具1耳，连耳长1.5~2cm，宽2~5mm；小叶条形或披针形，长2~4cm，宽2~5mm，全缘，具明显平行脉。总状花序比复叶短，通常仅具1花，稀2，无香气；花序梗长3~6cm，具棱；花萼钟状，萼齿三角状披针形，近等长，长于

图5-217　家山黧豆

萼筒的2~3倍；花冠长1.2~2.4cm，白色、蓝色或粉红色，旗瓣大，宽倒心形，先端凹，翼瓣短于旗瓣，龙骨瓣最短，均具瓣柄；雄蕊二体；子房无毛，花柱扭曲。荚果长圆形，稍肿胀，长2.5~4cm，无毛，顶端具扭曲的喙，沿腹缝线内凹成2条厚而狭的翅，具种子5粒以下。花期5—6月，果期7—8月。

原产地不详，在我国北方作为饲料植物栽培（花期植株及种子有毒）。临海等地有栽培。

为优良饲料植物；花大色繁，亦可观赏。

7. 香豌豆 麝香豌豆 花豌豆 （图5-218）
Lathyrus odoratus L.

一年生攀缘草本。茎及叶轴有明显的翅，疏被短柔毛。小叶2，叶轴具翅，顶端具3~5分枝的卷须；托叶半箭头形；小叶宽椭圆形或卵形，长3.5~6.5cm，宽1.5~4cm，先端急尖，基部宽楔形，上面近无毛，下面被短柔毛。总状花序腋生，具1~4花，有香气；花序梗较复叶长，小花梗短，有柔毛；花萼宽钟状，萼齿5，披针形；花冠长2~3cm，颜色多样；雄蕊二体；子房密被锈色长硬毛，花柱扭曲，内侧有髯毛。荚果扁平，长椭圆形，长5~7cm，顶端具喙，密被长柔毛，具种子5粒以上。种子灰棕色，近球形。花果期6—9月。

原产于意大利。全世界庭园中多有栽培；全省各地常有引种供观赏。

图5-218 香豌豆

52 豌豆属 Pisum L.

一年生、二年生或多年生草本。偶数羽状复叶有小叶1~3对，叶轴顶端有羽状分枝的卷须；托叶叶状，常大于小叶。花单生或排成腋生总状花序；花萼斜钟状或基部浅囊状，萼齿5；花冠蝶形，旗瓣宽大，龙骨瓣短于翼瓣；雄蕊二体(9+1)，雄蕊管口部平截，花药一型；子房有数粒胚珠，花柱扁，向外反折，上部沿内侧有髯毛。荚果侧扁，肿胀。种子球形。

2或3种，分布于地中海地区和亚洲西部。我国引入栽培1种；浙江常见栽培。

豌豆（图5-219）
Pisum sativum L.—*P. arvense* L.

一年生攀缘草本，长可达2m。全株无毛，常被白粉。叶轴顶端具多数羽状分枝的卷须；小叶1~3对，宽椭圆形或椭圆形，长2~4.5cm，宽1~2.5cm，先端圆形，基部宽楔形，基部小叶最大；托叶叶状，通常大于小叶，下部边缘有不规则牙齿。花单生或2朵、3朵排成腋生总状花

图5-219 豌豆

序；花萼钟状，萼齿5，披针形，与萼筒近等长，上方2枚较宽；花冠多为白色、紫色或双色，旗瓣大，近圆形，长约2cm，有短而宽的瓣柄，翼瓣宽倒卵形，较短，基部一侧具耳，与龙骨瓣均具瓣柄；雄蕊二体(9+1)；子房近新月形，花柱扁，上部内侧有髯毛，曲折成与子房近直角。荚果稍扁，长5～10cm，具2～9种子。种子球形。花期3—5月，果期6—8月。

原产于地中海地区和亚洲西部，在汉代之前传入我国。现全球各地广泛种植；全省各地普遍栽培。

种子、嫩荚及嫩苗可食用；种子含淀粉及油脂，亦可入药，有健脾胃、强壮、消渴、利尿、止泻等功效，茎叶可清凉解暑；又可作绿肥及饲料；花大优美，可供观赏。

53 草木樨属 Melilotus Mill.

一年生、二年生草本。全草有香气。羽状三出复叶；小叶边缘具锯齿，侧脉直达齿端；托叶贴生于叶柄上。总状花序腋生，细长穗状，花小；花萼钟状，萼齿5，近等长；花冠黄色、白色或淡紫色，旗瓣无耳，翼瓣狭窄，龙骨瓣直而钝；雄蕊二体(9+1)，花药一型；花柱细长，顶端上弯。荚果短直，卵形或近球形，常不开裂或迟裂，具1或2种子。种子肾形。

约20种，分布于亚洲、欧洲和北非。我国有4种，广泛分布于全国，以北部为多；浙江有3种，均为归化种。

分种检索表

1. 花白色；荚果先端锐尖；托叶尖刺状 ································ **1. 白花草木樨 M. albus**
1. 花黄色；荚果先端圆钝；托叶非尖刺状。
   2. 小叶边缘1/3以上有细锯齿；托叶镰状条形，边缘非膜质，全缘或基部具1细齿；花长3.5～7mm；荚果长3～5mm，具1或2种子 ································ **2. 草木樨 M. officinalis**
   2. 小叶边缘2/3以上有细锯齿；托叶披针形，边缘膜质，基部具2或3细齿；花长2～3mm；荚果长2～3mm，具1种子 ································ **3. 印度草木樨 M. indicus**

1. 白花草木樨 （图5-220）
Melilotus albus Medik.

二年生草本，高70～200cm。茎直立，圆柱形，中空，多分枝。羽状三出复叶；小叶长圆形或倒披针状长圆形，长1.5～3cm，宽4～12mm，先端钝圆，基部楔形，边缘疏生浅锯齿，上面无毛，下面被细柔毛，侧脉12～15对；托叶尖刺状，长6～10mm，全缘。总状花序长8～20cm，腋生，具40～100花，排列疏松；花长4～5mm；花萼钟形，微被柔毛，萼齿三角状披针形，短于萼筒；花冠白色，旗瓣椭圆形，稍长于翼瓣，龙骨瓣与翼瓣等长或稍短；子房卵状披针形，上部渐窄至花柱，无毛，胚珠3或4。荚果椭圆形至长圆形，长3～3.5mm，先端锐尖，具尖喙，表面

脉纹细，由棕褐色变黑褐色，具1或2种子。种子卵形，棕色，表面具细瘤点。花期5—7月，果期7—9月。

原产于东北、华北、西南、西北各地。欧洲地中海沿岸、中东、西南亚、中亚及俄罗斯西伯利亚地区也有。全国各地多有栽培或逸生。

生长旺盛，为优良的饲料、牧草、绿肥和护坡植物；入药有清热解毒、和胃化湿的功效；全草可提取芳香油。

图5-220　白花草木樨

2. 草木樨　黄香草木樨　辟汗草　（图5-221）
Melilotus officinalis (L.) Lam.—*Trifolium officinale* L.

一年生或二年生草本，高50～200cm。茎直立，多分枝，具棱纹，无毛。羽状三出复叶；小叶椭圆形、长椭圆形至倒披针形，长1～2.5cm，宽5～12mm，先端钝圆，基部楔形，边缘1/3以上有细锯齿，上面近无毛，下面疏被伏贴毛；托叶镰状条形，长5～8mm，边缘非膜质，全缘或基部具1细齿。总状花序腋生，长4～10cm；花梗下弯；花较大，长3.5～7mm；萼齿5，披针形，与花萼筒近等长，疏被毛；花冠黄色，旗瓣较翼瓣长或近等长，翼瓣与龙骨瓣具耳及细长瓣柄。荚果倒卵形或卵球形，长3～5mm，先端圆钝，有网纹，黑褐色，无毛，具1或2种子。种子黄褐色，卵形，光滑，长2.5mm。花期5—7月，果期8—9月。

原产于东北、华南、西南。东亚、中亚、中东至地中海东岸也有。国内其他地区多有栽培和归化。全省各地均有归化，生于较潮湿的海滨及旷野荒地中，已成为有害物种。

全草可入药，有芳香化浊、清暑湿、止咳平喘、散结止痛等功效；可作绿肥、饲料及牧草；全草可提取芳香油。

图 5-221　草木樨

3. 印度草木樨 （图 5-222）
Melilotus indicus (L.) All.

一年生或二年生草本，高 20～50cm。羽状三出复叶；小叶倒卵状楔形至狭长圆形，近等大，长 1～3cm，宽 0.8～1cm，先端钝或平截，有时微凹，基部楔形，边缘 2/3 以上具细锯齿，上面无毛，下面被伏贴柔毛，侧脉 7～9 对；托叶披针形，边缘膜质，长 4～6mm，基部扩大成耳状，有 2 或 3 细齿。总状花序细，长 1.5～4cm；花序梗被柔毛，具 15～25 花；花小，长 2～3mm；花萼杯

图 5-222　印度草木樨

状，脉纹5，萼齿三角形；花冠黄色，旗瓣先端微凹，与翼瓣、龙骨瓣近等长；子房卵状长圆形，无毛。荚果卵球形，长2～3mm，稍伸出萼外，先端圆钝，具网纹，成熟时呈红褐色，具1种子。种子阔卵形，直径1.5mm，暗褐色。花期3—5月，果期5—6月。

原产于印度，现世界各地有引种和归化。华东、华中、华南、西南等地有归化。杭州、宁波等地也有归化，生于溪边、荒野、村旁草地中，已成为入侵物种。

全草有清暑化湿、健胃和中的功效；为优良的蜜源植物；也可作绿肥、牧草和饲料。

54 苜蓿属 Medicago L.

一年生、二年生或多年生草本。茎直立或铺散。羽状三出复叶；托叶与叶柄合生；小叶上部有细齿，侧脉直达齿端。短总状或头状花序腋生；花甚小；花萼钟状，萼齿不等长或近等长；花冠黄色或紫色，旗瓣常长于翼瓣及龙骨瓣；雄蕊二体(9+1)；花柱短，钻状，微弯。荚果旋卷或弯曲，平滑或有刺，不开裂，具1至数粒种子。种子肾形或球形。

约85种，分布于亚洲、欧洲、非洲。我国有15种，广泛分布于全国各地；浙江有4种。

分种检索表

1. 花黄色；二年生草本；茎匍匐或斜升，植株较低矮。
   2. 荚果弯曲，无钩刺而具疏腺毛；花10～20；花序梗长1～2cm；种子1 …… **1.天蓝苜蓿 M. lupulina**
   2. 荚果螺旋形，有钩刺；花2～8；花序梗长不逾1.3cm；种子2粒以上。
      3. 植物体被柔毛；托叶斜卵形，近全缘；花序梗通常长于复叶…………………**3.小苜蓿 M. minima**
      3. 植物体光滑无毛；托叶卵状长圆形，有不规则细裂；花序梗通常短于复叶………………………
         ………………………………………………………………………………**4.南苜蓿 M. polymorpha**
1. 花紫色；多年生草本；茎通常直立，植株较高大……………………………………**2.紫苜蓿 M. sativa**

1. 天蓝苜蓿（图5-223）

Medicago lupulina L.

二年生草本。茎多分枝，匍匐，长20～60cm，上部稍上升，与分枝有棱角，幼时密被毛。羽状三出复叶；下部叶柄长1～2cm，上部叶柄短于小叶；小叶宽倒卵形、圆形或长圆形，长7～17mm，宽4～14mm，先端圆或微凹，基部宽楔形，上部边缘具细齿，上面疏被毛，下面毛较密，侧脉直达齿端；托叶斜卵状披针形，长6～13mm，基部贴生于叶柄，边缘有锯齿，被毛。短总状花序有10～20朵密集的小花；花序梗长1～2cm；花萼被毛，萼齿较萼筒长；花冠黄色，长1.5～2mm，旗瓣倒卵形，先端微凹，翼瓣与龙骨瓣等长。荚果弯曲成肾形，长2～3mm，具明显网纹，无刺，有疏腺毛，具1种子。种子肾形，平滑。花期3—6月，果期5—8月。

产于全省各地。生于旷野、路边草丛及旱地中。几广泛分布于全国各地。欧亚大陆广泛分布,世界各地均有归化。

为优良的牧草、绿肥和饲料植物;全草可药用,有清热利湿、舒筋活络、止咳平喘、凉血解毒等功效。

图5-223 天蓝苜蓿

2. 紫苜蓿 （图5-224）
Medicago sativa L.

多年生草本,高40~100cm。茎直立或稍匍匐,多从基部分枝,近无毛。羽状三出复叶;叶柄长0.5~1.5cm;小叶倒披针形或倒卵状长圆形,长1.5~3cm,宽4~11mm,先端圆钝,基部宽楔形,上部边缘有细齿,上面近无毛,下面被伏贴长柔毛;托叶较大,斜卵状披针形,长8~12mm,基部与叶柄贴生,有脉纹。

图5-224 紫苜蓿

短总状花序长1~4cm，花8~25朵密生；萼齿狭披针形，长3~3.5mm；花冠紫色，旗瓣狭倒卵形，长8~10mm，先端微凹，翼瓣及龙骨瓣较短，有较细的瓣柄。荚果黑褐色，1~3回旋卷，顶端有尖喙，被毛，具1~8种子。种子黄褐色，肾形，长约2mm。花期4—5月，果期6—7月。

原产于欧洲及伊朗。我国各地均有栽培和逸生；全省各地有栽培，通常用于边坡绿化及园林观赏，有时逸生。

为优良的饲料及绿肥植物；嫩茎叶可蔬食；全草可药用，有清热凉血、利湿退黄、通淋排石等功效。

3. 小苜蓿（图5-225）
Medicago minima (L.) Bartal.—*M. polymorpha* L. var. *minina* L.

二年生草本。茎从基部分枝，常匍匐地面，长10~25cm，分枝具棱，密被毛。羽状三出复叶；叶柄长5~10mm；顶生小叶倒卵形，长5~10mm，宽4~6mm，先端圆或微凹，基部楔形，上部边缘具牙齿，两面被毛，下面尤密，侧生小叶较小；托叶大，斜卵形，近全缘，长5~7mm。短总状花序具3~8花，集生成头状；花序梗长达1.3cm，通常长于复叶；萼齿较花萼筒略长，密被柔毛；花冠淡黄色，旗瓣长约4mm，翼瓣及龙骨瓣较短。荚果4~5回旋卷成球状，脊棱上有3列长钩刺，具数粒种子。种子褐色，肾形，长2~2.5mm。花期3—4月，果期5—6月。

产于平湖、杭州市区、临安、苍南等地。生于路旁杂草丛中或泥墙边。分布于华北、华东、华中及辽宁、四川。亚洲、欧洲、非洲也有。

为优良的牧草、饲料及绿肥植物；根可药用，有清热、利湿、止咳的功效。

图5-225　小苜蓿

4. 南苜蓿　金花菜（图5-226）
Medicago polymorpha L.—*M. denticulata* Willd.—*M. hispida* Gaertn

二年生草本，高20~80cm。茎从基部多分枝，常平卧地面，分枝具棱，无毛。羽状三出复叶；下部叶柄长达7cm，上部的较短；小叶宽倒卵形或倒心形，长1~2.5cm，宽0.6~2cm，先端微凹或圆钝,基部楔形,上部边缘有细齿,两面无毛;顶生小叶柄长3～7mm,侧生小叶柄极短;托叶卵状长圆形,边缘具不规则细裂。总状花序呈头状,腋生,长1～2cm,花小,2～8朵集生于花序上端;花序梗长0.7～1cm,通常短于复叶,花梗长1～1.5mm;萼齿5,披针形,略长于花萼筒;花冠黄色,长约4mm,旗瓣倒卵形,较翼瓣稍长。荚果2～4回螺旋状卷曲,直径约6mm,具3列钩刺,具3～7种子。种子黄褐色,肾形。花期4—5月,果期6—8月。

原产于印度。长江流域中下游地区及陕西、甘肃有栽培或逸生;全省各地有归化。

为优良的绿肥和饲料植物;嫩叶可蔬食;全草可药用,有清热凉血、利湿退黄、通淋排石等功效。

图 5-226　南苜蓿

55 车轴草属 Trifolium L.

一年生、二年生或多年生草本。掌状三出复叶,稀5～7小叶;托叶多少贴生于叶柄上。头状、穗状或短总状花序腋生,花多数,密集;花萼钟状或管状,萼齿5,近等长;花冠白色、黄色、红色或淡紫色,花瓣常与雄蕊筒贴生,枯萎后常不脱落;雄蕊二体(9+1);子房常无柄,花柱丝状,无髯毛。荚果小,常包藏于宿萼内,不开裂,具1～6种子。

约250种,分布于北半球温带地区。我国连栽培约13种;浙江栽培4种。

分种检索表

1. 植物体光滑无毛;花白色 ·· **1. 白车轴草　T. repens**
1. 植物体多少有毛;花色多样。
　　2. 叶片无毛或仅下面被疏毛;花较小,长7～9mm ································· **2. 杂种车轴草　T. hybridum**
　　2. 叶片两面被毛或仅下面被长柔毛;花较大,长10～18mm。

3. 小叶长宽近相等，通常无斑纹；花序圆柱形，花序梗比叶长 ·················· 3.绛车轴草 T. incarnatum
3. 小叶长明显大于宽，通常有"V"形白斑；花序近球形，常无花序梗 ············ 4.红车轴草 T. pratense

1. 白车轴草　白三叶　幸运草（图5-227）
Trifolium repens L.

多年生草本。全体光滑无毛。茎匍匐地面，长30~60cm，节上生叶。掌状三出复叶，偶有4~6枚；小叶倒卵形、倒心形、近圆形或宽椭圆形，长1.5~4cm，宽1.2~2.7cm，先端圆或微凹，基部宽楔形，上面常有"V"形白斑，边缘有密而细的锯齿，叶脉明显，小叶柄极短；托叶膜质，卵状披针形，长1~1.4cm，基部贴生于叶柄上。头状花序腋生，具多花；花序梗常长于叶柄，具棱；花萼管状，萼齿5，披针形；花冠通常白色，旗瓣椭圆形，先端圆钝，基部具短瓣柄，翼瓣具耳及细瓣柄，龙骨瓣最短，具小耳及瓣柄；雄蕊二体；子房条形，花柱长而稍弯。荚果倒卵状长圆形，长约3mm，具2~5种子。种子褐色，近球形。花期5—7月，果期8—10月。

图5-227　白车轴草

原产于欧洲。世界各国及我国南北各地均有栽培或归化。全省各地普遍栽培，常有归化。

为优良的饲料、牧草和蜜源植物，也可作水土保持及护堤植物，茎叶可作绿肥；全草可入药，有清热、凉血、安神、宁心的功效。

本省园林中栽培的品种主要有紫叶车轴草（紫三叶）'Purpurascens Quadrifolium'（图5-228），小叶3~6，深紫色或紫褐色，边缘绿色。

图5-228 紫叶车轴草

2. 杂种车轴草　粉三叶　（图5-229）

Trifolium hybridum L.

多年生草本，高30~60cm。茎直立或上升，具纵棱，被疏毛或近无毛。掌状三出复叶；小叶阔椭圆形，有时卵状椭圆形或倒卵形，长1.5~3cm，宽1~2cm，先端钝，有时微凹，基部阔楔形，边缘具不整齐细锯齿，近基部锯齿呈尖刺状，侧脉约20对，与中脉作70°角展开，连续分叉，无毛或下面被疏毛；托叶卵形至卵状披针形，具5或6条脉纹，先端尾尖。花序球形，直径1~2cm，具12~30花，密集；苞片极小；花序梗比叶长；花长7~9mm；花冠初时白色，后变粉色。荚果椭圆形，通常具2种子。种子甚小，橄榄绿色至褐色。花果期6—10月。

原产于欧洲。全球温带地区广泛栽培。东北等地有引种，有时逸生。杭州市区、临安等地有栽培。

图5-229 杂种车轴草

3. 绛车轴草 绛三叶 地中海三叶草 （图5-230）
Trifolium incarnatum L.

一年生草本，高30～60cm。茎直立或上升，粗壮，被长柔毛，具纵棱。掌状三出复叶；茎下部的叶柄甚长，上部的较短，被长柔毛；小叶阔倒卵形至近圆形，长1.5～3.5cm，先端钝，有时微凹，基部阔楔形，渐窄至小叶柄，边缘具波状钝齿，两面疏生长柔毛，侧脉5～10对，与中脉作40°～50°角展开，中部具分叉；托叶椭圆形，大部分与叶柄合生，被毛。花序圆柱形，顶生，花期继续伸长，长3～5cm，直径1～1.5cm；花序梗比叶长，粗壮；花长10～15mm，近无梗；无总苞；花量多而密集；花萼筒状，密被长硬毛，具10条脉纹；花冠深红色、朱红色至橙色。荚果卵形，具1褐色种子。花果期5—7月。

原产于欧洲地中海沿岸。河北、山西、山东、江苏、陕西等地有引种栽培。海宁等地有栽培。

为适应性很强的优良牧草；花色红艳，极富观赏价值，可作园林地被、花境、花坛、盆栽材料。

图5-230 绛车轴草

4. 红车轴草 红三叶 （图5-231）
Trifolium pratense L.

多年生草本，高30～60cm。茎直立或稍外倾，分枝稀疏，被开展长柔毛，幼时尤密。掌状三出复叶；小叶卵状椭圆形或长椭圆形，长2～5cm，宽0.8～2.7cm，先端钝或微凹，基部楔形或宽楔形，边缘有不明显细齿，上面无毛，常有"V"形白斑，边缘及下面有长柔毛；托叶卵形，长可达2cm，先端钻形，中部以下与叶柄合生。头状花序近球形，直径约2.5cm，具多数花，常无花序梗，紧靠花序有2叶状总苞；花萼管状，萼齿5，边缘具长毛；花冠紫红色至淡红色，旗瓣舌状，长约1.3cm，先端平截，具瓣柄，翼瓣较短，有小耳及细长瓣柄，龙骨瓣与旗瓣近等长，有细长瓣柄；雄蕊二体。荚果倒卵形，长约2mm，具纵脉，具1种子。种子肾形。花期5—9月，果期7—11月。

原产于欧洲。我国南北各地均有引种或逸生。宁波及杭州市区、临安、诸暨、金华市区、云和等地有栽培，有时逸生。

为优良的饲料、牧草、绿肥和蜜源植物；花色美丽，可作草坪观赏植物；花序能止咳、平喘、镇痉。

图5-231　红车轴草

56 猪屎豆属 Crotalaria L.

草本或灌木。单叶或掌状三出复叶；托叶离生，叶状、刚毛状或缺。花单生或呈总状花序，稀密集成头状；花萼5深裂；花冠黄色或白色，稀蓝紫色，旗瓣基部通常有2胼胝体及短瓣柄，翼瓣较短，龙骨瓣极弯曲，先端具尖喙，与旗瓣常近等长；雄蕊10，单体，花药二型；子房有2至多数胚珠，花柱长，基部膝曲，中部以上内侧有毛。荚果圆柱形、椭球形、卵形或球形，肿胀，成熟时摇之有响声。

700余种，分布于全球热带和亚热带地区。我国有42种，主要分布于南部和西南部；浙江有9种。

《浙江植物志》记载浙江栽培有圆叶猪屎豆 *C. incana* L.、狭叶猪屎豆 *C. ochroleuca* G. Don 和多疣猪屎豆 *C. verrucosa* L.，但目前均已不见，本志不予收录。

分种检索表

1. 掌状三出复叶 ··· **1. 猪屎豆 C. pallida**
1. 单叶。
   2. 托叶大而明显，叶状，长4～10mm，常反折。
      3. 托叶宽卵形，长约1cm；叶片较大，长5～15cm，宽2～7.5cm，上面无毛，下面密被紧贴绢状柔毛；茎无毛，直立 ·· **2. 大托叶猪屎豆 C. spectabilis**
      3. 托叶披针形，长4～8mm；叶片较小，长2～7cm，宽1～3cm，两面被毛；茎密被开展长硬毛，倾卧或匍匐状 ·· **5. 假地蓝 C. ferruginea**
   2. 托叶细小，刚毛状，长不逾2mm，不反折，或缺。
      4. 植株较高大，高15～300cm；叶片较大，长1～15cm，宽0.3～6cm，无白色乳头状突起；有刚毛状托叶或缺。
         5. 花冠黄色。
            6. 叶片长5～15cm；栽培或逸生植物。
               7. 叶片倒披针状椭圆形或长椭圆形，宽2～6cm，先端急尖，仅下面被短绢毛；荚果长4～6cm，光滑无毛；种子蓝青色或青灰色 ················ **3. 大猪屎豆 C. assamica**
               7. 叶片长圆状条形或条状披针形，宽1～2cm，先端渐尖，两面均被短绢毛；荚果长3～4cm，密被短绢毛；种子灰黄色 ·································· **4. 菽麻 C. juncea**
            6. 叶片长不逾4cm；野生植物。
               8. 叶片先端急尖或钝尖；无托叶；花1～5朵密集成近头状的短总状花序；荚果几全为宿萼所包 ·· **7. 华野百合 C. chinensis**
               8. 叶片先端圆钝；托叶极微细；花5～15朵组成较稀疏、长可达20cm的总状花序；荚果伸出宿萼之外 ··· **8. 响铃豆 C. albida**
         5. 花冠蓝色或蓝紫色 ·· **6. 农吉利 C. sessiliflora**
      4. 植株矮小，高6～12cm；叶片小，长不逾1cm，宽1～2mm，密被白色乳头状突起；无托叶 ·· **9. 天台猪屎豆 C. tiantaiensis**

1. 猪屎豆 （图5-232）

Crotalaria pallida Aiton

亚灌木状草本，高60～100cm。茎直立，与分枝具浅沟纹，被伏贴短柔毛。掌状三出复叶，叶柄长2～6cm；托叶细小，早落；顶生小叶最大，倒卵形或宽椭圆形，长3～7cm，宽1.6～4cm，先端圆钝或钝尖，有小尖头，或微凹，基部楔形，上面无毛，下面有伏贴短绢毛，侧脉明显，6～8对。总状花序长15～30cm，具20～50花；苞片早落，小苞片生于花萼筒中部；花梗长2～3mm；花萼长6～7mm，薄被绢毛，萼齿披针形，与萼筒等长或略长；花冠黄色，长1～1.5cm，旗瓣圆形或椭圆形，翼瓣略短小，龙骨瓣与旗瓣等长或稍长，均具瓣柄。荚果圆柱状，长3.7～4.5cm，直径7～8mm，幼时被毛，后渐脱落，开裂后2果瓣扭曲，具20～30种子。花果期8月至次年2月。

可能原产于非洲，归化于亚洲热带地区、大洋洲和美洲热带地区（马金双，2016）。华南、西南及山东、福建、湖北、湖南等地有栽培或归化。杭州市区、临安、武义、温岭、玉环、莲都、乐清等地有栽培或逸生。

种子有补肝肾和固精的功效；茎叶可作绿肥及饲料；花色艳丽，可供观赏。

图 5-232　猪屎豆

2. 大托叶猪屎豆 （图5-233）
Crotalaria spectabilis Roth

一年生或二年生草本，高1～1.5m。茎直立，与分枝均粗壮，有棱，无毛。单叶互生；叶片倒披针状长圆形或倒卵状长圆形，长5～15cm，宽2～7.5cm，先端圆钝或急尖，有小尖头，基部楔形，上面无毛，下面密被紧贴绢状柔毛，中、侧脉在上面下陷，下面隆起；托叶较大，宽卵形，长约1cm，反折，宿存。总状花序顶生，长20～40cm；苞片叶状，宽卵形，长6～8mm，常反曲，宿存；花萼5深裂，上方2枚较宽，下方3枚较狭长；花冠黄色，旗瓣扁圆形，长1.5～1.8cm，翼瓣倒卵状长圆形，长1～1.4cm，龙骨瓣镰状弯曲，先端具喙；雄蕊单体，花药二型。荚果圆柱形，长3.5～4cm，直径约1.5cm，无毛，先端具弯曲的喙，具20～30种子。种子黑色或蓝青色，肾形，长约5mm。花期8—12月，果期10—12月。

原产于华东（不含浙江）、华南及湖南、云南。东南亚、南亚也有，非洲有引种并归化。安吉、杭州市区、临安、诸暨、余姚、宁海、临海、瑞安、平阳、苍南等地有栽培或逸生于山坡荒地上及路边草丛中。

植株优美，花色金黄，果实可爱，可供观赏；全株有毒，可药用，有抗癌的作用；种子含半乳甘露聚糖胶，可应用于石油、矿山、纺织及食品等工业。

图 5-233　大托叶猪屎豆

3. 大猪屎豆　大猪屎青（图 5-234）
Crotalaria assamica Benth.

一年生亚灌木状草本，高 1.5~3m。茎及分枝圆柱形，粗壮，有锈色短绢毛。单叶互生；叶片倒披针状椭圆形或长椭圆形，长 5~15cm，宽 2~6cm，先端常急尖，有小尖头，基部楔形，上面无毛，下面密被紧贴短绢毛，中、侧脉在上面下陷，下面隆起；叶柄长 2~3mm；托叶细小，刚毛状，长不逾 2mm。总状花序长达 30cm，疏生 20~40 花；花萼被绢毛，5 深裂，上方 2 枚较短，下方 3 枚较狭长；花冠金黄色，长 1.8~2.2cm，旗瓣近方形，近瓣柄处有半月形附属体及 2 腺体,龙骨瓣喙部向上旋卷;雄蕊单体,花药二型;花柱条形,上部有毛。荚果倒卵状圆柱形,长4~6cm,直径1.2~1.5cm,无毛,具20~30种子。种子斜肾形,蓝青色或青灰色,有光泽。花果期11月至次年1月。

原产于华南、西南。东南亚及印度也有。杭州、温州及诸暨等地有栽培。

全株可药用,有祛风除湿、消肿止痛等功效,但有毒;植株高大,花色艳丽,可供观赏。

图5-234 大猪屎豆

4. 菽麻 印度麻 太阳麻 (图5-235)
Crotalaria juncea L.

一年生直立草本,高1~2m。茎多细长分枝,小枝密被短绢毛,具纵棱。单叶互生;叶片长圆状条形或条状披针形,长5~12cm,宽1~2cm,先端常渐尖,具小尖头,基部宽楔形,两面密被短绢毛;叶柄长2~3mm;托叶细小,刚毛状。总状花序顶生或腋生,长可达30cm,具10~20花;花萼5深裂几达基部,被毛;花冠黄色,后变淡红色,花瓣均具瓣柄,旗瓣大,长1.5~2.5cm,龙骨瓣上部扭转成喙状,与翼瓣近等长;雄蕊单体,花药二型;子房密被毛。荚果短圆柱形,长3~4cm,密被短绢毛,具10~15种子。种子近肾形,灰黄色。花期7—9月,果期8—10月。

原产于印度,现广泛栽培或逸生于亚洲、非洲、大洋洲、美洲的热带和亚热带地区。华南、西南及山东、江苏、福建、陕西等地有引种。杭州市区、莲都等地有栽培或逸生。

茎皮纤维可制麻织品、绳索、麻袋及作造纸原料;花繁色艳,可供观赏;作绿肥可改良土壤;药用有解毒和麻醉的功效;全株有毒,尤以种子为甚。

八九 蝶形花科 Fabaceae

图 5-235 菽麻

5. 假地蓝　野花生　风铃草　（图 5-236）
Crotalaria ferruginea Grah. ex Benth.

图 5-236 假地蓝

多年生草本，高 30～120cm。茎下部倾卧或匍匐状，密被开展长硬毛。单叶互生；叶形变化大，长椭圆形、卵状长圆形或倒卵状椭圆形，长 2～7cm，宽 1～3cm，先端钝圆或急尖，基部宽楔形，两面被毛，下面较密，侧脉不明显；叶柄极短；托叶披针形，长 4～8mm，反折，宿存。总状花序顶生或腋生，具 2～8 花；花萼 5 深裂几达基部；花冠黄色，旗瓣沿脊部有毛，反折，具短瓣柄，翼瓣与龙骨瓣近等长；雄蕊单体，花药二型；子房无毛，花柱中部有毛。荚果圆柱形，长 2～3cm，无毛，具 20～30 种子。种子肾形，长约 2mm。花期 7—9 月，果期 9—11 月。

产于丽水、

温州及临安、嵊州、温岭。生于海拔200～600m的山坡路旁灌丛中及田边草丛中。分布于华东、华中、华南、西南。东南亚和南亚也有。

全草可入药,有益气补肾、消肿解毒的功效;根状茎可用于灭蛆;花艳果奇,可供观赏。

6. 农吉利　野百合　（图5-237）
Crotalaria sessiliflora L.

一年生草本,高20～100cm。茎被淡黄褐色丝质长糙毛。单叶互生;叶片条形或条状披针形,有时长圆形,长2～7.5cm,宽0.5～1cm,先端急尖,基部略狭窄成短柄至几无柄,上面疏被毛或近无毛,下面密被绢毛,中脉尤密;托叶极细小,刚毛状。总状花序顶生兼有腋生,长2～7cm,密生2～20花;花梗极短,果时下垂;花萼5齿裂,密被黄色粗毛;花冠蓝色或蓝紫色,与花萼近等长,旗瓣倒卵形,先端微凹,翼瓣长椭圆形,龙骨瓣有长喙;雄蕊单体,花药二型;子房无毛。荚果长1～1.3cm,直径4～5mm,无毛,被宿萼所包,具10～15种子。花期8—9月,果期10—12月。

产于全省山区、丘陵及沿海地区。生于海拔30～600m的向阳山坡上、林缘、草丛中及裸岩旁。分布于华北、华

图5-237　农吉利

东、华中、华南、西南及辽宁。东南亚、南亚、太平洋诸岛及日本、朝鲜半岛也有。

全草及种子可入药,有清热解毒、散积消胀、消肿止痛及抗癌等功效;花色艳丽,可供观赏。

7. 华野百合　中国猪屎豆　(图5-238)
Crotalaria chinensis L.

多年生草本,高15~60cm。植株除花瓣和荚果外均密被柔毛;基部多分枝。单叶互生;叶形变异大,通常为条状披针形、条形、条状长圆形、椭圆形或长椭圆形,长2~4cm,宽0.5~1cm,先端急尖或钝尖,基部楔形,两面被紧贴长柔毛,下面较密;近无柄;无托叶。花1~5朵密集成近头状的顶生短总状花序,间有1或2朵腋生或生于分枝顶端;苞片和小苞片条形,宿存;花萼5深裂几达基部,密被长柔毛;花冠淡黄色,与花萼近等长,旗瓣倒卵形,先端微凹,翼瓣长椭圆形,龙骨瓣背部膝曲状,先端具渐尖的喙。荚果短圆柱状或近球形,长0.8~1.2cm,几全为宿萼所包,无毛,具15~20种子。种子呈偏斜的马蹄形。花期7—8月,果期9—11月。

产于临海、仙居、龙泉、平阳。生于低海拔的旷野上或溪边草丛中。分布于华东、华南及湖南、云南。东南亚、南亚也有。

图5-238　华野百合

8. 响铃豆　(图5-239)
Crotalaria albida Heyne ex Benth.

多年生草本,高20~100cm。茎被短绢毛,分枝细弱。单叶互生;叶片倒披针形或条形,长1~3cm,宽0.3~1cm,先端圆钝,有小尖头,基部楔形,上面疏生毛,下面密被柔毛,近无叶柄;托叶极微细,刚毛状。总状花序顶生或腋生,长可达20cm,疏生5~15花;苞片与小苞片细小;花梗纤细,长3~4mm;花萼长5~7mm,5深裂,上方2枚较宽,下方3枚条形,略被短绢毛;花冠淡黄色,略伸出花萼外,旗瓣倒卵状圆形,有缘毛,翼瓣倒卵形,稍短于旗瓣,龙骨瓣舟形,均具短瓣柄;雄蕊单体,花药二型;子房无毛。荚果圆柱形,长0.7~1cm,伸出宿萼外,无毛,具6~12种子。花期9—11月,果期11—12月。

产于衢州、台州、丽水、温州及普陀。生于低海拔的山坡路旁、沟边及溪畔草丛中。分布于长江以南各地及台湾、海南。东南亚、南亚及太平洋诸岛也有。

图5-239 响铃豆

9. 天台猪屎豆 （图5-240）
Crotalaria tiantaiensis Yan C. Jiang et al.

多年生草本，高6～12cm。茎被伏贴的锈色短柔毛。单叶互生；叶片小，狭长椭圆形，长4～10mm，宽1～2mm，密被白色乳头状突起和伏贴的红褐色柔毛；无托叶；叶柄长约1mm。总状花序顶生，长1.5～3.5cm，具3～7花；花梗长1.5～2mm；花萼钟状，5深裂，萼齿近等长，被绢状伏贴毛和缘毛；花冠黄色，旗瓣卵形，长约5mm，背面沿脊有毛，腹面基部具2垫状胼胝体，具短瓣柄，先端圆形，翼瓣长圆形，长4mm，具缘毛，龙骨瓣长椭圆形，仅瓣柄弯曲，基部有伏贴毛；雄蕊10，单体，不等长；子房无柄，光滑，花柱有毛。荚果小，椭球形，长6～8mm，直径4～4.5mm，无毛。花果期8—10月。

产于天台。生于山坡路边草丛中。作者未见活体植物及标本。浙江特有。模式标本采自天台山。

该种以植株矮小，高仅6～12cm；叶小，密被白色乳头状突起及红褐色毛；无托叶；花仅3～7朵；旗瓣背面沿脊被毛，龙骨瓣基部有毛；荚果小，椭球形等为主要识别特征。

八九　蝶形花科 Fabaceae

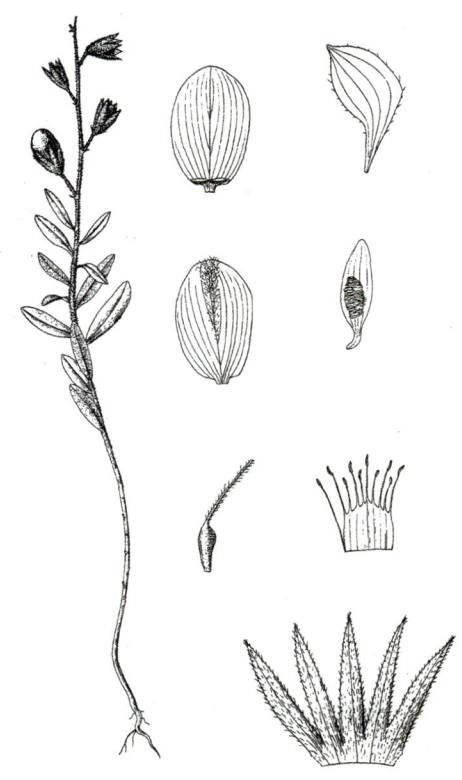

图 5-240　天台猪屎豆

图片来源：JIANG Y C，ZHU X Y，DU Y F，et al. A new species of Crotalaria L. (Leguminosae) from Zhejiang Province，China [J]. The Journal of Japanese Botany，2004，79(6)：374.

57 山豆根属　Euchresta Benn.

灌木或亚灌木。奇数羽状复叶有3～7小叶；无小托叶。总状花序顶生或腋生；花萼钟状，极偏斜，萼齿5，极短；花冠白色，伸出萼外，旗瓣狭窄，龙骨瓣几不连合；雄蕊二体(9+1)，花丝稍合生或近分离，花药"丁"字形着生；子房具长柄，有1或2胚珠，花柱纤细，柱头头状。荚果肉质，肿胀，椭球形，核果状，不开裂，具1种子。

4种，分布于东亚、东南亚、南亚。我国有4种；浙江有1种。

山豆根　胡豆莲　三叶山豆根　（图5-241）
Euchresta japonica Hook. f. ex Regel

常绿小灌木，高30～90cm。茎基部匍匐，生不定根，分枝少；幼枝、叶柄、小叶下面、花序及花梗均被淡褐色短毛。羽状三出复叶；小叶软革质，有光泽，倒卵状椭圆形或椭圆形，先端圆钝，基部宽楔形或近圆形；顶生小叶较大，长6～9cm，宽4～5cm；叶柄长3～6cm；顶生小叶柄较长。总状花序与叶对生，长7～14cm；萼筒斜钟状，萼齿5，最下1枚最长，长约1mm，其余4枚极短；花冠白色，旗瓣长1～1.3cm，先端微凹，具瓣柄；雄蕊与花瓣等长；子房具柄，花柱细长。荚果肉质，椭球形，长1.3～1.8cm，直径0.7～1cm，成熟时呈黑色，具1种子。花期5—7月，果期9—11月。

产于开化、常山、江山、武义、莲都、遂昌、松阳、庆元、文成、泰顺。生于海拔700～1200m的阴湿山沟边、山坡常绿阔叶林下。分布于江西、湖南、广东、广西、四川、贵州。日本、朝鲜半岛也有。

为国家Ⅱ级重点保护野生植物，在本省分布零星，资源极少，需注意保护。

图5-241　山豆根

八九 蝶形花科 Fabaceae

58 野决明属 Thermopsis R. Br.

多年生草本,具木质根状茎。掌状三出复叶;托叶叶状,离生。总状花序顶生或与叶对生;苞片大,叶状;花萼钟状,萼齿5,近相等或上方2枚多少合生而呈二唇形;花冠黄色,稀紫色,花瓣5,全部有瓣柄;雄蕊10,分离,花药一型;子房条形。荚果扁平或稍膨胀,条形或长椭圆形,挺直或稍弯曲,几无柄,具多数种子。

约25种,分布于东亚、中亚、北美洲。我国有12种,产于东北、华东、西南;浙江有1种。

小叶野决明 霍州油菜 (图5-242)
Thermopsis chinensis Benth. ex S. Moore

多年生草本,高50~90cm。茎直立,多分枝,具棱,疏生脱落性长柔毛。掌状三出复叶;小叶长圆状倒卵形、长圆状倒披针形或近菱形,长1.5~4.5cm,宽0.5~2cm,先端圆钝,具小尖头,基部楔形;托叶条形至披针形,与叶柄近等长。总

图5-242 小叶野决明

状花序顶生，长10～30cm，花多而密，互生；花萼钟状，长8～13mm，疏被柔毛；花冠黄色，长2.3～2.8cm，旗瓣先端微凹，具短瓣柄，翼瓣与龙骨瓣具长瓣柄。荚果条状披针形，扁平，长4～8cm，宽6～9mm，直立，茶褐色，先端具喙，密被伏贴长硬毛。种子近肾形，略扁，红褐色，密生树脂状腺点。花期3—4月，果期6—7月。

产于平湖、杭州市区、宁波市区（北仑）、定海、普陀、岱山等地。生于低海拔的平原田边、路旁或旷地草丛中，也常见于海滨岩隙中。分布于河北、江苏、安徽、福建、湖北、陕西。日本也有。模式标本（合模）采自宁波。

根及种子可药用，有清热明目的功效；花期早，黄色，可供观赏；耐盐碱，可供盐碱地美化。

59 靛蓝豆属 Baptisia Vent.

多年生草本。具木质根状茎。掌状三出复叶，稀单叶或无叶，具柄或近无柄；小叶近无柄；托叶微小至大型叶状，离生，脱落或宿存。总状花序顶生或腋生；苞片叶状，脱落或宿存；花萼钟状，通常4或5裂，裂片短于萼筒；花冠紫色、蓝色或白色，稀黄色，蝶形，旗瓣常反折；雄蕊10，分离；子房具柄，花柱弯曲。荚果通常膨胀，具长或短的柄和喙。种子多数。

约40种，产于美国东部，有的种类在美国曾被作为靛蓝替代品大量种植。我国近年引入约3种；浙江常见栽培1种。

南方靛蓝豆（新拟） 蓝花贗靛 赛靛花 （图5-243）
Baptisia australis (L.) R. Br.— *Sophora australis* L.

多年生草本，高1～1.5m。根状茎粗壮，木质。全体无毛，灰绿色。茎直立，丛生，多分枝。掌状三出复叶互生；小叶倒卵形至倒卵状披针形，长4～8cm，宽1.5～3cm，先端圆、圆钝或钝尖，基部狭楔形，下延，上面中脉下陷；叶柄长0.5～1.2cm；小叶柄近无；托叶叶状，披针形，长0.7～3cm，先端渐尖，全缘，宿存。总状花序顶生，着花稀疏；苞片卵状披针形，长1～1.2cm，早落；花梗长0.7～1.2cm；花萼钟状，5裂；花冠暗紫色至深蓝色，旗瓣稍短，反折，龙骨瓣乳黄色。荚果长椭球形或短圆柱形，膨胀，长3～6cm，宽1.5～2.5cm，具明显的柄和细长的喙。种子肾形，长约5mm，红褐色。花期4—5月，果期6—7月。

原产于美国。江苏、河南、四川等地有引种。海宁、临安、诸暨、镇海等地有栽培。

为优美的观赏花卉，适宜庭园栽培或作花境材料，适应性强，具推广应用前景。

园林中称其为"澳洲蓝豆"，实为种加词的误译，本属植物均产于美国，大洋洲不产。

图 5-243 南方靛蓝豆

60 羽扇豆属 Lupinus L.

一年生或多年生草本，偶为亚灌木。掌状复叶互生，稀单叶；具长柄；小叶全缘，长圆形至条形，近无柄；托叶基部与叶柄合生。总状花序大多顶生，多花；花各色，美丽；萼齿4或5，不等长，花萼筒短，上侧常呈囊状隆起；旗瓣圆形或卵形，翼瓣先端常连生，包围龙骨瓣，龙骨瓣弯头，具尖喙；雄蕊单体，花药二型，长短交互；子房被毛，花柱上弯，柱头下侧常具1圈须毛。荚果条形，2瓣裂，通常密被毛，有2～6扁平种子。

约200种，主产于北美洲，南美洲、地中海地区和非洲也有。我国栽培约12种；浙江栽培4种。

本属植物含生物碱，多数种类的种子有毒；形态特异、花朵美丽，为重要的观赏花卉。

分种检索表

1. 总叶柄远长于小叶；花色各种，有时具白色条纹或呈双色，但非纯白色（仅指浙江栽培种类）。
    2. 小叶不超过8枚；总状花序长5～12cm，花少而稀疏；一年生 ················· **2. 羽扇豆 L. micranthus**
    2. 小叶通常超过8枚；总状花序长15～40cm；花多而稠密；一年生或多年生。
        3. 小叶通常9～15枚，仅下面有毛；花色丰富，但无黄色；多年生 ···· **1. 多叶羽扇豆 L. polyphyllus**
        3. 小叶6～11枚，两面被毛；花黄色；一年生 ························· **3. 黄羽扇豆 L. luteus**
1. 总叶柄与小叶近等长或略长；花冠白色、淡紫色至紫色 ····················· **4. 毛羽扇豆 L. pubescens**

1. 多叶羽扇豆（图5-244）
Lupinus polyphyllus Lindl.

多年生草本，高50～100cm。茎直立，丛生，无毛或仅上部被疏柔毛。掌状复叶具9～15（18）小叶，总叶柄远长于小叶；小叶椭圆状倒披针形，长5～10cm，宽1～2.5cm，先端锐尖，基部狭楔形，全缘，上面无毛，下面有伏贴疏毛；托叶窄披针形，先端渐尖，基部与叶柄连生。总状花序圆柱形，长15～40cm，花多而密集；花萼二唇形，外面密被伏贴绢毛，上唇较短；花冠蓝色或堇青色等，但无黄色，无毛，旗瓣反折。荚果长圆形，密被绢毛，长3～6cm，具4～8种子。种子卵球形，灰褐色，具深褐色斑纹。花期4—6月，果期8—10月。

原产于美国西部。世界及我国各大城市多有栽培。嘉兴、杭州、宁波、温州等地园林中有栽培。

本种常与其他种类杂交，形成多个园艺品种，花色丰富。

图5-244　多叶羽扇豆

2. 羽扇豆 鲁冰花（图5-245）
Lupinus micranthus Guss.

一年生草本，高20～70cm。全株被棕色或锈色硬毛。掌状复叶具5～8小叶，总叶柄远长于小叶；小叶倒卵形、倒披针形至匙形，长1.5～7cm，宽0.5～1.5cm，先端钝圆或微尖，具小尖头，基部渐狭，两面均被硬毛；托叶钻形，长达1cm，下半部与叶柄连生。总状花序顶生，长5～12cm，花少而稀疏；花萼二唇形，被硬毛，果期宿存；花冠常蓝色，长10～14mm，旗瓣和龙骨瓣具白色斑纹。荚果长圆状条形，长2.5～5cm，宽0.8～1.2cm，密被棕色硬毛，先端具下指的短喙，种子间稍缢缩，具3或4种子。种子卵形，扁平，黄色，光滑，具棕色或红色斑纹。花期4—5月，果期6—7月。

原产于地中海地区。世界及我国各地常有栽培。杭州等地园林中常有栽培，供观赏。

图5-245 羽扇豆

3. 黄羽扇豆（图5-246）
Lupinus luteus L.

一年生草本，高40～100cm。基部分枝，全株被白色或锈色硬毛。掌状复叶具6～11小叶，总叶柄远长于小叶；小叶形状多变，倒披针形至狭倒卵形，长4～8cm，宽约1cm，先端钝至锐尖，基部渐狭，两面被伏贴绢毛，中脉尤密，中脉清晰，侧脉不明显；托叶钻形，长1～2cm，基部与叶柄连生。总状花序顶生，花序轴长于复叶；花冠长1.3～1.7cm，轮生；花萼二唇形，上唇较短，宿存；花冠黄色，芳香，花瓣近等长。荚果条状长圆形，长

图5-246 黄羽扇豆

3.5~6cm，宽1~1.4cm，密被锈色绢状长柔毛，种子间稍缢缩，具3或4种子。种子扁圆形，直径约7mm，光滑，淡红色，具棕色和白色混杂斑点。花期4—5月，果期6—7月。

原产于地中海地区。我国各地常有引种。海宁等地近年有引种栽培，供观赏。

4. 毛羽扇豆 （图5-247）
Lupinus pubescens Benth.

一年生草本，高达1m。茎直立，上部多分枝，密被白色卷曲或伸展的柔毛。掌状复叶具7~9小叶；总叶柄与小叶近等长或略长；小叶倒披针形至狭长圆形，长3~5cm，宽0.5~1.2cm，先端钝圆，基部楔形，全缘，两面密被柔毛；托叶狭披针形，长约6mm。总状花序顶生，长达35cm，长于叶，花多数，近轮生；花萼二唇形，密被绒毛；花冠白色、淡紫色至紫色，长1~1.5cm，旗瓣中央有浅红色晕斑。荚果厚条形，长2.5~4cm，宽1~1.3cm，密被开展长柔毛，先端具短喙，具4~6种子。种子椭圆状球形，长约6mm，平滑，浅棕色，有深褐色斑纹，每侧有1黑线。花期4—5月，果期6—8月。

原产于南美洲。世界及我国各大城市常有引种。海宁、杭州市区等地有栽培，常用于花境。

图5-247　毛羽扇豆

61 金雀儿属 Cytisus L.

灌木或小乔木。掌状三出复叶,有时单叶或无叶。总状花序顶生时则甚长,腋生时则近于簇生;花萼二唇形,萼齿短小,上方2枚连合或分离,下方3枚细尖;花冠黄色,偶为紫色或白色;雄蕊10,单体,花药二型,长短交互,背着和基着;子房通常被毛,胚珠多数,花柱无毛,细长。荚果扁平,长圆形至条形,2瓣裂。

约50种,原产于欧洲、亚洲西部和非洲北部。我国栽培3种;浙江栽培1种。

小金雀花 (图5-248)
Cytisus × spachianus Kuntze

图5-248 小金雀花

灌木，高30～100cm。茎多分枝，有纵棱，被短绒毛。掌状三出复叶；小叶椭圆形或倒卵状椭圆形，长1～2cm，宽4～8mm，先端钝或尖，有时微凹，基部窄楔形，两面均被伏贴短柔毛。总状花序顶生；每花具1苞片和2小苞片，均被毛；花梗长1～2mm，被伏贴柔毛；花萼斜钟形，长约5mm，被伏贴白色短柔毛；花冠黄色，旗瓣近圆形，长约11mm，背面被疏短毛，先端微凹，基部具短瓣柄，翼瓣稍短于旗瓣，与龙骨瓣近等长；子房被毛，花柱上弯，不伸出花冠外。荚果条状披针形，长2～2.5cm，宽约5mm，密被柔毛。种子黑色。花期3—6月，果期6—8月。

为引进栽培植物。我国南方各地常见栽培供观赏。全省各地常见栽培。

园林中对该植物的叫法相当混乱，通常称其为染料木 Genista tinctoria L.，但染料木为单叶而明显不对；也有人定为金雀儿 Cytisus scoparius (L.) Link，然金雀儿枝条上部为单叶，下部为掌状三出复叶，花在茎梢腋生，花下有叶片，花柱伸出花冠外，与实物特征也不符；还有人定为变黑金雀儿 C. nigricans L.，但该种植株干后变黑色，作者曾专门采集标本观察，压干后未见变黑。经检视大量照片和实物，发现本省园林中叫上述名称的植物全部为掌状三出复叶，总状花序顶生，花下无叶片，花柱不伸出花冠外，所有特征均与小金雀花吻合。

62 鹰爪豆属 Spartium L.

灌木。茎绿色，多分枝。单叶，叶片稀少；无托叶。总状花序顶生，花较大；花萼自上方开裂，萼齿短小；花冠金黄色，仅花瓣先端边缘有绒毛，旗瓣大，翼瓣最短，钝头，龙骨瓣先端变狭成尖锐的喙；雄蕊10，合生，花药二型，长短交互，背着与基着；子房无柄，有毛，胚珠多数，花柱细而上弯。荚果条形，扁平，2瓣裂。种子椭圆形，压扁状，光滑，基部有硬疣体。

仅1种，原产于欧洲。我国引种1种；浙江有引种。

鹰爪豆（图5-249）
Spartium junceum L.

灌木，高1～3m。枝条密集丛生，细长，圆柱形，具细棱，无毛，绿色。单叶；叶片极稀少，狭椭圆形至条状披针形，长1～4cm，宽0.5～1.7cm，先端钝圆，基部渐狭，全缘，仅下面疏被伏贴柔毛，中脉明显隆起，侧脉不明显；叶柄短，基部平展成鞘状。花在茎上部排成疏松的总状花序，具5～25花，具芳香；苞片卵状披针形，早落；小苞片条形，脱落；花萼鞘状佛焰苞形，膜质，长6～7.5mm；花冠金黄色，长2～3cm。荚果条形，长6～9cm，宽6～8mm，先端急尖，嫩时有毛，具12～20种子。种子长约4mm，红棕色，具光泽。花果期4—10月。

原产于欧洲西部、大洋洲及地中海地区。我国北方及长江中下游地区常有栽培。海宁、杭州市区、临安、宁波市区等地有栽培。

密集丛生，枝条绿色，花色金黄，具芳香，可供观赏；耐旱、耐寒、耐瘠、喜光，为优良的边坡、裸地绿化树种。

八九　蝶形花科 Fabaceae

图 5-249　鹰爪豆

九〇　胡颓子科 Elaeagnaceae

灌木或藤本，稀乔木。有刺或无刺；叶片和幼枝常密被银白色或棕色鳞片或星状绒毛。单叶互生，稀对生或轮生；叶片全缘，羽状脉，具柄；无托叶。花两性或单性，稀杂性，1至数朵腋生，组成伞形总状花序，白色或黄褐色，具香气；花萼管状，4（稀2）裂，在子房上方常明显收缩；无花瓣；雄蕊与萼裂片同数或为其倍数而互生，花丝分离，短或几无，花药纵裂；子房上位，1室，胚珠1，花柱1，柱头不裂，棒状或偏向一侧膨大。瘦果或坚果，为增厚的萼筒所包围，发育成核果状，成熟时呈红色或黄色。

3属，约90种，分布于亚洲、欧洲、美洲温带及热带地区。我国有2属，74种，全国广泛分布；浙江有1属，10种。

胡颓子属　Elaeagnus L.

落叶或常绿，藤本、披散或直立灌木，或为小乔木。常具棘刺，通常全体被银白色或棕色鳞片或星状绒毛。单叶互生；全缘，具短柄。花两性，稀杂性，单生或2~8朵簇生于叶腋或叶腋短小枝上，常具梗；花萼4裂；雄蕊4，着生于萼筒喉部；花柱顶端常弯曲。核果状坚果，红色或黄色；果核椭球形，具8肋，内面常具白色丝状毛。

约80种，分布于亚洲、南欧和北美洲。我国约有55种，全国各地均产；浙江有10种。

本属植物果实富含维生素C，成熟时可食或制果酱、饮料；果实红艳，耐修剪，可供园林观赏或制作观果盆景。

分种检索表

1. 常绿；花秋季或冬季开放，稀早春开花，单生或2~8朵簇生于叶腋短小枝上成伞形总状花序，稀单生于发育枝的叶腋；果实春、夏季成熟。
    2. 叶片宽卵形至近圆形；叶柄长15~25mm；花柱被星状柔毛；典型的滨海植物 ··· **1. 大叶胡颓子　E. macrophylla**
    2. 叶片长通常明显大于宽，偶长稍大于宽；叶柄长5~15mm；花柱无毛或疏被星状柔毛；仅生于大陆山地或山地、滨海均有的植物。
        3. 叶背密被锈色、淡黄色或褐色鳞片，鳞片大小相近，颜色反差较小，外观近单色。
            4. 叶柄长5~8mm；花淡白色，萼筒较细，在子房上端收缩不明显；果梗长3~6mm；花期9—11月 ··· **2. 蔓胡颓子　E. glabra**
            4. 叶柄长8~12mm；花锈色或深褐色，萼筒较粗，在子房上端突然收缩；果梗长2~3mm；花期11月至次年3月 ··· **3. 巴东胡颓子　E. difficilis**

3. 叶背密被银白色或银灰色鳞片，并间杂有较大的褐色鳞片，颜色反差较大，外观呈双色。
　　5. 叶片披针形或椭圆状披针形至长椭圆形，长为宽的3倍以上 …… **4. 披针叶胡颓子 E. lanceolata**
　　5. 叶片椭圆形、宽椭圆形或倒卵状椭圆形，长不及宽的3倍。
　　　　6. 直立或披散状灌木；侧脉7～9对，干后在上面明显，叶缘常波状起伏；叶柄长5～8mm；果长12～14mm ………………………………………………………………………… **5. 胡颓子 E. pungens**
　　　　6. 披散或蔓性灌木；侧脉5～7对，干后在上面不明显，叶缘平整；叶柄长8～15mm；果长约18mm …………………………………………………………………………… **6. 宜昌胡颓子 E. henryi**
1. 落叶或半常绿；花春、夏季开放，稀冬季或早春开花，单生或2朵、3朵簇生于新枝叶腋，稀5～7朵簇生于叶腋短小枝上成伞状花序；果实夏、秋季成熟，稀春末成熟。
　　7. 植株通常有刺；花单生或2～7朵簇生；果梗长3～10mm。
　　　　8. 半常绿小乔木或灌木；春、秋两季发叶，秋叶远较小，叶片大小极度不一；果实长椭球形，长13～15mm；花期11月至次年3月，果期4—5月 ………………………… **7. 佘山胡颓子 E. argyi**
　　　　8. 落叶灌木；仅春季发叶，叶片大小相对一致；果实球形，直径5～7mm；花期4—5月，果期8—9月 …………………………………………………………………………… **9. 牛奶子 E. umbellata**
　　7. 植株通常无刺；花单生；果梗长15～40mm。
　　　　9. 叶片倒披针形或倒卵形；幼枝、叶片、叶柄及花萼有星状绒毛；果实长约1cm，果梗直伸；花期2—3月，果期4—5月 …………………………………………………… **8. 毛木半夏 E. courtoisii**
　　　　9. 叶片椭圆形或卵形；幼枝、叶片、叶柄及花萼无毛；果实长1.2～1.4cm，果梗下垂；花期4—5月，果期6—7月 ………………………………………………………… **10. 木半夏 E. multiflora**

1. 大叶胡颓子 （图5-250）
Elaeagnus macrophylla Thunb.

常绿直立或蔓性灌木，高2～3m。无刺；幼枝扁棱形，灰褐色，密被淡黄白色鳞片；叶背面、叶柄、花梗、果实均被银白色鳞片，呈单色，有时也间杂有较大的锈褐色鳞片而呈双色。叶片厚纸质或

图5-250 大叶胡颓子

薄革质，宽卵形至近圆形，长4~9cm，宽4~6cm，先端圆或钝尖，基部圆或微心形，全缘，上面绿色，干后变黑色，侧脉6~8对，与中脉开展呈60°~80°的角；叶柄长15~25mm。花白色，单生或2~8朵簇生于叶腋的短小枝上，有明显香气；花萼筒钟形，长4~5mm，在子房上端骤缩，裂片与萼筒近等长；花柱被白色星状柔毛，顶端略弯曲，长于雄蕊。果实长椭球形，成熟时呈橘红色，长4~18mm，直径5~6mm；果梗长6~7mm。花期10—12月，果期次年3—4月。

产于宁波、舟山、台州、温州的沿海岛屿。生于滨海山坡灌丛中、疏林下、路边、林缘及岩质海岸石缝中。分布于山东、江苏、台湾。日本、韩国也有。

枝叶繁茂，抗风耐旱，可供沿海山地绿化观赏；果可食。

2. 蔓胡颓子　藤胡颓子　藤木楂　（图5-251）
Elaeagnus glabra Thunb.

常绿藤本，稀呈蔓性，长可达6m。有时具刺；幼枝密被锈色鳞片；叶背面、幼叶上面、花梗及果实均密被大小相近的锈褐色鳞片。叶片革质或薄革质，卵状椭圆形至椭圆形，长4~10cm，宽2.5~5cm，先端渐尖，基部近圆形或楔形，全缘，微反卷，上面深绿色，具光泽，下面外观通常呈灰褐色，有光泽，侧脉6~8对，与中脉开展成50°~60°的角，上面明显而微凹，下面突起；叶

图5-251　蔓胡颓子

九〇　胡颓子科 Elaeagnaceae

柄长5~8mm。花淡白色，密被银白色并散生少数锈色鳞片，常3~7朵密生于叶腋；花梗锈色，长2~4mm；花萼筒狭圆筒状漏斗形，长4.5~5.5mm，在子房上端不明显收缩，裂片短于萼筒；花柱无毛，顶端弯曲。果实长椭球形，长14~19mm，成熟时呈红色；果梗长3~6mm。花期9—11月，果期次年4—5月。

产于全省山区、丘陵。常生于海拔1300m以下的山坡向阳林下或沟谷灌丛中。分布于华东、华中、华南及四川、贵州等地。日本及朝鲜半岛也有。

3. 巴东胡颓子 （图5-252）
Elaeagnus difficilis Servett.—*E. cuprea* Rehder

常绿直立或蔓性灌木，高2~3m。无刺或偶有短刺；幼枝、幼叶上面、花及果密被大小相近的锈色鳞片。叶片革质，椭圆形或椭圆状披针形，长8~13cm，宽3~5.5cm，先端渐尖，基部圆形或宽楔形，全缘或微波状，上面绿色，干后变褐绿色或褐色，下面密被锈色和淡黄色鳞片，外观常呈古铜色，侧脉6~9对，两面均明显；叶柄长8~12mm。花锈色或深褐色，数朵生于叶腋短小枝上；花梗长2~3mm；花萼筒钟形或管状钟形，长约5mm，在子房上端骤缩；花柱弯曲，无毛。果实长椭球形，长14~17mm，成熟时呈橘红色；果梗长2~3mm。花期11月至次年3月，果期4—5月。

产于宁波、丽水、温州及普陀、开化、江山、台州市区、天台等地。生于海拔1400m以下的向阳山坡上、沟谷疏林下或灌丛中。分布于江西、湖北、湖南、广东、广西、四川、贵州等地。

图5-252　巴东胡颓子

4. 披针叶胡颓子 (图5-253)

Elaeagnus lanceolata Warb. ex Diels

常绿直立或蔓性灌木,高达4m。无刺或老枝上具粗短的刺;幼枝、果密被银白色和淡黄褐色鳞片。叶革质,披针形或椭圆状披针形至长椭圆形,长5～14cm,宽1.5～3.6cm,长为宽的3倍以上,先端渐尖,基部圆形,稀宽楔形,全缘,边缘反卷,下面密被银白色鳞片和鳞毛,并散生较大的褐色鳞片,外观呈双色,侧脉8～12对,与中脉开展成45°的角;叶柄长5～7mm。花淡黄白色,常3～5朵簇生于叶腋短小枝上;花萼筒圆筒形,长5～6mm,在子房上端骤缩,花萼裂片较萼筒短;花柱直立,常疏生星状柔毛。果实椭球形,长12～15mm,直径5～6mm,成熟时呈橘红色;果梗长3～6mm。花期10—11月,果期次年4—5月。

产于丽水及仙居、临海、永嘉等地。生于海拔400～1600m的山坡、溪沟边灌丛中或林缘。分布于西南及安徽、湖北、广西、陕西、甘肃等地。

果可食用及药用;为优良的观果和绿篱植物。

图5-253 披针叶胡颓子

5. 胡颓子　斑楂（图5-254）
Elaeagnus pungens Thunb.

常绿直立或披散状灌木，高3～4m。常具棘刺，刺长2～4cm，稀较短；幼枝密被脱落性锈褐色鳞片，老枝黑色，具光泽；叶柄、花及果实被锈色鳞片。叶片革质，椭圆形至长圆状椭圆形，长5～10cm，宽1.8～5cm，先端锐尖至渐尖，基部钝或近圆形，全缘，常微反卷或多少皱波状，上面具光泽，下面密被银白色或淡黄色鳞片，并散生较大的褐色鳞片，外观呈双色，侧脉7～9对，与中脉开展成50°～60°的角，干后与网状脉均在上面明显，下面不明显；叶柄长5～8mm。花银白色或黄白色，1～3朵生于叶腋锈色的短小枝上；花梗长3～5mm；花萼筒圆筒形或漏斗状圆筒形，长5～7mm，在子房上端骤缩；花柱无毛，顶端微弯曲，长于雄蕊。果实椭球形，长12～14mm，成熟时呈红色；果梗长4～6mm。花期9—12月，果期次年4—6月。

图5-254　胡颓子

图5-255　金边胡颓子

图5-256　金心胡颓子

产于全省各地。常生于海拔1200m以下的山坡灌丛中或向阳的溪谷两旁及村旁路边，多见于沿海和丘陵。分布于华东、华中及广东、广西、贵州等地。日本也有。

本省园林中常见栽培的共有2个品种：金边胡颓子'Aurea'（图5-255），叶片具宽窄不一的乳黄色边缘；金心胡颓子'Maculata'（图5-256），也叫斑叶胡颓子，叶片中间呈宽窄不一的金黄色。

本省园林中栽培较多的品种还有金边艾比胡颓子（图5-257），为速生胡颓子 E. × submacrophylla Servett.（浙江无栽培）的品种'Gilt Edge'，其与金边胡颓子较相像，区别在于本品种叶片长圆形，先端钝、钝尖或短渐尖，叶缘金黄色；而金边胡颓子的叶片椭圆形至长椭圆形，先端锐尖至长渐尖，叶缘乳黄色。

图 5-257　金边艾比胡颓子

6. 宜昌胡颓子 （图5-258）

Elaeagnus henryi Warb. ex Diels

常绿披散或蔓性灌木，高3～5m。叶腋具粗短硬刺，刺长8～20mm；幼枝、幼叶上面及花密被淡褐色鳞片。叶片革质或厚革质，宽椭圆形或倒卵状椭圆形，长6～15cm，宽3～6cm，先端渐尖或急尖，基部钝或宽楔形，稀圆形，上面深

图 5-258　宜昌胡颓子

绿色，干后黄绿色或黄褐色，下面密被银灰色鳞片，并散生较大的褐色鳞片，外观呈双色，侧脉5～7对，在上面干后不明显，下面突起；叶柄长8～15mm。花银白色，1～5朵生于叶腋的短小枝上；花梗长2～5mm；花萼筒圆筒状漏斗形或漏斗形，长6～8mm，在子房上端略收缩；花柱无毛，直立或稍弯曲，略长于雄蕊。果实长椭球形，长约18mm，红色；果梗长5～8mm。花期10—11月，果期次年4月。

产于宁波、丽水、温州及安吉、临安、淳安、普陀、开化、江山、温岭等地。生于海拔150～1700m的山坡林缘、溪边或灌丛中。分布于华东、华中、华南、西南及陕西等地。

7. 佘山胡颓子　佘山羊奶子　（图5-259）
Elaeagnus argyi H. Lév.—*E. chekiangensis* Matsuda

半常绿小乔木，稀为大灌木，高达5m。通常具棘刺；幼枝密被淡黄白色鳞片，稀有红棕色鳞片。春、秋两季发叶，秋季叶片小，椭圆形，长1～4cm，宽0.8～2cm；春季叶片较大，薄纸质或近膜质，倒卵形或宽椭圆形，长6～10cm，宽3～5cm，先端与基部均钝形，全缘，稀皱波状，上面幼时具银灰色鳞毛，淡绿色，下面幼时具白色星状柔毛或鳞毛，侧脉8～10对，与中脉在上面凹下；叶柄长5～7mm，无毛。花淡黄色，被淡黄色鳞片，5～7朵簇生于秋梢叶腋；花萼筒漏斗状圆筒形，长5.6～6mm，在子房上端收缩；花柱直立，无毛。果实长椭球形，长13～15mm，幼时被银色鳞片，成熟时呈橘红色；果梗细，长8～10mm。花期11月至次年3月，果期4—5月。

产于湖州、杭州、舟山及诸暨、金华城区、磐安、台州市区、天台等地。常生于海拔300m以下的山坡、沟谷路边及灌丛中。分布于华东、华中。

图5-259　佘山胡颓子

经野外观察，发现该种春、秋叶大小与志书上所记载的恰好相反，事实是发于春季的叶片大，发于秋季的叶片小，而这才是符合植物生长自然规律的。

8. 毛木半夏 （图5-260）
Elaeagnus courtoisii Belval

落叶灌木，高1~3m。无刺；幼枝扁三角形，连同幼叶上面、叶柄、花密被黄色星状绒毛。叶片纸质，倒披针形或倒卵形，长4~9cm，宽1~4cm，先端急尖或钝，基部楔形而多少偏斜，全缘，上面淡黄色，成熟后中脉上有柔毛，余无毛，干后变褐色，下面被灰黄色星状柔毛和白色鳞片，侧脉6~8对，上面微凹，下面略突起；叶柄长2~5mm。花黄白色，单生于新枝叶腋；花梗长3~5mm；花萼筒卵形，细弱，长约5mm，在子房上端收缩；花柱直立，无毛。果实椭球形，长约1cm，成熟后呈红色，密被锈色或银白色鳞片和黄色星状绒毛；果梗长3~4cm，直伸。花期2—3月，果期4—5月。

产于临安、淳安、嵊州、衢州市区（衢江）、磐安、武义、天台、莲都、云和、景宁等地。常生于海拔300~1000m的向阳路边、林缘及水沟边。分布于安徽、江西、湖北。

图5-260　毛木半夏

9. 牛奶子　天青下白 （图5-261）
Elaeagnus umbellata Thunb.

落叶灌木，高达4m。通常具刺，多分枝；幼枝密被银白色鳞片，有时全被深褐色或锈色鳞片；叶柄、花、果被银白色鳞片。叶片纸质或近膜质，狭椭圆形、椭圆形或倒卵状披针形，长3~8cm，宽1~3.5cm，先端钝尖，基部圆形或楔形，全缘或多少皱波状，上面幼时具白色星状短柔毛或鳞片，干后淡绿色或黑褐色，下面银白色和散生少数褐色鳞片，侧脉5~7对，两面均略明显；叶柄长5~7mm。花先于叶开放，黄白色，芳香，单生或2~7朵簇生于新枝基部；花萼筒圆筒状漏斗形，长5~7mm，较裂片长，在子房上端略收缩；花柱直立，疏生白色星状毛。果实球形，直径5~7mm，成熟时呈红色；果梗长3~10mm。花期4—5月，果期8—9月。

产于湖州、杭州、宁波、台州、丽水、温州及上虞、诸暨、定海、普陀、常山、磐安等地。生于海拔1200m以下的山坡路边、林缘及溪边灌丛中。分布于华东、西南及辽宁、山西、山东、湖北、陕西、甘肃等地。南亚及日本、朝鲜半岛、阿富汗也有。

果可生食，可制果酒、果酱，也可入药；红果累累，叶背银白，可供观赏。

图 5-261　牛奶子

10. 木半夏（图5-262）

Elaeagnus multiflora Thunb.

落叶灌木，高达3m。通常无刺，稀老枝上具刺；小枝密被锈褐色鳞片。叶片纸质或膜质，椭圆形或卵形，长3~7cm，宽1.2~4cm，先端钝尖或急尖，基部楔形或钝，全缘，上面幼时具银白色鳞片，下面密被银白色鳞片并散生褐色鳞片，侧脉5~7对，两面均不甚明显；叶柄长4~6mm。花白色，单生于新枝基部叶腋；花梗纤细，长4~8mm；花萼筒圆筒形，长5~6.5mm，与裂片近等长，在子房上端收缩；花柱微弯曲，无毛，稍伸出萼筒喉部，长不超过雄蕊。果实长椭球形，长12~14mm，成熟时呈红色，密被锈色鳞片；果梗花后伸长，长1.5~4cm，下垂。花期4—5月，果期6—7月。

产于湖州、杭州、宁波、金华、台州及普陀、诸暨、衢州市区。生于海拔100~1500m的山坡、沟谷阔叶林下及灌丛中。分布于华东、华中及河北、山东、广东、四川、贵州、陕西等地。

日本、朝鲜半岛也有。

果可鲜食或制果酒、饴糖，也可药用，作收敛剂；叶入药可治肺虚咳嗽、气喘。

图 5-262　木半夏

10a. 倒卵果木半夏(变种)（图5-263）
var. **obovoidea** C.Y. Chang

与木半夏的区别为花萼筒漏斗状圆筒形；花柱长不达萼筒喉部的1/2；果实倒卵形，有时为卵形，长6～10mm。

产于长兴、安吉、临安。生于海拔1200m以下的山坡路旁灌丛中。分布于华东、华中。

图5-263　倒卵果木半夏

九一　山龙眼科 Proteaceae

乔木或灌木，稀为多年生草本。单叶互生，稀对生或轮生；叶片常革质，全缘或分裂；无托叶。花两性，稀单性，常左右对称，稀辐射对称，单生或成对排成总状、头状、穗状或伞形花序，腋生或顶生，稀生于茎上；萼片4，花瓣状，常具颜色，镊合状排列，基部扩大，花蕾时为筒状，开放时向外反卷；无花瓣；雄蕊4，与萼片对生，花丝常贴生于萼片上，稀离生，花药2室，纵裂；子房上位，基部有腺体或花盘，心皮1，1室，胚珠1至多数，花柱单一，细长，顶部增粗，柱头1。坚果、瘦果、蓇葖果、核果或蒴果。种子扁平，常有翅，无胚乳。

约80属，1700种，多分布于热带和亚热带地区，尤以非洲南部和大洋洲为多。我国有4属，26种（含引进）；浙江有3属，3种。

分属检索表

1. 叶互生，不分裂或羽状分裂。
   2. 蓇葖果；种子扁平，盘状或长盘状，边缘有翅；叶不分裂或二回羽状深裂 ………… 1. 银桦属 Grevillea
   2. 坚果；种子椭球形或近球形，无翅；叶不分裂 ………… 2. 山龙眼属 Helicia
1. 叶轮生或近对生，不分裂 ………… 3. 澳洲坚果属 Macadamia

1 银桦属 Grevillea R. Br.

乔木或灌木。单叶互生，全缘或二回羽状深裂。总状花序顶生或腋生；苞片早落；花两性，常成对生于花序梗上；花萼筒细长而弯曲，橙黄色；雄蕊无花丝，药隔不伸出；花盘下位，肉质，略偏生成半环状，稀为全环状或缺；子房具柄或近无柄；花柱伸长，自萼筒的裂缝间伸出，柱头盘状，稀锥状，常偏于一侧，胚珠2。蓇葖果木质，常偏斜，自腹缝线开裂。种子1或2，扁平，盘状或长盘状，边缘有翅。

约160种，原产于澳大利亚及苏拉威西岛。我国常见栽培1种；浙江也有引种。

银桦（图5-264）

Grevillea robusta A. Cunn. ex R. Br.

常绿乔木，高达40m，胸径1m。树干通直；树皮深灰褐色，幼时皮孔明显，老时常呈不规则浅纵裂；幼枝被锈色或灰褐色硬毛。叶互生，二回羽状深裂，长20~30cm，裂片5~12对，近披针形，长5~10cm，宽1.5~2.5cm，上面深绿色，疏被锈色曲柔毛，下面密被银灰色绢状毛，边缘反卷。总状花序1至数个集生于无叶短枝上，长7～10cm，花偏于一侧排列于花序梗上；萼片花瓣状，长约1cm，内侧基部红色。蓇葖果卵状长圆形，长1.4～1.6cm，宽0.7cm，稍压扁状而偏斜，成熟时呈棕褐色，顶端具宿存花柱。种子2。花期4—5月，果期6—7月。

原产于澳大利亚。华南及云南、四川、江西、福建、湖南等地有引种。温州及定海有引种。

喜光，不耐重霜和低于－4℃的长期低温；不耐积水；对有毒气体与烟尘的抗性与吸收能力均较强，可作城市绿化和速生材用树种；为蜜源植物。

图5-264 银桦

❷ 山龙眼属 Helicia Lour.

乔木或灌木。单叶互生，稀近对生或近轮生；全缘或边缘具齿。总状花序腋生，稀近顶生；花两性，辐射对称；苞片常钻形，稀叶状，宿存或早落；花萼筒细长而直，稀弯曲；雄蕊花丝短或几无，药隔稍突出；腺体4，离生，或合生成杯状、环状的花盘；子房无柄，胚珠2。坚果椭球形或近球形，通常不开裂。种子1或2，近球形或半球形，无翅，种皮常粗糙。

约97种，分布于亚洲东南部和大洋洲。我国有20种；浙江有1种。

越南山龙眼 红叶树 小果山龙眼 （图5-265）

Helicia cochinchinensis Lour.

乔木或灌木，高2～9m。树皮褐色，不裂；小枝紫褐色。单叶，互生，薄革质；叶片狭椭圆形至倒卵状披针形，长5～11cm，宽1.5～4cm，先端渐尖，基部楔形，中部以上有粗锐锯齿或近全缘，幼树及萌芽枝上叶具粗锐锯齿，上面深绿色，有光泽，下面绿色，稍有光泽，两面无毛，叶脉均不明显；叶柄长0.7～1.5cm。总状花序腋生，稀顶生，长5～12cm；花梗长3mm，常在花序梗上双生；萼片黄色或乳黄色，反卷；花具香气。坚果椭球形或卵形，长1.2～1.8cm，直径约1cm，果皮干后薄革质，厚不及0.5mm，成熟时呈紫黑色，微被白粉，有光泽。花期7—8月，果期10—12月。

产于宁波、台州、丽水、温州及普陀等地。生于海拔600m以下的山地或滨海阔叶林中。分布于长江以南各地及台湾。东南亚及日本也有。

种子可榨油，供制肥皂及润滑油，又可提取淀粉；叶色亮绿，枝叶稠密，可供观赏。

有人曾报道泰顺产网脉山龙眼 *H. reticulata* W.T. Wang，但其藏于浙江农林大学植物标本馆的凭证标本，经鉴定为越南山龙眼的误定。

图5-265 越南山龙眼

3 澳洲坚果属 Macadamia F. Muell.

乔木或灌木。叶3枚、4枚轮生或近对生；全缘或有锯齿。总状花序顶生或腋生；花两性，近辐射对称，花萼筒直或略向内弯曲；雄蕊着生于萼裂片的近基部，花丝短，药隔延伸；雌蕊无柄，基部具4腺体，分离或合生成杯状或环状的花盘；胚珠2，花柱长而直。坚果近球形，果皮革质。种子1或2，球形或半球形，种皮厚而坚硬。

约9种，原产于澳大利亚和印度尼西亚的苏拉威西岛。我国栽培2种；浙江引种1种。

澳洲坚果 （图5-266）
Macadamia ternifolia F. Muell.

常绿乔木，高达15m。树皮青灰色至黑褐色，不裂；小枝密布灰白色至淡黄褐色隆起的细小皮孔；幼枝、花序梗、花梗、萼片外面、子房均被锈色短硬毛。单叶，常3（4）枚轮生或近对生；叶片倒卵状长椭圆形，长16~18cm，宽2.5~6cm，先端钝至急尖而具针刺状尖头，基部宽楔形，边缘具疏锯齿并波状起伏，齿端具针刺状尖头，网脉呈蜂窝状隆起，两面无毛；叶柄粗壮，长2~7mm。总状花序腋生于二年生枝上，长15~26cm；花序梗纤细，淡绿色；苞片小，每苞片腋部生1~2花；花紫红色、淡黄色或白色。坚果近球形，直径2.5~3cm，顶端具长3~4mm的喙状尖头，基部具果颈。种子圆球形，黄棕色，有光泽。花期4—5月，果期9—12月。

原产于澳大利亚东南部。台湾、广东、云南有栽培。苍南马站有引种栽培，生长良好。

果可食用，为上等干果；果肉可精制成各种糖果；木材红色，可制细木工板或家具。

图5-266 澳洲坚果

九二　小二仙草科 Haloragaceae

陆生或水生草本。叶互生、对生或轮生；无托叶。花小，两性或单性，单生或簇生于叶腋，或排成顶生穗状、伞房或圆锥花序；花萼筒常与子房合生，裂片2~4或缺；花瓣2~8或缺；雄蕊2~8；子房下位，2~4室，每室1胚珠，柱头2~4裂。核果、坚果或蒴果状，有时具翅，不开裂或瓣裂。

8属，约100种，全球广泛分布，主产于大洋洲。我国有2属，13种，南北各地均产；浙江有2属，5种。

① 狐尾藻属 Myriophyllum L.

水生草本。叶轮生或互生；沉水叶常羽状细裂，挺水叶全缘、具锯齿或分裂，常无柄。花无梗，单生于叶腋或轮生，稀呈顶生穗状花序；雄花生于上部，花萼筒甚短，先端2、4裂或全缘，花瓣2或4，早落，雄蕊2~8；雌花生于下部，萼筒具4沟，4裂或不裂，花瓣小，早落或缺，子房2或4室，花柱2或4裂，常弯曲，柱头羽毛状。核果成熟时裂成2或4分果。

约35种，全球广泛分布。我国有11种，全国均产；浙江有3种。

据《中国植物志》、Flora of China 等文献记载，浙江尚产乌苏里狐尾藻 M. ussuriense (Regel) Maxim. 和东方狐尾藻 M. oguraense Miki，但经各地调查，均未见到活体植物或标本。另据调查，杭州市区曾从江西鄱阳湖引进乌苏里狐尾藻试种，但未获成功。故这2种植物本志均不收录。

分种检索表

1. 沉水植物；穗状花序顶生，开花时挺出水面 ·· **1. 穗花狐尾藻 M. spicatum**
1. 挺水植物；花单生于挺水叶的叶腋，不组成穗状花序。
　　2. 挺水叶常4枚轮生，鲜绿色，长1~1.5cm；雌雄同株或杂性；果卵球形；野生 ·· **2. 轮叶狐尾藻 M. verticillatum**
　　2. 挺水叶5~7枚轮生，蓝绿色至灰绿色，长1.5~4cm；雌雄异株；不结实；栽培或逸生 ·· **3. 粉绿狐尾藻 M. aquaticum**

1. 穗花狐尾藻　穗状狐尾藻　（图5-267）
Myriophyllum spicatum L.

多年生沉水草本，长1~1.5m。根状茎圆柱形，多分枝，较细弱。全为沉水叶，常4枚轮生；

叶片羽状全裂，长2～3.5cm，裂片丝状，10～24对，长1～1.5cm；叶柄极短或无。雌雄同株；穗状花序顶生，长3～10cm，开花时挺出水面；花两性、单性或杂性，单生于苞腋内，常4朵轮生；雄花生于花序上部，花瓣4，粉红色，雄蕊8；雌花生于花序下部，子房4室，柱头4裂，羽毛状，向外反曲。果卵球形，直径1.5～3cm，有4纵沟，成熟时裂成4分果瓣，背面光滑。花期9—11月，果期11—12月。

产于全省各地。生于池塘、沼泽及稻田水中，能耐污染。我国南北各地均有分布。欧亚大陆广泛分布。

图5-267 穗花狐尾藻

2. 轮叶狐尾藻　狐尾藻（图5-268）

Myriophyllum verticillatum L.—*M. limosum* Hectot ex DC.

多年生挺水草本，长0.5～1.5m。根状茎圆柱形，常多分枝。叶常4枚轮生；沉水叶无柄，长4～5cm，羽状全裂，裂片8～13对，丝状；挺水叶鲜绿色，较小，羽毛状，长1～1.5cm，羽状分裂，裂片10对左右，狭条形。雌雄同株或杂性；花单生于挺水叶腋部，每轮具4无梗花；花瓣4，白色或带绿色，早落；雄花生于花序上部，雄蕊8；雌花生于花序下部，子房4室，花柱4裂，柱头羽毛状。果卵球形，长约2.5mm，具4纵沟，顶端具宿存的萼片及花柱，成熟时裂成4分果瓣。花期5—6月，果期7—8月。

产于全省各地。生于池塘、湖泊及水沟中，常与穗花狐尾藻混生。分布于全国各地。亚洲、非洲、欧洲、北美洲也有。

图5-268 轮叶狐尾藻

3. 粉绿狐尾藻 （图5-269）

Myriophyllum aquaticum (Vell.) Verdc.

多年生挺水草本，长可达2m以上。根状茎圆柱形，发达，匍匐或在水中延伸，多分枝。挺水叶5～7枚轮生，蓝绿色至灰绿色，羽状全裂，呈羽毛状，长1.5～4cm，裂片10～15对，近丝状，长3～7mm；近无柄。雌雄异株；雌花白色，单生于叶腋，子房4室，柱头4裂，羽毛状，向外反曲；雄株未见。未见结实。花期4—7月。

原产于南美洲，现除南极洲外，各大洲均有。我国多地有栽培或归化；全省各地均有引种，

图5-269 粉绿狐尾藻

用于园林水体美化或净化，海宁、临安、诸暨、上虞、鄞州、缙云、平阳等地有逸生。

为观赏植物，可用于水体绿化；能吸收水中的氮、磷等物质，可净化水体；也可供养鱼用。该种生命力极其顽强，能依靠断茎进行无性繁殖，并借助水流或船舶传播，繁衍和扩散速度极快，具有很强的入侵性，需加以控制。

❷ 小二仙草属 Gonocarpus Thunb.

多年生陆生纤细草本，稀亚灌木。下部和幼枝上的叶常对生，上部的有时互生；具柄或近无柄。花小，单生、簇生或呈聚伞、总状、圆锥花序；花萼筒具4或8棱，裂片4，宿存；花瓣4～8或缺；雄蕊4或8；子房下位。核果小，不开裂，常有棱，有时具翅或刺状突起，内含1～4种子。

约35种，主要分布于东南亚和大洋洲。我国有2种，产于西南部至东部；浙江有2种。

与狐尾藻属的区别在于本属为陆生植物；叶对生或互生，不分裂，常具柄；果不开裂。而狐尾藻属为水生植物；叶轮生或互生，常分裂，无柄或近无柄；果成熟时分裂为2或4分果。

1. 黄花小二仙草 （图5-270）
Gonocarpus chinensis (Lour.) Orchard—*Haloragis chinensis* (Lour.) Merr.

多年生小草本，高10～30cm。茎纤细，直立或披散，具4棱，基部多分枝；全体被糙伏毛。叶对生，但在茎上部的常互生；叶片条状披针形，长8～16mm，宽2～5mm，先端渐尖或急尖，基部圆形或宽楔形，边缘反卷，具软骨质小锯齿，中脉在下面突起，侧脉不明显；叶柄极短或几无。花两性，极小，几无梗，排成长2～5cm的细瘦穗状花序再组成圆锥花序状；苞片1，狭卵形；花萼筒近球形，长近

图5-270 黄花小二仙草

1mm，具8棱，被曲柔毛和细小白色腺点；花瓣4，黄绿色；雄蕊8；子房4室，花柱4。核果近球形，直径约1mm，粗糙，具8棱。花期5—6月，果期8—10月。

产于瑞安（桐溪）。生于溪沟岩石边或山坡灌草丛中。分布于华中、西南及江西、福建、广东、广西等地。东南亚及印度、伊朗、澳大利亚、太平洋岛屿也有。

2. 小二仙草 （图5-271）
Gonocarpus micranthus Thunb.—*Haloragis micrantha* (Thunb.) R. Br.

多年生小草本，高10～30cm。茎纤细，具4棱，基部平卧，常分枝；全体无毛。茎上部叶常互生，余对生；叶片卵形或宽卵形，长4～12mm，宽2～8mm，先端急尖或稍钝，基部圆形，边缘具软骨质锯齿。花两性，直径约1mm，排成长3～10cm的总状花序再组成圆锥花序状；花梗短；苞片1或2，条形；花萼筒倒卵球形，具8纵棱；花瓣4，淡红色或紫红色，先端内弯成兜状凹陷；雄蕊8；子房4室，花

图5-271　小二仙草

柱4。核果近球形,直径约1mm,具8棱。花期6—7月,果期7—8月。

产于全省各地。生于路边草丛中及山顶岩石缝间,海拔可达1900m。分布于华东、华中、华南、西南及山东、河北等地。东南亚、南亚、大洋洲及日本、朝鲜半岛也有。

全草民间入药,可消瘀血及治蛇咬伤。

与黄花小二仙草的主要区别为后者全体被糙伏毛;叶片条状披针形;花黄绿色;苞片1。

九三　千屈菜科 Lythraceae

草本、灌木或乔木。枝通常四棱形。叶对生，稀轮生或互生；叶片全缘；托叶细小或缺。花两性，辐射对称，稀两侧对称，单生或簇生，或组成顶生或腋生的穗状、总状、圆锥花序；花萼筒状或钟状，有时有距，通常3～6裂，裂片间外方有时具附属体；花瓣与萼裂片同数或缺，着生于萼筒边缘；雄蕊数通常为花瓣的1～2倍，着生于萼筒内壁上，花药2室，纵裂；子房上位，2～6室，中轴胎座，每室通常具数粒倒生胚珠，花柱单一，柱头头状，稀2裂。蒴果，2～6室，横裂、瓣裂或不规则开裂，稀不裂。种子多数，有翅或无翅，无胚乳。

约25属，550种，广泛分布于全球热带和亚热带地区。我国有11属，约47种，分布于南北各地；浙江有7属，16种。

分属检索表

1. 草本或亚灌木。
　　2. 萼筒钟状、壶状或半球状，长宽近相等；蒴果露出萼筒之外。
　　　　3. 花组成密集或松散的聚伞花序，稀单生，腋生；蒴果横裂或不规则盖裂，外壁无横条纹··· **1. 水苋菜属 Ammannia**
　　　　3. 花单生或组成穗状、总状花序，顶生或腋生；蒴果2～5纵裂，外壁有细密的横条纹（在放大镜下可见）··· **2. 节节菜属 Rotala**
　　2. 萼筒长管状，长明显大于宽；蒴果包藏于萼筒内。
　　　　4. 花辐射对称；萼筒直生，基部无距或突起··· **3. 千屈菜属 Lythrum**
　　　　4. 花两侧对称；萼筒斜生，基部上方有驼背状突起或囊状距··· **4. 萼距花属 Cuphea**
1. 乔木或灌木。
　　5. 花单生于叶腋；花瓣黄色；种子无翅··· **5. 黄薇属 Heimia**
　　5. 花组成顶生或腋生的圆锥花序；花瓣非黄色；种子顶端有翅或无翅。
　　　　6. 花瓣6，具细长柄；雄蕊通常多数；蒴果3～6裂；种子顶端有翅············ **6. 紫薇属 Lagerstroemia**
　　　　6. 花瓣4，具极短柄；雄蕊通常8；蒴果不规则开裂或不裂；种子顶端无翅··· **7. 散沫花属 Lawsonia**

❶ 水苋菜属 Ammannia L.

一年生草本。茎直立，枝通常具4棱。叶对生，稀互生，无柄。花小，辐射对称，单生或组成腋生而密集或疏松的聚伞花序；花萼筒钟状或管状钟形，长宽近相等，4～6裂；花瓣与萼裂片同数或缺；雄蕊2～8，通常4；子房2～4室。蒴果球形或椭球形，膜质，下半部为宿存的萼筒所包围，成熟时横裂或不规则盖裂，外壁无横条纹。种子多数，细小，有棱。

九三　千屈菜科 Lythraceae

约25种，广泛分布于热带和亚热带地区，主产于非洲和亚洲。我国有4种，产于西南部至东部；浙江有3种。

分种检索表

1. 叶片基部渐狭而呈楔形；花序几无花序梗；花常无花瓣，花柱极短或无 ········ **1. 水苋菜 A. baccifera**
1. 叶片基部全部或部分扩大成耳形；花序多少有花序梗；花有花瓣，花柱明显。
　2. 茎生叶的叶基全部呈耳形；花序梗长3～5mm；蒴果直径2～3.5mm ······**2. 耳基水苋 A. auriculata**
　2. 茎下部叶的叶基楔状渐狭，中部以上的叶基多少呈耳形；花序梗长1～2mm；蒴果直径约1.5mm ···
　　·· **3. 多花水苋 A. multiflora**

1. 水苋菜　细叶水苋　（图5-272）

Ammannia baccifera L.

一年生草本，高10～50cm。全体无毛；茎直立，多分枝，淡紫色，具4棱及狭翅。叶对生，上部或侧枝的有时近对生；叶片披针形、倒披针形或长椭圆形，生于主茎上的较大，长达5cm，宽达1.2cm，生于侧枝上的较小，长0.6～3cm，宽0.2～0.6cm，先端急尖或钝，基部楔形，侧脉不明显。花数朵组成较密集的腋生聚伞花序，几无花序梗；花紫红色或绿色，长1～2mm；花萼花蕾时钟状，顶端呈四方形，裂片4，极短，结实时半球形，包围蒴果的下半部；常无花瓣；雄蕊通常4，与萼裂片等长或较短；花柱极短或无。蒴果球形，紫红色，直径1.2～1.5mm，中部以上不规则盖裂。花期8—10月，果期10—12月。

产于温州及杭州市

图5-272　水苋菜

区、临安、诸暨、宁波市区、鄞州、宁海、岱山、常山、兰溪等地。生于湿地或稻田中。分布于华东、华中、华南及河北、陕西、云南。东南亚、南亚、非洲热带地区及阿富汗、澳大利亚也有。

2. 耳基水苋 （图5-273）

Ammannia auriculata Willd.—*A. arenaria* Kunth

一年生草本，高15～60cm。全体无毛；茎直立，具4棱及狭翅。叶对生；叶片膜质，披针形或长圆状披针形，长1.5～6cm，宽0.3～1cm，先端渐尖或稍急尖，基部扩大，多少呈心状耳形，半抱茎。聚伞花序腋生，通常具3～7花；花序梗长3～5mm；花萼筒钟状，结实时近半球形，有4～8略明显的棱，裂片4；花瓣4，紫色或白色，早落；雄蕊4～6，约一半突出于萼裂片之上；花柱长于1mm。蒴果扁球形，成熟时约1/3突出于萼筒之外，紫红色，直径2～3.5mm，不规则盖裂。花果期9—12月。

产于嘉兴及杭州市区、临安、鄞州、宁海、象山、温州市区等地。常生于湿地和水稻田中。分布于华东、华中及河北、广东、云南、陕西、甘肃。全球热带地区广泛分布。

图5-273　耳基水苋

3. 多花水苋 （图5-274）
Ammannia multiflora Roxb.

一年生草本，高8～65cm。全体无毛；茎直立，略具4棱。叶对生；叶片膜质，长椭圆形或长圆状披针形，长8～25cm，宽2～8mm，先端渐尖，茎中部以上的叶片基部多少呈耳形，抱茎，下部叶片的叶基楔状渐狭。花常15朵左右组成聚伞花序；花序梗长1～2mm，纤细；花萼筒钟状，稍具4棱，果时呈半球形，裂片4，显著短于萼筒；花瓣4，早落；雄蕊4，稀6～8，与花萼裂片等长或稍长；花柱长0.5～1mm。蒴果球形，直径约1.5mm，成熟时呈暗红色，上半部突出于宿存的萼筒之外。花期9—10月，果期10—11月。

产于金华、温州及诸暨。生于绿地草丛或水田中。分布于我国南部各地。亚洲、非洲、大洋洲也有。

本省产的花序梗有时远较长，与文献记载不相符。

图5-274　多花水苋

❷ 节节菜属 Rotala L.

一年生草本,稀多年生。叶对生或轮生,稀互生,无柄。花小,辐射对称,单生于叶腋,或组成顶生或腋生的穗状、总状花序,常无花梗;小苞片2;花萼筒钟状至半球状或壶状,长宽近相等,3~6裂,裂片间无附属体,或有而呈刚毛状;花瓣3~6,细小或无;雄蕊1~6;子房2~5室,花柱短或细长,柱头盘状。蒴果不完全为宿存的萼筒所包围,室间开裂成2~5瓣,软骨质,外壁在放大镜下可见有细密的横条纹。种子细小,倒卵形。

约46种,分布于热带至温带地区。我国有10种,多产于南方各地;浙江有3种。

分种检索表

1. 叶对生;叶片绝非披针形或条形,先端圆或钝圆;花组成穗状花序,有花瓣。
   2. 叶片倒卵状椭圆形或长圆状倒卵形;花序腋生;苞片长圆状倒卵形 ············· **1. 节节菜 R. indica**
   2. 叶片近圆形或宽椭圆形;花序顶生;苞片卵形或卵状长圆形 ············· **2. 圆叶节节菜 R. rotundifolia**
1. 叶轮生;叶片窄披针形或宽条形,先端截形;花单生于叶腋,无花瓣 ············· **3. 轮叶节节菜 R. mexicana**

1. 节节菜 红茎鼠耳草 (图5-275)

Rotala indica (Willd.) Koehne

一年生草本,高5~30cm。全体无毛;茎基部常匍匐,节上生根,略具4棱。叶对生;叶片倒卵状椭圆形或长圆状倒卵形,长5~15mm,宽2~7mm,侧枝上的叶较小,先端近圆形或钝而有小尖头,基部楔形或渐狭,下面叶脉明显,边缘软骨质;无柄。花长不及3mm,组成腋生的穗状花序,稀单生;苞片叶状,长圆状倒卵形,长3~5mm,小苞片长为花萼的一半或稍过之;花萼

图5-275 节节菜

筒管状钟形；花瓣4，淡红色，长不及萼裂片的一半，宿存；雄蕊4，与萼筒等长；花柱丝状，长为子房的一半或近相等。蒴果常2瓣裂。花期9—10月，果期11—12月。

产于全省各地。生于海拔600m以下的水田或田边水沟中。分布于华东、华中、华南、西南及陕西等地。东南亚、南亚及日本、朝鲜半岛也有。

为夏、秋季水稻田常见杂草；嫩苗可蔬食。

2. 圆叶节节菜 水龙须 （图5-276）
Rotala rotundifolia (Buch.-Ham. ex Roxb.) Koehne

一年生草本，高5～30cm。全体无毛；茎常丛生，直立，带紫红色，基部具4棱。叶对生；叶片近圆形或宽椭圆形，长5～15mm，宽2.5～12mm，先端圆形，基部渐狭；无柄。花长约2mm，组成1～3（5）个顶生的穗状花序，花序长0.5～6cm；几无梗；苞片叶状，卵形或卵状长圆形，约与花等长，小苞片约与花萼筒等长；萼筒阔钟状；花瓣4，淡紫红色，长约为花萼裂片的2倍；雄蕊4；花柱条形，长为子房的1/3。蒴果3或4瓣裂。花期4—7月，果期6—12月。

产于杭州、宁波、台州、丽水、温州及衢州市区（衢江）、

图5-276 圆叶节节菜

开化、义乌、永康等地。生于海拔1100m以下的水田中或潮湿处。分布于华东、华中、华南、西南及山东等地。东南亚、南亚及日本也有。

为我国南部水稻田的主要杂草之一，常作猪饲料；嫩苗可蔬食；开花时节，整片红艳，极为美丽，可供湿地美化。

3. 轮叶节节菜　水松叶　（图5-277）
Rotala mexicana Cham. et Schltdl.

一年生草本，高3～12cm。全体无毛；茎具4～6棱，基部分枝，常匍匐，沉没于水中，上部直立。叶3～5枚轮生；叶片窄披针形或宽条形，长4～10mm，宽0.5～2mm，先端截形，有凸尖，基部狭；无柄。花单生于叶腋，长0.6～1mm，略带红色；无梗；小苞片约与花萼等长；萼筒于果时呈半球状，裂片4或5；花瓣无；雄蕊2或3；花柱极短或无。蒴果球形，2或3瓣裂。花期7—9月，果期9—11月。

产于杭州、宁波及天台、温州市区（瓯海）、瑞安等地。多生于海拔200m以下的水田、沟渠等浅水湿地中。分布于江苏、河南、陕西、台湾。全球热带至暖温带地区也有。

图5-277　轮叶节节菜

九三　千屈菜科 Lythraceae

❸ 千屈菜属 Lythrum L.

草本，稀灌木。小枝常具4棱。叶对生，稀轮生或互生。花单生于叶腋或组成穗状、总状、聚伞花序，辐射对称或稍两侧对称；花萼筒直生，长管状，长明显大于宽，稀宽钟状，有棱，裂片4～6，附属体通常明显；花瓣4～6或缺；雄蕊4～12，呈1或2轮；子房2室，花柱通常条形。蒴果完全包藏于宿存萼筒内，通常2瓣裂，每瓣或再2裂。种子8至多数，细小。

约35种，广泛分布于全世界。我国有2种，1种分布几遍全国，1种分布于河北、新疆；浙江有1种。

千屈菜（图5-278）
Lythrum salicaria L.

多年生直立草本，高30～100cm。具粗壮而横卧于地下的根状茎。全株被白色粗毛或脱落性绒毛；枝4棱而略具翅。叶对生，稀互生或三叶轮生；叶片披针形或宽披针形，长3～7cm，宽0.4～1.5cm，先端急尖，基部圆形或心形，有

图5-278　千屈菜

时略抱茎，全缘；无柄。由簇生于苞腋的小聚伞花序再组成顶生的大型穗状花序；苞片宽披针形至三角状卵形，长4～12mm；花萼筒长5～8mm，有12纵棱，稍被粗毛，裂片6；花瓣6，紫红色或淡紫色；雄蕊12，6长6短，伸出萼筒外。蒴果扁圆形，包藏于宿存的萼筒内。花期6—9月，果期9—11月。

产于宁波及德清、临安、桐庐、温岭等地。生于河岸、湖畔、溪沟边和潮湿草地；全省各地园林中广泛栽培。分布几遍全国各地。北半球广泛分布。

花繁色艳，为重要的湿地观赏植物。

4 萼距花属 Cuphea Adans. ex P. Br.

多年生亚灌木。全株常具黏质腺毛。叶常对生或轮生。花单生或组成总状花序，两侧对称，常生于2叶柄之间；花萼筒长明显大于宽，有棱，基部上方有驼背状突起或囊状距，口部偏斜，有6齿或6裂片，并具同数的附属体；花瓣6，不等大或近等大，稀2或缺；雄蕊11，稀4、6或9，2枚较短；子房通常上位，基部有腺体，具不等的2室，每室有3至多数胚珠，花柱细长，柱头头状，2浅裂。蒴果长椭圆形，包藏于萼筒内，侧裂。

约300种，原产于美洲和夏威夷群岛。我国引种栽培7种；浙江栽培2种。

1. 细叶萼距花 （图5-279）
Cuphea hyssopifolia Kunth

亚灌木，高30～60cm。多分枝，小枝褐色至红褐色，密被短柔毛并疏生暗红色肉质刺毛。叶密集，对生或近对生；叶片条状披针形

图5-279 细叶萼距花

或狭椭圆形，长0.5～1.3cm，宽1.2～5mm，萌枝叶常更大，先端急尖，基部圆楔形或钝圆形，上面有毛或几无毛，下面沿中脉疏生肉质刺毛或后变无毛，常散生少数红色腺体；叶柄短或几无。花小而多，腋生，直径约7mm；花梗被柔毛及刺毛，长3～5mm，顶端具关节；花萼筒直，具肋，绿色或黄绿色，长4～6mm，基部上方呈驼背状，裂片6；花瓣6，紫色或蓝紫色；雄蕊内藏，11或12，其中5或6枚较长。蒴果长圆形，一侧开裂。花果期5—12月。

原产于墨西哥和危地马拉。我国南方各地普遍栽培。全省各地常见栽培。

枝叶稠密，花期久长，可供盆栽、花坛或作地被观赏。

2. 火红萼距花　雪茄花　火焰花　（图5-280）
Cuphea platycentra Lem.— *C. ignea* A. DC.

亚灌木，高30～50cm。多分枝，丛生，披散状，全体无毛或近无毛。叶对生；叶片长卵形至卵状披针形，长2.5～6cm，宽约3cm，先端渐尖，基部渐狭；具短柄或上部的无柄。花单生于叶腋或近腋生；花梗细长，长5～23mm，顶端具小苞片；花萼筒细长，长约2cm，鲜红色，基部上方有囊状短距，顶端6齿裂，口部白色；无花瓣。果未见。花期4—5月。

原产于墨西哥。华南等地有引种。海宁等地有栽培。

花似鞭炮，火焰红色，极为美丽，可供花坛、花境或地被应用，尤宜盆栽观赏。

与细叶萼距花的区别为后者全体被毛；花萼筒长仅4～6mm，绿色或黄绿色；花瓣6，紫色或蓝紫色。

图5-280　火红萼距花

5 黄薇属 Heimia Link et Otto

落叶灌木。有多数细而直的分枝。叶对生，有时互生或轮生；近无柄；无托叶。花单生于叶腋，具短梗；苞片条形或倒卵形；花萼钟状或半球状，裂片长为萼筒的1/3或1/2，裂片间有开展的角状附属体；花瓣5~7，黄色；雄蕊10~18，等长，均为花瓣的一半；子房3~6室，花柱纤细，较雄蕊长，柱头头状。蒴果包藏于宿萼中，球形或近球形，成熟时室背开裂为3~6瓣。种子多数，无翅。

3种，原产于美国、墨西哥至阿根廷。我国引入栽培1种；浙江亦有。

黄薇 （图5-281）
Heimia myrtifolia Cham. et Schltdl.

落叶灌木，高1~2m。全体无毛；枝圆柱形，略有棱，分枝细长。叶常对生，少为轮生或互生；叶片长圆状椭圆形、披针形或条形，长1.5~5cm，宽0.3~1.4cm，先端渐尖，基部渐狭，叶脉不明显，侧脉在上面突起；几无柄。花黄色，单生于叶腋；具短梗；苞片2，条状披针形，长约4mm；花萼钟形或半球形，附属体角状，较萼裂片长；花瓣6，圆形或倒心状圆形；雄蕊10~12，花药黄色。蒴果球形，直径约4mm，包藏于宿萼中。花期6—8月，果期8—10月。

原产于巴西。华南及江苏、福建等地有引种。杭州市区有栽培。

花黄色，美丽，可供观赏。

图5-281 黄薇

6 紫薇属 Lagerstroemia L.

　　落叶或常绿，灌木或乔木。叶对生、近对生或上部互生；托叶极小，锥形，脱落。花两性，辐射对称，组成顶生或腋生的圆锥花序；花梗在小苞片着生处具关节；花萼半球状或陀螺状，有棱或无，6～9裂；花瓣（5）6，或与花萼裂片同数，基部有细长的瓣柄，边缘波状或有皱纹；雄蕊6至多数，着生于萼筒近基部，花丝细长，长短不一；子房3～6室，每室有多数胚珠，花柱长，柱头头状。蒴果木质，基部有宿萼包围，多少与萼黏合，成熟时3～6瓣室背开裂。种子多数，顶端有翅。

　　约55种，主要分布于亚洲东部、东南部、南部的热带和亚热带地区，少数分布于大洋洲。我国有15种，主要分布于西南，东至台湾；浙江有5种。

分种检索表

1. 花较大，直径3cm以上。
    2. 小枝具4棱，常具狭翅；叶纸质，长3～7cm，宽1.5～4cm；叶柄无或极短；花直径3～4cm；花萼无棱或棱不明显；雄蕊36～42；果长8～13mm ·· **1. 紫薇 L. indica**
    2. 小枝圆柱形，无棱及狭翅；叶革质，长10～25cm，宽6～12cm；叶柄长6～15mm；花直径达5cm；花萼具12棱；雄蕊100～200；果长达2～3.8cm ··· **2. 大花紫薇 L. speciosa**
1. 花较小，直径通常在2cm以下。
    3. 小枝密被灰黄色柔毛；叶背沿脉均密被柔毛，侧脉10～17对；花萼裂片间有附属体；雄蕊约42 ··· **3. 福建紫薇 L. limii**
    3. 小枝无毛或稍被短硬毛；叶背无毛或稍被柔毛，或有时沿脉或仅脉腋稍有毛，侧脉4～10对；花萼裂片间无附属体；雄蕊不逾30。
        4. 叶先端尾尖或短尾状渐尖，尾部常旋扭；叶柄长6～10mm；花序无毛；花期5—6月 ··· **4. 尾叶紫薇 L. caudata**
        4. 叶先端渐尖，尾部不旋扭；叶柄长2～4mm；花序有毛；花期7—9月 ······ **5. 南紫薇 L. subcostata**

1. 紫薇　怕痒树　百日红　（图5-282）
Lagerstroemia indica L.

　　落叶灌木或小乔木，高达9m。树皮光滑，灰白色或灰褐色，片状脱落；枝干多扭曲；小枝具4棱，略成翅状。叶互生或有时对生；叶片纸质，椭圆形、宽长圆形或倒卵形，长3～7cm，宽1.5～4cm，先端短尖或钝，有时微凹，基部宽楔形或近圆形，无毛或下面沿中脉有微柔毛，侧脉3～7对；叶柄无或极短。圆锥花序顶生；中轴及花梗无毛或稀被柔毛；花萼长7～10mm，外面平滑无棱，或鲜时有微突起的短棱，两面无毛，6裂，裂片三角形，裂片间无附属体；花直径3～4cm，花瓣6，淡红色、淡紫色、白色或淡蓝紫色；雄蕊36～42，外面6枚着生于花萼上，显著较长。蒴果椭圆状球形或宽椭球形，长8～13mm。种子连翅长约8mm。花期6—9月，果期10—

图5-282 紫薇

12月。

产于杭州、台州、衢州、金华、丽水、温州及诸暨、奉化等地。生于海拔750m以下的溪边、林缘、路边或山坡灌丛中，也见于石灰岩山地；各地普遍栽培。分布于华东、华中、华南、西南及吉林、河北、山东、陕西。东南亚、南亚及日本、朝鲜半岛也有；广泛种植于全球热带及亚热带地区。

花色鲜艳美丽，花期长，树皮光滑，为传统庭园观赏树，有时亦作盆景；木材坚硬、耐腐，可制农具、家具、建筑；树皮、叶、花、根均可入药。

本省目前栽培应用的园艺品种较多，因杂交亲本来源较为复杂，品种分类尚未清晰。主要有银薇品种群（*Alba* Group），花白色，如冰清玉蝶 'Bingqing Yudie'（图5-283）、紫爪银薇 'Zizhao Yinwei'、小花银薇 'Xiaohua Yinwei' 等；堇薇品种群（*Amabilis* Group），花蓝紫色或紫色，如淡爪晚紫 'Danzhao Wanzi'（图5-284）、堇秀 'Jinxiu'、紫霞 'Zixia' 等；红薇品种群

图5-283 冰清玉蝶

图5-284 淡爪晚紫

(*Rubra* Group),花红色,如红火箭'Red Rocket'(图5-285)、红火球'Dynamite'(图5-286)、红叶'Pink Velour'(图5-287)等;复色品种群(*Bicolor* Group),花呈复色,如六月飞雪'Liuyue Feixue'(图5-288)、俏佳人'Qiao Jiaren'、朝露'Zhaolu'等;以及矮紫薇'Petite Pinkie'(图5-289),也称日本紫薇,低矮多分枝小灌木,高40~60cm。此外,还有一类紫叶紫薇品种(图5-290),叶紫黑色,花呈红色、粉色、白色、淡紫色等。

图5-285 红火箭

图5-286 红火球

图5-287 红叶

图 5-288　六月飞雪　　　　　图 5-289　矮紫薇

图 5-290　紫叶紫薇

2. 大花紫薇 （图5-291）

Lagerstroemia speciosa (L.) Pers.

落叶大乔木，高可达25m。树皮灰色，平滑；小枝圆柱形，无毛或微被糠秕状毛。叶革质，长圆状椭圆形或卵状椭圆形，稀披针形，长10～25cm，宽6～12cm，先端钝或短尖，基部宽楔形至圆形，两面无毛，侧脉9～17对，在叶缘弯拱连接；叶柄长6～15mm，粗壮。圆锥花序顶生，长15～25cm，稀更长；花梗长1～1.5cm；花萼有12棱，先端6裂，附属体鳞片状；花轴、

图5-291 大花紫薇

花梗、花萼外面、萼棱均密被黄褐色秕糠状毛；花大，直径达5cm，花瓣6，淡红色或紫色，长2.5～3.5cm，几不皱缩，有短柄；雄蕊100～200，近等长；子房无毛，花柱长2～3cm。蒴果球形至倒卵状椭球形，长2～3.8cm，成熟时6裂。花期5—7月，果期10—11月。

原产于东南亚、南亚。热带及亚热带南部地区广泛栽培。温州市区有栽培。

花大美丽，可供观赏；木材坚硬耐腐，色红而亮，为优质用材；树皮、叶、种子及根均可入药。

3. 福建紫薇 （图5-292）

Lagerstroemia limii Merr.—*L. chekiangensis* Cheng

落叶灌木或小乔木，高达6m。小枝圆柱形或有纵棱；小枝、叶背沿脉、叶柄、花轴、花梗、花萼筒外面均密被灰黄色柔毛。叶互生或近对生；叶片质较厚，长圆形或长圆状卵形，长6～18cm，宽3～8cm，先端短渐尖或急尖，基部渐窄或近圆形，上面几无毛或疏生短柔毛，侧脉10～17对，网脉发达；叶柄长2～5mm。圆锥花序顶生，长8～18cm；萼筒长5～8mm，有12明显的棱，5或6裂，裂片间具明显发达的附属体，附属体耳形，宽而扁平，向外翻开，有时2～6浅裂，长约为萼片的1/2；花淡红色至紫色，稀白色，直径1.5～2cm，花瓣6，有皱褶，柄长4～6mm；雄蕊约42，着生于花萼上，较长者长约10mm，较短者长约7mm。蒴果卵

图5-292 福建紫薇

圆形,长8～12mm,有浅槽纹,成熟时4或5裂。花期6—9月,果期8—11月。

产于杭州、宁波、温州、台州及诸暨、金华市区、衢州市区(衢江)、定海等地。生于海拔350～600m的溪边和山坡灌丛中;杭州、宁波等地有栽培。分布于安徽、福建、湖北。

本省尚有1变型白花福建紫薇 form. **albiflora** G.Y. Li et Z.H. Chen(图5-293),花白色。产于建德、诸暨。生于海拔200～400m的山沟、山坡灌丛中;临安等地有栽培。花色洁白,可供园林观赏。模式标本采自临安(浙江农林大学)。

郑万钧先生曾将产于本省的一种紫薇属植物命名为浙江紫薇 L. chekiangensis Cheng,并指出其与福建紫薇的区别在于叶片较大,长圆状倒卵形,侧脉较多;花萼裂片内面有毛,花萼附属体3裂,雄蕊较少等。对于该种的处理,各家观点分歧较大,有的认为两者区别不大,且有些特征存在交叉重叠现象,坚持归并;也有人根据叶片大小、树皮粗糙或光滑、花色不同、小枝有无纵棱等赞成分开。然因两者分布区重叠,标本上无树皮等特征的记录,尤其是未见到福建紫薇模式标本植株的树皮情况,故准确界定难度较大。究竟如何处理,有待进一步观察研究,本志暂作归并处理。

图5-293 白花福建紫薇

4. 尾叶紫薇 (图5-294)

Lagerstroemia caudata Chun et How ex S.K. Lee et L.F. Lau

落叶大乔木,高达30m。全体无毛;树皮光滑,灰褐色,呈不规则薄片状剥落;小枝圆柱形,褐色。叶互生,稀近对生;叶片宽椭圆形,稀卵状椭圆形或长椭圆形,长7～12cm,宽3～5.5cm,先端尾尖或短尾状渐尖,尾部常旋扭,基部宽楔形至近圆形,稍下延,上面深绿色,有光泽,下面淡绿色,中脉在上面稍下陷,下面突起,侧脉5～7对,全缘或微波状;叶柄长6～10mm。圆锥花序顶生,无毛,长3.5～8cm;花萼筒长约5mm,5或6裂,裂片间无附属体;花瓣5或6,白色,直径约9mm;雄蕊18～28,不等长。蒴果长圆状球形,长8～11mm,直径6～9mm,5或6裂。花期5—6月,果期9—11月。

产于衢州、丽水及安吉、临安、淳安、金华市区、武义、文成、泰顺等地。生于海拔400～1000m的山坡、沟谷林缘或疏林中;各地常有栽培。分布于广东、广西、江西等地。

树体高大,树干美丽,但因其花的观赏性不佳,故通常以其大树作嫁接紫薇之用。

图 5-294 尾叶紫薇

5. 南紫薇 (图5-295)
Lagerstroemia subcostata Koehne

落叶乔木或灌木。树皮光滑，常灰白色，薄片状脱落；小枝无毛或稍被短硬毛。叶对生或近对生，上部的互生；叶片膜质，长圆形或长圆状披针形，稀卵形，长4~11cm，宽1.5~5cm，先端渐尖，基部宽楔形至近圆形，两面无毛或微被柔毛，或沿中脉被短柔毛，有时脉腋间有丛毛，中脉在上面略下陷，下面突起，侧脉4~10对，在近缘处网结；叶柄长2~4mm。圆锥花序顶生，长5~15cm，密生灰褐色微柔毛；花萼筒长3.5~4.5mm，有10~14棱，5裂，裂片间无或几无附属体；花白色、粉红色或玫红色，直径约1cm，花瓣6；雄蕊15~30，花丝细长，但以外轮6枚较长，着生于花萼上。蒴果椭球形，长5~8mm，3~6瓣裂。花期7—9月，果期8—10月。

产于湖州、杭州、金华、丽水、温州及宁波市区（北仑）、衢州市区（衢江）、温岭等地。生于海拔150～600m的山谷溪边和灌丛中；各地常有栽培。分布于华东、华中、华南及四川、青海等地。日本、菲律宾也有。

花及树干美丽，可供观赏；材质坚密，可用于细木工及建筑，也可制轻轨枕木；花可药用，有祛毒消瘀的功效。

图5-295 南紫薇

7 散沫花属 Lawsonia L.

灌木，稀乔木状。成熟小枝坚硬，刺状。叶交互对生，极稀稍互生，全缘，具短柄。顶生塔状圆锥花序，花4基数；花萼筒极短或无，四角盘状，4裂，裂片开展，裂片间无附属体；

花瓣4，具短爪，皱缩；雄蕊通常8，有时4～12，常成对位于花瓣间，着生于萼筒基部，伸出花冠外；子房2～4室，有长花柱。蒴果不完全包于萼内，不规则开裂或不裂。种子多数，无翅，有角，平滑，种皮顶端厚海绵质。

仅1种，分布于东半球热带地区。我国南部常见栽培；浙江也有栽培。

散沫花　指甲花　（图5-296）

Lawsonia inermis L.

落叶灌木，高可达6m。全体无毛；小枝略呈四棱形，坚硬刺状。叶交互对生，稀近对生；叶片薄革质，椭圆形或椭圆状披针形，长1.5～5cm，宽1～2cm，先端短尖，基部楔形或渐狭成叶柄，全缘，侧脉5对，纤细，在两面微突起。圆锥花序顶生，长可达40cm；花极香，白色、玫红色至朱红色，直径6～10mm；花萼长2～5mm，4深裂；花瓣略长于萼裂片，边缘内卷，有齿；雄蕊通常8，花丝丝状，长为萼裂片的2倍。蒴果扁球形，直径6～7mm，常有4凹痕。花期6—10月，果期10—12月。

原产于东半球热带地区。江苏、福建、台湾、广东、广西、云南等地有引种。温州及建德等地有零星栽培。

常供庭园观赏；叶可作红色染料；花可提取芳香油和浸取香膏。

图5-296　散沫花

九四 瑞香科 Thymelaeaceae

灌木或小乔木，稀草本。茎、枝韧皮纤维发达。单叶互生或对生；叶片全缘，羽状脉，具短柄；无托叶。花辐射对称，两性或单性，雌雄同株或异株，组成各种顶生或腋生花序，稀单生或簇生；花萼花冠状，常连合成钟状、漏斗状或管状，裂片4或5；花瓣缺或呈鳞片状并与花萼裂片同数；雄蕊为花萼裂片的2倍或同数，花丝着生于萼筒的中部、喉部或中下部，花药2室；花盘环状、杯状或鳞片状，稀缺如；子房上位，1（2）室，每室具1悬垂的倒生胚珠，花柱头状、丝状、棒状或几缺，柱头通常盘状。浆果、核果或坚果，稀为2瓣开裂的蒴果。

约48属，650种，广泛分布于世界各地。我国有9属，115种，主要分布于长江以南各地；浙江有3属，13种。

分属检索表

1. 叶对生，稀互生；花序下通常不具总苞片；落叶灌木（浙江种）⋯⋯⋯⋯⋯⋯⋯ **1. 荛花属 Wikstroemia**
1. 叶互生，稀对生；花序下具早落性的总苞片；常绿或落叶。
  2. 枝条较细，不为三叉式分枝；花柱极短或几无，柱头头状；常绿灌木（浙江种）⋯ **2. 瑞香属 Daphne**
  2. 枝条粗壮，常为三叉式分枝；花柱明显，长2～3mm，柱头棒状，密生乳头状突起；落叶灌木⋯⋯⋯⋯⋯⋯⋯⋯⋯⋯⋯⋯⋯⋯⋯⋯⋯⋯⋯⋯⋯⋯⋯⋯⋯⋯⋯⋯⋯⋯⋯⋯⋯ **3. 结香属 Edgeworthia**

1 荛花属 Wikstroemia Endl.

落叶或常绿灌木，稀为小乔木。叶对生或互生。花两性或单性，组成顶生或近顶生的穗状、总状或头状花序，有时再组成圆锥花序，稀腋生，通常无总苞片；花萼筒管状，细长，外面常有短柔毛，喉部有或无鳞片状花瓣，裂片4或5；雄蕊8，花丝甚短，分上、下两轮着生于萼筒的近顶部，或4且生于萼筒中下部；基部具2或4、稀1或5鳞片状或浅杯状、斜杯状花盘；子房1室，无柄，稀具短柄，光滑或顶端有柔毛，柱头头状，几无花柱。核果。

70余种，分布于东亚至马来西亚及大洋洲。我国有52种，分布几遍全国；浙江有9种。

分种检索表

1. 幼枝无毛；叶两面无毛，或下面幼时有毛，后无毛。
  2. 叶互生，下面幼时有毛，后无毛；花萼白色或淡紫色⋯⋯⋯⋯⋯⋯⋯⋯ **1. 光叶荛花 W. glabra**
  2. 叶对生，或上部互生，两面无毛；花萼白色或黄绿色。

3. 小枝较粗壮，常呈红褐色；叶片纸质；核果鲜红色；花萼裂片4；雄蕊8；鳞片状花盘2或4 ·· **2. 南岭荛花 W. indica**
3. 小枝较纤细，常呈绿色；叶片薄纸质；核果栗色或黄褐色；花萼裂片5；雄蕊10；鳞片状花盘仅1。
　　4. 叶片卵形至卵状披针形，基部圆形或近截形；花萼白色；花序顶生兼腋生，为由10余花组成的穗状花序，再组成松散、具叶的圆锥花序；核果无毛 ··············· **3. 白花荛花 W. trichotoma**
　　4. 叶片椭圆形至长椭圆形，基部楔形或宽楔形；花萼黄绿色；花序顶生，为由2～14花组成的简单短总状花序；核果疏被伏毛 ·· **4. 安徽荛花 W. anhuiensis**
1. 幼枝有毛；叶至少下面有毛。
　5. 叶对生，稀互生；雄蕊8或10；核果白色、玉白色或红色。
　　6. 叶片老时仅下面疏被毛；花序近头状；花萼淡红色或紫红色，稀白色，裂片4；雄蕊8；果白色或玉白色。
　　　7. 通常先花后叶；花序常数簇侧生于去年生叶腋，具早落性总苞片；侧脉5～7对；果椭球形 ·· **5. 芫花 W. genkwa**
　　　7. 通常花叶同放；花序顶生，无总苞片；侧脉4或5对；果卵形 ············ **6. 北江荛花 W. monnula**
　　6. 叶片老时两面有毛；花序伸长成穗状；花萼黄色，裂片5；雄蕊10；果红色 ·· **7. 毛花荛花 W. pilosa**
　5. 叶互生，稀对生；雄蕊4；核果黄褐色。
　　8. 花序具3～6花；子房顶端具1圈毛，有短花柱；叶片上面疏被毛，下面密被毛 ·· **8. 高姥山荛花 W. gaomushanensis**
　　8. 花序具9～16花；子房无毛，花柱不明显；叶片上面无毛，下面疏被毛 ·· **9. 浙江荛花 W. zhejiangensis**

1. 光叶荛花　光洁荛花　(图5-297)

Wikstroemia glabra Cheng——*W. glabra* form. *purpurea* (Cheng) S.C. Huang

落叶灌木，高1.5m。小枝绿色，具纵棱，去年生枝黑紫色，常具明显的黄白色纵向裂纹；小枝、叶正面、花序梗、花萼均无毛。叶互生；叶片膜质，卵形、宽卵形、椭圆形或长圆状椭圆形，长2～4.5cm，宽1～2.5cm，先端钝或短渐尖，稀微凹，基部楔形、圆形或截形，上面绿色，下面幼时密被长柔毛，后无毛，全缘，侧脉5～10对，明显；叶柄长约2mm。顶生头状花序具2～5(8)花；花序梗细瘦，长5～12mm；花萼白色或淡紫色，长8～11mm，裂片4，卵形，长、宽各4～5mm；雄蕊8，2列；鳞片状花盘1～3，条形，2齿裂，长达子房的1/3或稍长；子房无柄，长约3mm，上部被柔毛，花柱短。核果卵圆形，微带红色，长约8mm。花期4—5月，果期8—9月。

产于安吉、临安。生于海拔400～1570m的向阳山脊林下岩缝间或山坡灌丛中。分布于安徽、四川。模式标本采自临安（东天目山）。

可作纤维植物。

九四 瑞香科 Thymelaeaceae

图5-297 光叶荛花

2. 南岭荛花 了哥王 （图5-298）

Wikstroemia indica (L.) C.A. Mey.

落叶灌木，高0.1～1.5m。根粗壮，淡黄色，内皮白色；小枝较粗壮，常呈红褐色，无毛。叶对生；叶片纸质，长圆形或椭圆状长圆形，长1.5～3cm，宽8～1.5cm，先端钝或急尖，基部楔形或狭楔形，全缘，侧脉极倾斜，5～12对，两面无毛；叶柄短或几无。花序为由数花组成的伞形短总状花序，顶生；花序梗长约5mm；花萼黄绿色，长6～8mm，裂片4，宽卵形或椭圆形，先端尖或钝；雄蕊8，2轮；鳞片状花盘2或4；子房先端疏被淡黄色柔毛或无毛，花柱极短或近无。核果卵形或椭球形，长约6mm，成熟时呈鲜红色，无毛。花期7—10月，果期9—12月。

产于宁波、台州、丽水、温州及建德、普陀、衢州市区、开化、金华市区、武义等地。通常生于海拔300m以下的丘

图5-298 南岭荛花

陵、海岛山坡疏林下、灌丛中，以沿海地区较为常见。分布于华南及江西、福建、湖南、贵州、云南等地。东南亚、太平洋岛屿（东至斐济）及澳大利亚也有。

茎皮纤维可作为纸张和人造棉的原料；种子含油脂及皂苷，可供制皂；根及叶可入药，主治跌打损伤，叶可敷治疮肿；全株有毒，内服慎用。

3. 白花荛花 （图5-299）

Wikstroemia trichotoma (Thunb.) Makino——*W. alba* Hand.-Mazz.

落叶灌木，高0.5～1.5m。茎皮褐色，具皱纹，多分枝，纤细而披散；一年生、二年生枝绿色，无毛。叶对生或在近花序处互生；叶片薄纸质，卵形至卵状披针形，长1.2～3.5cm，宽1～2.2cm，先端尖，基部圆形至近截形，稀宽楔形，全缘，上面绿色，下面灰绿色，两面无毛，侧脉与中脉在上面微下陷，在下面稍隆起；叶柄短。穗状花序顶生兼腋生，具10余花，再组成松散、具叶、无毛的圆锥花序；花序梗无至长达2.5cm；花梗无或极短；花萼白色，裂片5，宽椭圆

图5-299　白花荛花

形，先端钝；雄蕊10，2列；鳞片状花盘1，条形；子房梨形，顶端无毛或微被柔毛，具短柄，花柱短，柱头圆形。核果近梨形，长3~5mm，栗色，具柄，无毛。花期6—7月，果期9—12月。

产于开化（苏庄）、泰顺（垟溪）。生于海拔200~400m的疏林下、林缘或路旁。分布于安徽、江西、台湾、湖南、广东。日本也有。

本种在各植物志中均记作常绿，经本省分布地野外观察，应是落叶无疑，这与文献记载的叶片薄纸质也是相符的，常绿可能系误记。

4. 安徽荛花 （图5-300）
Wikstroemia anhuiensis D.C. Zhang et X.P. Zhang

落叶灌木，高约60cm。一年生、二年生枝纤细，绿色；芽小，有毛；小枝、叶两面、叶柄、花序梗、花梗及花萼均无毛。叶对生；叶片薄纸质，椭圆形至长椭圆形，长0.6~1.6cm，宽3~8mm，先端急尖或圆钝，基部楔形或宽楔形，全缘，上面绿色，下面淡绿色，侧脉4或5对；叶柄长约1mm。花2~14朵组成顶生短总状花序；花梗长1~1.2mm；花萼黄绿色，下部膨大，长8~10mm，裂片5，宽卵形，长约2mm，先端圆钝或略尖；雄蕊10，二列；鳞片状花盘1，条形，长约1.5mm；子房梨形，长约2mm，子房柄长约1mm，均被短柔毛，花柱极短，柱头近球形，直径约0.3mm。核果成熟时呈黄褐色，疏被伏毛，长约8mm。花期4—5月，果期7—9月。

产于临安、常山、东阳。生于海拔400~600m的山坡路边灌丛中或岩石上。分布于安徽（歙县）。

图5-300 安徽荛花

5. 芫花（图5-301）

Wikstroemia genkwa (Siebold et Zucc.) Domke——*Daphne genkwa* Siebold et Zucc.

落叶灌木，高30～100cm。枝略带紫褐色；幼枝、叶柄、子房均密被淡黄色柔毛。叶对生，稀互生；叶片纸质，椭圆形、椭圆状长圆形至卵状披针形，长3～5.5cm，宽1～2cm，先端急尖，基部楔形，初时下面密被淡黄色绢状毛，后仅中脉微被绢状毛，余无毛，侧脉5～7对。花无香气，先于叶开放，3～7朵成簇，数簇侧生于去年生枝叶腋，近头状；花序梗短，具早落性总苞片；花萼筒淡紫色或淡紫红色，长约1cm，外被绢毛，裂片4，长约5mm；雄蕊8，2轮，分别着生于萼筒中部及上部；花盘环状；子房密被淡黄色柔毛，花柱极短或无。核果椭球形，长约5mm，玉

图5-301　芫花

白色或半透明。花期3—4月,果期5—7月。

产于全省各地。生于向阳山坡上、灌丛中、路旁或疏林下。分布于华北、华东、华中及台湾、四川、贵州、陕西、甘肃等地。朝鲜半岛也有。

茎皮纤维为优质纸和人造棉的原料;干燥花蕾能泻下逐饮、祛痰、解毒;根皮有活血止痛、消肿解毒的功效;根有驱蛔虫的作用;全株有毒,须慎用。

多数文献均将其置于瑞香属中,从综合性状分析,作者以为归于荛花属中更为合理。

6. 北江荛花　玲珑荛花　山棉皮　(图5-302)
Wikstroemia monnula Hance

落叶灌木,高0.7~3m。幼枝、花序梗、花萼及子房顶端均被柔毛;老枝紫褐色,无毛。叶对生,稀互生;叶片膜质,卵状椭圆形至长椭圆形,长3~4.5cm,宽1~2.5cm,先端短尖,基部圆形或宽楔形,上面绿色,无毛,下面淡绿色,有时带紫红色,疏被柔毛,中脉被毛较多,侧脉4或5对;叶柄长1~2mm。花叶同放;总状花序顶生而缩短成近头状,每花序具3~12花,无总苞片;花序梗长3~10mm;花萼淡红色或紫红色,稀白色,裂片4,卵形;雄蕊8,2轮;鳞片状花盘1或2,条形至卵形,顶端啮蚀状;子房具柄。核果卵形,肉质,成熟时呈白色。花期3—5月,果期6—8月。

产于全省山区、丘陵。生于海拔1600m以下的向阳山坡灌丛中或疏林下。分布于华东及湖南、广东、广西、贵州等地。

茎皮纤维为特用纸和人造棉的优质原料;根可药用,有活血散瘀的功效。

图5-302　北江荛花

7. 毛花荛花 浙雁皮 小叶贼裤带 多毛荛花 （图5-303）
Wikstroemia pilosa Cheng

图5-303 毛花荛花

落叶灌木，高达1m。老枝黄色或棕褐色，无毛；当年生枝、叶片两面、叶柄、花、果均密被柔毛。叶对生，稀互生；叶片膜质，卵形、椭圆状卵形或长椭圆形，长1.5～3cm，宽0.7～1.4cm，先端短尖，稀钝，基部宽楔形或圆形，稀楔形，全缘，稍反卷，上面暗绿色，下面粉绿色，侧脉3～5对，隆起，在下面明显；叶柄长1～1.5mm。总状花序顶生或腋生，伸长成穗状；花序梗长1～2cm；花萼纺锤状或瓶状，黄色，长7～10mm，裂片5，长圆形，先端圆，长1～1.2cm；雄蕊10，2列；花盘鳞片1，条形，长约1mm；子房长约6mm。核果成熟时呈红色。花期6—8月，果期12月至次年3月。

产于金华、温州及桐庐、建德、诸暨、常山、温岭等地。生于海拔900m以下向阳干燥的山坡路边灌丛中或林缘，以丹霞地貌多见。分布于安徽、江西、湖南、广东。模式标本采自诸暨。

根皮及叶入药，可治跌打损伤。

8. 高姥山荛花 高姥山瑞香 （图5-304）
Wikstroemia gaomushanensis (Zi L. Chen, P. Wang et Y.F. Lu) Y.F. Lu et X.F. Jin, comb. nov.——*Daphne gaomushanensis* Zi L. Chen, P. Wang et Y.F. Lu

落叶灌木，高0.4～1m。常多分枝。茎淡紫褐色，具纵向短棱纹；幼枝黄色；幼枝、叶柄、花序梗、花萼外均密被白色绢状柔毛。叶互生，稀对生；叶片纸质，长圆状披针形、椭圆形、卵形或宽卵形，长0.5～4cm，宽0.3～1.8cm，先端急尖或渐尖，基部楔形或圆形，上面绿色，下面淡

九四 瑞香科 Thymelaeaceae

绿色带紫色,幼时两面密被绢状柔毛,成熟时上面疏被毛,下面密被毛;叶柄长1～2.5mm。花无香气,晚于叶开放;短总状花序具3～6花,生于侧枝顶端,排成近头状;花序梗长3～7mm,无总苞片;花梗极短;花萼淡紫红色,萼筒细瘦,长7～15mm,裂片4,长2～3mm;雄蕊4,着生于萼筒中下部;花盘斜杯状,一侧发达,高约0.8mm;子房顶端具1圈柔毛,花柱短,柱头头状或盘状。核果淡黄褐色,长4～5mm。花期4—5月,果期6—8月。

产于磐安(高姥山、黄檀林场、安文镇等地)。生于海拔300～1000m的山坡、山沟灌丛中及路边。浙江特有。模式标本采于磐安(高姥山)。

花美丽,可供观赏;茎皮可作特用纸或人造棉的优质原料。

图5-304 高姥山荛花

9. 浙江荛花 （图5-305）

Wikstroemia zhejiangensis Y.F. Lu, Z.H. Chen et X.F. Jin, sp. nov.

落叶灌木，高0.2～0.8m。多分枝或不分枝。茎紫褐色，无毛，具纵向短棱纹；幼枝细弱，黄色或黄绿色；幼枝、叶柄、花序梗、花萼外均密被白色伏贴柔毛。叶对生兼有互生；叶片纸质或坚纸质，卵形、卵状椭圆形、椭圆状披针形或长圆状披针形，长1～6cm，宽0.5～2.2cm，先端急尖，稀圆钝，基部宽楔形或楔形，上面绿色，无毛，下面淡绿色带紫色，疏被白色伏贴柔毛，中脉在两面稍突起，侧脉4～6对，两面明显；叶柄长1～2mm。短穗状花序集缩成近头状，顶生，具9～16花；花序梗长7～13mm，无总苞片；花梗极短；花紫红色或淡紫色；萼筒细瘦，长9～12mm，裂片4，长2～2.5mm；雄蕊4，着生于萼筒下部，花丝极短；花盘1（稀2），杯状，高约1mm，通常全缘；子房倒卵球形，具短柄，无毛，花柱不明显，被微柔毛，柱头扩大成头状。核果淡黄褐色，卵球形，长4～5mm，包藏于宿存萼筒的基部。花期4—5月，果期5—6月。

产于仙居、景宁、文成、平阳。生于海拔400～950m的山坡、山沟路边及林下。浙江特有。模式标本采于仙居（淡竹）。

用途同高姥山荛花。

图5-305 浙江荛花

❷ 瑞香属 Daphne L.

常绿或落叶灌木。冬芽小，具数枚鳞片。叶互生，稀对生。花两性，稀单性，整齐；花序顶生或腋生，常为头状花序，稀为圆锥、总状或穗状花序；具早落性的总苞片；花萼筒钟状、管状或花冠状，裂片4或5，覆瓦状排列，筒内无鳞片状花瓣；雄蕊8或10，花丝极短；花盘杯状、环状或鳞片状；子房1室，无柄，花柱极短或几无，柱头头状。核果，外果皮肉

九四　瑞香科 Thymelaeaceae

质或干燥。种子1。

94种，分布于非洲北部、欧洲和亚洲温暖地区。我国有51种，主产于西南和西北；浙江有3种。

分种检索表

1. 叶片先端微凹或钝尖；花萼淡紫色或紫红色，外面无毛。
　2. 枝条灰白色或灰褐色；叶片倒卵状披针形或倒卵状椭圆形，先端微凹 …… 1. 倒卵叶瑞香　D. grueningiana
　2. 枝条紫红色或紫褐色；叶片长圆形或倒卵状椭圆形，先端钝尖 …………………… 2. 瑞香　D. odora
1. 叶片先端短尖至渐尖；花萼白色，外面密被丝状毛 …………… 3. 毛瑞香　D. kiusiana var. atrocaulis

1. 倒卵叶瑞香　天目瑞香　（图5-306）

Daphne grueningiana H. Winkl.

常绿灌木，高0.4～0.8m。枝条灰白色或灰褐色。叶互生，常簇生于枝顶；叶片皮革质，倒卵状披针形或倒卵状椭圆形，长6～11cm，宽2.1～3.2cm，先端圆或钝圆而微凹，基部渐狭成楔形，全缘，微反卷，两面无毛或几无毛，中脉在上面微凹或平坦，下面隆起，侧脉6～11对；近无柄。头状花序顶生，具6～15花，芳香；苞片5～7，卵状长椭圆形，先端钝头而微凹；花序梗短或长至1cm，被黄褐色短硬毛；花萼管状，淡紫色或紫红色，萼筒长5～6mm，外面无毛，裂片4，长6～8mm，先端钝头而微凹，与萼筒几等长；雄蕊8，2轮；花盘环状，边缘具圆齿；子房无毛，无花柱。核果卵球形，红色。花期2—4月，果期5—7月。

产于安吉、富阳、临安、淳安、嵊州、开化、磐安、天台。生于海拔300～950m的沟边林下、山坡灌丛或竹林中。分布于安徽。模式标本采自临安（西天目山）。

根入药，可治慢惊风、跌打损伤；花紫香浓、果色艳丽，为优美的观赏植物。为浙江省重点保护野生植物。

图5-306　倒卵叶瑞香

2. 瑞香 睡香 风流树 （图5-307）

Daphne odora Thunb.

常绿灌木。枝常二歧分枝，粗壮，小枝紫红色或紫褐色；全体无毛或叶柄疏生微柔毛。叶互生，皮革质，长圆形或倒卵状椭圆形，长7～13cm，宽2.5～5cm，先端钝尖，基部楔形，全缘，上面绿色，下面淡绿色，叶脉在两面明显隆起；叶柄粗壮，长4～10mm。花数朵至20朵组成顶生头状花序，芳香；苞片披针形或卵状披针形，长5～8mm，宽2～3mm，无毛，脉纹显著隆起；花萼外面淡紫红色，无毛，内面肉红色或白色，萼筒管状，长6～10mm，裂片4，先端圆钝，基部心形，与萼筒等长或略长；雄蕊8，2轮，下轮雄蕊着生于萼筒中部以上，上轮雄蕊的花药1/2伸出萼筒的喉部；花盘环状，极窄，边缘全缘或微波状；子房椭球形，顶端钝形，花柱短。核果成熟时呈红色。花期3—4月，果期5—8月。

图5-307 瑞香

图5-308 金边瑞香

原产地不明（可能为我国或日本）。我国各地常有栽培；本省有零星栽培。

叶色亮绿，花艳香浓，为传统香花植物。

本省常见的栽培品种有金边瑞香 'Marginata'——form. *marginata* Makino——var. *marginata* Miq.（图5-308），叶片边缘金黄色或黄白色。我国各地常有栽培；日本也有栽培。可供观赏；根可药用。

3. 毛瑞香 白瑞香 贼腰带（变种）（图5-309）

Daphne kiusiana Miq. var. **atrocaulis** (Rehder) F. Maek.—*D. odora* Thunb. var. *atrocaulis* Rehder

常绿灌木，高0.5~1.2m。枝紫褐色或紫黑色，无毛。叶互生，有时簇生于枝端；叶片皮革质，椭圆形至倒披针形，长5~12cm，宽1.5~3.5cm，先端短尖至渐尖而钝头，基部楔形，全缘，微反卷，上面深绿色，下面浅绿色，中脉纤细，在下面微凸；叶柄长3~4mm。花芳香，5~13朵簇生成稠密的顶生头状花序；花序梗几无；花萼白色，萼筒管状，外面密被丝状柔毛，长7~8mm，裂片4；雄蕊8，2轮；花丝长约2mm；花盘环状，宽，全缘或微波状，外被短柔毛；子房椭球形，无毛，顶端渐尖，花柱短。核果卵状椭球形，红色，长约10mm。花期3~4月，果期8—9月。

产于杭州、宁波、台州、丽水、温州及长兴、安吉、开化、定海、普陀等地。生于海拔60~1600m的山坡上、沟谷中、溪边较阴湿的林下或灌丛中。分布于华东、华中、华南及四川等地。

茎皮纤维可供造纸和人造棉；花可提取芳香油；根及茎皮可入药，有活血消肿、利咽的功效；叶片浓绿，花色洁白，香气宜人，可供观赏。

本省尚有1变型红花毛瑞香 form. **purpurea** X.F. Jin, Z.H. Chen et Y.F. Lu（图5-310），花萼外面紫红色或淡紫色。产于遂昌、庆元、景宁、文成、平阳、泰顺。生于海拔600m以上的沟谷林下。模式标本采自景宁（大仰湖）。

图5-309 毛瑞香

图5-310 红花毛瑞香

3 结香属 Edgeworthia Meisn.

落叶灌木。常为三叉状分枝，小枝粗壮。叶互生，通常簇生于枝端。花先于叶或与叶同放，两性，组成紧密的头状花序，具早落性总苞片；花萼筒管状，外密被银白色长柔毛，裂片4；无鳞片状花瓣；雄蕊8，在萼筒内排成2轮，花丝极短，花盘环状，甚短，略分裂；子房1室，有毛，无柄，花柱明显，长2～3mm，柱头棒状，密生乳头状突起。果为非肉质核果，基部为宿萼所包被。

5种，分布于亚洲。我国有4种；浙江有1种。

结香　黄瑞香　三桠皮（图5-311）
Edgeworthia chrysantha Lindl.

落叶灌木，高达2m。小枝粗壮，棕红色，具皮孔，常为三叉状分枝，皮部韧性极强，打结后仍能生长；幼枝、花序梗、花萼筒外均被白色绢状柔毛。叶互生，常簇生于枝端；叶片纸质，椭圆状长圆形或椭圆状倒披针形，长8～18cm，宽3～6cm，先端急尖或钝，基部楔形下延，全缘，下面具长硬毛；叶柄长5～8mm。头状花序顶生或腋生，由30～50花组成半球状；花序梗粗短，下弯；苞片长约3cm；花芳香，无梗；花萼管状，长约1.5cm，裂片4，内面黄色，长约5mm。果卵形，直径约3.5mm。花期2—3月，果期8—9月。

产于丽水、温州，野生者极少见，多属栽培或逸生。生于海拔700～1000m的山坡、山谷土壤湿润肥沃的林下；全省各地广泛栽培，在城镇园林中尤为常见。分布于福建、江西、河南、湖南、广东、广西、贵州、云南。日本有栽培。模式标本采自舟山（栽培）。

树皮为制作特用纸和人造棉的高级原料；根、叶、花均可入药，能舒筋活络、润肺益肾；树形优美，花繁叶茂，可供观赏。

图5-311　结香

九五　菱科 Trapaceae

一年生浮叶水生草本。茎细长，沉水，少分枝，除基部节上生吸收根外，以上各节常生丝状细裂的不定根，着生于叶柄基部，具光合能力。叶二型，沉水叶无柄，对生或互生，叶片条形或披针形，早落，浮水叶互生，但在近水面茎端密集成莲座状菱盘，叶片菱形、三角状菱形或扁圆状菱形，边缘有锯齿；叶柄长，中部膨大成纺锤状气囊；托叶膜质，早落。花单生于叶腋，两性，4基数，辐射对称；子房半下位，2室，每室1胚珠。坚果常具由萼片发育而成的刺状角。种子仅1粒发育，子叶大小悬殊，无胚乳。

1属，2种，分布于亚洲、欧洲、非洲的亚热带和温带地区；大洋洲和美洲有引种。我国有2种，南北各地均有分布；浙江有2种。

菱属 Trapa L.

属特征和分布与科同。

1. 欧菱
Trapa natans L.

一年生浮叶草本。茎较粗壮，直径3.5～7mm。浮水叶三角状菱形或扁圆状菱形，长2.5～5cm，宽3.5～6cm，先端急尖或圆钝，基部宽楔形至近截形，下部全缘，中上部边缘有三角形齿或浅齿，齿端有1或2细小骨质棘刺，上面无毛，下面密被褐色柔毛，侧脉4或5对，近基部较密；叶柄长5～18cm，直径3～5mm，密被褐色柔毛，气囊长2～3.5cm，直径8～15mm。花单生于茎或分枝上部叶腋；花梗长1.5～2cm，密被毛；萼片4，披针形，绿色；花瓣4，白色，匙形，长8～10mm。果实菱形，绿色，高1.5～1.8cm，果颈高1.5～1.8mm，果冠方形，突起，具4刺状角，肩角斜上，腰角下倾。

分布于欧洲至我国东北，浙江产以下4个变种。

分变种检索表

1. 果实较小，长1.2～1.5cm，宽1.5～2cm，厚0.8～1cm；果冠小，直径3～5mm；花白色或花蕾时略带粉红色（野生）。
   2. 果实具4刺角，2腰角尖锐或钝 ··· **1a.野菱** var. **quadricaudata**
   2. 果实具2刺角，2腰角退化成瘤状 ··· **1b.格菱** var. **complana**

1. 果实较大,长超过1.5cm,宽大于2cm,厚大于1cm;果冠大,直径大于6mm;花白色(野生或栽培)。
   3. 果实具4刺角,稀退化成瘤状突起至无角;果体稍侧扁,厚宽比大于0.5···1c. 四角菱 var. komarovii
   3. 果实具2刺角;果体明显侧扁,厚宽比小于0.5··1d. 二角菱 var. bispinosa

1a. 野菱　四角矮菱(变种)(图5-312)

var. **quadricaudata** (Glück.) B.Y. Ding et X.F. Jin—*T. incisa* Siebold et Zucc. var. *quadricaudata* Glück.—*T. maximowiczii* Korsh.—*T. natans* var. *pumila* Nakano—*T. potaninii* V.N. Vassil.

本变种的主要特征为果实较小,长为1.2~1.5cm,宽为1.5~2cm,厚为0.8~1cm,具4尖锐而具倒刺的刺角,有时2腰角钝而无倒刺;果体侧面常具瘤状突起;果冠小,直径3~5mm;果喙明显;花白色或花蕾时略带粉红色。花果期7—10月。

产于全省各地。生于湖泊、池塘或平缓的河流中。分布于华东、华中及山东、四川、贵州、云南。日本和越南也有。

果富含淀粉,可食用;茎叶可作饲料。

在我国许多分类学著作中,常以 *T. incisa* Siebold et Zucc. 为之学名,其实是误用。

图5-312　野菱

1b. 格菱(变种)(图5-313)

var. **complana** (Z.T. Xiong) B.Y. Ding et X.F. Jin—*T. pseudoincisa* Nakai var. *complana* Z.T. Xiong—*T. pseudoincisa* Nakai

本变种的主要特征为果实较小,长为1.2~1.5cm,宽为1.5~2cm,厚为0.8~1cm,具2尖锐而具倒刺的肩角,2腰角退化成瘤状突起;果体侧面常具瘤状突起;果冠小,直径3~5mm,果喙明显;花白色或花蕾时略带粉红色。花果期7—10月。

产于杭州及鄞州等地。生于湖泊或池塘中。分布于东北、华东、华中及陕西、山东。日本、朝鲜半岛、俄罗斯东部地区也有。

图 5-313　格菱

1c. 四角菱（变种）（图 5-314）

var. **komarovii** (Skvortsov) B.Y. Ding et X.F. Jin——*T. amurensis* Flerov var. *komarovii* Skvortsov——*T. acornis* Nakano——*T. quadrispinosa* Roxb.——*T. bicornis* Osbeck var. *quadrispinosa* (Roxb.) Z.T. Xiong

本变种的主要特征为果实较大，长超过1.5cm，宽常大于2cm，厚大于1cm，具4刺角，稀退化成瘤状突起至无角；果体稍侧扁，厚宽比大于0.5；果冠大，直径大于6mm，果喙不明显。花果期7—10月。

产于全省各地，常栽培于池塘、小型湖泊和河道中，绍兴东湖和鄞州东钱湖等地有野生。分布于华东、华中及吉林、辽宁、河北、海南、云南，大多为栽培，但在吉林、辽宁、河北（白洋淀）、江苏（洪泽湖）、安徽（巢湖）、江西（鄱阳湖）、湖北（汤孙湖）等地有野生。日本、泰国、印度东北部和俄罗斯东部

图 5-314　四角菱

也有。

果实大而富含淀粉，可生食或熟食，也可提取淀粉；茎叶可作饲料；去叶片的菱盘在金华一带也作蔬菜。由于长期栽培，培育出许多品种，如水红菱、畅角菱、馄饨菱、抱角菱、南湖菱等，其中嘉兴产的南湖菱（又名无角菱），4角均退化，是一个特殊的类型，果肉鲜嫩可口，适宜生食。

1d. 二角菱　乌菱　菱（变种）（图5-315）

var. **bispinosa** (Roxb.) Makino——*T. bispinosa* Roxb.——*T. cochinchinensis* Lour.——*T. bicornis* Osbeck——*T. bicornis* var. *bispinosa* (Roxb.) Z.T. Xiong

本变种的主要特征为果实较大，长大于1.5cm，宽常大于2cm，厚大于1cm，具2刺角，刺角平伸或下弯；果体明显侧扁，厚宽比小于0.5；果冠大，直径大于6mm；花白色。花果期7—10月。

产于杭嘉湖平原、宁绍平原和温黄平原及普陀等地，大多为栽培，偶见野生。生于池塘和湖泊中。分布于东北、华东、华中、华南及云南、陕西等，大多为栽培，东北各省及河北（白洋淀）、江苏（洪泽湖）、江西（鄱阳湖）、湖北（长湖）、山东（微山湖）、云南（洱海）等地有野生。东亚和东南亚也有。

图5-315　二角菱

果实大而富含淀粉，可生食或熟食，也可提取淀粉；茎叶可作饲料。由于长期栽培，已培育出许多品种，如扒菱、七月红、牛角红、蝙蝠红等。

2. 细果野菱（图5-316）

Trapa incisa Siebold et Zucc.

一年生浮叶草本。茎较细瘦，直径1～2.5mm。浮水叶菱形或三角状菱形，长1.5～2.5cm，宽2～3cm，先端急尖，基部宽楔形，下部全缘，中上部边缘有三角形齿或锐重锯齿，上面无毛，下面有明显的棕褐色斑块，脉上密被褐色柔毛，侧脉3或4对，近基部较密；叶柄细，长1～6cm，直径1～1.5mm，疏被褐色柔毛，气囊较小，长8～18mm，直径5～6mm。花单生于茎或分枝上部叶腋；花梗细，长6～12mm，无毛；萼片4，卵形或披针形，绿色；花瓣4，粉红色，倒披针形，长6～7mm。果实倒三角形，绿色，高1～1.5cm，果颈高3～4mm，果冠不明显，具4刺状角，肩角斜向上，具倒刺，腰角下倾，无倒刺。花果期6—10月。

产于杭州、绍兴、宁波、金华及德清、天台、缙云等地。生于平原或丘陵的池塘、小型湖泊或平缓的小河中。分布于东北、华北、华东、华中、华南。东北亚和东南亚也有。

与欧菱的主要区别为后者植株较高大；叶片长2.5～5cm，宽3.5～6cm；花白色；果体高1.5～1.8cm。

在我国以往的分类学文献中，本种的学名常误用为 *T. maximowiczii* Korsh.，但从其模式标本来看，应该是野菱的未成熟果枝。

从标本收藏来看，本种以往分布较广。但随着水体利用和整治，现已很少见，种群数量大为减少，已成为稀有物种。为国家Ⅱ级重点保护野生植物。

图5-316 细果野菱

九六　桃金娘科 Myrtaceae

常绿乔木或灌木。单叶，通常对生，稀互生或轮生；叶片全缘，常具透明油腺点；无托叶。花两性，稀杂性，辐射对称，单生或组成各式花序；萼裂片通常4、5或更多，有时黏合；花瓣4或5，稀6或缺，分离或与萼裂片结合成帽状体；雄蕊多数，稀定数，生于花盘边缘，花丝分离或基部连合成束而与花瓣对生，药隔顶端有1腺体；子房下位或半下位，1至多室，每室有1至多数胚珠，中轴胎座，稀侧膜胎座，柱头单一或2裂。蒴果、浆果、核果或坚果，与萼筒合生，多有棱角，顶端常具宿存突起的萼檐。种子1至多数。

约130属，4500～5000种，主要分布于南美洲、大洋洲、亚洲热带地区及南非。我国连引种约17属，130种；浙江有9属，22种。

分属检索表

1. 叶互生，或成树叶互生而幼态叶对生；蒴果。
    2. 花瓣小型不显著，或与花萼结合形成帽状体；雄蕊远长于花瓣；花多数，组成伞形、圆锥或穗状花序。
        3. 常为成树叶互生而幼态叶对生；伞形花序或再组成圆锥花序；萼裂片与花瓣结合形成花时横裂脱落的帽状体 ··· **1. 桉属 Eucalyptus**
        3. 叶全部互生；穗状或头状花序，呈瓶刷或绒球状；萼裂片不与花瓣形成帽状体。
            4. 羽状脉；花红色或黄色，花丝分离或基部稍合生；种子条形 ············ **2. 红千层属 Callistemon**
            4. 基出脉；花绿白色，花丝合生成5束并与花瓣对生；种子近三角形 ····· **3. 白千层属 Melaleuca**
    2. 花瓣大而显著；雄蕊常短于花瓣；花常单生或2至数朵簇生 ············ **4. 薄子木属 Leptospermum**
1. 叶对生或轮生，或二者兼而有之；浆果或核果状，稀蒴果（如为蒴果，则叶片细小）。
    5. 叶片细小，狭条形或披针形，仅具1中脉；蒴果（浙江种）··············· **5. 岗松属 Baeckea**
    5. 叶片较宽大，形状多样，具中脉及侧脉；浆果或核果状。
        6. 叶片具离基三出脉；雄蕊通常短于花瓣 ·································· **7. 桃金娘属 Rhodomyrtus**
        6. 叶片具羽状脉；雄蕊长于花瓣。
            7. 羽状脉常细密明显；花3至数朵排成聚伞花序或再排成圆锥花序；果实顶部有环状萼檐 ········
            ··· **6. 蒲桃属 Syzygium**
            7. 羽状脉疏离或不明显；花1～3朵腋生或数朵排成聚伞花序；果实顶部有宿存萼裂片。
                8. 叶片薄革质，揉碎有明显香气，油点明显可见，羽状脉不甚明显；花瓣4或5，两面同色；子房2或3室，每室具多数胚珠，花柱丝状 ···································· **8. 香桃木属 Myrtus**
                8. 叶片厚革质，揉碎无特别气味，油点不明显，羽状脉疏离；花瓣通常4，两面异色；子房4室，每室具数枚胚珠，花柱粗壮 ·· **9. 南美稔属 Acca**

❶ 桉属 Eucalyptus L'Her.

常绿乔木或灌木。常有脂状树胶及浓烈气味。叶多型：幼态叶常对生，具柄或无柄；成树叶互生，革质，全缘，具柄，有透明油点，侧脉多数，具边脉；过渡叶形态介于两者之间。伞形花序，或再组成圆锥花序，腋生或顶生；萼裂片与小型花瓣结合成1帽状体，开花时帽状体横裂脱落；雄蕊多数，远长于花瓣，常分离；子房与花萼筒合生，顶端多少隆起，3～6室，胚珠多数，花柱不分裂。蒴果顶部常具由宿存花盘扩大形成的果缘和3～6果瓣。种子多数，细小，具棱角，稀有翅。

约700种，主要原产于澳大利亚。我国引种约110种，广泛栽培于华东南部、华中南部、华南、西南；浙江引种桉树历史已逾110年，引种过的桉树达70余种，本志仅收录目前常见栽培并生长较好的8种。

本属树种生长快，树干通直，多为优良绿化、材用或沿海防护林树种；提取的桉油可用于食品、化工原料及药用。

分种检索表

1. 树皮薄，片状或长条片状剥落，全体光滑，或树干基部粗糙而以上光滑。
   2. 树皮片状剥落，全体光滑；果瓣藏于萼筒内。
      3. 树皮灰白色；幼态叶盾状着生，被腺毛，基部圆形，有叶柄；圆锥花序；蒴果小，壶形，直径约1 cm ·· **1.柠檬桉 E. citriodora**
      3. 树皮灰蓝色；幼态叶基部着生，被白粉，基部心形，无叶柄；花单生或2朵、3朵聚生；蒴果大，半球形，直径2～2.5 cm ·················· **8.蓝桉 E. globulus**
   2. 树干基部树皮宿存而粗糙，之上脱落而光滑；果瓣多少突出于萼筒口。
      4. 幼态叶下面有白粉；花梗长2～4 mm；果瓣3或4 ············ **2.邓恩桉 E. dunnii**
      4. 幼态叶下面无白粉；花梗长4～10 mm；果瓣4或5。
         5. 树皮脱落后树干呈灰白色；小枝明显下垂；幼态叶宽达5～10 cm；帽状体渐尖，长为萼筒的3倍 ·· **4.细叶桉 E. tereticornis**
         5. 树皮脱落后呈暗灰色；小枝通常不下垂；幼态叶宽2.5～4 cm；帽状体近先端急骤收缩，尖锐，长为萼筒的2倍 ············ **5.赤桉 E. camaldulensis**
1. 树皮厚，不脱落，粗糙。
   6. 成树叶宽达4～8 cm，边脉距叶缘1～1.5 mm；花序梗压扁状；蒴果圆筒形至壶形，长1～1.5 cm，直径1～1.2 cm，果瓣3或4，深藏于萼筒内 ············ **3.大叶桉 E. robusta**
   6. 成树叶宽仅1～2 cm，边脉靠近叶缘；花序梗圆柱形或稍扁；蒴果钟形、碗形或近球形，高不逾1 cm，直径0.6～1.2 cm，果瓣4，突出于萼筒口。
      7. 小枝下垂；幼态叶条形或狭披针形，宽0.4～0.8 cm；成树叶柄长约1.5 cm；帽状体长约为萼筒的2倍；蒴果近球形，果缘宽而隆起 ·················· **6.窿缘桉 E. exserta**
      7. 小枝通常不下垂；幼态叶卵圆形至阔披针形，宽可达7.5 cm；成树叶柄长1.5～3 cm；帽状体稍长于萼筒；蒴果碗形或倒圆锥形，果缘狭而几不隆起 ·················· **7.野桉 E. rudis**

1. 柠檬桉 （图5-317）
Eucalyptus citriodora Hook. f.

大乔木。树皮灰白色，片状剥落，光滑。幼态叶叶片披针形，有腺毛，基部圆形，叶柄盾状着生；成树叶狭披针形，长10～15cm，宽约1cm，稍弯曲，两面有黑色腺点，揉之有浓厚的柠檬气味，侧脉与中脉的夹角为40°～60°；叶柄长1.5～2cm。圆锥花序腋生；花梗长3～4mm，有2棱；花蕾长倒卵形，长6～7mm；花萼筒卵形，长5mm；帽状体半球形，长1.5mm，稍宽于萼筒，先端圆，有1小尖突；雄蕊长6～7mm，花药椭圆形，背部着生。蒴果壶形，长1～1.2cm，直径约1cm，果缘宽而下陷，果瓣3或4，藏于萼筒内。花期8—12月，次年11月果熟。

原产于澳大利亚。华南、西南及福建等地有栽培。温州及玉环有栽培。

为重要的沿海防护林树种。

图5-317　柠檬桉

2. 邓恩桉 （图5-318）
Eucalyptus dunnii Maiden

大乔木。下部树皮粗糙，褐色，薄，易剥落，上部树皮脱落后光滑，灰白色带蓝灰色、绿色或具黄色斑块，长条带状剥落。幼态叶对生或近对生，较宽短，长不超过15cm，宽达6.5cm，具明显的叶柄，宽卵形、三角状卵形或卵状心形，下面有白粉；成树叶互生，阔披针形至镰刀状披针形，长15～34cm，两面同色，光滑；具柄。伞形花序腋生，具3～8花；花序梗长8～12mm；花梗长2～4mm；花蕾卵形，长6～10mm，直径4～6mm；帽状体圆锥形或半球形。蒴果半球形至陀螺形，高约6mm，直径约9mm，果瓣3或4，突出于花萼筒口。种子黑色，有光泽。花期8—9月，果期次年5—6月。

原产于澳大利亚的新南威尔士州和昆士兰州。我国南方各地多有引种。全省各地尤以沿海地区常见栽培。

多作沿海防护林树种，速生，耐寒、耐旱能力均较强，造林成活率高。

图5-318 邓恩桉

3. 大叶桉 桉 （图5-319）
Eucalyptus robusta Smith

大乔木。树皮深褐色，厚而稍松软，有不规则斜裂沟，宿存；嫩枝有棱。幼态叶对生，披针形至卵圆形，长10～11cm，宽3～7cm，具柄；成树叶互生，卵状披针形，革质，不对称，长10～18cm，宽4～8cm，侧脉较明显，与中脉夹角为65°～80°，两面均有腺点，边脉离叶缘1～1.5mm；叶柄长1.5～2.5cm。伞形花序粗大，具5～10花；花序梗压扁状，长2～3cm；花梗短，长3～4mm；花蕾长1～2cm，宽7～10mm；花萼筒倒圆锥形，长7～9mm，宽6～8mm；帽

状体约与萼筒等长，先端收缩成喙；雄蕊长1~1.2cm，花药椭圆形，纵裂。蒴果圆筒形至壶形，长1~1.5cm，直径1~1.2cm，果缘薄，稍隆起，果瓣3或4，深藏于萼筒内。花期8—9月，果期次年8—9月。

原产于澳大利亚。广东、广西、四川、云南等地有栽培。舟山、宁波、台州、温州及青田等地有栽培。

常作防护林或景观树种。

图5-319　大叶桉

4. 细叶桉（图5-320）
Eucalyptus tereticornis Smith

大乔木，高可达25m。树皮灰白色，光滑，长片状脱落，基部有宿存树皮；嫩枝圆柱形，纤细，下垂。幼态叶对生，卵形至宽披针形，长6~16cm，宽5~10cm；成树叶互生，狭披针形至披针形，长10~25cm，宽1~2.5cm，稍弯曲，侧脉与中脉的交角为40°~60°；叶柄长1.5~2.5cm。伞形花序腋生，具5~8花；花序梗圆柱形，长1~1.5cm；花梗长3~6mm；花蕾长卵形，长1~1.5cm；花萼筒略呈半球形，长2.5~3mm；帽状体渐尖，长7~10mm；雄蕊长6~9mm，花药长倒卵形，纵裂。蒴果近球形，长6~9mm，直径8~10mm，果瓣4或5，突出于萼筒口，果缘宽而隆起。花期2—3月，次年10月果熟。

原产于澳大利亚。福建、广东、广西等地有栽培。台州、温州有栽培。

多作沿海防护林树种。

图 5-320　细叶桉

5. 赤桉（图5-321）

Eucalyptus camaldulensis Dehnh.

大乔木，高达25m。树皮片状剥落，暗灰色，平滑，基部有宿存树皮；嫩枝柱圆形，最嫩部分略有棱。幼态叶对生，阔披针形至卵形，长6～9cm，宽2.5～4cm，有柄；成树叶互生，狭披针形至披针形，长6～30cm，宽1～2cm，稍弯曲，侧脉与中脉夹角为40°～50°；叶柄长1.5～2.5cm。伞形花序腋生，具5～8花；花序梗圆柱形，纤细，长1～1.5cm；花梗长5～7mm；花蕾卵形，长6～10mm，宽4～5mm；花萼筒半球形，长3mm；帽状体近先端急剧收缩，尖锐，长6mm；雄蕊长5～7mm，花药椭圆形，纵裂。蒴果近球形，长6～8mm，直径5～6mm，果瓣弯曲，通常4，突出于萼筒口，果缘宽而隆起。花期4—7月，次年11月果熟。

原产于澳大利亚。福建、广东、广西、四川、云南也有栽培。本省东部及南部沿海地区多有栽培。

较耐寒，为优良的防护林树种。

图 5-321　赤桉

6. 窿缘桉（图 5-322）

Eucalyptus exserta F. Müll.

乔木，高可达 20m。树皮灰褐色，稍坚硬，有纵沟，宿存；嫩枝纤细，常下垂。幼态叶对生，条形或狭披针形，长 4～10cm，宽 0.4～0.8cm，有短柄；成树叶互生，狭披针形，长 10～20cm，宽 0.5～1.5cm，稍弯曲，两面散生黑色小腺点，侧脉与中脉夹角为 40°～50°，边脉靠近叶缘；叶柄长约 1.5cm，纤细。伞形花序腋生，具 5～8 花；花序梗圆柱形或稍扁，长 6～12mm；花梗长 3～4mm；花蕾长卵形，长约 10mm，

图 5-322　窿缘桉

宽5mm；花萼筒半球形，长2.5～3mm；帽状体圆锥形，先端渐尖，长约为萼筒的2倍；雄蕊6～7mm，药室平行，纵裂。蒴果近球形，长5～9mm，直径6～7mm，果缘宽而隆起，果瓣4，突出于萼筒口。花期7—8月，次年6月果熟。

原产于澳大利亚。华南各地广泛栽培。台州、温州有栽培。

为优良的防护林树种。

7. 野桉 （图5-323）
Eucalyptus rudis Endl.

乔木，高10～15m。树皮黑色，粗糙，宿存，但在大枝上常呈条片状剥落而光滑。幼态叶对生，卵圆形至阔披针形，长约10cm，宽可达7.5cm，叶柄短；成树叶互生，狭披针形至宽披针形，长10～15cm，宽1～2cm或更宽，侧脉明显，与中脉夹角为40°～55°，边脉靠近边缘；叶柄长1.5～3cm。伞形花序腋生，具4～10花；花序梗圆柱形，长1～2.5cm；花梗长3～5mm；花蕾卵形，长9～12mm，宽5～9mm；花萼筒陀螺状，长4.5～5mm；帽状体先端渐尖成1尖头，长6.5～7mm；花丝纤细，花药卵形，纵裂，背部着生。蒴果碗形或倒圆锥形，顶部直径8～12cm，高4～7mm，果缘狭而几不隆起，果瓣4，突出于萼筒口。花期8—9月，次年8—9月果熟。

图5-323 野桉

原产于澳大利亚。福建、广东、广西等地有栽培。舟山、宁波、台州、温州及青田等地有栽培。

为重要的沿海防护林树种。

8. 蓝桉 （图5-324）
Eucalyptus globulus Labill.

大乔木。树皮灰蓝色，片状剥落；嫩枝略有棱。幼态叶对生，卵形，基部心形，无柄，有白粉；成树叶互生，革质，镰状披针形，长15～30cm，宽1～2cm，两面有腺点，侧脉不甚明显，与中脉夹角为35°～40°，边脉距叶缘约1mm；叶柄长1.5～3cm，稍扁平。花大，直径约4cm，单生或2朵、3朵聚生于叶腋，无花梗或极短；花萼筒倒圆锥形，高1cm，直径1.3cm，表面有4突起棱角和小瘤突，被白粉；帽状体稍扁平，中部为圆锥状突起，比萼筒短，2层，外层平滑，早落；雄蕊长8～13mm，多列，花丝纤细，花药椭圆形；花柱长7～8mm，粗壮。蒴果半球形，具4棱，直径2～2.5cm，果缘平而宽，果瓣不突出。花期9—10月，果期次年4—5月。

原产于澳大利亚的塔斯马尼亚岛。我国南方各地常有引种。温州有栽培。

为优美的景观树种和良好的防护林树种。

图5-324　蓝桉

❷ 红千层属　Callistemon R. Br.

常绿乔木或灌木。叶互生；叶片有油点，条形或披针形，全缘，羽状脉；有柄或无柄。花单生于苞片腋内，常排成穗状或头状花序，生于枝顶，花开后花序轴能继续生长；苞片脱落

九六 桃金娘科 Myrtaceae

性；无花梗；花萼筒卵形，萼裂片5，脱落；花瓣5，圆形，小而不显著；雄蕊多数，红色或黄色，分离或基部稍合生，常比花瓣长数倍；子房下位，与萼筒合生，3或4室，胚珠多数，花柱线形，柱头不扩大。蒴果全部藏于萼筒内，球形或半球形，先端平截，果瓣不伸出萼筒，顶部开裂，宿存于树上可达数年。种子条形。

约20种，原产于澳大利亚。我国引入约4种；浙江栽培3种。

分种检索表

1. 枝条直立或斜展。
   2. 叶片长条形，长5～9cm，宽3～6mm，侧脉不明显；蒴果直径大于高 ············ **1. 红千层 C. rigidus**
   2. 叶片狭椭圆形或倒披针形，长3～6cm，宽8～12mm，侧脉明显；蒴果高大于直径 ·····················
 ··· **2. 美花红千层 C. citrinus**
1. 枝条细长下垂 ··· **3. 垂枝红千层 C. viminalis**

1. 红千层 （图5-325）
Callistemon rigidus R. Br.

常绿灌木或小乔木。树皮灰褐色；嫩枝有棱，初时有长丝毛，后变无毛。叶互生；叶片坚革质，长条形，长5～9cm，宽3～6mm，先端尖锐，初时有丝状毛，不久脱落，油腺点明显，干后突起，中脉在两面均突起，侧脉不明显，边脉位于叶缘，突起；叶柄极短。穗状花序生于枝顶；花萼筒略被毛，萼裂片半圆形，近膜质；花瓣绿色，卵形，长6mm，宽4.5mm，有油腺点；雄蕊长2.5cm，鲜红色，花药暗紫色，椭圆形；花柱比雄蕊稍长，先端绿色，其余红色。蒴果半球形，高约5mm，直径约7mm，顶部平截，中间凹陷。种子条形，长约1mm。花期5—7月，果期9—12月。

图5-325 红千层

原产于澳大利亚。我国长江以南各地广泛栽培。本省南部和东部各地常有栽培,沿海地区较常见,在西北部易受冻害。

花枝如瓶刷,艳红可爱,为优美的园林观赏树种。

2. 美花红千层 （图5-326）
Callistemon citrinus (Curtis) Skeels

常绿灌木,高1～3m。树皮暗灰色,不易剥离;幼枝、嫩叶有白色柔毛,小枝紫红色。叶互生;狭椭圆形或倒披针形,长3～6cm,宽8～12mm,先端锐尖,基部楔形,有透明油点,中脉、侧脉在两面均较清晰;具短柄。穗状花序,有多数密生的花;苞片条形,有毛;花红色,无梗;花萼筒钟形,裂片5,脱落;花瓣5,脱落;雄蕊多数,花丝红色,花药黄色;子房下位。蒴果杯状,高约6mm,直径约4mm,顶部平截,中间凹陷。花期3—11月,一年可数次开花,果期近全年。

原产于澳大利亚的昆士兰州。华南及福建、武汉等地有引种栽培。海宁、杭州市区、萧山、临安、定海、象山等地有栽培。

树形美观,花序紧凑,花期绵长,为优美的园林观赏树种。

图5-326 美花红千层

3. 垂枝红千层　串钱柳　垂枝瓶刷子树 （图5-327）
Callistemon viminalis (Sol. ex Gaertn.) G. Don

常绿灌木或小乔木,高2～6m。树皮不规则纵裂;多分枝,枝条柔软下垂,嫩枝有棱和毛。叶互生;叶片狭条形或披针形,长6～10cm,宽3～7mm,先端尖锐,基部渐狭,具油点,揉碎有香气,侧脉不明显;无柄。穗状花序顶生,先端在花后继续伸长并长叶;雄蕊鲜红色,花药暗紫色,椭圆形;花柱稍长于雄蕊,红色,柱头绿色。蒴果半球形,直径约7mm,顶部平截。花期4—9月,果期8—12月。

九六　桃金娘科 Myrtaceae　　317

图 5-327　垂枝红千层

原产于澳大利亚。华南、西南及江苏、江西、福建、湖南等地常有栽培。温州及宁波市区（江北）、定海、玉环等地有栽培。

树形如垂柳，花序似瓶刷，色彩艳丽，为极美的观赏树种。

❸ 白千层属　Melaleuca L.

常绿乔木或灌木。叶互生，少数对生；叶片革质，披针形或条形，具油腺点，有基出脉数条；叶柄短或缺。花无梗，排成穗状或头状花序，有时单生于叶腋内，花序轴花后继续生长；苞片脱落；花萼筒近球形或钟形，萼裂片5，脱落或宿存；花瓣5，小而不显著；雄蕊多数，远长于花瓣，绿白色，花丝基部连合成5束，并与花瓣对生；子房下位或半下位，与萼筒合生，先端突出，3室，胚珠多数。蒴果半球形或球形，顶端开裂，可宿存2~3年。种子近三角形。

约100种，主要分布于大洋洲。我国引入3种；浙江栽培2种。

1. 白千层（亚种）（图5-328）
Melaleuca cajuputi Powell subsp. **cumingiana** (Turcz.) Barlow——*M. cumingiana* Turcz.

常绿乔木，高18m。树皮灰白色，厚而松软，呈纸状剥落；嫩枝灰白色。叶互生；叶片革质，披针形或狭椭圆状披针形，长4~10cm，宽1~2cm，两端尖，基出脉3或5，稀7，多油腺点，香气浓郁；叶柄极短。花白色，密集于枝顶呈穗状花序，长达15cm，花序轴常有短毛；花萼筒卵形,长3mm,有毛或无毛,萼裂片5,圆形,长约1mm;花瓣5,卵形,长2~3mm,宽3mm;雄蕊长约1cm,常5~8枚成束;花柱线形,比雄蕊略长。蒴果半球形,直径5~7mm。花期3—11月,每年可开数次,果期全年。

原产于澳大利亚。华南及福建等地有引种。温州及玉环有栽培。

常作行道树;树皮及叶可药用,有镇静安神的功效;枝叶含芳香油,可药用及制防腐剂。

图5-328　白千层

2. 溪畔白千层　大苞白千层
Melaleuca bracteata F. Müell.

常绿灌木或小乔木,高3~10m。树皮灰褐色,深纵裂;枝叶浓密;小枝纤细,灰白色,嫩时被柔毛。叶互生;叶片薄革质,绿色,狭条状披针形至狭条形,长1~2.5cm,宽1~2mm,先端渐尖,基部渐狭,密被油腺点,具香气,基出脉3或5;无柄。穗状花序顶生,花乳白色。花期夏、秋季。

原产于澳大利亚。原种浙江无引种,栽培的是其品种千层金(黄金香柳)'Revolution Gold'(图5-329),叶片呈金黄色或鹅黄色,未见结果。华东、华中、华南、西南普遍栽培;全省各地园林中常见栽培,尤以温州为多。

适应性强，具有较强的耐寒及固坡护岸能力；树叶浓密，叶色金黄，为优良的观赏树种。

与白千层的主要区别在于后者为乔木；树皮灰白色，呈纸状剥落；叶片长4~10cm，宽1~2cm，绿色。

图5-329　千层金

4 薄子木属 Leptospermum J.R. Forst. et G. Forst.

乔木或灌木。叶互生；叶片通常小型而狭长，全缘，三出脉，具油腺点，有香气；叶柄短或近无。花两性，单生或2至数朵簇生，顶生或腋生；花萼筒与子房合生，萼片5，宿存或脱落；花瓣5（有时重瓣），白色、粉色或红色，较大而显著；雄蕊多数，通常短于花瓣，分离或基部连合成5束，药隔末端有腺体；子房下位或半下位，(2)3~5室，每室具少数至多数倒生胚珠，花柱单一，柱头不裂，偶为2浅裂。蒴果木质，坚硬，顶部开裂。

80余种，主产于澳大利亚，极少数分布于新西兰和马来西亚。我国引种约4种，主要栽培于华南、西南及福建等地；浙江栽培1种。

松红梅 （图5-330）

Leptospermum scoparium J.R. Forst. et G. Forst.

常绿灌木，高1～2.5m。树皮粗糙；分枝多而纤细，小枝红褐色，常有棱，新梢通常具绒毛。叶互生；叶片薄革质，狭长椭圆形或条状披针形，长0.7～2cm，宽0.2～0.6cm，先端渐尖，有锐尖头，基部渐狭，全缘，三出脉不甚明显，具油腺点，揉碎有香气；近无柄。花1或2朵生于小枝顶端；花萼筒碗状，萼裂片5，花后脱落；花瓣5或重瓣，花色因品种而异，有红色、粉红色、桃红色、白色等，直径0.8～1.2cm；雄蕊多数，短于花瓣，分离；子房半下位，无毛，花柱粗壮，柱头扁圆形，顶端微凹。蒴果，成熟时顶端5裂。花期3—6月，果期6—8月。

原产于澳大利亚、新西兰。我国长江以南各地及山东等地有引种。嘉兴、杭州、绍兴、宁波、舟山、金华、台州、温州等地园林中有栽培。

适应性强，花期长，为优美的园林花灌木。

图5-330　松红梅

5 岗松属 Baeckea L.

常绿灌木或小乔木。叶对生；叶片狭条形或披针形，全缘，有油腺点，仅具1中脉。花小，单生于叶腋或排列成聚伞花序；小苞片2，细小，脱落；花萼筒钟形或半球形，常与子房合生，萼裂片5，膜质，宿存；花瓣5，近圆形；雄蕊5～10或稍多；子房下位或半下位，2或3室，每室有数粒胚珠。蒴果。种子肾形，有棱角。

约70种，主要分布于澳大利亚。我国有1种；浙江亦有。

岗松 铁扫把 （图5-331）
Baeckea frutescens L.

常绿灌木，高0.6~1.8m。具多数直立纤细的分枝。叶对生；叶片狭条形，长5~10mm，宽约1mm，先端钝尖，有透明油点，揉碎有香气，上面扁平或有沟槽，下面隆起，中脉1，无侧脉；几无叶柄。花小，白色，单生于叶腋，直径2~3mm；花萼筒钟状，萼裂片5，三角形；花瓣近圆形，分离，长约1.5mm；雄蕊8或10；子房下位，3室，花柱短，宿存。蒴果长约2mm。种子扁平，有棱角。花期6—7月，果期9—11月。

产于台州市区（黄岩）、临海、仙居、乐清、平阳。生于海拔200m以下的低山丘陵向阳山坡疏林下、岩坡灌草丛中，为酸性土指示植物。分布于华南及江西、福建。东南亚及印度、澳大利亚、巴布亚新几内亚也有。

为阳性树种，耐干旱瘠薄，适作风景区困难地复绿的先锋树种；为公园、庭园岩景点缀的优良材料，还可用于制作盆景；全株可药用，有祛瘀、止痛、止血、生肌、杀虫等功效；枝叶可提制芳香油；枝条可扎扫帚。

图5-331　岗松

6 蒲桃属 Syzygium Gaertn.

常绿乔木或灌木。叶对生,稀轮生;叶片革质,有透明油点,具细密羽状脉。花3至多数,常排成顶生或腋生的聚伞花序或再组成圆锥花序;花萼筒倒卵状,萼裂片、花瓣通常各4或5,稀更多,花瓣多少连合,花后脱落;雄蕊多数,分离,长于花瓣,花蕾时内卷;子房下位,2或3室,每室有多数胚珠,花柱线形。果为浆果或核果状,顶端宿存有环状萼檐。种子通常1或2,种皮与果皮内壁常黏合。

约1200种,主要分布于亚洲热带地区。我国有81种;浙江有4种。

分种检索表

1. 叶片长不逾3cm,宽通常在2cm以下;叶柄长不逾3mm。
  2. 叶对生 ·· 1. 赤楠 S. buxifolium
  2. 常3叶轮生,稀对生。
    3. 叶片宽椭圆形、椭圆形、长椭圆形、倒卵形或近圆形,宽5～13mm;侧脉和中脉对光透明而清晰,边脉距叶缘宽0.5～1mm ·· 2. 轮叶赤楠 S. verticillatum
    3. 叶片狭椭圆形或狭倒披针形,宽5～7mm;侧脉对光不清晰,边脉紧贴叶缘 ·· 3. 轮叶蒲桃 S. grijsii
1. 叶片长4～6cm,宽2～3cm;叶柄长3～5mm ·································· 4. 华南蒲桃 S. austrosinense

1. 赤楠 (图5-332)

Syzygium buxifolium Hook. et Arn.

常绿灌木或小乔木,高达5m。嫩枝有4棱。叶对生;叶片革质,椭圆形或倒卵形,长1～3cm,宽1～2cm,先端圆钝,有时具钝尖头,基部宽楔形,侧脉不明显,边脉紧靠叶缘;叶柄长2～3mm。聚伞花序顶生,长约1cm;花梗长1～2.5mm;萼裂片浅波状;花瓣4,分离,长约2mm;雄蕊长2.5mm;花柱与雄蕊近等长。果实球形,直径5～7mm,成熟时呈亮黑色。花期6—8月,果期10—11月。

图5-332　赤楠

产于全省山区、丘陵。生于海拔800m以下的山坡林下、沟边或灌丛中。分布于华东、华中、华南及四川、贵州。日本南部、越南也有。

木材细致坚硬，可作工艺用材或制工具柄；果实可食或酿酒；为优良观赏植物，常作盆景材料。

2. 轮叶赤楠（图5-333）

Syzygium verticillatum (C. Chen) G.Y. Li et Z.H. Chen — *S. buxifolium* Hook. et Arn. var. *verticillatum* C. Chen

常绿灌木，高2m。小枝红褐色，有4~6棱。3叶轮生，稀对生；叶片革质，宽椭圆形、椭圆形、长椭圆形、倒卵形或近圆形，长1~2.5cm，宽0.5~1.3cm，先端圆、钝尖或急尖，基部楔形至宽楔形，侧脉和中脉在上面通常明显凹下，对光透明而清晰，边脉距叶缘宽0.5~1mm；叶柄长1~3mm。聚伞花序顶生，长约1cm；花梗长1~2.5mm；萼裂片浅波状；花瓣4，分离，长约2mm；雄蕊长2.5mm；花柱与雄蕊近等长。果实球形，直径6~9mm，成熟时呈亮黑色。花期6—8月，果期10月至次年1月。

产于衢州市区（衢江）、开化、常山、龙泉。生于海拔800m以下的山坡林下或沟边灌丛中；萧山、临安、宁波市区等地有栽培。分布于安徽、江西、福建、湖南、广东、广西、贵州。

用途同赤楠。

图5-333 轮叶赤楠

3. 轮叶蒲桃（图5-334）

Syzygium grijsii (Hance) Merr. et L.M. Perry

常绿灌木，高1~2m。嫩枝纤细，具4棱。3叶轮生，稀对生；叶片革质，狭椭圆形至狭倒披针形，长1.5~2.4cm，宽5~7mm，先端钝或略尖，基部楔形，侧脉对光不清晰，边脉紧贴叶缘；叶柄长1~2mm。聚伞花序顶生或腋生，长1~2cm；花梗长2~3mm；萼裂片极短，钝头；花瓣4，分离，近圆形，长约2mm；雄蕊长约5mm；花柱略长于雄蕊。果实球形，直径4~5mm，成熟时呈紫黑色。花期7—9月，果期10—12月。

产于丽水及宁海、衢州市区（衢江）、开化、瑞安、泰顺等地。常生于低海拔的山区沟谷中或溪滩边；宁波市区（镇海）、金华市区（婺城）等地有栽培。分布于华东、华中及广东、广西、贵州。

用途同赤楠。

图5-334　轮叶蒲桃

4. 华南蒲桃（图5-335）

Syzygium austrosinense (Merr. et L.M. Perry) Hung T. Chang et R.H. Miau

常绿灌木或小乔木，高达5m。嫩枝有棱，干后呈褐色。叶对生；叶片革质，椭圆形或披针形，长4～6cm，宽2～3cm，先端渐尖或钝，基部宽楔形；叶柄长3～5mm。聚伞花序顶生或近顶生，长1.5～3cm；花梗长2～5mm；花蕾倒卵形；萼裂片短三角形；花瓣4，分离，长2.5mm；雄蕊长3～4mm；花柱与雄蕊等长。果实球形，直径6～7mm，成熟时呈紫黑色。花期6—8月，果期11—12月。

产于丽水、温州。常生于海拔600m以下的山坡、沟谷常绿阔叶林或灌丛中。分布于华南及江西、福建、湖北、湖南、四川、贵州等地。

木材坚硬，可作工艺用材。

图5-335　华南蒲桃

7 桃金娘属 Rhodomyrtus (DC.) Rchb.

灌木或乔木。叶对生；离基三出脉。花较大，1～3朵腋生；花萼筒陀螺状，萼裂片4或5，革质，宿存；花瓣4或5；雄蕊多数，分离，排成多列，通常比花瓣短；子房下位，1～3室，每室有2列胚珠，或于2列胚珠间出现假隔膜而成2～6室，花柱线形，柱头头状或盾形。浆果球形或卵状壶形。种子多数，肾形或近圆形，扁平。

约18种，分布于亚洲热带地区和大洋洲。我国有1种；浙江亦有。

桃金娘（图5-336）
Rhodomyrtus tomentosa (Aiton) Hassk.

常绿灌木，高1～1.5m。幼枝密被柔毛。叶对生；叶片革质，椭圆形或倒卵形，长2.5～6cm，宽1～3.5cm，先端钝，基部宽楔形，上面初时有毛，后无毛，下面被灰色短绒毛，离基三出脉，网脉明显；叶柄长4～7mm。花常单生，粉红色，直径2～3cm；花萼筒钟状，长5～6mm，萼裂片5，圆形，宿存，与萼筒均被灰色短绒毛；花瓣5，倒卵形，长1～1.5cm，外面被灰色短绒毛；雄蕊红色，长6～7mm；子房3室，花柱长1cm。浆果卵状壶形，长1.5～2cm，直径1～1.5cm，成熟时呈暗紫

图5-336 桃金娘

色。种子每室2列。花期4—5月，果期9—10月。

产于温州市区（瑶溪）、洞头、平阳（南雁荡山、水头）、苍南（北关岛、南关岛）。生于海拔200m以下的山坡灌丛中，为酸性土指示植物。分布于华南及江西、福建、湖南、贵州、云南。东南亚、南亚及日本也有。

果可食；根可药用，有清热利湿、凉血止血的功效；花大色美，可供观赏。为浙江省重点保护野生植物。

⑧ 香桃木属 Myrtus L.

常绿灌木，少为乔木。叶对生，羽状脉不甚明显，揉碎有明显香气，油点明显。花单生于叶腋或数朵排成聚伞花序；花萼筒陀螺形，几与子房贴生，裂片4或5；花瓣4或5；雄蕊多数，分离，排成多轮，较花瓣为长，药室纵裂；子房2或3室，每室有多数胚珠，花柱丝状，柱头小，近头状。浆果近球形，顶端有宿萼。种子1至数粒，肾形。

约100种，分布于热带和亚热带地区。我国引种1种；浙江也有栽培。

香桃木 （图5-337）
Myrtus communis L.

常绿灌木，高0.5～2m。小枝具4棱，幼嫩部分稍被腺毛。叶交互对生或3枚、4枚轮生；叶片薄革质，揉碎具香气，卵形至卵状披针形，长1.5～3.5cm，宽0.5～1cm，先端渐尖，基部楔形，上面亮绿色，下面淡绿色，除中脉和边缘偶有毛外，余皆无毛，油点清晰可见；叶柄长不及3mm。花芳香，直径约2cm，单生于叶腋，花梗细长；萼裂片5，三角状卵形；花瓣5，白色，倒卵形，顶端钝或圆，被腺毛，边缘较密；雄蕊多数，离生，与花瓣近等长，花药黄色。浆果椭球形，长1～1.5cm，蓝黑色，无毛，顶部有5宿萼。花期6—7月，果期10—12月。

图5-337　香桃木

原产于地中海地区。我国长江以南各地常有栽培。全省各地多有栽培。

花、叶可提取精油，供制化妆品；园林中常供观赏。

本省园林中常见的栽培品种有花叶香桃木'Variegata'（图5-338），叶缘黄色或黄白色。

图5-338　花叶香桃木

⑨ 南美梾属　Acca O. Berg

常绿灌木或小乔木。叶对生，厚革质，揉碎几无气味，油点不明显，羽状脉疏离，上面亮绿色，下面有白色绒毛。花单生于叶腋，有长梗；花萼筒延长，顶端4裂；花瓣常4，两面异色，开放后两侧向上内卷；雄蕊多数，排成多列，伸出甚长，花药广椭圆形，药室平行，纵裂；子房4室，每室有数枚胚珠，花柱粗壮，柱头小。浆果椭球形，顶部有宿萼。种子有棱。

3种，分布于南美洲。我国引种1种；浙江也有栽培。

南美梾　菲油果　（图5-339）
Acca sellowiana (O. Berg) Burret——*Feijoa sellowiana* O. Berg

高1～5 m。小枝圆柱形，有灰褐色毛。叶对生，揉碎几无香气；叶片厚革质，椭圆形或卵状椭圆形，长6～8.5 cm，宽3～4 cm，先端圆或钝圆，有时微凹或有小尖头，基部楔形至近圆形，上面深绿色，下面密被灰白色短绒毛，中、侧脉在下面显著隆起，侧脉7或8对，在距叶缘2～3 mm处联结成边脉；叶柄长5～7 mm，被毛。花直径3～5 cm；花瓣4，偶5或6，倒卵形，上面紫红色，背面银白色，开放后沿两侧向上席卷而使花呈白色；雄蕊多数，花丝与花柱均呈红色，花药黄色。浆果椭球形，长2～2.5 cm，直径约1.5 cm，密被灰白色短绒毛，顶端有4宿萼。花期5—6月，果期9—10月。

原产于巴西、巴拉圭、乌拉圭和阿根廷。我国长江以南各地及山东等地有引种。嘉兴、杭州、湖州等地园林中有栽培。

较耐寒，枝叶茂密，花果俱佳，可供园林观赏；果味甜，可食用。

图 5-339　南美稔

九七　石榴科 Punicaceae

落叶灌木或小乔木。小枝常呈刺状；冬芽小；外面有2对鳞片。单叶对生、近对生或簇生；叶片全缘；无托叶。花单生，或数朵簇生，或组成聚伞花序，生于枝顶或叶腋；雄花与两性花同株；萼厚革质，近钟形，萼筒与子房贴生，高于子房，裂片5~8，宿存；花瓣5~8，多皱褶，覆瓦状排列，生于萼筒内；雄蕊多数，生于萼筒内壁上部；子房下位或半下位，心皮多数，1轮或2轮、3轮，初呈同心环状排列，后渐成叠生，底轮为中轴胎座，上面1或2轮为侧膜胎座，胚珠多数。浆果球形，果皮厚，革质，内有薄隔膜。种子多数，外种皮肉质，内种皮骨质。

1属，2种，原产于地中海至亚洲西部。我国引入1种；浙江也有栽培。

石榴属　Punica L.

属特征和分布与科同。

石榴（图5-340）
Punica granatum L.

落叶灌木或小乔木，高2~5m。全体无毛。小枝略呈四棱形，枝顶常呈锐尖长刺。叶对生或簇生；叶片纸质，长圆状披针形，长2~9cm，先端短尖、钝尖或微凹，上面绿色，有光泽，嫩叶常红色，下面中脉突起，有时有透明腺点；具短柄。花大，1至数朵顶生或腋生；花梗短或近无梗；花萼钟形，质厚，红色、橘红色或淡黄色，先端5~8裂，外面近顶端有1黄绿色腺体，边缘有小乳头状突起；花瓣与萼片同数，长1.5~3cm，稍高于萼裂片，红色、黄色或白色，皱缘；雄蕊多数，生于萼筒内壁上；通常具长花柱的花筒状，多结实，具短花柱的花钟状，不结实。浆果近球形，直径5~12cm或过之，颜色多样，果皮革质。种子多数，有棱角，外种皮肉质，可食用，内种皮骨质。花期5—7月，果期9—11月。

原产于伊朗、阿富汗等中亚地区。我国南北各地广泛栽培。全省各地均有栽培。

为重要水果、观赏和药用植物；外种皮可食用；果皮、根皮及花可药用，有收敛止泻及杀虫等功效；花大美丽，花期长，为优良的观赏树种。

本省各地栽培供观赏的尚有下列5个园艺品种：白石榴'Albesens'（图5-341），花白色，单瓣，重瓣者称"重瓣白石榴"；黄石榴'Flavescens'（图5-342），花微黄而带白色，萼片淡黄色；玛瑙石榴'Legrellei'（图5-343），花大，重瓣，花瓣红色、粉红色或具黄白色条纹；月季石榴（四季石榴）'Nana'（图5-344），矮小灌木，叶片条状披针形，花红色，多单瓣，花期长，果小，成熟时呈粉红色，重瓣者称"重瓣月季石榴"；重瓣红石榴'Pleniflora'（图5-345），植株较高大，花大，重瓣，红色。

图 5-340　石榴

图 5-341　白石榴　　　　　　　　　图 5-342　黄石榴

图 5-343　玛瑙石榴　　　　图 5-344　月季石榴　　　　图 5-345　重瓣红石榴

九八 柳叶菜科 Onagraceae

一年生或多年生草本，稀灌木或小乔木。单叶，互生或对生；托叶小或不存在。花通常两性，辐射对称或两侧对称，单生于叶腋或为顶生的穗状、总状、圆锥花序；花管（系指由花萼、花冠或再加上花丝下部合生而成的结构）存在或不存在；花萼与子房合生，萼裂片（2）4或5；花瓣4或5，稀2或缺，有时先端凹缺；雄蕊与花瓣同数或为其2倍；花药常"丁"字形着生；子房下位，常4或5室，中轴胎座，花柱1，柱头头状、棍棒状或具裂片。蒴果、浆果或坚果。种子多数，稀1，无胚乳。

17属，约650种，广泛分布于全球温带与热带地区，以北温带地区居多。我国有6属，64种，广泛分布于全国各地；浙江有6属，24种。

本科拥有较多重要的花卉、香料、药用和油料植物。

分属检索表

1. 灌木或小乔木，有时呈草本状；花通常下垂；浆果 ················· **2. 倒挂金钟属 Fuchsia**
1. 草本，稀亚灌木；花不下垂（有时仅花蕾时下垂）；果为蒴果或不开裂的坚果状蒴果。
   2. 叶对生，但花序轴上的叶互生并呈苞片状，或下部叶对生（稀轮生）而上部叶互生。
      3. 叶对生，但花序轴上的叶互生并呈苞片状；萼裂片2；花瓣2；雄蕊2；子房2室；果实有钩状毛；种子无种缨 ················· **3. 露珠草属 Circaea**
      3. 下部叶对生（稀轮生）而上部叶互生；萼裂片4；花瓣4；雄蕊8；子房4室；果实无钩状毛；种子具种缨 ················· **6. 柳叶菜属 Epilobium**
   2. 叶互生，稀对生（匍匐丁香蓼）。
      4. 叶片通常全缘；萼裂片花期不反折；多为水生或湿生植物 ················· **1. 丁香蓼属 Ludwigia**
      4. 叶片全缘、有锯齿或缺裂；萼裂片花期明显反折；通常为旱生植物。
         5. 花两侧对称；果实成熟时不开裂，具1~4种子 ················· **4. 山桃草属 Gaura**
         5. 花辐射对称；果实成熟时开裂，具多数种子 ················· **5. 月见草属 Oenothera**

① 丁香蓼属 Ludwigia L.

多年生或一年生草本，稀灌木或小乔木，多为水生植物。叶互生，稀对生；叶片常全缘。花单生于叶腋，或组成顶生的穗状、总状花序；小苞片2或无；萼片通常4或5，宿存；花瓣与萼片同数或无，黄色，稀白色；雄蕊与萼片同数或为萼片的2倍；子房下位，4或5室，花柱单一，柱头头状。蒴果细圆柱状或长圆球状，顶孔开裂或不规则开裂。种子多数，近球形、椭球形或不规则肾形，光滑无毛。

约82种，广泛分布于泛热带地区，少数种可分布至温带地区。我国有9种，产于华东、华南、西南；浙江有7种。

分种检索表

1. 茎直立，有时基部斜升。
  2. 茎、叶明显被开展的粗毛或细柔毛。
    3. 萼片和花瓣均为4，稀5 ·· **1. 毛草龙 L. octovalvis**
    3. 萼片和花瓣常为5，偶4、6或7 ·································· **2. 细果草龙 L. leptocarpa**
  2. 茎、叶无毛或近无毛 ·· **5. 丁香蓼 L. epilobioides**
1. 茎横向浮水或匍匐于地面，有时先端斜升。
  4. 茎横向浮水，有时先端斜升。
    5. 花乳白色；叶片倒卵形、椭圆形或倒卵状披针形，先端常钝圆 ············ **3. 水龙 L. adscendens**
    5. 花黄色；叶片长圆形或倒卵状长圆形，先端常锐尖，有时稍钝 ··
    ·· **4. 黄花水龙 L. peploides** subsp. **stipulacea**
  4. 茎匍匐，有时先端斜升。
    6. 叶互生；无花瓣 ·· **6. 卵叶丁香蓼 L. ovalis**
    6. 叶对生；有花瓣 ·· **7. 匍匐丁香蓼 L. repens**

1. 毛草龙 草龙 水丁香 （图5-346）

Ludwigia octovalvis (Jacq.) P.H. Raven

多年生粗壮草本，有时呈亚灌木状，高0.5～2m。全株多分枝，常被开展的黄褐色粗毛。叶互生；叶片披针形至条状披针形，长4～12cm，宽0.5～2.5cm，先端渐尖或长渐尖，基部渐狭，侧脉9～17对，在近边缘处环结；叶柄短。花单生于叶腋；萼片4，卵形，长6～9mm，基出3脉；花瓣4，稀5，黄色，

图 5-346　毛草龙

近菱形或倒心形，先端钝圆形或微凹；雄蕊8；花柱与雄蕊近等长，柱头近头状，4浅裂；花盘隆起，基部具白毛。蒴果圆柱形，具8棱，绿色至紫红色，长2.5～3.5cm，被粗毛，成熟时不规则室背开裂。种子近球形或倒卵形，褐色，每室多列，离生，种脊明显，表面具横条纹。花果期8—12月。

产于洞头、平阳、苍南、泰顺。生于田沟边、路旁。分布于华南、西南及江西、福建。全世界广泛分布。

2. 细果草龙　细果毛草龙　（图5-347）
Ludwigia leptocarpa (Nutt.) H. Hara

一年生或多年生草本，高可达2m。全株疏被开展的细柔毛。茎基部稍呈木质化。叶互

图5-347　细果草龙

生;叶片披针形或条状披针形,长2~13cm,宽0.4~1.8cm,先端渐尖,基部楔形;叶柄长0.2~2cm。花通常单生于叶腋;萼片和花瓣常为5,偶4、6或7;萼片三角状卵形;花瓣黄色,宽倒卵形,长约5mm;雄蕊数为萼片的2倍。蒴果条状圆柱形,长达4cm,具短柄,表面被开展细柔毛,有浅沟,成熟时不规则室背开裂。种子暗棕色,有细洼点。花果期7—12月。

原产于美国;在美洲、非洲的热带和亚热带地区广泛归化。我国目前仅江苏、浙江有归化报道。湖州市区、嘉善、杭州市区、临安、建德、诸暨、鄞州、温岭等地有归化。

3. 水龙 过江藤 （图5-348）
Ludwigia adscendens (L.) H. Hara

多年生浮水或上升草本。浮水茎长可达3m,上升茎高达60cm,节上常簇生根状浮器,具多数须状根;植株通常无毛,但陆生的茎枝上常被柔毛。叶互生;叶片倒卵形、椭圆形或倒卵状披针形,长3~6.5cm,宽1.2~2.5cm,先端常钝圆,基部狭楔形,侧脉6~12对;叶柄长3~15mm。花单生于上部叶腋;萼片5,三角形至三角状披针形;花瓣乳白色,倒卵形,长8~14mm,宽5~9mm,先端圆形,基部淡黄色;雄蕊10,花丝白色;花盘隆起,近花瓣处有蜜腺;花柱白色,柱头近球状,5裂,淡绿色。蒴果淡褐色,圆柱状,具10纵棱,长2~3cm,直径3~4mm,不规则室背开裂。种子淡褐色,椭球形,在每室单列纵向排列,牢固地嵌入木质内果皮中。花期5—8月,果期8—11月。

产于武义、温州市区、泰顺。生于水田中、池塘中或水沟旁。分布于华南及福建、江西、湖南、云南。东南亚、南亚及澳大利亚也有。

全草可入药,有清热解毒、利尿消肿的功效,也用于治疗蛇伤;可作猪饲料。

图5-348 水龙

4. 黄花水龙(亚种)(图5-349)

Ludwigia peploides (Kunth) P.H. Raven subsp. **stipulacea** (Ohwi) P.H. Raven—*L. adscendens* (L.) H. Hara var. *stipulacea* (Ohwi) H. Hara

多年生浮水或上升草本。浮水茎长可达3m，上升茎高达60cm，节上常簇生根状浮器，具多数须状根；植株通常无毛。叶互生；叶片长圆形或倒卵状长圆形，长3～9cm，宽1～2.5cm，先端常锐尖，有时稍钝，基部狭楔形，侧脉7～11对。花单生于上部叶腋；萼片5，三角形；花瓣黄色，倒卵形，长7～13mm，宽5～10mm，先端钝圆或微凹，基部常有深色斑点；雄蕊10，花丝鲜黄色；花盘稍隆起，基部有蜜腺；花柱黄色，柱头扁球状，5深裂，黄色。蒴果浅褐色，圆筒状，具10纵棱，长1～2.5cm。种子椭球形，每室单列纵向排列，嵌入木质内果皮中。花期5—10月，果期8—12月。

产于杭州、宁波、丽水、温州及长兴、德清、嘉兴市区、诸暨、永康、天台。成片生于池塘和水沟中。分布于安徽、江西、福建、台湾和四川。日本也有。

与台湾水龙 *L.* × *taiwanensis* C.I. Peng 十分相似，有研究认为台湾水龙是黄花水龙(2倍体)与水龙(4倍体)的一个3倍体杂交种，花不完全发育，不能结实，靠无性方式繁殖后代，生活力很强。《中国植物志》记载浙江有分布，但作者未见标本，调查也未及，是否有分布尚待调查证实，本志暂不收录。

图5-349 黄花水龙

5. 丁香蓼 假柳叶菜 （图5-350）

Ludwigia epilobioides Maxim.

一年生草本，株高20～100cm。茎多分枝，具纵棱，常带红紫色，无毛或近无毛。叶互生；叶片披针形或长圆状披针形，长2～8cm，宽0.4～2cm，先端渐尖，基部楔形，两面近无毛或脉上疏生柔毛。萼片4或5，稀6，三角状至卵状披针形，无毛或疏被柔毛；花瓣4，黄色，狭匙形，无毛，基部具2苞片；雄蕊与萼片同数；子房密被短毛，柱头球形。蒴果四棱柱形，5室，稀4室，长1.5～3cm，宽1.5～2mm，褐色，稍带紫色，近无柄，不规则室背开裂。种子斜嵌埋于内果皮中，每室1或2行，长卵形，一端锐尖，种脐狭，条形。花期8—10月，果期9—11月。

产于全省各地。生于低海拔的山沟边、水边、田边、湿地中。分布于华东、华中、华南、华北、东北各地。日本、越南也有。

图5-350　丁香蓼

6. 卵叶丁香蓼 （图5-351）
Ludwigia ovalis Miq.

多年生草本。全株近无毛。茎柔软而匍匐，长达50cm，茎枝顶端上升，节上生根。叶互生；叶片卵形至椭圆形，长1~2.2cm，宽0.5~1.5cm，先端锐尖，基部骤狭成具翅的柄，侧脉4~7对，无毛；叶柄长2~7mm。花单生于茎枝上部叶腋，几乎无梗；基部具2条形小苞片；萼片4，卵状三角形，先端锐尖；花瓣无；雄蕊4，较萼片短；花盘隆起，绿色，4深裂；花柱绿色，柱头头状。蒴果近长圆形，具4棱，长3~5mm，果皮木栓质，不规则室背开裂。种子每室多列，淡褐色至红褐色，椭球形，两端稍尖，种脊明显，表面有纵横条纹。花期7—8月，果期8—9月。

产于杭州、宁波及衢州市区、兰溪、永康、莲都、遂昌、泰顺等地。生于塘湖边、田边、沟边、草坡上或沼泽湿润处。分布于江苏、安徽、江西和台湾。日本也有。

图5-351 卵叶丁香蓼

7. 匍匐丁香蓼　匍生水丁香 （图5-352）
Ludwigia repens J.R. Forst.

常绿挺水或沉水草本。茎匍匐生长，长达100cm，节上生根，气生根红色，水生根白色。叶对生；叶片椭圆形或卵圆形，长0.8~5.7cm，宽0.4~2.1cm，顶端尖或钝，具短柄，基部狭窄下延，全缘，无毛，叶缘有小乳突状红色腺体。花单生于叶腋；花梗极短，基部具2对生的条状小苞片，长约1.5mm；萼片4，卵圆形，花时绿色，果时紫红色；花瓣4，常1或2枚较小，卵圆形或匙形，黄色，长约1.2mm；雄蕊4，着生于花瓣间；子房下位，花柱明显，稍长于雄蕊，柱头头状。蒴果浅黄色，具4棱，顶端有宿萼，长3~6mm。种子浅黄色。花果期5—10月。

原产于南美洲。杭州市区（余杭）、临安有归化。生于水田中或水沟边。

图 5-352　匍匐丁香蓼

❷ 倒挂金钟属 Fuchsia L.

灌木或亚灌木，稀小乔木。单叶互生、对生或轮生。花单生于叶腋，或排成总状或圆锥状花序；花美丽，具梗，常下垂；具由花萼、花冠及花丝一部合生构成的筒状至倒圆锥状花管；萼片4，镊合状排列；花瓣4或无，开展或反折；雄蕊8，排成2轮；子房下位，4室，胚珠多数，花柱细长，柱头头状或棒状，4裂或近全缘。浆果，4室，不开裂。种子多数或少至6粒，具棱。

约100种，主要分布于南美洲沿海及中美洲，少数分布于大洋洲的新西兰及塔希提岛。为著名观赏花卉，全世界普遍引种栽培。我国引种数种；浙江常见栽培1种。

倒挂金钟　吊钟海棠　（图5-353）
Fuchsia hybrida Hort. ex Siebert et Voss

灌木，高30～100cm。茎直立，多分枝，无毛或幼枝略有毛。叶对生；叶片卵形或狭卵形，长3～9cm，宽2.5～5cm，先端渐尖，基部浅心形或钝圆，边缘疏生细齿，两面被短柔毛；叶柄长2～3.5cm，常带红色。花常单生于茎枝上部叶腋，下垂；花管红色，筒状，上部较大，长1～2cm；萼片4，红色，长圆状或三角状披针形，常与花管近等长；花瓣宽倒卵形，先端微凹，有时重瓣，颜色因品种而异，有紫红色、紫黑色、蓝紫色、鲜红色、粉红色或纯白色等，覆瓦状排列；雄蕊8，外轮花丝较长，红色，伸出花管外，花药紫红色；柱头棍棒状，顶端4浅裂。浆果倒卵状椭球形。种子多数。花期4—9月。

原产于南美洲。世界各地广泛栽培，园艺品种众多。我国南北各地均有引种；全省各地常有栽培。

花形奇特、美丽，可供观赏。

图 5-353 倒挂金钟

❸ 露珠草属（谷蓼属） Circaea L.

多年生草本，具根状茎。叶对生，常有锯齿，花序轴上的叶则互生并呈苞片状。总状花序顶生或腋生。花白色或粉红色，2基数；具由花萼与花冠下部合生构成的花管；花萼裂片2，与花瓣互生；花瓣2，倒心形或菱状倒卵形，顶端有凹缺；子房1或2室，每室1胚珠，花柱与雄蕊等长或长于雄蕊，柱头2裂。果实坚果状，不开裂，外被硬钩毛。种子光滑。

8种，分布于北半球亚热带、温带和寒带地区。我国有7种；浙江有4种。

《浙江植物志》记载临安尚产水珠草（露珠草）*C. canadensis* (L.) Hill subsp. *quadrisulcata* (Maxim.) Boufford，但作者既未查到标本，野外调查也未及，故不予收录。

分种检索表

1. 植株较粗壮，高20～80cm；叶片长于3cm；果实倒卵形至近球形，具2种子。
  2. 茎、叶及花序轴均被毛；花瓣白色。
    3. 茎密被开展的短腺毛并混生长毛；叶片卵形或宽卵形，基部心形；果实纵沟不明显···················· **1. 露珠草 C. cordata**
    3. 茎被短曲毛；叶片披针形至卵形，基部楔形至宽楔形；果实具明显4纵沟··· **2. 南方露珠草 C. mollis**

2. 茎、叶及花序轴均无毛；花瓣粉红色·· 3. 谷蓼 C. erubescens
1. 植株纤弱，高5～25cm；叶片长1～3cm；果实棍棒状，具1种子·······························
　　·· 4. 高原露珠草 C. alpina subsp. imaicola

1. 露珠草　牛泷草　心叶谷蓼　（图5-354）
Circaea cordata Royle

多年生粗壮草本，高20～80cm。茎直立，密生短柔毛和短腺毛，并混生开展的长毛。叶对生；叶片卵形至宽卵形，中部的长4～11cm，宽4～7cm，基部常心形，先端短渐尖，边缘具锯齿至近全缘。总状花序顶生或腋生，长2～12cm；花管长0.6～1mm；萼片白色或淡绿色，花时反折；花瓣2，白色，倒卵形至阔倒卵形，先端凹缺深至1/2～2/3；蜜腺不明显，全部藏于花管之内。果实近球形或倒卵形，长2.5～3.5mm，纵沟不明显，密被钩状毛，并夹杂有头状腺毛。种子2。花期6—8月，果期7—9月。

产于杭州、丽水及安吉、开化、江山、磐安、仙居、文成、泰顺。生于海拔500～1500m的山谷水边、山坡草丛中及林下、林缘阴湿处。分布于东北、华北、华东、华中、西南及陕西、甘肃。北亚、东亚、南亚也有。

图5-354　露珠草

2. 南方露珠草　细毛谷蓼　（图5-355）

Circaea mollis Siebold et Zucc.

多年生草本，高25～150cm。茎直立，常多分枝，密被短曲柔毛。叶对生或在花序基部有时互生；叶片披针形至卵形，长3～16cm，宽2～5.5cm，基部楔形至宽楔形，先端渐尖至短尾尖，边缘近全缘至具锯齿，两面常有短伏毛。总状花序顶生或生于上部叶腋，长1.5～4cm，后期达20cm，常被毛；花管长0.5～1mm；萼片淡绿色或带白色，开花时伸展或略反折；花瓣2，白色，阔倒卵形，长约为萼片的1/2，先端下凹至1/4～1/2处；蜜腺明显，突出于花管之外。果实倒卵形，长2.6～3.5mm，具4条显著纵沟，密被钩状毛；果梗常明显反曲。种子2。花期7—9月，果期8—10月。

产于杭州、宁波、丽水、温州及诸暨、江山、义乌、武义、天台、临海。生于海拔380～1400m的山谷溪边林下。广泛分布于除西北外的全国各地。北亚、东亚、东南亚及印度也有。

图5-355　南方露珠草

3. 谷蓼 （图5-356）

Circaea erubescens Franch. et Sav.

多年生草本，高10～120cm。茎直立，不分枝或上部具分枝，无毛；茎与花序的节部常呈紫红色。叶对生；叶片披针形至卵形，长3～10cm，宽1～6cm，基部近圆形或阔楔形，先端短渐尖，边缘具锯齿，两面无毛。总状花序顶生或腋生于上部，长2～10cm，无毛；花管长0.5～0.8mm；萼片红色至紫红色，开花时反折；花瓣2，粉红色，倒卵形，先端2浅裂，裂片具细圆齿；蜜腺伸出于花管之外。果实倒卵形至阔卵形，长1.7～3.2mm，纵沟不明显，密被钩状毛，并夹杂有棒状腺毛。种子2。花期6—9月，果期7—9月。

产于丽水及安吉、临安、余姚、鄞州、奉化、天台、泰顺等地。生于海拔400～1500m的阴湿林下、山谷草丛中。分布于华东、西南及湖北、湖南、台湾、广西、陕西。日本、韩国也有。

图5-356　谷蓼

4. 高原露珠草　高山露珠草（亚种）（图5-357）

Circaea alpina L. subsp. **imaicola** (Asch. et Magnus) Kitam.— *C. alpina* auct. non L.

多年生草本，高5～25cm。茎直立，纤弱，被短柔毛。叶对生；叶片卵状三角形或宽卵状心形，长1～3cm，宽0.5～2.5cm，先端急尖，基部平截至近心形，边缘除基部外具明显浅牙齿。总状花序顶生或腋生，花后伸长；花极小，花管短或不存在；萼片矩圆状椭圆形至卵形；花瓣2，白色或粉红色，狭倒卵形至宽倒卵形，先端凹缺至1/4～1/2。果实棍棒状，长约2mm，无纵沟，密被钩状毛。种子1。花期6—9月，果期8—11月。

九八　柳叶菜科 Onagraceae

产于临安（清凉峰）、遂昌（九龙山）。生于海拔约1500m的山坡阴湿林下岩石边或苔藓中。分布于华东、西南、西北及山西、河南、湖北、台湾。越南、缅甸和印度也有。

图5-357　高原露珠草

4 山桃草属 Gaura L.

一年生、二年生或多年生草本。基生叶排成莲座状；茎生叶互生，向上渐小，常有锯齿。花序穗状或总状；花常于傍晚开放，两侧对称，具花管；萼片4，花时反折，花后脱落；花瓣4，白色或红色，具柄；雄蕊8，花丝基部有1鳞片状附属体；子房（3）4室，每室1胚珠，柱头4裂。蒴果坚果状，具3或4棱，不开裂。种子1～4，常卵状，柔软光滑。

约21种，主产于北美洲。我国引种栽培3种；浙江有2种。

1. 山桃草　千鸟花　白蝶花　（图5-358）
Gaura lindheimeri Engelm. et A. Gray

多年生丛生草本，高40～100cm。茎直立，被长柔毛和曲柔毛。基生叶椭圆状披针形或倒披针形，长3～9cm，宽5～11mm，边缘具波状齿，两面被近贴生的长柔毛；茎生叶向上渐小；无柄。穗状花序顶生，直立，长20～50cm；花近拂晓开放；萼片4，条状披针形，常带紫红色，花时反折；花瓣初白后粉，倒卵形或椭圆形，长1.2～1.5cm，宽5～8mm；花丝长8～12mm，花药带红色；柱头4裂，伸出花药之上。蒴果椭球形，长6～9mm，具明显的棱。种子1～4，卵形，淡褐色。花期5—9月，果期8—11月。

原产于北美洲。我国南北各地常有引种。全省各地常有栽培。

本省还栽培有2个品种：锡斯粉'Siskiyou Pink'（图5-359），花红色至紫红色；紫叶山桃草（紫叶千鸟花）'Crimson Bunerny'（图5-360），叶片紫色。

图5-358　山桃草

图5-359　锡斯粉

图5-360　紫叶山桃草

2. 小花山桃草 (图5-361)

Gaura parviflora Douglas ex Lehm.

一年生草本，高50~100cm。全株密被灰白色长毛与腺毛；茎直立，几不分枝。基生叶宽倒披针形，长5~15cm，宽1~3cm，基部渐狭下延至柄；茎生叶向上渐小。穗状花序顶生，长8~35cm；苞片条形，长2.5~10mm，宽0.3~1mm；花极小，傍晚开放；萼片4，条状披针形，花时反折；花瓣白色，后变红色，长倒卵形，长1.5~3mm，宽1~1.5mm；花丝长1.5~2.5mm，花药黄色；柱头4裂，围以花药。蒴果纺锤形，长5~10mm，具不明显4棱。种子3或4，卵形，红棕色。花期4—8月，果期6—10月。

原产于北美洲。河北、山东、江苏、安徽、福建、河南、湖北有引种，常逸为野生。长兴、莲都等地有逸生。

与山桃草的区别在于后者为多年生草本；花较大，花瓣长1.2~1.5cm，近拂晓开放；蒴果椭球形，具明显的棱。

图5-361 小花山桃草

5 月见草属 Oenothera L.

一年生、二年生至多年生草本，有时为亚灌木。叶互生；叶片全缘、具齿或分裂；有柄或无柄。花生于茎枝顶端，排成穗状、总状或伞房花序，常于傍晚开放，至次日日出后凋萎；具由花萼、花冠和部分花丝合生构成的圆筒状花管，花管至近喉部多少呈喇叭状；萼片4，反折；花瓣4，倒心形或倒卵形；雄蕊8，花药"丁"字形着生；子房下位，4室，胚珠多数。蒴果常具棱或翅，室背开裂。种子多数，每室排成2行。

约120种,分布于美洲温带至亚热带地区。我国引入约10种;浙江栽培或归化6种。

分种检索表

1. 植株较矮小,高在50cm以下;花瓣紫红色至粉红色。
    2. 花小,花瓣长6～9mm,花蕾时直立;叶片不裂 ·················· **1.粉花月见草 O. rosea**
    2. 花大,花瓣长2.5～4cm,花蕾时下垂;叶片常羽状分裂 ·········· **2.美丽月见草 O. speciosa**
1. 植株通常高大,高50～200cm(裂叶月见草例外);花瓣黄色。
    3. 花大,花瓣长2.5cm以上;茎直立,粗壮,高50～200cm。
        4. 茎生叶的叶片长椭圆状披针形;蒴果下部较粗;种子梭形,具棱角,表面具不整齐洼点。
            5. 花较小,花瓣长2.5～3cm;花管长2.5～3.5cm;柱头花时被花药所围 ··· **3.月见草 O. biennis**
            5. 花较大,花瓣长4～5cm;花管长3.5～5cm;柱头花时高于花药 ·· **4.黄花月见草 O. glazioviana**
        4. 茎生叶的叶片条状披针形;蒴果上部较粗;种子椭圆形,无棱角,表面具整齐洼点 ·· **5.待宵草 O. stricta**
    3. 花小,花瓣长在2cm以下;茎常匍匐或斜升,高10～50cm ·········· **6.裂叶月见草 O. laciniata**

1. 粉花月见草 (图5-362)

Oenothera rosea L. Hér. ex Aiton

多年生草本,高30～50cm。茎常丛生,多分枝,被曲柔毛。基生叶的叶片倒披针形,长1.5～4cm,宽1～1.5cm,开花时枯萎;茎生叶的叶片灰绿色,披针形,长3～6cm,宽1～2.2cm,两面被曲柔毛;叶柄长0.5～1.5cm。花单生于茎、枝顶部叶腋,日出时开放,花蕾时直立;花管淡红色,被曲柔毛;萼片绿色,带红色,开花时反

图5-362 粉花月见草

折再上翻；花瓣粉红色至紫红色，宽倒卵形，长6～9mm，具4或5对侧脉；雄蕊8，花丝白色至淡紫红色，花药粉红色至黄色，长圆状条形；子房狭椭圆状，花柱白色，柱头带红色，围以花药。蒴果棒状，长8～10mm，具4纵翅，翅间具棱。种子多数，卵状圆柱形，光滑。花期4—11月，果期9—12月。

原产于美国西南部、中美洲和南美洲；欧亚大陆、南非等地有栽培，并逸为野生。江苏、江西、贵州、云南等地有栽培，并有归化。杭州等地有栽培。

花美丽，可供观赏；根可入药，有消炎、降血压的功效。

2. 美丽月见草 （图5-363）
Oenothera speciosa Nutt.

多年生草本，高30～50cm。茎直立或斜升，被柔毛，下部常紫红色。叶互生；叶片披针形至倒卵形，长3～8cm，基部楔形，下部常羽裂，中上部具波状疏锯齿至全缘，两面被疏柔毛；叶柄长0.4～1.2cm。花常单生于枝端叶腋，被白色柔毛，花蕾时下垂；花管长1～2cm；花时萼片由绿色变浅黄色；花瓣长2.5～4cm，粉红色，具明显羽状脉纹，先端微凹，基部黄绿色；雄蕊黄色；柱头4裂，高于花药。蒴果棒状，长1～1.5cm。种子褐色，长约1mm。花期4—6月，果期6—8月。

原产于美国和墨西哥。我国广泛栽培并常有逸生。全省各地常见栽培，有时逸生。

为优美的观花植物；根可入药，有消炎、降血压的功效。

图5-363　美丽月见草

3. 月见草 （图5-364）
Oenothera biennis L.

二年生粗壮草本，常呈灌木状，高1~2m。茎被曲柔毛与开展的长毛，上部常混生短腺毛。基生叶莲座状，叶片倒披针形，长10~25cm；茎生叶的叶片长椭圆状披针形，向上逐渐变小。花序穗状，顶生；花夜间开放；花管长2.5~3.5cm，黄绿色或开花时带红色，被毛；萼片绿色，有时带红色，长圆状披针形，开放时自基部反折，但又在中部上翻；花瓣黄色，宽倒卵形，长2.5~3cm，宽2~2.8cm，先端微凹缺；雄蕊8，近等长；子房下位，圆柱状，具棱，柱头围以花药。蒴果锥状圆柱形，长2~3.5cm，下部较粗，具明显的8棱。种子梭形，具棱角，红褐色，表面具不整齐的洼点。花期5—8月，果期9—12月。

原产于北美洲，早期引入欧洲，后迅速传播至全球温带与亚热带地区。我国绝大部分地区均有栽培或逸生。全省各地多有栽培或归化。

为观赏花卉；种子含多种脂肪酸，可食用或药用；本种适应性极强，繁衍迅速，需注意控制。

图5-364 月见草

4. 黄花月见草 （图5-365）
Oenothera glazioviana Micheli

二年生至多年生草本，高可达1.5m。茎直立，粗壮，植株被曲柔毛和长毛，上部常混生短

腺毛。基生叶莲座状，叶片狭椭圆形至倒披针形，长15~25cm，宽4~5cm；茎生叶的叶片长椭圆状披针形，向上逐渐变小，基部渐狭下延为翅，边缘有浅波状细齿。花序穗状，生于茎顶；花管长3.5~5cm；萼片黄绿色，狭披针形；花瓣黄色，长4~5cm，凋谢时变橘红色；柱头4裂，高于花药。蒴果锥状圆柱形，向上渐狭，长2~3.5cm，下部较粗，具纵棱和红色沟槽。种子梭形，具棱角，常有一半败育，长1.3~2mm，褐色，表面具不整齐洼点。花期7—9月，果期8—12月。

源于栽培或野化于欧洲的一个杂交种，后迅速传播至全球并归化。东北、华北、华东、西南常见栽培，有时逸为野生。丽水、温州等地有逸生。

图5-365 黄花月见草

5. 待宵草 夜来香（图5-366）
Oenothera stricta Ledeb. ex Link—*O. odorata* auct. non Jacq.

一年生或二年生草本，高50~100cm。茎直立，被曲柔毛或伸展的长毛。基生叶狭椭圆形至线状倒披针形，长10~15cm，宽0.8~1.2cm；茎生叶互生，叶片条状披针形，由下向上渐小，基部心形，边缘每侧疏生6~10齿突；无柄。花疏生于茎、枝中部以上叶腋，呈穗状，夜间开放，芳香；苞片叶状，长2~3cm；花管长2.5~4.5cm；萼片黄绿色，披针形，开花时反折；花瓣黄色，基部具红斑，宽倒卵形，长约3cm，先端微凹；雄蕊8，等长；子房下位，柱头围以花药。蒴果圆柱状，长2.5~3.5cm，上部较粗，略有4钝棱。种子椭圆形，无棱角，淡褐色，表面具整齐洼点。花期4—10月，果期6—11月。

原产于南美洲；世界各地多有引种栽培，并常有逸生。华东、华南及贵州、云南、陕西等地有栽培或归化。杭州市区、建德等地有栽培。

花香美丽,常栽培供观赏,也可提制芳香油;种子可榨油食用和药用;根可入药。

本种易被误作南美月见草 O. odorata Jacq.,但后者茎生叶的叶片狭窄,苞片长超过蒴果,花瓣长达5cm,基部无红色斑点;浙江未见。

图5-366 待宵草

6. 裂叶月见草 (图5-367)
Oenothera laciniata Hill

一年生或多年生草本,高10~50cm。茎匍匐或斜升,常分枝,被毛。基生叶条状倒披针形,长5~15cm,宽1~2.5cm,基部楔形,边缘羽状深裂;茎生

图5-367 裂叶月见草

叶狭倒卵形或狭椭圆形，下部常羽裂，中上部具齿，上部近全缘。花生于茎枝顶部，组成穗状花序，近日落时每花序开1花；花管带黄色，盛开时带红色，长1.5～3.5cm；萼片绿色或黄绿色，开放时反折，变红色；花瓣淡黄色至黄色，宽倒卵形，长0.5～1.3（2）cm，先端截形至心形，凋谢时呈紫红色；雄蕊8，等长；子房下位，柱头围以花药。蒴果圆柱状，长2～3cm。种子多数，褐色，椭圆形，无棱角，表面具整齐的洼点。花期4—8月，果期8—11月。

原产于北美洲；世界各地有栽培，并迅速逸生扩散。福建、台湾有逸生。宁波、丽水、温州及临海、岱山等地有归化。生于开阔的荒地或路旁。

曾有报道本省尚归化有曲序月见草 O. oakesiana (A. Gray) J.W. Robbins ex S. Watson et J.M. Coult.，经考证，应是本种的误定。曲序月见草与本种的区别为前者穗状花序上部常曲折；种子短楔形，有棱角，表面具不整齐洼点。

6 柳叶菜属 Epilobium L.

多年生或一年生草本，有时为亚灌木。叶对生及互生，稀轮生，具齿，稀全缘；无托叶。花单生于叶腋，排成穗状、总状、圆锥状或伞房状花序；花管在花后不久即脱落，有时缺；萼片4，披针形；花瓣4，紫红色、粉红色或白色，先端有凹缺；雄蕊8，排成2轮，内轮4枚较短；子房下位，胚珠多数。蒴果常为圆柱形，具4棱，成熟时自顶端向下开裂为4瓣。种子多数，顶端具1簇种缨。

约165种，广泛分布于寒带、温带与热带高山。我国有33种，除海南外，广泛分布于全国各地，以北方和西南高山为多；浙江有4种。

分种检索表

1. 柱头4裂；花瓣长1～1.2cm；植株被开展的长柔毛和短腺毛 ·················· **1.柳叶菜 E. hirsutum**
1. 柱头不裂；花瓣长不逾1cm；植株疏被弯曲的短柔毛，有时有腺毛。
    2. 柱头棒状或狭头状；花紫红色；茎、枝全面被毛，无棱线；叶片基部近圆形、浅心形或楔形。
        3. 叶对生或轮生，近花序处互生；叶片基部圆形或楔形；柱头棒状；种子长0.9～1.2mm，种缨乳白色 ·················· **2.腺茎柳叶菜 E. brevifolium subsp. trichoneurum**
        3. 下部叶对生，上部叶互生；叶片基部圆形或浅心形；柱头狭头状；种子长1.5～1.8mm，种缨红褐色 ·················· **3.长籽柳叶菜 E. pyrricholophum**
    2. 柱头头状；花粉红色；茎、枝上具2条疏被短曲柔毛的细棱线；叶片基部渐狭 ·················· **4.光华柳叶菜 E. amurense subsp. cephalostigma**

1. 柳叶菜 （图5-368）
Epilobium hirsutum L.

多年生粗壮草本，高50～150cm。常有长的匍匐根状茎。茎直立，常在中上部多分枝，密被开展的长柔毛和短腺毛。茎下部和中部叶对生，上部叶互生，无柄，多少抱茎；叶片长圆形至椭圆披针状形，长4～12cm，边缘具细齿，两面被长柔毛。花单生于上部叶腋，排成总状花序；萼片长圆状条形，长6～12mm，外面被毛；花瓣4，粉红色或紫红色，宽倒卵形，长1～1.2cm，先端凹缺；雄蕊8，4长4短；柱头4深裂，高出雄蕊。蒴果圆柱形，长2.5～9cm，被短腺毛。种子倒卵形，长0.8～1.2mm，表面具乳突；种缨白色，易脱落。花期7—10月，果期8—11月。

产于杭州、宁波及诸暨、嵊州、浦江、庆元等地。生于低海拔的沟谷溪边、湿地或荒地中。分布于东北、华东、西南及河北、山西、新疆。欧亚大陆与非洲温带地区也有。

幼苗、嫩叶可做沙拉凉菜；根或全草可入药，有消炎止痛、祛风除湿、活血止血的功效。

图5-368　柳叶菜

2. 腺茎柳叶菜（亚种）
Epilobium brevifolium D. Don subsp. **trichoneurum** (Hausskn.) P.H. Raven

多年生草本，高25～80cm。茎全面被短曲柔毛与腺毛，无棱线。叶对生或轮生，在花序处互生；叶片狭卵形、椭圆形至披针形，长1～4.5cm，宽0.4～1.5cm，先端急尖至短渐尖，基部圆形或楔形，边缘具锐齿，脉上被毛较密，下面常变紫红色；叶柄长1～4mm。总状花序多少被弯曲短柔毛并混生腺毛；花管喉部具长缘毛；花瓣紫红色，先端2深裂，长7～10mm；雄蕊8；柱头棒状。蒴果圆柱形，长3.5～7cm，外被短曲柔毛和腺毛。种子多数，长圆状倒卵形，长0.9～1.2mm，密被小乳头状突起；种缨乳白色。花期7—9月，果期9—11月。

产于龙泉（凤阳山、昂山）、庆元。生于海拔1200～1900m的山坡、谷地或山顶草丛中。分布于华东、华中、华南、西南及陕西、甘肃。越南、缅甸、菲律宾、印度、尼泊尔、不丹也有。

与短叶柳叶菜 *E. brevifolium* D. Don（浙江不产）的区别为后者叶片卵形或宽卵形，先端锐尖或钝尖，基部近心形，下面不呈紫红色；叶柄无或长不逾2mm。

3. 长籽柳叶菜（图5-369）
Epilobium pyrricholophum Franch. et Sav.

多年生草本，高25～80cm。自茎基部生出纤细的越冬匍匐枝条，其节上叶小，近圆形。茎圆柱状，常多分枝，密被曲柔毛与腺毛，无棱线。下部叶对生，上部叶互生，排列紧密；叶片卵形至披针形，长2～5cm，宽0.5～2cm，先端钝尖，基部圆形或浅心形。花单生于叶腋或排成总状花序；花管长1～1.2cm，喉部有1圈白色长毛；萼片狭披针形，被曲柔毛与腺毛；花瓣4，淡紫色至紫红色，宽倒卵形，长6～8mm，

图5-369　长籽柳叶菜

先端具凹缺；雄蕊8，4长4短；柱头狭头状，等长或稍高出雄蕊。蒴果圆柱形或条状四方形，长3.5～7cm，被腺毛。种子狭倒卵形，长1.5～1.8mm，顶端具1明显的喙，表面具细乳突；种缨红褐色，常宿存。花期7—9月，果期9—11月。

产于杭州、宁波、丽水、温州及安吉、磐安、天台等地。生于海拔350～1200m的山涧沟谷及低洼湿地中。分布于华东、华中及山东、广东、广西、四川、贵州。俄罗斯、日本也有。

4. 光华柳叶菜　光滑柳叶菜（亚种）（图5-370）

Epilobium amurense Hausskn. subsp. **cephalostigma** (Hausskn.) C.J. Chen——*E. cephalostigma* Hausskn.

多年生草本，高40～85cm。茎直立，中部以上常多分枝，茎、枝具2细棱线，棱线上疏被短曲柔毛。茎下部叶对生，上部叶互生，上部及分枝上叶渐小；叶片披针形或长圆状披针形，先端尖，基部渐狭，侧脉每侧4～6，脉上与边缘有曲柔毛。花单生于茎上部或分枝叶腋；花管喉部有1圈长柔毛，萼片疏被短曲柔毛，有时散生少数腺毛；花瓣粉红色，长4.5～7mm，先端2裂；子房密被白色短曲柔毛；柱头头状。蒴果圆柱形，长2.5～4.5cm，疏生短毛；果梗长0.5～1cm。种子近圆柱形，长约1mm，密布乳头状小突起，顶端具淡黄白色种缨。花期7—9月，果期9—11月。

产于临安、淳安、龙泉、泰顺。生于海拔600～1300m的山沟边、沼泽中及林缘湿润处。分布于东北及河北、山东、安徽、江西、福建、湖北、湖南、广东、广西、四川、贵州、云南、陕西、甘肃。俄罗斯远东地区、日本、朝鲜半岛也有。

与毛脉柳叶菜*E. amurense* Hausskn.（浙江不产）的区别为后者茎不分枝或少分枝，上部有曲柔毛和腺毛，中下部或有时上部具明显突起的被毛棱线；叶片多为卵形；萼片基部有簇毛；花较大，花瓣长5～10mm。

图5-370　光华柳叶菜

九九 野牡丹科 Melastomataceae

草本、灌木或小乔木。单叶，对生或轮生；叶片全缘或具锯齿，常为3~7基出脉，侧脉常平行；无托叶。花序各式；花两性，辐射对称，常4或5，稀3或6；花瓣通常具鲜艳的颜色，着生于花萼筒喉部；雄蕊花蕾时内折，与花被片同数或为其2倍，一型或二型，等长或不等长，花药顶孔开裂，少纵裂，基部具小瘤或附属体或无，药隔常膨大，下延成长柄或短距；子房下位或半下位，稀上位，常4或5室，多中轴胎座或特立中央胎座，花柱单一，胚珠多数。蒴果或浆果。种子多数，细小。

约166属，4500余种，分布于热带及亚热带地区，以美洲最多。我国有21属，约114种，产于西藏至台湾、长江流域以南各地；浙江有7属，13种。

《浙江种子植物检索鉴定手册》记载浙江尚分布有柏拉木 Blastus cochinchinensis Lour. 和棱果花 Barthea barthei (Hance ex Benth.) Krass.，但作者未见标本，实地调查也未及，故不予收录。

分属检索表

1. 花通常较大，花瓣5；雄蕊10；灌木，稀草本或乔木（但浙江的种均为灌木或匍匐亚灌木）。
   2. 种子马蹄形；蒴果干燥或呈多汁的浆果状；雄蕊二型；植物体常被鳞片状糙伏毛；野生 ··· **1. 野牡丹属 Melastoma**
   2. 种子螺旋形；蒴果干燥；雄蕊一型或二型；植物体无鳞片状糙伏毛；栽培 ····· **2. 蒂牡花属 Tibouchina**
1. 花通常较小，花瓣4（其中金锦香属有时5，但浙江产的全为4）；雄蕊通常8；草本或灌木。
   3. 雄蕊二型，4长4短。
      4. 草本或灌木；短雄蕊花药基部具小瘤 ················ **3. 野海棠属 Bredia**
      4. 草本或亚灌木；短雄蕊花药基部无小瘤 ············ **4. 异药花属 Fordiophyton**
   3. 雄蕊一型，等长或近等长。
      5. 灌木、亚灌木或草本；茎通常被毛。
         6. 茎被紧贴的粗伏毛（浙江产种）；子房顶端具1圈刚毛；种子弯曲成马蹄形 ··· **5. 金锦香属 Osbeckia**
         6. 茎被开展的长腺毛或长粗毛；子房顶端具膜质冠；种子楔形 ········ **6. 锦香草属 Phyllagathis**
      5. 草本；茎通常无毛 ·· **7. 肉穗草属 Sarcopyramis**

1 野牡丹属 Melastoma L.

灌木。茎四棱形或圆柱形；植物体常被毛或鳞片状糙伏毛。叶片全缘，具3~9基出脉。花单生或组成聚伞、圆锥花序，顶生；花萼坛状球形，外面被毛，5裂，裂片间有或无小裂片；花瓣5，常偏斜；雄蕊10，二型，5长5短；子房半下位，稀下位，常5室，顶端常被毛。蒴果或浆果状。种子近马蹄形，有细小斑点。

约22种，分布于亚洲南部、大洋洲及太平洋诸岛。我国有5种，分布于长江流域及以南各地；浙江有2种。

1. 地菍 地珠（图5-371）

Melastoma dodecandrum Lour.

常绿匍匐亚灌木。茎逐节生根，多分枝，幼枝被糙伏毛，后无毛。叶片坚纸质，卵形或椭圆形，长1~4cm，宽0.8~3cm，先端急尖，基部宽楔形，全缘或具细锯齿，上面近边缘和下面基部脉上疏生糙伏毛，基出脉通常3；叶柄长2~6mm，有糙伏毛。聚伞花序具1~3花，基部具2叶状总苞；花梗长2~10mm，被糙伏毛；花萼筒长5~6mm，被糙伏毛，裂片披针形，长2~3mm，被毛，各裂片间具1小裂片；花瓣粉红色至紫红色，偶有白色，长约1.5cm，具缘毛；长雄蕊药隔基部延长，弯曲；子房下位，顶端具刺毛。果坛状球形，长8~10mm，直径约8mm，近顶端略缢缩，成熟时呈紫黑色，肉质不开裂，被短刺。花期6—8月，果期8—11月。

除浙北平原未见外，全省各地均产。生于海拔1200m以下的山坡草丛中或疏林下，喜生于酸性土壤。分布于安徽、江西、福建、湖南、广东、广西、贵州。越南也有。

全株可药用，有清热解毒、活血止血、补脾益肾等功效；花美丽，可供观赏；果可生食。

图5-371 地菍

2. 野牡丹 （图5-372）

Melastoma malabathricum L.—*M. candidum* D. Don

常绿灌木，高可达1m。茎近圆柱形，密被紧贴的鳞片状糙伏毛。叶片坚纸质，卵形或宽卵形，长5～10cm，宽3～6cm，先端急尖，基部圆形或浅心形，全缘，两面密被紧贴的糙伏毛，基出脉通常5；叶柄长5～12mm，密被鳞片状糙伏毛。伞房花序近头状，具3～5花，基部有2叶状苞片；花梗长5～10mm，与花萼均密被鳞片状糙伏毛；花萼筒长约1cm，裂片卵状披针形，与萼筒近等长；花瓣堇紫色，长约2.5cm，有缘毛；长雄蕊药隔基部伸长，弯曲，短者药隔不伸长，但基部均有小瘤；子房半下位，密被糙伏毛，与萼筒近等长，顶端具刚毛。果坛状球形，长约1.2cm，直径约1cm，成熟时干燥。花期6—7月，果期10—12月。

产于平阳（南雁荡山）、苍南（马站）。生于低海拔的山坡林下或灌草丛中。分布于华南、西南及江西、福建、湖南。东南亚及日本、印度、尼泊尔也有。

花极美丽，可供观赏，但耐寒性较差，在本省产地有时会遭受冻害。

与地菍的区别在于后者为匍匐亚灌木；基出脉通常3；叶、花及果实均较小；果实肉质，成熟时多汁。

图5-372 野牡丹

2 蒂牡花属 Tibouchina Aubl.

灌木或草本，稀为乔木。植物体无鳞片状糙伏毛。叶对生；叶具3~7基出脉。花5基数，少花，排成顶生的圆锥花序或总状花序，或单花生于上部叶腋，被2总苞片所包；花萼圆筒形、杯形或坛状，萼片宿存或脱落；花瓣5，倒卵形；雄蕊10，花药一型或二型，无毛，顶孔开裂；子房5室。蒴果。种子多数，螺旋形，表面具小瘤。

350余种，主产于美洲热带地区。我国引进栽培31种；浙江常见栽培1种。

巴西野牡丹 巴西蒂牡花 （图5-373）
Tibouchina semidecandra (Mart. et Schrank ex DC.) Cogn.

常绿灌木，高达1m。小枝四棱形，密被绒毛和糙伏毛。叶片长椭圆形，薄草质，长4.5~6cm，宽0.9~1.7cm，先端渐尖，基部楔形，上面密被短硬毛，下面密被糙伏毛，基出脉3。总状花序顶生，长8~12cm，密被糙伏毛；花梗长约6mm；萼片红褐色，狭长圆形，长6~7mm；花瓣5，深蓝紫色，倒卵形，长约3.5cm，宽约2.5cm，基部渐狭，先端截形；雄蕊10，白色，5长5短，长者长约3.5cm，短者长约2cm，花丝初白色，后变紫色，花药内折，细圆柱形，先端喙状，药隔基部弯曲并延伸成长约7mm的柄，基部具2小瘤；子房密被绒毛，花柱弯曲。蒴果近球形，直径约1cm，上部密被糙伏毛。花果期几全年。

原产于巴西南部；全球热带、亚热带地区广泛栽培。我国南方有引种。嘉兴、杭州、宁波、温州及玉环等地有栽培。

花大色艳，为优美的观赏花卉。

图5-373 巴西野牡丹

3 野海棠属 Bredia Blume

草本或灌木。茎圆柱形或四棱形。叶具细锯齿或近全缘，基出脉3～9。聚伞花序或由聚伞花序组成的圆锥花序，顶生或兼有腋生；花萼常漏斗形或陀螺形；花瓣通常4；雄蕊通常8，二型，4长4短，短者花药基部通常具小瘤；子房下位或半下位，4（5）室，顶端通常具膜质冠。蒴果陀螺形。种子多数，楔形，密布小突起。

约15种，分布于亚洲东部至南部。我国约有11种，从西南部至东南部均有分布；浙江有3种。

分种检索表

1. 幼枝、花序、花序梗及花萼密被微柔毛及腺毛 ················· **1. 秀丽野海棠 B. amoena**
1. 幼枝、花序、花序梗及花萼均无毛或幼枝略被微柔毛。
  2. 叶片纸质，较小，基出脉3；花序梗纤细，花较小，长约6mm ····· **2. 方枝野海棠 B. quadrangularis**
  2. 叶片厚纸质或薄革质，较大，基出脉5；花序梗粗壮，花较大，长1～1.2cm ··· **3. 中华野海棠 B. sinensis**

1. 秀丽野海棠 高脚山茄 （图5-374）

Bredia amoena Diels—*B. chinensis* Merr.—*B. amoena* Diels var. *eglandulata* B.Y. Ding—*B. amoena* Diels var. *serrata* H.L. Li

常绿小灌木，高30～70cm。茎圆柱形，小枝略四棱形，嫩枝密被红褐色柔毛及腺毛。叶片纸质，卵形至椭圆形，长4～10cm，宽2～5.5cm，先端具短尖头，基部圆形至宽楔形，全缘至具

图5-374 秀丽野海棠

细波齿，基出脉5，近缘两条常不明显；叶柄长0.8~3cm，被微柔毛。聚伞花序组成圆锥花序，顶生，直立，长4~10cm；花序梗、花序轴及分枝、花萼均密被微柔毛及腺毛；花梗长约3mm；花萼钟状漏斗形，萼筒长3~4mm，裂片短三角形，顶端急尖；花瓣粉红色、紫红色，稀白色，长约8mm；雄蕊8，4长4短，长者长约13mm，短者长约8mm；子房半下位，卵球形。蒴果近球形，为宿萼所包，长约4mm。花期7—9月，果期10—12月。

产于台州、丽水、温州及宁波市区（北仑）、鄞州、奉化、衢州市区（衢江）、江山、金华市区（婺城）、武义。生于海拔200~1500m的山坡沟谷林下或路边灌草丛中，较喜光耐旱。分布于安徽、江西、福建、湖南、广东。模式标本采自乐清（北雁荡山）。

全株可药用，有祛风利湿、活血调经的功效。

2. 方枝野海棠　过路惊　（图5-375）

Bredia quadrangularis Cogn.—— *B. chinensis* Merr.

常绿小灌木，高约70cm。全体无毛。多分枝，小枝四棱形，棱上多少具狭翅。叶片纸质，椭圆形至卵状披针形，长3~6cm，宽1.5~3cm，先端渐尖，基部常楔形，边缘具疏浅锯齿，基出脉3；叶柄长5~20mm。聚伞花序顶生或兼有腋生，具花3~9朵或略多，分枝疏散；花序梗纤细，长2~3cm；花梗长3~6mm；花萼短钟状，具4棱，长约2.5mm，裂片呈浅波状；花瓣粉红色，长约6mm；长雄蕊长约1cm，短雄蕊与花瓣近等长；子房半下位，扁球形。蒴果浅杯形，顶端平截，

图5-375　方枝野海棠

九九　野牡丹科 Melastomataceae

图 5-376　垂序类型

略超出宿萼，连宿萼长及径均约 4mm。花期 7—8 月，果期 10—11 月。

产于临安、开化、武义、文成、泰顺。生于海拔 350～1000m 的山坡和山谷阴湿林下及林缘灌草丛中。分布于江西和福建。

Flora of China 将其与秀丽野海棠合并，但作者认为两者在嫩枝与花序的毛被有无、枝条形状、生态特性等方面均有明显区别，应处理为两个种。

武义牛头山分布有 1 个类型（图 5-376），花序梗细长，花序明显下垂，有待进一步研究。

3. 中华野海棠　鸭脚茶　（图 5-377）
Bredia sinensis (Diels) H.L. Li—*B. glabra* Merr.

常绿灌木，高 60～120cm。茎圆柱形，小枝略四棱形，幼时被星状毛。叶片厚纸质或薄革质，椭圆形至卵状披针形，长 5～15cm，宽 2～7cm，先端渐尖，基部楔形至近圆形，常具疏浅锯齿，基出脉 5；叶柄长 5～20mm。聚伞花序，顶生，直立，长和宽 4～6cm；花序梗粗壮；花梗长 5～8mm；花萼钟状漏斗形，长约 6mm，裂片极短，圆齿状；花瓣粉红色至紫红色，长 1～1.2cm；雄蕊 8，4 长 4 短，长者长约 1.6cm，短者长约 1cm；子房半下位，卵状球形。蒴果近球形，为宿萼所包，长约 7mm。花期 7—8 月，果期 10—12 月。

产于丽水、温州及开化、江山、金华市区、武义、仙居。生于海拔 400～1450m 的林下和路边阴湿处。分布于江西、福建、湖南、广东。

图 5-377　中华野海棠

4 异药花属 Fordiophyton Stapf

草本或亚灌木。茎四棱形，常呈肉质。叶片膜质或纸质，边缘常具细齿，基出脉常5或7。伞形花序或由聚伞花序组成的圆锥花序，顶生，具明显的苞片；花萼膜质，倒圆锥形或漏斗形，早落；花瓣4；雄蕊8，二型，4长4短，短者花药基部无小瘤；子房下位或半下位，近顶部具膜质冠。蒴果倒圆锥形。种子多数，长三棱形，有数行小突起。

约9种，产于我国、越南。我国有9种，分布于东南沿海至西南各地；浙江有1种。

异药花　肥肉草　（图5-378）
Fordiophyton faberi Stapf—*F. fordii* (Oliv.) Krass.

多年生草本，高30～60cm。茎四棱形，稍肉质，无毛。叶片干时膜质，狭卵形、卵形或卵状椭圆形，长5～10cm，宽3～6cm，先端渐尖，基部圆形或浅心形，边缘具细锯齿，两面几无毛，密被白色小腺点，基出脉5或7；叶柄长2～6cm，与叶片连接处具短刺毛。聚伞花序再组成圆锥花序或花较少时呈伞形聚伞花序，长3～8cm，具长3～6cm的花序梗，无毛；花梗长4～6mm，具腺毛；花萼长1～1.3cm，被腺毛，裂片膜质，长圆状卵形，长3～4mm；花瓣粉红色、堇紫色或紫红色，倒卵状长圆形，长约1cm；雄蕊长者长约2cm，花药条形，短者长约6mm，卵形；子房略短于萼筒。蒴果倒圆锥形，具4棱，长6～8mm。花期7—9月，果期10—12月。

产于丽水、温州及淳安、开化、江山、金华市区。生于海拔500～1600m的沟谷林下或山坡灌丛的阴湿处。分布于江西、福建、湖南、广东、广西、四川、贵州、云南。

图5-378　异药花

a. 斑叶异药花 斑叶肥肉草（变种）（图5-379）
var. **maculatum** (C.Y. Wu ex Z. Wei et Y.B. Chang) X.F. Jin—*F. maculatum* C.Y. Wu ex Z. Wei et Y.B. Chang

与肥肉草的区别在于叶片上面具白色斑点，下面常呈紫红色。

产于丽水及江山、文成。生于海拔400~1300m的路边或林缘灌草丛中。分布于江西。模式标本采自遂昌（左别源）。

图5-379 斑叶异药花

5 金锦香属 Osbeckia L.

草本或亚灌木。茎具4或6棱，常被糙伏毛。叶片全缘，具3~7基出脉。花序头状、总状或圆锥状，顶生；花萼坛状或长坛状；花瓣4或5；雄蕊8或10，一型，等长或近等长，花药长圆状卵形，向顶端渐狭成长喙；子房半下位，4或5室，顶端具1圈刚毛。蒴果卵形或长卵形。种子弯曲成马蹄形，有细小斑点。

约50种，分布于东半球热带及亚热带地区至非洲热带地区。我国有5种，分布于南部及西南部；浙江有2种。

1. 金锦香 金石榴 （图5-380）
Osbeckia chinensis L.

直立亚灌木，高达50cm。茎和分枝四棱形，被紧贴的糙伏毛。叶片纸质，通常条形或条状披针形，长2~5cm，宽0.4~1cm，先端急尖，基部钝或圆形，两面被紧贴的糙伏毛，基出脉3或5；叶柄极短，被糙伏毛。头状花序，具2~8花，几无梗，基部有2~6叶状苞片；花萼筒坛状，长

5~6mm，无毛，萼片4，三角状披针形，与萼筒等长，具缘毛，各裂片之间外缘具1刺毛状突起，果时与裂片一起脱落；花瓣4，淡红色至蓝紫色，长约1cm，具缘毛；雄蕊8，略短于花瓣，花药长3~4mm，顶端具长喙；子房近球形，顶端具1簇刚毛。蒴果紫红色，卵球形，长约5mm；宿存萼筒长6mm。花期8—10月，果期11—12月。

产于全省各地。生于海拔1200m以下的荒山草坡上、路旁、田边或疏林中。分布于华东、华南、西南及吉林、湖北、湖南。东南亚及日本、印度、尼泊尔、澳大利亚也有。

全草可入药，有清热解毒、收敛止血的功效。

图5-380　金锦香

2. 朝天罐　星毛金锦香　（图5-381）

Osbeckia stellata Buch.-Ham. ex D. Don——*O. opipara* C.Y. Wu et C. Chen

灌木，高达1m。茎四棱形，被平贴或上升的糙伏毛。叶片坚纸质，狭卵形或卵状披针形，长5~8cm，宽1.5~1cm，先端渐尖，基部钝或圆形，具缘毛，上面被平贴的糙伏毛，下面被糙伏毛或微柔毛及透明腺点，基出脉5或7；叶柄长4~8mm，被糙伏毛。单歧聚伞花序再组成圆锥花序，长达20cm，被糙伏毛；苞片叶状，长4~8mm；花具短梗；花萼筒长约1.1cm，外面被多轮有柄的星状刺毛及微柔毛，裂片4，卵状狭三角形，与萼筒近等长，被星状刺毛；花瓣4，红色或紫红色，长约2cm，具缘毛；雄蕊8，长略过于花瓣，花药长6~7mm，顶端具长喙，药隔基部具2刺毛；子房短于萼筒，顶端有1簇刚毛。蒴果长卵形，宿存萼筒长坛状，中部略上处缢缩，顶端

九九　野牡丹科 Melastomataceae

图5-381　朝天罐

平截。花果期8—11月。

产于温州及台州市区（黄岩）、景宁、庆元。生于低山丘陵的山坡疏林下或灌草丛中。分布于华南、西南及江西、福建、湖北、湖南。东南亚及尼泊尔、不丹也有。

与金锦香的主要区别在于后者为亚灌木，植株高通常不逾50cm；叶片狭长，条形或条状披针形；花较小，花萼筒坛状，长5～6mm，无毛。

⑥ 锦香草属 Phyllagathis Blume

草本或灌木。茎常四棱形，被开展的长粗毛或长腺毛。叶片全缘或具细锯齿，基出脉5～9。伞形花序或由聚伞花序组成的圆锥花序，顶生或腋生；花萼漏斗形或近钟形；花瓣4；雄蕊4或8，一型，等长或近等长；子房下位，4室，顶端具膜质冠。蒴果杯形或球状坛形。种子常楔形，密布小斑点或斑点不明显。

约50种，产于东南亚及我国。我国有28种，分布于长江流域以南各地；浙江有2种。

1. 叶底红　野海棠　调经草　（图5-382）

Phyllagathis fordii (Hance) C. Chen——*P. fordii* (Hance) C. Chen var. *micrantha* C. Chen——*Bredia fordii* (Hance) Diels

亚灌木，高20～50cm。茎不分枝或少分枝，密被红棕色短柔毛和长腺毛。叶片纸质，卵形或椭圆状卵形，长5～10cm，宽3～6cm，先端急尖，基部心形，边缘有细锯齿和缘毛，上面密被短柔毛和长柔毛，下面常紫红色，被短柔毛，脉上有长柔毛，基出脉7或9；叶柄长3～6cm，被毛与枝同。聚伞花序顶生，具5或6花；花序梗长2～4cm；花梗长约2cm，与花萼均密被红棕色短柔毛和长腺毛；花萼钟状漏斗形，萼筒长5～7mm，裂片长4～5mm；花瓣紫色或紫红色，长10～14mm；雄蕊8，长1.6～1.8cm，药隔膨大下延；子房卵形，膜质冠边缘具啮蚀状细齿。蒴果杯状，长6~10mm，直径8~12mm，宿萼顶端近平截。花期6—7月，果期8—10月。

产于温州市区（鹿城）、平阳、苍南。生于海拔500m以下的山谷阔叶林中或毛竹林下；杭州植物园有栽培。分布于江西、福建、湖南、广东、广西、四川、贵州、云南。

全株可药用，有止痛、止血、祛瘀等功效；植株美丽，可盆栽观赏。

图 5-382　叶底红

2. 锦香草　短毛熊巴掌　（图5-383）

Phyllagathis cavaleriei (H. Lév. et Vaniot) Guill.—*P. cavaleriei* Guill. var. *tankahkeei* (Merr.) C.Y. Wu ex C. Chen

多年生草本，高10~15cm。茎四棱形，密被长粗毛，常不分枝，下部常匍匐，逐节生根。叶片纸质，宽卵形、宽椭圆形或近圆形，长6~11cm，宽5~9cm，先端近圆形，基部心形，边缘有不明显的浅波状齿及缘毛，两面绿色或下面带紫红色，上面具粗糙伏毛，下面沿脉被长粗毛和短刺毛，基出脉7或9；叶柄长2~7cm，密被长粗毛。伞形花序顶生，具3~17花；花序梗长4~10cm，疏被长粗毛和微柔毛或近无毛；花梗长约6mm，与花萼均被糠秕状微柔毛；花萼漏斗状，四棱形，长约5mm，裂片宽卵形，长约1mm；花瓣粉红色或淡紫色，长5~6mm；雄蕊8，长约1cm；子房杯状，膜质冠4裂。蒴果杯状，直径约6mm。花期7—8月，果期8—10月。

产于庆元、文成、平阳、苍南、泰顺。生于海拔400～1000m的沟谷林下阴湿处。分布于江西、福建、湖南、广东、广西、四川、贵州、云南。

叶形美观，花色艳丽，可供观赏；全株可药用，有清凉功效，用叶片炖肉有滋补作用。

与叶底红的区别在于后者为亚灌木，茎基部不匍匐；叶片卵形或椭圆状卵形；聚伞花序，具5或6花；花序梗、花梗及花萼均密被红棕色短柔毛和长腺毛。

图5-383 锦香草

7 肉穗草属 Sarcopyramis Wall.

直立或匍匐草本。茎四棱形。叶片纸质或膜质，边缘常具细锯齿，基出脉3或5。聚伞花序近头状，顶生；花萼常杯状，顶端通常平截，四角具刺状小尖头或鱼刺状分枝粗毛；花瓣4，常偏斜；雄蕊8，一型，等长；药隔基部常下延成钩状短距或小突起；子房下位，4室，顶端具膜质冠。蒴果杯状。种子长倒卵形，背部密生小疣突。

约6种，分布于我国、尼泊尔、缅甸、马来西亚。我国有4种，分布于长江流域以南各地及台湾；浙江有2种。

1. 肉穗草 小肉穗草 （图5-384）
Sarcopyramis bodinieri H. Lév. et Vaniot——*S. bodinieri* var. *delicata* (C.B. Rob.) C. Chen

纤细小草本，高6~15cm。具匍匐茎，无毛。叶片纸质，卵形或椭圆形，顶端钝或急尖，基部钝、圆形或近楔形，长1.2~3cm，宽0.8~2cm，边缘具浅波状或细锐锯齿，基出脉3或5，上面疏被糙短伏毛，有时沿主脉呈白色，背面常无毛，通常呈紫红色；叶柄长3~11mm，无毛。聚伞花序顶生，具1~3（5）花；基部具2枚常为倒卵形的叶状苞片，被毛；花萼四棱形，棱上有狭翅，顶端增宽成垂直的长方形裂片，四角各具1枚通常不分枝的刺状小尖头；花瓣紫红色至粉红色，宽卵形，略偏斜，长3~4mm，顶端具小尖头；雄蕊8，花药黄色，近顶孔开裂，药隔基部延伸成上弯的短距，长约为药室的1/2；子房坛状，顶端具膜质冠，冠檐具波状齿。蒴果绿白色，杯状，具4棱。花期7—9月，果期10—12月。

产于瑞安、文成、平阳、苍南、泰顺。生于海拔400~1000m的阴湿山谷林下。分布于西南及福建、台湾、广西。

图5-384　肉穗草

2. 楮头红 （图5-385）
Sarcopyramis napalensis Wall.

直立草本，高10~20cm。茎四棱形，肉质，无毛。叶对生，膜质，宽卵形至狭卵形，长2~7cm，宽1~4.5cm，大小差异悬殊，先端渐尖，基部圆形，略下延，边缘具细锯齿，基出脉3或5，上面疏生短糙伏毛，下面近无毛，有时紫红色；叶柄长0.8~2.5cm，具狭翅。聚伞花序紧缩成头状，顶生，具1~3花，基部具2叶状苞片；花梗长2~6mm；花萼长约5mm，四棱形，裂片顶端平截，四角具鱼刺状分枝粗毛；花瓣紫红色或粉红色，近斜长方形，顶具小尖，长6~8mm；雄蕊8，花药黄色，药隔基部下延成1上弯的短距；子房顶端的膜质冠边缘浅波状，微4裂。蒴果杯状，具4棱。花期7—9月，果期9—11月。

九九　野牡丹科 Melastomataceae

产于丽水、温州及江山、金华市区、武义。生于海拔300～1600m的山谷林下阴湿处或溪沟边。分布于西南及江西、福建、湖北、湖南、广东、广西。东南亚、南亚也有。

与肉穗草的区别在于后者叶柄较短，长3～11mm；花萼裂片四角各具1枚通常不分枝的刺状小尖头。

图5-385　楮头红

一〇〇 使君子科 Combretaceae

乔木、灌木或稀木质藤本。单叶对生或互生，稀轮生，全缘或稍呈波状，稀有锯齿，具叶柄，无托叶；叶基、叶柄或叶下缘齿间具腺体。花通常两性，有时两性花和雄花同株；头状、穗状、总状或圆锥花序；花萼裂片4或5（8），宿存或脱落；花瓣4、5或缺；雄蕊通常插生于萼管上，2枚或与萼片同数或为萼片数的2倍，花丝在芽时内弯，"丁"字形着药；花盘通常存在；子房下位，1室，胚珠2~6，倒悬于子房室顶部，花柱单一，柱头头状或不明显。坚果、核果或翅果，常有2~5棱，具1种子。

约20属，500余种，主产于热带地区，亚热带地区也有分布。我国有6属，20种；浙江栽培1属，1种。

使君子属 Quisqualis L.

木质藤本或蔓生灌木。叶膜质，对生或近对生，全缘；叶柄在落叶后宿存。花较大，两性，白色或红色，组成长的顶生或腋生的穗状花序（稀具分枝）；花萼筒细长管状，具5枚广展、外弯的萼片；花瓣5，远较萼片大，在花时增大；雄蕊10，2轮，插生于萼筒内部或喉部，"丁"字形着药；花盘狭管状或缺；子房1室，胚珠2~4，倒悬于子房室的顶端；花柱丝状，部分和萼筒内壁贴生。果革质，两端狭，具5棱或5纵翅。种子1，具纵沟。

约17种，分布于亚洲南部和非洲热带地区。我国有2种；浙江栽培1种。

使君子（图5-386）
Quisqualis indica L.

木质藤本，长2~8m。小枝被棕黄色短柔毛。叶对生或近对生；叶片膜质，卵形或椭圆形，长5~11cm，宽2.5~5.5cm，先端短渐尖，基部钝圆，上面无毛，下面有时疏被棕色柔毛，侧脉7或8对；叶柄长5~8mm，无关节，幼时密生锈色柔毛。顶生穗状花序，组成伞房花序式，具芳香；苞片卵形至条状披针形，被毛；花萼筒长5~9cm，被黄色柔毛，萼片5，小；花瓣5，长1.8~2.4cm，宽4~10mm，先端钝圆，初为白色，后转红色；雄蕊10，外轮着生于花冠基部，内轮着生于萼筒中部；子房下位，胚珠3。果卵形，短尖，长2.7~4cm，直径1.2~2.3cm，无毛，具5明显的锐棱角。花期3—11月，果期6—11月。

原产于华南、西南及江西、福建、湖南。东南亚及印度也有。热带地区及我国南方园林中多有栽培。临安、瑞安、苍南等地有栽培。

一〇〇 使君子科 Combretaceae

藤蔓修长,花繁色艳,香气宜人,为优美的园林观赏植物;种子为中药中有效的驱蛔药,对小儿寄生蛔虫症疗效尤著。

图 5-386 使君子

一〇一 红树科 Rhizophoraceae

常绿乔木或灌木。小枝常有膨大的节。单叶对生，羽状脉，具托叶，稀互生而无托叶，托叶位于叶柄间，早落。花腋生，通常两性，单生、簇生或呈聚伞花序；花萼筒与子房合生或分离，裂片4～16，镊合状排列，宿存；花瓣与萼片同数或为其倍数，全缘、2裂、撕裂状或流苏状，顶部有附属体；雄蕊与花瓣同数或2倍或多数，通常成对与花瓣对生，且为花瓣所包，花药4室；常有花盘；子房下位或半下位，稀上位，2～6室或更多，或因隔膜抑制而为1室，胚珠每室1、2或多粒，下垂，花柱合生。果实革质或肉质，通常不开裂，1室，稀2室，具1或2种子。

约17属，120余种，分布于全球热带地区。我国有6属，13种；浙江栽培1属，1种。

本科植物大部分种类的树皮都含丰富的鞣质，为浸染皮革和渔网的重要原料；又为海岸防风、防浪和盐碱土指示植物；有些种类可药用。

秋茄树属 Kandelia Wight et Arn.

灌木或小乔木。具支柱根。叶片革质，交互对生。花组成具花序梗的二歧聚伞花序，腋生；花萼5深裂，稀4或6裂，基部与子房合生并为1环状小苞片所包围，宿存；花瓣与萼裂片同数，2裂，每一裂片再分裂为数条丝状裂片，早落；雄蕊多数；子房下位，幼时3室，每室2胚珠，结实时1室，仅1胚珠发育，柱头3裂。果实近卵形，中部为外翻、宿存的萼裂片所包围。种子无胚乳，于果实未离母树即萌发，胚轴圆柱形或棒状，顶端尖而硬。

仅1种，原产于亚洲东部至东南部的热带地区。我国华南及福建也产；浙江有栽培。

秋茄树 （图5-387）
Kandelia candel (L.) Druce

常绿灌木或小乔木，高2～3m。具支柱根；树皮红褐色，光滑。枝粗壮，有膨大的节。叶对生；叶片厚革质，倒卵状椭圆形或椭圆形，长8～13cm，宽2.5～5cm，先端钝或圆，基部楔形，边缘常反卷，叶脉不甚明显；叶柄长0.5～1.5cm。花白色，具短梗，3～5朵组成腋生的二歧聚伞花序；小苞片环状，包住花萼基部；花萼花瓣状，常5裂，裂片条形，长1.2～1.8cm，花后向外反折，宿存；花瓣5或6，狭窄，2深裂，每裂片再分裂成数条丝状裂片，早落；雄蕊多数，分离或基部多少连合，花药4室，纵裂；子房1室或初时3室，柱头3裂。果实狭卵状圆锥形，长1.5～2.5cm。种子1，于果实脱离母树前发芽，胚轴长12～20cm。花期6—8月，果期9—11月。

原产于华南及福建。东南亚及印度、日本南部也有。台州、温州等沿海地区有引种，其中最早当属乐清湾西门岛，于1957年引种。

耐寒性较强，耐盐性极强，为沿海滩涂御风消浪的优良红树林树种；树皮富含鞣质，可作染料或提制栲胶。

图 5-387　秋茄树

一〇二　八角枫科 Alangiaceae

落叶乔木或灌木，直立，稀攀缘状。单叶互生；无托叶；叶片全缘或掌状分裂，基部两侧常不对称，羽状或掌状脉。花两性，常组成腋生的聚伞或伞形花序，稀单生；花萼小，萼筒钟形，与子房合生，顶端具4~10萼齿或近于平截；花瓣4~10，通常条形，镊合状排列，基部黏合或分离，花时上部常向外反卷，淡白色或淡黄色；雄蕊与花瓣同数而互生，或为花瓣数的2~4倍，花丝条形，略扁，分离或基部略合生，内侧常被微毛，花药黄色，条形，2室，纵裂；花盘肉质，垫状；子房下位，1或2室，胚珠1，下垂，柱头头状、棒状或2~4浅裂。核果顶端有宿存的萼齿和花盘。种子1。

1属，约21种，分布于亚洲热带和亚热带地区、大洋洲、非洲东部。我国有11种，广泛分布于全国大部分地区；浙江有3种。

*Flora of China*记载浙江有日本八角枫*Alangium premnifolium* Ohwi分布，但《浙江植物志》和《浙江种子植物检索鉴定手册》等志书均未提及，作者既未见标本，野外调查也未及，故不予收录。

八角枫属　Alangium Lam.

属特征与科同。

分种检索表

1. 叶片具缺裂或同一植株兼有分裂和不分裂的叶片；雄蕊药隔无毛。
   2. 叶片基部心形或圆形，两侧近对称，先端常为对称的3浅裂，稀5或7裂；聚伞花序具3~5花；花瓣长2.5~3.5cm；核果长8~12mm，成熟时呈亮蓝色……… 1.三裂瓜木　A. platanifolium var. trilobum
   2. 叶片基部宽楔形、斜截形，稀近心形，两侧常明显不对称，边缘不分裂或不规则3~9浅裂；聚伞花序具7~30花；花瓣长1~1.5cm；核果长5~7 mm，成熟时呈亮黑色………… 2.八角枫　A. chinense
1. 叶片不分裂；雄蕊药隔被长柔毛 …………………………………………… 3.毛八角枫　A. kurzii

1. 三裂瓜木（变种）（图5-388）

Alangium platanifolium (Siebold et Zucc.) Harms var. **trilobum** (Miq.) Ohwi——*A. platanifolium* auct. non (Siebold et Zucc.) Harms

落叶灌木，高1~3m。小枝纤细，略呈"之"字形弯曲，幼枝常被短柔毛。叶片纸质，近圆形、宽卵形或倒卵形，长11~18cm，宽7~16cm，近对称的3（5或7）浅裂，先端渐尖或尾状渐尖，基部心形或圆形，两侧近对称，两面除幼时沿脉或脉腋处被柔毛外，余均近无毛，基出脉3或5；叶柄长3.5～7cm，疏被短毛。聚伞花序长3～4cm，具3～5花；萼齿5或6，三角形；花瓣6或7，白色，长2.5～3.5cm，外面被短柔毛；雄蕊6或7，较花瓣短，花丝略扁，长8～14mm，被微柔毛，花药长1.5～2.1cm，药隔无毛。核果亮蓝色，卵球形至长椭球形，长8～12mm。花期4—7月，果期7—9月。

产于安吉、临安。生于海拔800～1400m的沟谷、山坡疏林中。分布于东北、华北、华东、华中、西南及台湾、陕西、甘肃。日本、朝鲜半岛也有。

图5-388 三裂瓜木

2. 八角枫　华瓜木（图5-389）

Alangium chinense (Lour.) Harms

落叶小乔木或灌木，高3～5m。树皮光滑，淡灰色；枝略呈"之"字形曲折，无毛或初被疏柔毛。叶片纸质，近圆形、椭圆形、卵形，长12～20cm，宽8～18cm，不分裂或不规则3～9浅

裂,基部极偏斜,宽楔形、斜截形,稀近心形,上面无毛,下面脉腋有丛毛,基出脉3或5;叶柄长2.5~3.5cm,常带红色。聚伞花序具7~30花;萼齿6~8;花瓣6~8,长1~1.5cm,外面被微柔毛,初时白色,后变黄色;雄蕊与花瓣同数,花丝长2~3mm,略扁,花药长5~8mm,药隔无毛;花柱常无毛,柱头头状,2~4裂。核果卵球形或椭球形,长5~7mm,成熟时呈亮黑色。花期6—8月,果期8—10月。

产于全省各地。生于低海拔沟谷林缘及向阳的山地疏林中。分布于华东、华中、华南、西南及陕西、甘肃。东南亚、非洲东部也有。

侧根和须根可药用,俗称"白龙须",有祛风除湿、舒筋活络、散瘀止痛等功效;材质轻软,纹理通直,结构细致,适宜制家具和作小径建筑用材。

图5-389 八角枫

2a. 伏毛八角枫（亚种）（图5-390）
subsp. strigosum Fang

与八角枫的区别在于本亚种小枝、叶柄和花序均密生淡黄色粗伏长毛；叶近圆形，长与宽均15～17cm，不分裂或3、5浅裂，叶柄长1～1.2cm；花瓣长0.8～1.2cm；花柱有毛。

产于杭州、绍兴、衢州、金华及长兴、安吉、景宁等地。生于海拔700m以下的山坡、沟谷疏林中或林缘。分布于华东、华中、西南及山西。

图5-390　伏毛八角枫

3. 毛八角枫 （图5-391）
Alangium kurzii Craib

落叶小乔木，高5～10m。当年生枝被淡黄色短柔毛。叶片纸厚质，不分裂，近圆形或宽卵形，长12～14cm，宽7～9cm，先端短渐尖，基部两侧不对称，心形或近于心形，稀近圆形，全缘，上面幼时沿脉被柔毛，下面被黄褐色丝状柔毛，脉上尤密，脉腋有簇毛，基出脉3或5；叶柄长2.5～4cm，被黄褐色柔毛，稀无毛。聚伞花序具5～7花，被短柔毛；花萼筒密被短柔毛，萼齿6～8；花瓣6～8，条形，初白色，后变淡黄色，长2～2.5cm，外面有短柔毛；雄蕊6～8，花丝稍扁，长3～5mm，被疏柔毛，药隔被长柔毛；花柱无毛。核果椭球形或长椭球形，长1.2～1.5cm，成熟时呈蓝黑色。花期5—6月，果期8—9月。

产于全省山区、丘陵。生于海拔1200m以下的山地疏林中。分布于华东及河南、湖南、广东、海南、广西、贵州、云南。东南亚也有。

图5-391 毛八角枫

分变种检索表

1. 当年生小枝有毛；叶片宽7～9cm，两面有毛；叶柄长2.5～4cm；核果长12～15mm ··· **3.毛八角枫 var. kurzii**
1. 当年生小枝无毛或近无毛；叶片宽3～6cm，两面仅幼时有疏毛，或仅下面脉腋有簇毛；叶柄长1.8～2.5cm；核果长8～10mm。
   2. 叶上面常有光泽，仅下面脉腋有簇毛；花瓣7 ···················· **3a.伞形八角枫 var. umbellatum**

2.叶上面近无光泽,两面仅幼时有疏毛,脉腋无簇毛;花瓣6或7 ············ **3b.云山八角枫** var. **handelii**

3a. 伞形八角枫（变种）（图5-392）
var. **umbellatum** (Y.C. Yang) Fang

小枝、花序、花萼筒及叶柄无毛或几无毛,或有时叶柄有疏毛。叶片长卵形或卵状披针形,较小,长7～14cm,宽3～6cm,上面常有光泽,除下面脉腋有簇毛外,余均无毛;叶柄长1.8～2.5cm。伞形或聚伞状伞形花序,具3～6花;花瓣7。核果长0.8～1cm。

产于台州、丽水、温州。生于海拔1000m以下的山坡、沟谷疏林中。分布于福建北部。

图5-392　伞形八角枫

3b. 云山八角枫（变种）（图5-393）
var. **handelii** (Schnarf) Fang

小枝无毛。叶片长圆状卵形或椭圆状卵形,较狭长,长11～19cm,宽5～6cm,上面近无光泽,两面无毛或仅幼时有疏毛,脉腋无簇毛;叶柄长2～2.5cm。花瓣6或7。核果长0.8～1cm。

产于全省山区、丘陵。生于海拔1200m以下的山坡、沟谷疏林中。分布于华东、华中及广东、广西、贵州。日本、朝鲜半岛也有。

图 5-393 云山八角枫

一〇三　蓝果树科 Nyssaceae

落叶乔木，稀灌木。单叶互生；叶片全缘或有锯齿，具柄；无托叶。花序头状、总状或伞形；花单性或杂性，同株或异株，常无花梗或有短花梗。雄花：花萼小，裂片齿牙状、短裂片状或不发育；花瓣5，稀更多；雄蕊常为花瓣的2倍或较少，常排列成2轮，花丝条形或钻形；花盘肉质，垫状，无毛。雌花：花萼的管状部分常与子房合生，上部5齿裂；花瓣小，5或10；花盘无毛；子房下位，1（2）或6～10室，每室有1下垂的倒生胚珠。核果或翅果，顶端有宿存的花萼和花盘。

5属，约30种，主产于东亚和北美洲的温带地区。我国有3属，10种，分布于长江流域以南各地；浙江有3属，3种。

本科植物多为优良的园林绿化和行道树种；有的可药用或材用。

分属检索表

1. 果为翅果，常多数聚集成头状果序；叶全缘 ·· **1.喜树属 Camptotheca**
1. 果为核果，常单生或几个簇生；叶全缘、微波状或有锯齿。
   2. 无长短枝之分；叶全缘或微波状；核果小，长1～3cm，常几个簇生；子房1（2）室；花序下无大型苞片 ·· **2.蓝果树属 Nyssa**
   2. 有长短枝之分；叶有锯齿；核果大，长3～4cm，常单生；子房6～10室；花序下有2或3枚白色大型苞片 ·· **3.珙桐属 Davidia**

1 喜树属 Camptotheca Decne.

落叶乔木。叶互生，全缘，羽状脉；具柄。头状花序球形；花杂性同株，无梗；花萼杯状，5齿裂；花瓣5，覆瓦状排列；雄蕊10，不等长，着生于花盘外侧，排成2轮，花药4室；子房下位，在雄花中不发育，在雌花或两性花中发育良好，1室，1胚珠，柱头常2或3裂。翅果，顶端截形，具宿存花盘，1室，具1种子，无果梗，多数集成头状果序。

本属仅1种，我国特产。浙江有栽培。

喜树　旱莲木　千丈木　（图5-394）
Camptotheca acuminata Decne.

落叶乔木，高达25m。树皮灰色至浅灰色，纵裂。叶互生；叶片纸质，椭圆状卵形，长5～17cm，宽6～12cm，先端渐尖，基部近圆形或宽楔形，全缘，下面沿脉密生短柔毛，侧脉10～15对，弧状平行，在上面显著，下面突起；叶柄长1.5～3cm。头状花序球形，直径

1.5~2cm，常2~9个再组成圆锥花序，顶生或腋生；花序梗长3~6cm；苞片3，三角状卵形，长2.5~3mm，两面均有短柔毛；花萼5浅裂，边缘有纤毛；花瓣5，淡绿色，长圆形或长圆状卵形，长约2mm，外面密被短柔毛，早落；花盘显著；雄蕊外轮5枚较长，内轮5枚较短，花丝纤细；花柱无毛。果序球形；翅果长2~2.5cm，有棱。花期7—8月，果期10—11月。

原产于江西、福建、湖北、湖南、广东、广西、云南、贵州、四川等地。全省各地广泛栽培。

全株可入药，供制抗癌药物；树姿端直，生长迅速，供园林绿化或作行道树；根系发达，可营造防风林。

图5-394 喜树

② 蓝果树属 Nyssa L.

落叶乔木，稀灌木。叶互生；叶片全缘或微波状，羽状脉；常有叶柄。聚伞花序或呈伞房状、伞形或头状；花小，单性异株或杂性；雄花的花托盘状、杯状或扁平，雌花或两性花的花托较长，常呈管状、壶状或钟状；花萼细小，裂片5～10；花瓣通常5～8；雄蕊在雄花中与花瓣同数或为其2倍，花丝细长，花药纵裂，在雌花和两性花中与花瓣同数或不发育；花盘肉质，垫状，全缘或边缘呈圆齿状、裂片状；雌蕊在两性花和雌花中子房下位，与花托合生，1室，稀2室，每室有1胚珠，花柱钻形，不分裂或上部2裂，在雄花中不发育。核果，长1～3cm。种子1。

约12种，分布于亚洲和美洲。我国有7种；浙江有1种。

本省近年来还相继引进了多花蓝果树 N. sylvatica Marsh. 和水紫树 N. aquatica L. 等，因数量较少，本志暂不收录。

蓝果树　紫树　（图5-395）
Nyssa sinensis Oliv.

落叶乔木，高达25m。树皮深灰色或深褐色，粗糙，常薄片状剥落；小枝无毛，当年生枝淡绿色，后变紫褐色，皮孔显著。叶互生；叶片椭圆形或长椭圆形至近卵状披针形，长6～15cm，宽4～8cm，先端急尖至长渐尖，基部近圆形，边缘略带微波状，侧脉8～10对，上面深绿色，无毛，下面沿叶脉疏生丝状长伏毛；叶柄长1.5～2cm。伞形或短总状花序；雌雄异株；雄花序花序梗常长于叶柄，

图5-395　蓝果树

花梗长3～5mm，萼裂片细小，花瓣窄长圆形，较花丝短，早落，雄蕊5～10；雌花序花序梗长0.3～2cm，果时增长至3～5cm，花梗长1～2mm，萼裂片近全缘，花瓣鳞片状，长约1.5mm，子房下位，与花萼筒合生，花柱2裂，先端卷曲。核果椭球形或倒卵状椭球形，长1～1.2cm，成熟时呈蓝黑色至深褐色，果核具5～7浅纵沟。花期4—5月，果期8—10月。

产于全省山区、丘陵。生于海拔300～1300m的山谷、山坡阔叶林中。分布于华东、华中、华南、西南。越南也有。

木材坚硬，可供枕木、建筑及家具用；生长迅速，宜山区造林；秋叶红艳，为优良的秋色叶树；果可食。

3 珙桐属 Davidia Baill.

落叶乔木。具长短枝；叶互生，有锯齿，羽状脉；具长叶柄。头状花序球形，顶生，具长花序梗，花序下有2或3枚大型乳白色花瓣状苞片。花杂性；雄花无花被，常围绕于头状花序的周围；雄蕊1～7（雌花与两性花常仅1）；雌花的花被很小，大小不等；子房下位，与花托合生，6～10室，每室1胚珠。核果，外果皮薄，中果皮较厚，内果皮骨质，有纵沟纹，3～5室，每室1种子。

本属仅1种，特产于我国华中、西南。浙江有引种栽培。

珙桐 中国鸽子树 （图5-396）
Davidia involucrata Baill.

落叶乔木，高达25m。树皮灰褐色至深褐色，不规则薄片状剥落。叶互生或簇生于短枝顶端；叶片宽卵形或近圆形，长9～15cm，宽7～12cm，先端急尖或骤尖，基部深心形至浅心形，边缘具齿端锐尖的三角状粗齿，幼叶上面疏被长柔毛，下面密被淡黄色或白色丝状粗毛，侧脉8或9对；叶柄长4～7cm。花杂性，两性花与雄花同株；头状花序直径约2cm，生于短枝上，花序梗细长，花序基部具2或3枚大型白色花瓣状苞片；苞片大，长7～15cm，宽3～5cm；雄花无花被，仅具1～7雄蕊，花丝细长，花药紫色；雌花及两性花子房下位，6～10室，每室具1下垂胚珠，花柱顶端具6～10分枝，柱头向外平展，子房上部具退化花被及雄蕊。核果近球形或卵圆形，长2～3cm，直径1.5～2cm，绿褐色或紫褐色，具淡褐色或白色皮孔，具3～5种子；果核具沟槽。花期4月，果期10月。

原产于湖北、湖南、四川、贵州、云南。全世界植物园常有引种。杭州市区、临安、余姚等地有栽培，能正常开花结果。

为我国特产珍稀植物和世界著名观赏树种。

一○三 蓝果树科 Nyssaceae

图 5-396　珙桐

一〇四 山茱萸科 Cornaceae

又名四照花科。乔木或灌木，稀草本。单叶对生，稀互生或近轮生；叶片具弧形羽状脉，稀掌状脉，全缘或有锯齿；托叶无或呈纤毛状。花两性或单性异株，常组成圆锥、聚伞、伞房、伞形或头状等花序，顶生，稀侧生或生于叶片中脉上；苞片小而早落，或具4大型花瓣状苞片；花萼筒与子房合生，上部3~5齿裂或缺；花瓣3~5或缺；雄蕊生于花盘基部，与花瓣同数且互生，花丝短；子房下位，1~4（5）室，每室1胚珠。核果、浆果状核果或为由多数核果组成的聚花果。

约15属，119种，分布于各大洲的热带至温带地区，主产于东亚。我国有9属，约60种，分布于除新疆外的全国各地；浙江有6属，16种。

该科在分类上存在较大分歧。本志根据《中国植物志》采用广义科及狭义属的概念。

分属检索表

1. 叶片有锯齿；花单性，雌雄异株。
  2. 常绿灌木或小乔木；叶对生；圆锥花序生于枝顶；核果；种子1 ············ **1. 桃叶珊瑚属 Aucuba**
  2. 落叶或常绿灌木；叶互生；花单朵或多朵组成伞形花序，生于叶片中脉上；浆果状核果；种子1~5 ··
    ··· **2. 青荚叶属 Helwingia**
1. 叶片全缘；花两性。
  3. 叶互生；核果球形，果核顶端具1方形孔穴 ······························ **3. 灯台树属 Bothrocaryum**
  3. 叶对生；核果球形、椭球形，或为近球形的聚花果，果核顶端无方形孔穴。
    4. 聚伞花序，花序下无总苞片 ··· **4. 梾木属 Swida**
    4. 伞形或头状花序，花序下具4总苞片。
      5. 伞形花序，具4小型褐色芽鳞状总苞片；核果椭球形 ················· **5. 山茱萸属 Cornus**
      5. 头状花序，具4大型白色花瓣状总苞片；聚花果近球形，浆果状 ········
        ··· **6. 四照花属 Dendrobenthamia**

1 桃叶珊瑚属 Aucuba Thunb.

常绿灌木或小乔木。枝叶对生，小枝绿色。叶片通常有锯齿；叶柄粗壮。雌雄异株；圆锥花序顶生；花4数；花萼4齿裂；花瓣4，镊合状排列，先端具尾尖；雄花具4雄蕊和四棱形的肉质花盘；雌花子房下位，1室，胚珠1。核果肉质，萼齿及花柱宿存。种子1，种皮白色，膜质。

约10种，分布于东亚、东南亚、南亚。我国均有分布，产于黄河流域以南各地及台湾、海南；浙江有4种。

一〇四　山茱萸科 Cornaceae

分种检索表

1. 叶片革质，基部近圆形或宽楔形，叶缘锯齿常粗大；花瓣先端尾尖长约0.5mm ⋯⋯ **1. 青木　A. japonica**
1. 叶片厚纸质至薄革质，基部楔形至宽楔形，叶缘锯齿常细小，偶较粗大；花瓣先端尾尖长1.5~3mm。
　2. 叶片先端急尖、尾尖、渐尖，边缘锯齿常细小，偶较粗大。
　　3. 幼枝、叶柄及叶下面中脉有毛；叶片上面无白色或淡黄色斑点 ⋯⋯ **2. 喜马拉雅珊瑚　A. himalaica**
　　3. 幼枝、叶柄及叶下面中脉无毛；叶片上面散生白色或淡黄色不规则斑点 ⋯⋯⋯⋯⋯⋯⋯⋯⋯⋯⋯
　　　　⋯⋯⋯⋯⋯⋯⋯⋯⋯⋯⋯⋯⋯⋯⋯⋯⋯⋯⋯⋯⋯⋯⋯ **3. 斑叶珊瑚　A. albopunctifolia**
　2. 叶片先端截形、圆形或微凹，中间具1细尾尖，边缘锯齿粗大 ⋯⋯⋯⋯ **4. 倒心叶珊瑚　A. obcordata**

1. 青木　东瀛珊瑚　（图5-397）
Aucuba japonica Thunb.

常绿灌木，高1~2m。茎及小枝圆柱形，绿色，无毛。叶片革质，叶形变化极大，常为卵状椭圆形、椭圆状披针形或倒卵状椭圆形，长6~14cm，宽3~7.5cm，先端尾状渐尖，基部近圆形或宽楔形，边缘1/3以上疏生粗锯齿或近于全缘，干后呈黑褐色；叶柄长0.8~4cm。圆锥花序顶生；雄花序长5~10cm，花梗被毛；雌花序长1~3cm，花梗被毛，子房疏被柔

图5-397　青木

图5-398　花叶青木

毛；花瓣暗紫红色，卵形或卵状披针形，先端具0.5mm长的短尖。核果椭球形，长1.3~2cm，直径8~10mm，成熟时呈鲜红色。花期3—4月，果期次年2—3月。

产于武义、龙泉、景宁、文成、苍南、泰顺。生于海拔200~700m的阴湿沟谷林下、岩石旁、山溪边。分布于台湾。日本、朝鲜半岛也有。

本省常见栽培有1品种花叶青木（洒金珊瑚）'Variegata'（图5-398），叶片较宽大，长10~21cm，宽3.5~10cm，密生大小不等的黄色斑点或斑块。引自日本。

2. 喜马拉雅珊瑚 （图5-399）

Aucuba himalaica Hook. f. et Thoms.

常绿灌木，高1~2m。小枝圆柱形，绿色，幼时被短柔毛。叶片薄革质，椭圆形至长椭圆形，长10~15cm，宽3~5cm，先端急尖或渐尖，尾长1~1.5cm，基部楔形至宽楔形，边缘具7~9对细或粗锯齿，叶脉在上面显著凹陷，侧脉在未达边缘即网结；叶柄长2~3cm，被粗毛。花序各部分均为紫红色，密被柔毛；雄花序长8~10cm；雌花序长3~5cm，柱头微2裂；花瓣先端具长1.5~2mm的尾尖。核果卵状椭球形，疏被毛，成熟时呈深红色。花期3—4月，果期12月至次年5月。

产于武义（牛头山）、文成（猴王谷）、泰顺（左溪）。生于海拔600~1000m的山谷溪边阴湿林下。分布于湖北、湖南、广西、四川、云南、西藏、陕西。缅甸、印度、不丹也有。

图5-399　喜马拉雅珊瑚

2a. 长叶珊瑚（变种）
（图5-400）

var. dolichophylla Fang et Soong

叶片狭披针形，长9～18cm，宽1.5～3.5cm，先端渐尖，边缘具4～7对稀疏锯齿。

产于丽水及文成、泰顺。生于海拔600～1200m的山谷林中。分布于湖北、湖南、广东、广西、四川、贵州。

图5-400　长叶珊瑚

3. 斑叶珊瑚 （图5-401）
Aucuba albopunctifolia F.T. Wang

常绿灌木，高1～1.5m。小枝绿色。叶片厚纸质或薄革质，倒卵形、长倒卵形或长圆形，长3～12cm，宽2～4.5cm，先端急尖至短渐尖，基部楔形，边缘疏生细小锯齿，偶为粗锯齿，上面具淡黄色或白色斑点或斑块，下面密被小乳头状突起；叶柄长0.7～2cm，散生细伏毛。雄花序长4～5cm；雌花序长2～3cm；花瓣深紫色，先端具长1.5～2mm的尾尖；花梗、小花梗及花萼筒均疏生短糙毛。核果卵状椭球形，成熟时呈鲜红色，具光泽。花期3—4月，果期次年1—4月。

图5-401　斑叶珊瑚

产于武义、庆元。生于海拔600～800m的山谷水沟边阴湿林下。分布于湖北、广西、四川、贵州。

3a. 窄斑叶珊瑚（变种）（图5-402）
var. angustula Fang et Soong

叶片狭长，窄披针形至窄倒披针形，长10～16cm，宽1.5～3cm，先端渐尖至长渐尖。

产于丽水及瑞安、苍南、泰顺。生于海拔470～1200m的山谷林下。分布于湖南、四川。

图5-402　窄斑叶珊瑚

4. 倒心叶珊瑚 （图5-403）
Aucuba obcordata (Rehder) K.T. Fu ex W.K. Hu et Soong

常绿灌木，高1～3m。小枝圆柱形，绿色。叶片厚纸质，倒卵形至长倒卵形，长8～14cm，宽4.5～8cm，先端截形、圆形或微凹，具长1～2cm的下弯细尾状尖头，基部窄楔形，侧脉6～8对，在距中脉约2/3处网结，在上面下陷，下面隆起，边缘具缺刻状粗齿或齿牙状锐齿；叶柄被粗毛。雄花序长8～9cm，花稀疏；雌花序长1.5～2.5cm；花瓣紫红色，边缘及尾尖呈白色，尾尖长2～3mm；子房青色。核果卵球形，长1.2～1.6cm，直径1～1.3cm，成熟时呈红色。花期3—4月，果期次年2—3月。

产于武义（牛头山）、遂昌（九龙山）。生于海拔500～700m的阴湿山沟林下。分布于西南及湖北、湖南、广东、广西、陕西。

图5-403　倒心叶珊瑚

一〇四　山茱萸科 Cornaceae

❷ 青荚叶属 Helwingia Willd.

落叶或常绿灌木，稀小乔木。冬芽小，具4芽鳞。髓白色，明显。单叶，互生；叶片边缘有锯齿，具叶柄；托叶小，早落。花小，单性异株；花单生或组成伞形花序生于叶片中脉上；花序梗与叶片中脉合生，罕分离；花萼小；花瓣3~5，镊合状排列；雄花3~20，雄蕊3~5；雌花1~4，子房下位，3~5室，花柱短，胚珠单生，倒垂。浆果状核果，具1~5种子。

5种，分布于喜马拉雅地区至日本、朝鲜半岛。我国有5种；浙江有2种。

有文献记载浙江尚产西域青荚叶 *H. himalaica* Hook. f. et Thoms.，但作者目前尚未见到可靠的标本和实物，故不予收录。

1. 青荚叶　叶上珠（图5-404）
Helwingia japonica (Thunb. ex Murray) F. Dietr.

落叶灌木，高1~3m。树皮灰褐色，幼枝绿色或紫绿色，叶痕明显。叶片纸质，卵形、卵圆形或卵状椭圆形，长3~9（18）cm，宽2~6（9）cm，通常中上部最宽，先端短尖、渐尖或短尾状，基部楔形至近圆形，边缘具腺状细锯齿或尖锐锯齿，两面均无毛；叶柄长1~6cm；托叶钻

图5-404　青荚叶

形,全裂或中部以上分裂,早落。花小,淡绿色;雄花3~20余朵组成伞形花序,生于叶面中脉1/3~1/2处,罕生于新枝上,花梗长2~6mm;雌花1~3朵簇生于叶面近中部,近无梗,柱头3~5裂。核果卵球形,成熟时呈亮黑色。花期4—6月,果期7—10月。

产于除嘉兴、舟山外的全省山区、丘陵。生于海拔350m以上的山坡、沟谷林下阴湿处。分布于华东、华中、华南、西南及山西、山东、陕西、甘肃。日本、韩国、缅甸、不丹也有。

花、果着生方式奇特,可用于园林绿化观赏;叶、果可药用,有清热解毒、消肿止痛的功效。

《浙江植物志》记载遂昌九龙山尚产1变种白粉青荚叶var. *hypoleuca* Hemsl. ex Rehder,但作者实地调查数次均未及,仅在中国数字植物标本馆上查到1份采自九龙山、编号为744的依据标本,海拔、生境及采集日期等信息均不详,且标本属营养体,除叶片下面稍显灰白色外,其余与青荚叶无异,故本志不予收录。

2. 浙江青荚叶 (图5-405)

Helwingia zhejiangensis Fang et Soong——*H. japonica* (Thunb. ex Murray) F. Dietrich var. *zhejiangensis* (Fang et Soong) M.B. Deng et Yo. Zhang

落叶灌木,高1~3m。树皮茶褐色,幼枝绿色或黄绿色。叶片纸质或羊皮纸质,老时薄革

图5-405 浙江青荚叶

质，常为长卵形或卵状披针形，长7～15cm，宽3～3.5cm，通常中下部较宽，先端长渐尖，基部楔形或宽楔形，边缘具腺状细锯齿或短芒状、睫毛状锯齿，花序下方中脉明显较粗且常呈紫色，侧脉6～8对；叶柄长1～6cm；托叶钻形，丝裂或中部以上分裂，早落。雄花常生于叶面中脉的1/3～1/2处；花梗长2～6mm；雌花1～3（7），常生于叶面中脉的1/5～2/5处；花瓣3或4，卵状三角形；柱头不裂或2～4裂。浆果球形或椭圆形，成熟时呈黑色。花期4—5月，果期7—10月。

产于丽水及江山、瑞安、文成、平阳、泰顺。生于海拔1400m以下的山坡、山腰路旁林下或山谷溪边林中。分布于安徽、福建（寿宁）、台湾。模式标本采自景宁。

*Flora of China*将其降为青荚叶的变种，但作者通过大量野外活体及室内标本的观察比较，认为其与青荚叶存在明显区别，故仍保留种级地位。

与青荚叶的区别为后者的托叶有时分裂；叶片较宽短，长不逾宽的2倍，先端短尖、渐尖或短尾状，中部或中上部较宽，叶缘锯齿不为短芒状或睫毛状；雌花生于叶面中脉的1/3～1/2处，柱头3～5裂。

❸ 灯台树属 Bothrocaryum (Koehne) Pojark.

落叶乔木或灌木。叶互生；叶片宽卵形至椭圆状卵形，全缘，下面贴生"丁"字形毛。伞房状聚伞花序顶生，无总苞片；花小，两性；花萼管状，先端微4齿裂；花瓣4，白色，倒披针形；雄蕊4，花药椭圆形，2室；花柱圆柱形，柱头小，头状，子房下位，2室。核果球形，具2种子；核骨质，顶端有1方形孔穴。

2种，分布于东亚的亚热带、北温带地区及北美洲东部。我国有1种；浙江也有。

灯台树 （图5-406）
Bothrocaryum controversum (Hemsl.) Pojark. — *Cornus controversa* Hemsl.

落叶乔木，高可达15m。树皮光滑，暗灰色；当年生枝紫红色，皮孔及叶痕明显。叶片纸质，宽卵形或宽椭圆状卵形，长5～13cm，宽4～9cm，先端急尖，稀渐尖，基部圆形，上面深绿色，下面灰绿色，疏生白色伏贴"丁"字形毛，侧脉6～9对；叶柄长1～6.5cm，带紫红色。伞房状聚伞花序顶生，直径7～13cm，稍被短柔毛；花萼筒长1.5mm，密被灰白色贴生短毛，萼齿三角形；花瓣4，长披针形，白色；雄蕊4，稍伸出花外；花柱无毛。核果球形，直径6～7mm，成熟时呈紫红色至蓝黑色。花期4—6月，果期7—9月。

产于全省山区、丘陵。生于海拔350～1400m的山坡、沟谷阔叶林中或林缘。分布于华北、华东、华中、华南、西南、西北及辽宁。日本、朝鲜半岛、缅甸、印度、尼泊尔、不丹也有。

树冠伞形，分枝层状，花序宽大且富层次感，为很好的园林绿化树种；木材供建筑、制器具及雕刻用；树皮可提取栲胶；叶可药用，有清热平肝、活血止痛的功效；种子可榨油。

图5-406 灯台树

④ 梾木属 Swida Opiz

落叶灌木或乔木。芽、幼枝、叶片、花序、花通常贴生均匀且较密的"丁"字形毛。叶对生；叶片纸质，稀革质，全缘，侧脉弧曲。伞房状或圆锥状聚伞花序顶生，无总苞片；花小，两性，白色；花萼管状，先端4齿裂；花瓣4，卵圆形或长圆形；雄蕊4，花药长圆形；花盘垫状；花柱圆柱形，柱头头状或盘状，子房下位，2室。核果球形或近于卵球形。种子2。

一〇四　山茱萸科 Cornaceae

约42种，多分布于北温带和北亚热带地区，少数分布于热带山地。我国有25种，分布于除新疆外的全国各地，以西南最多；浙江有4种。

大部分可供园林应用；有些为优良的油料树种；有些可药用或材用。

分种检索表

1. 灌木；枝条血红色；核果成熟时通常呈玉白色 ·················· 1.红瑞木 S. alba
1. 乔木；枝条非血红色；核果成熟时呈蓝黑色或黑色。
　2. 大树树皮片状剥落，光滑，常呈白色斑块状；叶片侧脉3或4对 ········· 2.光皮梾木 S. wilsoniana
　2. 大树树皮裂成小方块状，色深，不脱落为白色斑块状；叶片侧脉4～7对。
　　3. 叶片较大，长7～14cm，侧脉5～7对；一年生枝有棱 ·········· 3.梾木 S. macrophylla
　　3. 叶片较小，长4～9cm，侧脉4或5对；一年生枝无棱 ············ 4.毛梾 S. walteri

1. 红瑞木 （图5-407）

Swida alba (L.) Opiz—*Cornus alba* L.

落叶灌木，高可达3m。一年生枝条常被白粉，老时血红色，散生圆形皮孔及略为突起的环形叶痕。叶片卵形至椭圆形，长5～8.5cm，宽1.8～5.5cm，先端突尖，基部楔形或宽楔形，下面粉绿色，有时脉腋有浅褐色髯毛，侧脉4～6对。伞房状聚伞花序顶生，直径3～5cm；花梗与子房交界处有

图5-407　红瑞木

关节；花瓣卵状椭圆形；花柱圆柱形，柱头盘状，宽于花柱。核果椭球形或近球形，长约8mm，成熟时常呈玉白色，顶端有宿存花柱。花期6—7月，果期8—10月。

原产于东北、华北、西北及江苏、江西等地。欧洲及朝鲜半岛、蒙古也有。全省各地园林中有零星栽培。

枝条红艳，花果洁白，为著名的园林观赏树种；树皮、枝叶、果实可入药；种子可榨取工业用油。

2. 光皮梾木 （图5-408）

Swida wilsoniana (Wangerin) Soják —— *Cornus wilsoniana* Wangerin

落叶乔木，高15~25m。幼树树皮绿色，大树树皮片状剥落，常呈白色斑块状，光滑；一年生枝灰绿色，略具4棱。叶片椭圆形或卵状椭圆形，长3~9cm，宽2~4cm，先端长渐尖，基部楔形，全缘，两面密被细小乳点，下面灰白色，侧脉3或4对；叶柄纤细，长8~22mm。圆锥状聚伞花序顶生，直径6~10cm；花白色，有香气；花瓣条状披针形；雄蕊与花瓣近等长；花柱圆柱形。核果球形，

图5-408　光皮梾木

成熟时呈紫黑色至黑色，直径6～7mm。花期5月，果期10—11月。

产于杭州市区（飞来峰）、淳安（白马、赋溪石林）、衢州市区（灰坪）、常山（三衢山）、武义（白姆）。常生于海拔300m以下的石灰岩山地疏林中；杭州、宁波及普陀等地园林中有栽培。分布于华东、华中及广东、广西、四川、贵州、陕西、甘肃。

树形美观，树干特异，为良好的观赏树种；木材坚硬致密，纹理美观，可制家具、农具；种子可榨油，供工业用或食用；为优良的蜜源树种。

3. 梾木　后味清香　（图5-409）
Swida macrophylla (Wall.) Soják—*Cornus macrophylla* Wall.

落叶乔木，高达20m。树皮灰绿色至暗紫色，常裂成小方块状；一年生枝有棱角；老枝圆柱形，散生皮孔及半环状叶痕。叶片宽卵形或卵状长圆形，长7～14cm，宽4～8cm，先端渐尖，基部圆形或宽楔形，有时歪斜，全缘或微具波状小齿，下面灰绿色，侧脉5～7对；叶柄长1.5～3cm，上面有浅沟，基部略呈鞘状。二歧聚伞花序圆锥状，顶生，直径5～9cm；花黄白色；花瓣舌状披针形或卵状长圆形；花柱棍棒状，柱头扁平。核果球形，直径4～6mm，成熟时呈紫黑色或黑色。花期5—6月，果期8—10月。

产于杭州、宁波、台州及安吉、定海、普陀、衢州市区、缙云。生于山坡、沟谷林中或林缘。分布于华东、

图5-409　梾木

华南、西南、西北及山东、湖北、湖南。南亚及缅甸、阿富汗也有。

树冠优美,适应性强,可作观赏树种;木材可制家具;根、树皮、叶可药用;为优良的油料和蜜源树种。

4. 毛梾 （图5-410）

Swida walteri (Wangerin) Soják—*Cornus walteri* Wangerin

落叶乔木,高达15m。树皮黑褐色,裂成小方块状;小枝黄绿色至紫褐色。叶片椭圆形至长椭圆形,长4～9cm,宽3～5cm,先端渐尖,基部楔形,上面深绿色,下面灰绿色,侧脉4或5对;叶柄长1～3cm,被脱落性毛。伞房状聚伞花序顶生,花密集;花序梗长1～3cm;花白色,有香气;花瓣舌状披针形,长5～7mm;花柱棍棒状。核果球形,直径6～7mm,成熟时呈黑色。花期5—6月,果期8—10月。

产于杭州市区（北高峰）、临安。生于海拔800m以下的沟谷或山坡林中。分布于华北、华东、华中、华南、西南及辽宁、宁夏、陕西。

用途同梾木。

图5-410　毛梾

5 山茱萸属　Cornus L.

落叶乔木或灌木;枝常对生。叶对生,纸质,全缘,叶脉弧状内弯。花小,两性,黄色;伞形花序,常先于叶开放;总苞片4,小,芽鳞状,褐色,花后脱落;花萼筒陀螺形;花瓣4,披针形;雄蕊4,花丝钻形,花药2室;花盘垫状,明显;子房下位,2室。核果椭球形,红色或黑色。

4种,分布于亚洲东部、欧洲中部与南部、北美洲西部。我国有2种;浙江均有。

1. 山茱萸　药枣　（图5-411）

Cornus officinalis Siebold et Zucc.—*Macrocarpium officinale* (Siebold et Zucc.) Nakai

落叶灌木或小乔木，高3~6m。树皮灰黑色，薄片状剥落；冬芽卵形或披针形，被黄褐色短柔毛。叶片卵状椭圆形、卵状披针形或卵圆形，长5~10cm，宽2.5~5.5cm，先端渐尖，基部近圆形或宽楔形，上面绿色，下面淡绿色，被白色或浅褐色"丁"字形毛，脉腋密生黄褐色簇毛，侧脉5~8对；叶柄长0.6~1cm。伞形花序生于侧生小枝顶端；花序梗粗短，长约2mm。核果椭球形，长1.2~2cm，成熟时呈深红色，有光泽。花期3—4月，果期9—11月。

产于临安（昌化）、淳安。生于海拔500m以下开敞的山谷溪边或向阳山坡上；本省西北部山区及鄞州、磐安、遂昌等地有栽培。分布于华东及山西、山东、河南、湖南、陕西、甘肃。日本、朝鲜半岛也有。

树形优美，先花后叶，果实红艳，挂果期长，为极好的观果树种；果肉（称萸肉）可药用，有补益肝肾、涩精止汗的功效。

图5-411　山茱萸

2. 川鄂山茱萸　（图5-412）

Cornus chinensis Wangerin—*Macrocarpium chinense* (Wangerin) Hutch.

落叶小乔木，高4~8m。树皮黑褐色；冬芽密被褐色柔毛；当年生枝密被灰色短柔毛，老时无毛。叶片卵状披针形至长椭圆形，长6~11cm，宽2.5~6cm，先端渐尖，基部楔形或近圆形，上面近无毛，下面淡绿色，被灰白色"丁"字形毛，老时近无毛，脉腋有淡褐色簇毛，侧脉5或6对；叶柄长1~1.5cm。伞形花序侧生；花序梗长1~2cm；花梗纤细，长达1.7cm，被淡黄色柔毛；花有香味。核果椭球形，长6~8mm，成熟时呈紫褐色至黑色。花期4月，果期7—9月。

产于遂昌（九龙山）。生于海拔800~1400m的山谷或阴湿山坡林中。分布于西南及河南、湖

图5-412　川鄂山茱萸

北、广东、陕西、甘肃。为浙江省重点保护野生植物。

与山茱萸的主要区别为后者花序生于侧枝顶端；果实较大，长1.2～2cm，成熟时呈深红色。

6 四照花属 Dendrobenthamia Hutch.

常绿或落叶，小乔木或灌木。小枝、芽、叶、苞片、花梗、花、果实通常均匀贴生"丁"字形毛。叶对生；叶片全缘，羽状脉，侧脉弧形内弯；具叶柄。头状花序球形，有4大型花瓣状总苞片；花小，两性；花萼管状，先端4齿裂；花瓣4，分离，稀基部近合生；雄蕊4，花药椭圆形，2室；花盘环状或垫状；子房下位，2室，每室1胚珠，花柱圆柱状，柱头截形或头状。聚花果近球形，浆果状。

11种，东亚特有属，分布于喜马拉雅地区至东亚。我国有11种；浙江有3种。

本属植物具4枚常为白色的花瓣状大苞片，果实状如荔枝，花时白雪覆枝，果时红球满树，为优良的园林观赏树种；根皮、树皮、花、叶、果均可入药；果实味甜可食，亦可酿酒。

分种检索表

1. 常绿；叶片革质或薄革质。

  2. 嫩枝、幼叶及叶柄等被毛稀疏；叶下面淡绿色；野生种 ················· **1. 秀丽四照花　D. elegans**

一〇四　山茱萸科 Cornaceae

　　2.嫩枝、幼叶及叶柄等密被毛；叶下面灰绿色至灰白色；栽培种 ········· **2.尖叶四照花 D. angustata**
1.落叶；叶片纸质 ··· **3.东瀛四照花 D. japonica**

1. 秀丽四照花　山荔枝　（图5-413）

Dendrobenthamia elegans Fang et Y.T. Hsieh—*Cornus hongkongensis* Hemsl. subsp. *elegans* (Fang et Y.T. Hsieh) Q.Y. Xiang

常绿小乔木或灌木，高3～12m。树皮灰黑色，平滑；嫩枝疏被毛。叶片薄革质，椭圆形或

图5-413　秀丽四照花

长椭圆形，长5~10cm，宽2.5~4.5cm，先端短尖至渐尖，基部楔形、宽楔形或近圆形，上面深绿色，有光泽，下面淡绿色，疏被白色伏贴"丁"字形毛或近无毛，侧脉3或4（5）对；叶柄长5~10mm，疏被毛。头状花序球形；总苞片4，淡黄白色，偶粉红色，形状变化大，宽卵形、卵状椭圆形、卵状披针形、狭椭圆形或近圆形，长2~4cm，宽1~2.5cm，先端圆钝、急尖至渐尖，基部楔形至近圆形。聚花果球形，直径1.5~2.5cm，成熟时呈红色；果序梗长4~11cm。花期5—7月，果期9—11月。

产于钱塘江以南的山区、丘陵；各地园林中常有栽培。生于海拔200~1250m的山坡、沟谷或溪边林中。分布于江西、福建。模式标本采自遂昌（白马山）。

经检视产于本省的常绿型四照花的大量照片和标本，发现叶形、叶背颜色、毛被疏密、脉腋凹穴、小花数目、总苞片形态、聚花果大小、果序梗长度等，均存在较大的交叉变异，有时在同一植株上也存在此现象，即使只对某一或两个性状进行分析，发现在分布方面也无规律可循，如果按照《中国植物志》将产于本省的常绿型四照花分为4个种则根本无法截然分开。因此作者同意向秋云等的观点，认为本省野生的常绿类群仅有1个种，即秀丽四照花，但不作亚种处理。

2. 尖叶四照花 （图5-414）

Dendrobenthamia angustata (Chun) Fang—*Cornus elliptica* (Pojark.) Q.Y. Xiang et Boufford

常绿小乔木，高4~12m。树皮平滑；嫩枝密被毛。叶片革质，长圆状椭圆形，长6~12cm，宽1.5~5cm，先端渐尖，具尖尾，基部楔形或宽楔形，下面灰绿色至灰白色，密被较细的白色伏贴"丁"字形毛，脉腋常无凹穴及簇毛，侧脉通常3或4对；叶柄长8~12mm，密被毛。头状花序由55~95花聚集而成；总苞片长卵形至倒卵形，长

图5-414　尖叶四照花

2.5~5cm，宽9~22mm，先端渐尖或微突尖。聚花果球形，直径1.5~2.5cm，成熟时呈红色；果序梗长5~10cm。花期6—7月，果期10—11月。

原产于江西、福建、湖北、湖南、广东、广西、四川、贵州。杭州、绍兴、宁波、金华等地园林中有零星栽培。

3. 东瀛四照花 （图5-415）

Dendrobenthamia japonica (Siebold et Zucc.) Fang—*Cornus kousa* Büerger ex Hance

落叶小乔木或灌木，高2~4m。叶片纸质，卵形或椭圆形，长6~12cm，宽3.5~7cm，先端渐尖或尾尖，基部宽楔形或圆形，两面密被白色"丁"字形毛，下面淡绿色，中脉及侧脉常疏被褐色长毛，脉腋常簇生白色或褐色短毛，边缘常波状皱褶，侧脉4或5对；叶柄长0.5~1cm。头状花序由25~45花聚集而成；总苞片卵形至狭卵形，长3~6cm，平展。聚花果球形，直径1~1.5cm，成熟时呈紫红色；果序梗纤细，长5~10cm。花期5—6月，果期8—9月。

产于舟山及宁波市区（北仑）、奉化、宁海。生于海拔100~800m的山坡灌丛或阔叶林中。日本、朝鲜半岛、印度也有。

图5-415 东瀛四照花

3a. 四照花（变种）（图5-416）

var. **chinensis** (Osborn) Fang——*Cornus kousa* Büerger ex Hance subsp. *chinensis* (Osborn) Q.Y. Xiang

与东瀛四照花的区别为叶片薄纸质，下面粉绿色。

产于除嘉兴、舟山外的全省山区。生于海拔400m以上的山坡、山脊、沟谷、溪边林中或灌丛中。分布于华东、华中、西南及内蒙古、山西、陕西、甘肃。

本省野外有时可见总苞片染有紫红色斑点及新叶呈金黄色的变异类型，更具观赏价值。

有文献记载浙江尚产多脉四照花 *D. multinervosa* (Pojark.) Fang，经标本查证，系四照花的误定。

图5-416 四照花

一〇五　铁青树科 Olacaceae

乔木或灌木，稀藤本。单叶互生，全缘，常为羽状脉；无托叶。花小，通常两性，排成多种花序，稀单生；花萼筒小，杯状或碟状，先端平截或3~6齿裂，花后增大或否，副萼有或无；花瓣3~6，分离或合生成管状或钟状；花盘环状；雄蕊与花瓣同数而对生，或为花瓣的2~3倍，有时具退化雄蕊；子房上位或半下位，1~5室，每室具1~4胚珠，花柱单一，柱头2~5裂或不裂。核果或坚果。

23~27属，180~250种，分布于全球热带至暖温带地区。我国有5属，10种；浙江有1属，1种。

青皮木属 Schoepfia Schreb.

灌木或小乔木。叶互生，羽状脉。腋生聚伞花序或聚伞状总状花序，稀单生；花萼筒与子房贴生，先端有小裂齿或平截，果时增大，副萼小，杯状；花冠管状，顶端4~6裂；雄蕊生于冠筒上，与花冠裂片同数且对生，花丝极短，花药2室，纵裂；子房半下位，周围具肉质隆起的花盘，上部1室，下部3室，每室1胚珠，柱头3浅裂。坚果，成熟时全部为增大的宿萼所包围。

约30种，分布于热带地区。我国有4种，分布于秦岭以南各地；浙江有1种。

青皮木（图5-417）
Schoepfia jasminodora Siebold et Zucc.

落叶小乔木，高2~8m。树皮灰白色，不裂至细纵裂。叶片纸质，卵形至卵状披针形，长3.5~10cm，宽2~5cm，先端渐尖或近尾尖，基部圆形或近截形，全缘，两面光滑无毛，黄绿色；叶柄扁平，长3~5mm，常带红色。聚伞状总状花序生于新枝叶腋，下垂，长2.5~8cm，具2~5花；无花梗；花萼杯状，贴生于子房，宿存；花冠黄白色，钟状，长5~7mm，顶端4或5裂，裂片长3~4mm，开放时向外反卷，在喉部近花药处具簇生长绢毛；雄蕊与花冠裂片同数且对生，无退化雄蕊；子房半下位，花柱细长，柱头3裂。核果椭圆形，长0.7~1.2cm，直径0.6~0.7cm，成熟后先呈红色后转为紫黑色。花期4—5月，果期5—7月。

产于全省山区。生于海拔1200m以下的向阳山坡上及沟谷的疏林中或林缘。分布于华东、华中、华南、西南及陕西、甘肃。日本、越南、泰国也有。

果实由红转黑，甚为艳丽，可供园林观赏；根及树皮可药用，有祛风除湿、散瘀止痛的功效。

图 5-417 青皮木

一〇六　檀香科 Santalaceae

草本或灌木，稀小乔木，常为寄生或半寄生，稀重寄生。单叶或有时退化为鳞片状，互生或对生；叶片全缘；无托叶。花单生或排成多种花序；常具苞片或小苞片；花小，两性、单性或杂性，辐射对称；花萼常淡绿色，花冠状，基部合生成短管，顶端3～6裂；无花瓣；有花盘；雄蕊常3～6，与萼片对生；子房下位或半下位，稀上位，1室，胚珠常1～3，基生胎座，柱头不裂或3～6裂。坚果或核果，不开裂。种子球形或卵形。

36属，500种，广泛分布于热带及温带地区。我国有7属，33种，南北各地均产；浙江有2属，2种。

1 米面蓊属 Buckleya Torr.

半寄生落叶灌木。叶对生；全缘或近全缘，羽状脉；无柄或具短柄。花单性，雌雄异株。雄花排成顶生或腋生的伞形花序；无苞片；花萼钟状，4裂；雄蕊4，与萼片对生且较短，花盘贴生于萼筒内壁。雌花常1～3朵生于枝顶；苞片4，叶状，形大；花萼钟状，4裂，与苞片互生，形小；子房下位，1室，胚珠3或4，花柱短，柱头2～4裂。核果椭球形或倒卵状椭球形，顶端宿存有4枚叶状苞片。

4种，分布于东亚和北美洲。我国有2种；浙江有1种。

米面蓊　羽毛球树　九层皮　（图5-418）
Buckleya lanceolata (Siebold et Zucc.) Miq.

半寄生落叶灌木，高1～2.5m。根肉质，外表皮白色，干时呈膜质剥落。小枝纤细。叶对生；叶片纸质，卵形、卵状披针形或椭圆状披针形，长2～9cm，宽1～3cm，先端渐尖或尾状渐尖，基部楔形，全缘，两面中、侧脉均隆起，脉上被疏毛；近无柄。雄花序伞形，顶生或腋生；花小，辐射对称，黄绿色至绿白色；花梗纤细，长5～10mm；花萼4裂，裂片长约1mm；雄蕊4，与萼片对生且较短。雌花1～3朵生于枝顶；苞片4，叶状，远较萼片长；萼片长约2mm；子房下位，花柱短，柱头2～4裂。核果倒卵状椭球形，长1～1.5cm，直径0.5～1cm，未成熟时具8纵棱，后渐不明显，无毛，宿存的叶状苞片增大，长3～4cm，宽7～9mm，排成近"十"字形，脉纹明显，边缘及中脉被短硬毛；果梗顶端具关节。花期5月，果期9—10月。

产于安吉、临安、建德、浦江、义乌、东阳、永康、天台。生于海拔400～900m的山坡、山脊灌丛中。分布于山西、江苏、安徽、河南、湖北、四川、陕西、甘肃。

果含淀粉，盐渍后可食用；鲜叶有毒，外用可治皮肤瘙痒；根入药可治痈疽、无名肿毒；树皮有毒,碎片对人体皮肤有刺激作用。

图 5-418　米面蓊

❷ 百蕊草属　Thesium L.

多年生纤细草本,稀为一年生草本或灌木状。寄生于其他植物的根上。叶互生;叶片条形或鳞片状。花单生于叶腋或排成二歧聚伞花序;两性,形小,绿色或淡绿色;花萼常钟状,先端4或5裂,萼筒与子房贴生;雄蕊与花萼裂片同数并对生;子房下位,1室,胚珠2或3,花柱短或长,柱头头状或具裂片。坚果小,顶端具宿萼,表面具棱或平滑。

约245种,广泛分布于全球温带地区,少数产于热带、亚热带地区。我国有16种;浙江有1种。

与米面蓊属的主要区别在于后者为灌木;叶对生;花单性异株;核果,顶端宿存有4叶状苞片。

百蕊草 细须草 （图5-419）
Thesium chinense Turcz.

半寄生多年生草本，高15～40cm。全体无毛，多少被白粉。茎纤弱，有纵沟，自基部多分枝，常呈丛生状。叶互生；叶片条形，长1～3cm，宽1～2mm，先端尖，全缘，无侧脉；近无柄。花单生于叶腋，两性，无梗，形小；基部具1苞片及2小苞片，苞片长为小苞片的2～3倍；花萼下部合生近钟状，上部5裂，稀4裂，裂片卵状长椭圆形，先端急尖而常反折，白色，背部带绿色；雄蕊5，不外伸；子房下位，花柱极短，柱头头状。坚果小，球形或椭圆形，直径约2mm，表面具核桃状雕纹，顶端具宿存花萼裂片，基部具宿存苞片与小苞片，几无梗。花期3—6月，果期8—10月。

产于全省各地。生于海拔1000m以下的山麓、岩坡、旷地的草丛中或田野阴湿处。分布几遍全国。蒙古、日本、朝鲜半岛也有。

全草可药用，有抗菌消炎、清热解毒、解暑利湿等功效。

图5-419 百蕊草

一〇七　桑寄生科 Loranthaceae

半寄生灌木，稀草本。茎不具关节，无毛或具星状毛。单叶对生或互生；无托叶；叶柄几无；叶片通常具羽状脉，全缘。总状、穗状或伞形花序（稀短缩成头状），顶生或腋生；常具苞片或小苞片；花两性，稀单性异株；副萼有或无；花被片花瓣状，常4～6，离生或合生，镊合状排列，辐射对称或两侧对称；雄蕊与花被片同数，对生并贴生于花被片上，花药2～4室，纵裂，或具横隔的多室；子房下位，1、3或4室，无真胚珠，胚囊起源于中心柱或子房基部，无珠被，具花柱，柱头小。浆果，稀核果或蒴果，果肉具黏胶质。种子1，无种皮。

60～68属，700～950种，主要分布于热带和亚热带地区。我国有8属，51种，广泛分布于全国各地，以长江流域以南最多；浙江有2属，5种。

本科有些种类可药用；对寄主有危害，尤其是古树。

1 桑寄生属 Loranthus Jacq.

半寄生灌木。嫩枝、叶均无毛。叶对生或近对生，具羽状脉。穗状花序腋生或顶生，花序轴在花着生处通常稍下陷；花两性或单性异株，5或6数，辐射对称，每花具1苞片；花托通常卵球形；副萼环状；花冠长不及1cm，花蕾时呈棒状或倒卵球形，直立，花被片离生；雄蕊着生其上，花丝短，花药近球形或近双球形，4室，稀2室，纵裂；子房1室，基生胎座，花柱柱状，柱头头状或钝。浆果卵球形或近球形，顶端具宿存副萼，果皮平滑，果肉具黏胶质。

约10种，产于亚洲和欧洲的温带和亚热带地区。我国有6种，分布于除东北及新疆外的全国大部分地区；浙江有2种。

1. 华中桑寄生　（图5-420）

Loranthus pseudo-odoratus Lingelsh.—*Hyphear pseudo-odoratum* (Lingelsh.) Danser

常绿灌木，高约0.5m。全体无毛；小枝疏生皮孔，通常具白色蜡粉。叶对生或近对生；叶片纸质，卵形或长椭圆形，长4～10cm，宽2～5.5cm，顶端钝，基部阔楔形，稍下延，侧脉3～5对，两面均明显；叶柄长5～7mm。穗状花序1～3个腋生，具4～6（10）花；花两性，对生或近对生，黄绿色；苞片勺状；花托卵球形；副萼环状；花冠花蕾时呈倒卵球形，花被片6，披针形，长约2.5mm，稍开展，顶端内弯；花丝着生于花瓣下部，花药4室，2大2小；花柱具6棱，柱头稍增粗。果近球形，直径约4mm，淡黄色，光滑。花期2—3月，果期7—8月。

产于龙泉、庆元。生于海拔1400～1700m的山地阔叶林中，常寄生于栎属和栲属植物上。分布于湖北、四川。

图5-420 华中桑寄生

2. 桐树桑寄生（图5-421）

Loranthus delavayi Tiegh.

常绿灌木，高达1m。全体无毛；小枝疏生皮孔，有时具白色蜡粉。叶对生或近对生；叶片纸质或薄革质，卵形至长椭圆形，稀长圆状披针形，长5～10cm，宽2.5～3.5cm，顶端钝，基部楔形，稍下延，侧脉5或6对，明显；叶柄长0.5～1cm。雌雄异株；穗状花序1～3个腋生，具8～16花；苞片匙状；花对生或近对生，黄绿色，花蕾时呈棒状，花被片6，雄花长4～5mm，雌花长2.5～3mm，开放时上半部反折；花丝着生于花瓣中部，花药2室；花柱具6棱，柱头头状。果椭球形或卵球形，长约5mm，淡黄色，光滑。花期1—3月，果期7—10月。

产于丽水及泰顺。生于海拔600～1600m的沟谷或山地常绿阔叶林中，寄主通常为壳斗科树种，稀为梨属等树种。分布于华东、华中、华南、西南及陕西、甘肃等地。越南、缅甸也有。

与华中桑寄生的主要区别为后者花两性，花冠花蕾时呈倒卵球形，花药4室；果实近球形。

图5-421　楠树桑寄生

❷ 钝果寄生属 Taxillus Tiegh.

半寄生灌木。嫩枝、叶通常被绒毛。叶对生或互生，侧脉羽状。伞形花序，稀总状花序，腋生，具2～5花；花4或5数，两侧对称，每朵花具1苞片；花托椭圆状或卵球形，稀近球形，基部圆钝；副萼环状，全缘或具齿；花冠在成长的花蕾时管状，稍弯，下半部多少膨胀，顶部椭圆状或卵球形，开花时顶部分裂，下面1裂缺较深，裂片4或5，反折；雄蕊着生于裂片的基部，花丝短，花药4室，药室具横隔或无；子房1室，基生胎座，花柱线状，约与花冠等长，具棱，柱头通常头状。浆果椭球形或卵球形，稀近球形，顶端具宿存副萼，基部圆钝，外果皮革质,具颗粒状体或小瘤体,稀平滑,被毛或无毛,中果皮具黏胶质。种子1。

约25种,产于南亚和东南亚。我国有18种,分布于黄河流域以南各地;浙江有3种。

与桑寄生属的主要区别在于后者为穗状花序,花辐射对称,花被片离生。

分种检索表

1. 叶互生、轮生或簇生,但不为对生,下面老时无毛;花冠无毛;寄生于松科树种上·· **1. 华东松寄生 T. kaempferi**
1. 叶对生或近对生,但不为簇生,下面被星状毛;花冠有毛;寄生于阔叶树种上。
 2. 叶被星状毛和叠生星状毛;花冠在花蕾时顶部狭椭球形,裂片披针形;花序具3~5花··· **2. 四川寄生 T. sutchuenensis**
 2. 叶被星状毛;花冠在花蕾时顶部卵球形,裂片匙形;花序通常具2花······ **3. 锈毛钝果寄生 T. levinei**

1. 华东松寄生　小叶钝果寄生　(图5-422)
Taxillus kaempferi (DC.) Danser

常绿灌木,高0.5~1m。嫩枝、叶密被褐色星状毛,稍后毛全脱落,小枝灰褐色,具小瘤体和疏生皮孔。叶小,革质,互生或2~4枚簇生于短枝上,在长枝上有时轮生,倒披针形至长椭圆形,长1.5~3cm,宽3~7mm,先端圆钝,基部楔形,仅中脉明显。伞形花序腋生,具2或3花;花序梗长2~3mm;苞片兜状,顶端常3浅裂;花托近球形,长约1.5mm;副萼环状,具4裂缺;花深红色,无毛,花冠花蕾时管状,长1.3~1.6cm,顶部棒状,裂片4,披针形,反折。果卵球形,直径3~5mm,红褐色,果皮具瘤点。花期7—8月,果期次年4—5月。

产于丽水及浦江、武义、仙居。生于海拔600~1500m的山地针阔混交林中,寄生于马尾松、黄山松、南方铁杉等植物上。分布于安徽、江西、福建、四川等地。日本、不丹也有。

全株可入药,有祛风除湿等功效。

图5-422　华东松寄生

2. 四川寄生 桑寄生 （图5-423）
Taxillus sutchuenensis (Lecomte) Danser

常绿灌木，高0.5～1m。嫩枝、叶密被褐色或红褐色星状毛，有时具叠生星状毛；小枝无毛，疏生皮孔。叶对生或近对生，革质，卵形至椭圆形，长5～8cm，宽3～4.5cm，先端圆钝，基部近圆形，上面无毛，下面被星状毛，侧脉4或5对，在叶上面明显；叶柄长6～12mm，无毛。总状花序，腋生，具3～5花，密集成伞形，花序和花均密被褐色星状毛；花序梗和花序轴长1～3mm；花梗长2～3mm；苞片卵状三角形；花托椭圆状；副萼环状，具4齿；花红色，花冠花蕾时管状，稍弯，下半部膨胀，顶部狭椭球形，裂片4，披针形，反折，有毛；柱头圆锥状。果椭球形，长6～7mm，黄绿色，果皮具颗粒状体，被疏毛。花期6—8月，果期次年9—10月。

产于丽水及常山、义乌、瑞安、文成、平阳。生于海拔500～1300m的山地阔叶林中，寄生于栎属、石栎属、水青冈属及桑、梨、李、梅、油茶、厚皮香、桂花等植物上。分布于华北、华东、华中、华南、西南、西北。

全株可入药，有祛风除湿、通经行气及降血压等功效。

图5-423 四川寄生

3. 锈毛钝果寄生 （图5-424）
Taxillus levinei (Merr.) H.S. Kiu

常绿灌木，高0.5～2m。嫩枝、叶、花序和花均密被锈色星状毛；小枝无毛，疏生皮孔。叶对生或近对生，革质，卵形至长圆形，长4～10cm，宽1.5～4.5cm，先端圆钝，稀急尖，基部近圆形，上面无毛，下面被星状毛，侧脉在上面明显；叶柄被星状毛。伞形花序1或2个腋生或生于已落叶的小枝腋部，具(1)2(3)花；花序梗长2.5～5mm；副萼环状，稍内卷；花红色，花蕾时管状，长1.8～2.2cm，稍弯，管部膨胀，顶部呈卵球形，裂片4，匙形，反折，有毛；花丝紫色；花盘环状；柱头头状。果卵球形，长约6mm，两端圆钝，黄色，果皮具颗粒状体，被星状毛。花期9—12月，果期次年4—5月。

产于丽水及临安、建德、诸暨、奉化、衢州市区（衢江）、永康、平阳、泰顺。生于海拔200～1200m的山地或沟谷常绿阔叶林中，常寄生于油茶、樟树、板栗、三角枫或壳斗科植物上。分布于华东、华中、华南及西南部分地区。

用途同四川寄生。

图5-424 锈毛钝果寄生

一〇八　槲寄生科 Viscaceae

半寄生灌木，稀草本。枝具关节；全体无毛或仅部分种花序被毛。叶对生；叶片全缘，具3或5基出脉，但通常退化成鳞片状；无托叶。花单性，雌雄异株或同株；花序穗状或聚伞状，有时单生；苞片不明显；无副萼；花被片3或4，萼片状，镊合状排列，离生或下部合生；雄蕊与花被片同数并对生，贴生其上或离生；花药1至多室，纵裂或多孔开裂；子房下位，1室，无真胚珠，胚囊起源于1短的胎盘柱，无珠被，花柱短或缺，柱头小。浆果，果肉具黏性。种子1，无种皮。

7属，350余种，广泛分布于全球热带和温带地区。我国有3属，18种，广泛分布于全国各地；浙江有2属，5种。

本科植物有的可药用；对寄主有害，会加速古树衰老，应及时清除。

① 栗寄生属 Korthalsella Tiegh.

半寄生小灌木或亚灌木。茎通常扁平，相邻的节间排列在同一平面上；枝对生或二歧分枝。叶退化成鳞片状，对生，基部或大部分合生成环状。聚伞花序，腋生，初时具1花，当后熟性花陆续出现时，密集成团伞花序；花单性，雌雄同株；花小，花梗几无，苞片缺，基部具毛围绕；无副萼；花被片3，萼片状；花丝无，花药2室，聚合成球形的聚药雄蕊，药室内向，纵裂。浆果椭球形或倒卵形，具宿萼，平滑。

约25种，分布于除欧洲外的旧大陆热带和温带地区。我国有1种；浙江也有。

栗寄生（图5-425）
Korthalsella japonica (Thunb.) Engl.

常绿小灌木，高5~15cm。小枝扁平或圆柱形，绿色，通常对生，节间狭倒卵形至倒卵状披针形，长7~17cm，宽3~6mm，干后中肋明显。叶片退化为鳞片状，成对合生成环状。花淡绿色，有具节的毛围绕于基部。果椭球形或倒卵形，长约2mm，直径约1.5mm，淡黄色。花果期几全年。

产于定海、岱山、衢州市区、永嘉、瑞安。生于海拔600m以下的山地或海岛的常绿阔叶林中，寄生于乌冈栎、豹皮樟、柃木、滨柃、日本女贞等植物上。分布于华东、华中、华南、西南及陕西、甘肃等地。东南亚、南亚及日本、澳大利亚也有。

全株可药用，用于治疗风湿关节痛。

一〇八　槲寄生科 Viscaceae

图 5-425　栗寄生

② 槲寄生属　Viscum L.

半寄生灌木或亚灌木。茎、枝圆柱状或扁平，具明显的节，扁平者相邻的节间互相垂直，枝对生或二歧分枝。叶对生；具基出脉或叶退化成鳞片状。雌雄同株或异株；聚伞式花序顶生或腋生，通常具3～7花，花序梗短或无，常具由2苞片组成的舟形总苞；花单性，小，无梗，具1、2苞片或无；副萼无；花被萼片状，通常4；雄蕊贴生于花被片上，花丝无，花药多室，药室大小不等，孔裂；子房1室，基生胎座，花柱短或几无。浆果平滑或具小瘤体，果肉具黏性，花柱常宿存。

约70种，分布于东半球，主产于热带和亚热带地区，少数种类分布于温带地区。我国有11种，广泛分布于全国各地；浙江有4种。

与栗寄生属的主要区别为后者花被片3，花药2室，纵裂。

分种检索表

1. 叶片长椭圆形至椭圆状披针形；枝条圆柱状 ·· **1. 槲寄生　V. coloratum**
1. 叶片退化成鳞片状；枝条扁平或圆柱状，但干后具棱。
　　2. 枝条扁平。
　　　　3. 枝的节间宽2～3.5mm，具3纵棱；果近球形，白色或青白色 ······ **2. 扁枝槲寄生　V. articulatum**
　　　　3. 枝的节间宽4～8mm，具5～7纵棱；果椭球形或卵球形，橘红色或黄色·· **3. 枫香槲寄生　V. liquidambaricola**

2. 枝条圆柱状，干后具棱 ·················· **4. 棱枝槲寄生 V. diospyrosicola**

1. 槲寄生 （图5-426）
Viscum coloratum (Kom.) Nakai

常绿灌木，高0.3～0.8m。茎、枝均圆柱状，2或3歧（稀多歧）分枝，节稍膨大，小枝节间长5～10cm，直径3～5mm。叶对生，稀3枚轮生；叶片厚革质或革质，长椭圆形至椭圆状披针形，长3～7cm，宽0.7～2cm，先端圆钝，基部渐狭；基出脉3或5；叶柄短。雌雄异株；花序顶生或腋生于小枝分叉处。果球形，直径6～8mm，具宿存花柱，成熟时呈淡黄色或橘红色，果皮平滑。花期4—6月，果期次年2—5月。

全省除嘉兴、舟山外均产。生于海拔40～1600m的阔叶林中，低海拔地带多寄生于枫杨树上，高海拔地带则多见于水青冈属植物上。分布于我国大部分省区。俄罗斯远东地区、日本、朝鲜半岛也有。

全株可入药，有祛风湿、降血压、补肝肾、强筋骨、安胎、催乳等功效。

图5-426 槲寄生

2. 扁枝槲寄生（图5-427）
Viscum articulatum Burm. f.

常绿小灌木，高0.3～0.5m。茎基部近圆柱状，枝条对生或二歧分枝，交替扁平，节间长1.5～3cm，宽2～3.5mm，干后边缘薄，具3纵棱，中肋明显。叶退化成鳞片状。雌雄同株；聚伞花序1～3个腋生，花序梗几无，总苞舟形，长约1.5mm，具3花，中央1朵为雌花，侧生的为雄花，但通常仅具1雌花或1雄花。果近球形，直径3～4mm，白色或青白色，果皮平滑。花果期几全年。

产于龙泉。生于低海拔的山地阔叶林中，常寄生于壳斗科、樟科植物上。分布于广东、海南、广西、云南等地。南亚、东南亚及大洋洲热带地区也有。

全株可药用，有祛风湿、止血等功效。

图5-427　扁枝槲寄生

3. 枫香槲寄生 （图5-428）

Viscum liquidambaricola Hayata

常绿小灌木，高0.5~0.7m。茎基部近圆柱状，枝和小枝均扁平；枝交叉对生或二歧分枝，节间长2~4cm，宽4~6（8）mm，干后具5~7明显的纵棱。叶退化成鳞片状。雌雄同株；聚伞花序1~3个腋生，花序梗几无，总苞舟形，具1~3花，中央1朵为雌花，侧生2朵为雄花，但通常仅雌花和1朵雄花发育。果椭球形或卵球形，长5~7mm，成熟时呈橘红色或黄色，果皮平滑。花果期4—12月。

产于平阳、泰顺。生于海拔200~750m的山地阔叶林或常绿阔叶林中，寄生于枫香、油桐、柿树或壳斗科等多种植物上。分布于华中、华南、西南及甘肃、陕西等地。南亚及东南亚部分国家也有。

全株可入药，民间用于治疗风湿性关节疼痛、腰肌劳损等症，并以寄生于枫香树上的为佳。

图5-428 枫香槲寄生

4. 棱枝槲寄生 柿寄生 （图5-429）
Viscum diospyrosicola Hayata

常绿小灌木，高0.3～0.5m。直立或披散，枝交叉对生或二歧分枝，位于茎中下部的节间近圆柱状，小枝节间稍扁平，长1.5～3.5cm，宽2～2.5mm，干后具2或3明显的纵棱。幼苗期具叶2或3对，叶椭圆形或长卵形，长1～2cm，宽3.5～6mm，基出脉3；成年植株的叶退化成鳞片状。聚伞花序1～3个腋生，花序梗几无，总苞舟形，具1～3花或多花；3花时中央1朵为雌花，雄花侧生，通常仅雌花和1雄花发育。果椭球形或卵球形，长4～5mm，成熟时呈黄色或橙色，果皮平滑。花期7—8月，果期10—12月。

产于丽水及衢州市区（衢江）、永嘉、泰顺等地。生于海拔100～500m的平原或山地常绿阔叶林中，寄生于壳斗科及柿、樟、梨、油桐、黄檀等多种植物上。分布于华东、华南、西南及甘肃、湖南等地。

全株可药用，用于治疗小儿发热、咳嗽。

图5-429 棱枝槲寄生

一〇九 蛇菰科 Balanophoraceae

一年生或多年生肉质草本，靠根状茎上的吸盘寄生于寄主植物的根上，无叶绿素。根状茎粗，通常分枝，表面常有疣状瘤突或星芒状皮孔。花茎圆柱形，常为裂鞘所包，有或无透明鳞状苞片。肉穗花序顶生，圆柱形、卵形或近头状；花单性，雌雄同序或异序；雄花常比雌花大，花被裂片2～8或缺；雄蕊在无被花中1或2，在有被花中常与花被裂片同数且对生；雌花较小，无花被或花被与子房合生；子房上位，1～3室，每室具1悬垂胚珠。坚果小，具1种子。种子球形，常与果皮贴生。

18属，约50种，主要分布于全球热带至亚热带地区。我国有2属，13种，分布于长江以南各地；浙江有1属，2种。

本科植物形态特殊，易被误认作大型真菌。

蛇菰属 Balanophora J.R. Forst. et G. Forst.

肉质寄生草本。根状茎块状，稀细长。花茎圆柱形，直立，通常不分枝，出自根状茎顶端；鳞状苞片无柄，互生、对生或轮生。肉穗花序顶生，卵圆形、近球形或圆柱形，花极小，雌雄同序或异序，雌雄同序时，雄花常位于花序基部；雄花较大，常有苞片，花被裂片3～6，雄蕊常与花被裂片同数并彼此对生；雌花无花被，子房椭圆形或纺锤形，压扁状，1室。坚果细小，含1种子，与果皮不易分离。

约19种，主要分布于非洲热带地区、亚洲热带至亚热带地区、大洋洲及太平洋岛屿。我国有12种；浙江有2种。

本属有些种类含蛇菰素，可药用，有止血、镇痛、消炎的功效。

据 *Flora of China* 记载，浙江尚产短穗蛇菰 *B. abbreviata* Blume，但作者未见可靠标本，调查也未及。《浙江植物志》记载有疏花蛇菰（穗花蛇菰）*B. laxiflora* Hemsl.—*B. spicata* Hayata，该种的雄花序穗状，长4.5～12cm；但作者在所记载的分布区进行了多年调查，从未见到过符合此特征的植株；查到2份由温州地区树种考察队于1980年采集的标本（编号分别为0097、1335，浙江自然博物院植物标本馆），经观察，应系红冬蛇菰的误定。故上述2种本志均不收录。

1. 杯茎蛇菰（图5-430）
Balanophora subcupularis P.C. Tam

高2～8cm。根状茎淡黄褐色，通常呈杯状，表面常有不规则纵纹，密被颗粒状小疣突和淡黄色星芒状小皮孔，顶端裂鞘，边缘啮蚀状。花茎长1.5~3cm；鳞状苞片3~8，鲜红色或淡紫色，互生，阔卵形或卵圆形，几将花茎全遮盖。雌雄同序；花序卵形至狭长卵形，紫红色，长1~1.5cm，直径7~8mm，顶端圆钝；雄花稍大，有短梗，远少于雌花，生于花序基部，花被裂片4，雄蕊6~8，聚药雄蕊近圆盘状；雌花细小密集，子房卵圆形，具柄，附属体棍棒状，顶端钝。花期9月至次年1月。

产于丽水、温州及临安、建德、诸暨、浦江、台州市区、临海。生于海拔350~900m的沟谷阴湿密林下。分布于江西、福建、湖南、广东、广西、贵州、云南。

民间用其治疗肺结核，有较好疗效。

图5-430　杯茎蛇菰

2. 红冬蛇菰　球穗蛇菰　葛菌（图5-431）
Balanophora harlandii Hook. f.

高2.5~9cm。根状茎苍褐色，扁球形或近球形，分枝或不分枝，表面粗糙，密被小斑点，呈脑状皱褶。花茎长2~5.5cm，淡红色或鲜红色；鳞状苞片5~10，黄色或淡红色，长圆状卵形，互生。雌雄异序；花序近球形或卵圆形；雄花3数，花被裂片3，阔三角形，聚药雄蕊具3花药，

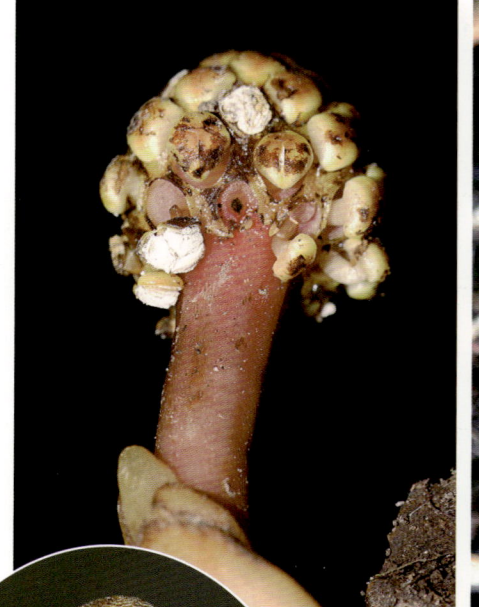

图5-431 红冬蛇菰

花梗初时很短,后渐伸长;雌花的子房黄色,通常无子房柄,着生于附属体基部或花序轴表面,花柱丝状,附属体暗褐色,倒圆锥形或倒卵形,顶端截形或中部突起。花期3—4月,有时8—9月。

产于松阳、庆元、景宁。生于海拔600～1500m的较湿润且腐殖质丰富的阔叶林下。分布于华东、华中、华南、西南及陕西。泰国、印度也有。

与杯茎蛇菰的主要区别为后者花序较细长,雌雄同序;鳞状苞片鲜红色或淡紫色;花被裂片4。

一一〇 卫矛科 Celastraceae

乔木、灌木或藤本。单叶对生或互生，少为3叶轮生；托叶小，早落或无，稀明显而与叶俱存。花两性或单性，有时杂性同株；聚伞花序1至多次分枝；花4或5数，常具明显而肥厚的花盘，花萼基部通常与花盘合生；雄蕊与花瓣同数，着生于花盘之上或之下；心皮2～5，合生，子房下部常陷入花盘而与之合生或与之融合而无明显界线，子房室与心皮同数或退化成不完全室或1室。多为蒴果，亦有核果、翅果或浆果。种子多少被具色肉质假种皮包围，稀无假种皮。

约97属，1194种，主要分布于热带和亚热带地区，部分种类产于温带地区。我国有14属，192种，全国均产；浙江有6属，37种。

分属检索表

1. 果为开裂的蒴果；小枝圆柱形，或具4棱，有时为4条或宽或窄的翅。
   2. 叶对生，稀兼有互生或轮生。
      3. 叶常有锯齿；具早落性托叶；蒴果形态多样，常有沟、棱、翅或深裂为数个分果，每蒴果具数粒种子；种子外包有橘红色肉质假种皮 ················· **1.卫矛属 Euonymus**
      3. 叶全缘；无托叶；蒴果椭球形，未成熟时呈核果状，外面光滑，每果常仅具1种子；种子外无橘红色假种皮包被 ················· **5.假卫矛属 Microtropis**
   2. 叶互生。
      4. 花瓣在果时宿存并增大；托叶宿存 ················· **2.永瓣藤属 Monimopetalum**
      4. 花瓣在花后脱落；托叶无或早落。
         5. 植株无枝刺，有时具由芽鳞特化的小刺；托叶小而早落；蒴果开裂后留有宿存中轴；假种皮肉质红色，全包种子 ················· **3.南蛇藤属 Celastrus**
         5. 植株通常有显著的枝刺；无托叶；蒴果开裂后无宿存中轴；假种皮通常淡黄色或白色，仅包种子基部或半包，稀近全包 ················· **4.裸实属 Gymnosporia**
1. 果为不开裂的翅果；小枝具4～6纵细棱 ················· **6.雷公藤属 Tripterygium**

1 卫矛属 Euonymus L.

灌木、乔木或藤本，有时匍匐状。小枝具4棱、圆柱形或有翅，无毛。单叶对生，稀互生或轮生，常有锯齿，托叶早落。聚伞花序腋生或侧生；花两性，4或5基数；花盘扁平，肥厚，方形或五边形；雄蕊花丝极短或呈丝状；子房上位，4或5室，与花盘合生。蒴果平滑，或具棱，或具翅，或具刺，或先端浅凹至中凹，或几近全裂而形成分果状，每蒴果具数粒种子。种子包被有橘红色肉质假种皮。

约130种，分布于北温带地区及澳大利亚。我国有90种，全国均有分布；浙江有19种。

分种检索表

1. 攀缘藤本、匍匐或直立灌木，少为乔木；蒴果先端不凹或浅凹，不形成分果状。
   2. 蒴果具疏刺或密刺；攀缘藤本或匍匐灌木。
      3. 叶明显具柄 …………………………………………………………………… 5. 刺果卫矛 E. acanthocarpus
      3. 叶柄短或近无。
         4. 叶片革质；常绿藤本或匍匐灌木；花序2或3次分枝 ……………………… 6. 无柄卫矛 E. echinatus
         4. 叶片薄纸质；落叶匍匐小灌木；花序仅1分枝 ………………………………… 7. 陈谋卫矛 E. chenmoui
   2. 蒴果无刺；攀缘藤本、灌木或乔木。
      5. 花4出数；花瓣绿白色、黄色或黄绿色；蒴果成熟时4瓣开裂。
         6. 蒴果先端钝至圆形；攀缘藤本、灌木或乔木。
            7. 攀缘藤本；枝上具气生根。
               8. 花序具多花；每果序具果5个以上，果近球形。
                  9. 叶片薄革质；果序较疏散；果成熟时呈乳白色，果皮光滑无斑 … 1. 扶芳藤 E. fortunei
                  9. 叶片革质；果序较密集；果成熟时呈红色，具深红色细斑 … 2. 胶东卫矛 E. kiautschovicus
               8. 花序仅具1～3花，稀达7朵；每果序通常仅结1～3果，果扁球形 ………………………
                  ………………………………………………………………………… 3. 常春卫矛 E. hederaceus
            7. 乔木或灌木；枝上不具气生根。
               10. 叶较小，长3～5cm；灌木；滨海植物 ………………………………… 4. 冬青卫矛 E. japonicus
               10. 叶较大，长3～17cm；乔木或小乔木；滨海或山地植物。
                  11. 常绿乔木或灌木；叶对生或3叶轮生；冬芽芽鳞多数，排成6列；每花序具5～7花；滨海植物 …………………………………………………………… 8. 海岸卫矛 E. tanakae
                  11. 半常绿灌木或小乔木；叶对生；冬芽芽鳞少数，不排成6列；每花序具5～15花；山地植物 ……………………………………………………………… 9. 肉花卫矛 E. carnosus
         6. 蒴果先端微凹；灌木或小乔木。
            12. 常绿乔木或灌木；花丝极短，花药黄色。
               13. 花序生于当年生枝近顶部，腋生或假顶生；蒴果大，长1～1.8cm；叶缘波状起伏，疏生钝锯齿 ……………………………………………………………… 10. 大果卫矛 E. myrianthus
               13. 花序侧生于当年生小枝下部无叶处；蒴果较小，长约8mm；叶缘不呈波状起伏，具细浅锯齿 ………………………………………………………………… 13. 中华卫矛 E. nitidus
            12. 落叶乔木或灌木；花丝明显，花药紫色。
               14. 叶片两面无毛，网脉在两面均平坦；叶柄长2～2.5cm …………………… 11. 白杜 E. maackii
               14. 叶片下面脉上有短毛，网脉在上面下陷，下面隆起；叶柄长0.6～1.5cm ………………
                  ………………………………………………………………………… 12. 西南卫矛 E. hamiltonianus
      5. 花5出数；花瓣紫色或淡紫色；蒴果成熟时5瓣开裂。
         15. 常绿；小枝四棱形；蒴果倒圆锥形，具5棱 …………………………………… 14. 疏花卫矛 E. laxiflorus
         15. 落叶；小枝圆柱形；蒴果近球形，无明显的棱 ……………………………… 19. 垂丝卫矛 E. oxyphyllus
1. 直立灌木；蒴果深裂几近基部而形成各自近乎离生的分果，通常仅1～3分果发育。

16. 落叶灌木；小枝常有4列宽大的木栓翅 ··· **15. 卫矛 E. alatus**
16. 常绿灌木；小枝无木栓翅或仅具极狭翅。
　17. 小枝棱上无翅；叶片狭披针形或条状披针形，长为宽的5～6倍；假种皮全包种子 ··· **16. 鸦椿卫矛 E. euscaphis**
　17. 小枝棱上具极狭翅；叶片长椭圆形或狭椭圆形，长不逾宽的3倍；假种皮半包种子。
　　18. 叶缘具疏浅的钝或尖锯齿，侧脉在上面不下陷，下面不清晰，也不隆起 ··· **17. 裂果卫矛 E. dielsianus**
　　18. 叶缘具细密的锐锯齿，有时呈芒尖状，侧脉在上面常下陷，下面清晰而隆起 ··· **18. 百齿卫矛 E. centidens**

1. 扶芳藤 （图5-432）
Euonymus fortunei (Turcz.) Hand.-Mazz.—*Elaeodendron fortunei* Turcz.

常绿藤本。茎、枝常具气生根。小枝圆柱形。叶片薄革质，椭圆形、长椭圆形至长圆状倒披针形，长5～8.5cm，宽1.5～4cm，先端急尖至短渐尖，有时钝圆，基部楔形、近圆形，稀窄楔形，边缘有细钝锯齿，侧脉5或6对；叶柄长0.3～1cm。聚伞花序腋生，二歧分枝；花绿白色，4数；花瓣卵圆形或长卵形；花盘近方形；雄蕊着生于花盘的四角，花丝明显。果序较疏散；蒴果近球形，直径5～8mm，成熟时果皮呈乳白色，表面光滑，4裂。种子卵形，棕褐色，被鲜红色假种

图5-432　扶芳藤

皮全包。花期7—8月,果期10—12月。

产于全省各地。生于海拔20~1250m的山坡林中或林缘,常攀爬于岩石、围墙或树干上。分布于华东及湖北、湖南、四川、陕西等地。日本、朝鲜半岛也有。

为园林中用于地被、垂直绿化的优良植物;茎叶可入药,有活血散瘀的功效,民间用于治疗肾炎、跌打损伤。

本省园林中常见栽培有4个园艺品种:

图 5-433　速铺扶芳藤

图 5-434　金边扶芳藤

图 5-435　金心扶芳藤

图 5-436　银边扶芳藤

速铺扶芳藤'Dart's Blanket'（图5-433），秋季叶片变成古铜色，长势快速；金边扶芳藤'Emerald Gold'（图5-434），叶片边缘黄色；金心扶芳藤'Sunpot'（图5-435），叶片中下部沿中脉两侧呈金黄色；银边扶芳藤'Albo-marginatus'（图5-436），叶片边缘白色。

2. 胶东卫矛 胶州卫矛 （图5-437）
Euonymus kiautschovicus Loes.

常绿攀缘藤本。小枝圆柱形，常有气生根。叶片革质，宽椭圆形至长圆状倒卵形，长4～6cm，宽2～4cm，先端急尖或钝圆，基部宽楔形或近圆形，边缘有细钝锯齿，侧脉3～5对；叶柄长0.5～1cm。聚伞花序腋生，二歧分枝；花黄绿色，4数，直径6～8mm；花瓣近圆形；花盘方形；雄蕊生于花盘四角处，花丝明显。果序较密集；蒴果近球形，直径约1cm，成熟时4裂，果皮淡红色至紫红色，有深红色细斑。种子椭球形，黑色，为橘红色假种皮全包。花期7—8月，果期11—12月。

产于安吉、临安、诸暨、宁波市区（北仑）、鄞州、象山、普陀、江山、天台、仙居、遂昌、龙泉、景宁、泰顺。生于海拔50～1300m的山坡、山脊灌丛中或林缘岩隙中。分布于山东、江苏。

果实密集，色彩艳丽，可供观赏。

本种习性在文献中记载为半常绿，叶片质地记载为纸质或薄革质。但据作者多年野外观察，其习性应为常绿；叶片质地比扶芳藤稍厚，应为革质。

Flora of China 将其并入扶芳藤，但作者认为两者在叶片质地以及果实、种子和假种皮的颜色等方面差异较大，归并不合适，故赞同《江苏植物志》（2015）的观点，仍予以保留。

图5-437 胶东卫矛

3. 常春卫矛 （图5-438）
Euonymus hederaceus Champ. ex Benth.

常绿攀缘藤本。小枝常有气生根。冬芽圆锥形，紫红色。叶片革质，卵形、宽卵形、窄卵形至长椭圆形，长3～9cm，宽1.5或5cm，先端渐尖或急尖，基部楔形至近圆形，边缘有浅钝锯齿，下部全缘，中脉隆起，侧脉5或6对；叶柄长0.5～1cm。聚伞花序腋生，具1～3（7）花；花淡绿色，4数，直径8～10mm；花瓣长椭圆形；花盘近方形；雄蕊4，花丝明显。果序较小，通常仅有1～3蒴果，果扁球形，直径8～12mm，具4浅沟，成熟时4裂，紫红色。种子被红色假种皮全包。花期5—6月，果期10—12月。

产于丽水及淳安、余姚、衢州（衢江）、开化、临海、乐清、泰顺。生于海拔500～1150m的山坡、沟谷、山脊灌丛中或林缘岩隙中。分布于华南及福建等地。

*Flora of China*将其归并到扶芳藤中，但其花序、果形、果色等与扶芳藤均有明显区别，故作者不赞同作归并处理。

图5-438 常春卫矛

4. 冬青卫矛 大叶黄杨 正木 （图5-439）
Euonymus japonicus Thunb.

常绿灌木，高1～3m。小枝近四棱形。叶片革质，倒卵形或椭圆形，长3～5cm，宽2～3cm，先端急尖或圆钝，基部楔形，边缘有浅细钝齿，上面有光泽，侧脉5或6对；叶柄长约1cm。聚伞花序腋生，2或3次分枝；花序梗长2～6cm；花4数，黄绿色或绿白色；萼片半圆形；花瓣椭圆形；雄蕊花丝基部扩大，着生于花盘四角。蒴果近球形，直径约8mm，淡红色、紫红色或黄绿色，无棱，常具浅沟，果皮光滑，成熟时4裂。种子椭球形，全包于橘红色假种皮内。花期6—7月，果期10月至次年1月。

产于舟山、宁波、台州、温州沿海各地，生于岛屿岩质海岸岩缝中或滨海丘陵山坡林下及林缘岩石旁，常成为滨海常绿灌丛的建群种；省内外园林中普遍栽培。日本也有。

一一〇 卫矛科 Celastraceae 431

一直以来，几乎所有国内权威志书均记载本种原产于日本，我国是引种的。其实这是错误的认知，作为一种典型的滨海植物，本省沿海地区普遍有野生。

本省园林中常见栽培有3个园艺品种：银边冬青卫矛'Albo-marginatus'（图5-440），叶片边缘银白色；金心冬青卫矛'Aureo-variegatus'（图5-441），叶片中脉附近金黄色；金边冬青卫矛'Aureo-marginatus'（图5-442），叶片边缘金黄色。

图5-439 冬青卫矛

图5-440 银边冬青卫矛　　图5-441 金心冬青卫矛　　图5-442 金边冬青卫矛

5. 刺果卫矛（图5-443）

Euonymus acanthocarpus Franch.

常绿藤本，有时披散灌木状。老枝散生皮孔。叶片革质，狭椭圆形至倒披针形，长7～12cm，宽2～5.5cm，先端急尖或短渐尖，基部楔形、阔楔形或稍近圆形，边缘具疏浅齿，侧脉5～8对；叶柄长（0.5）1～2cm。聚伞花序较疏大，多为3次以上分枝；花序梗四棱形，长2～8cm；花4数，黄绿色；萼片近圆形；花瓣倒卵形，基部窄缩成短爪；花盘近圆形；雄蕊具明显花丝。蒴果成熟时呈棕红色，近球形，直径连刺1～1.2cm，密生尖刺，刺长1～2mm。种子外被橙黄色假

种皮。花期6—7月，果期9—11月。

产于开化、金华市区（婺城北山）、台州市区（黄岩）、天台等地。生于海拔500～900m的山坡疏林下或沟谷灌丛中，常攀附于岩石或树干上。分布于华东、华中、华南、西南及陕西。越南也有。

图5-443 刺果卫矛

5a. 短刺刺果卫矛　庐山卫矛（变种）（图5-444）

var. **lushanensis** (F.H. Chen et M.C. Wang) C.Y. Cheng—*E. lushanensis* F.H. Chen et M.C. Wang

与刺果卫矛的区别为果实上的刺较稀疏且粗短。

产于丽水及天台、平阳、泰顺等地，海拔与生境同刺果卫矛。分布于江西、湖北、湖南、贵州。

Flora of China 将其作种处理，经核对产于本省的标本、照片及中国数字植物标本馆上的标本图片，发现其刺的粗细、长短、疏密均存在一定的变异幅度，有时同一地点甚至同一采集号也

图5-444 短刺刺果卫矛

存在这种情况,与刺果卫矛有时难以截然区分,作者认为仅凭果上刺的情况,不足以将其作为独立的种对待,故同意金孝锋(2009)的观点,作变种处理。

6. 无柄卫矛 棘刺卫矛 （图5-445）

Euonymus echinatus Wall.—*E. fungosus* Ohwi subsp. *chinensis* Hsu—*E. subsessilis* Sprague

常绿藤本或匍匐灌木。小枝具4棱。营养枝叶片多为纸质,花果枝叶片薄革质,叶片卵形、窄椭圆形或卵状披针形,大小变异较大,长4～9cm,宽2～4cm,先端短渐尖或急尖,基部宽楔形或近圆形,叶缘有钝锯齿;叶柄几无或极短。聚伞花序2或3次分枝;花序梗和分枝具4棱,花梗则圆柱形;花4数,黄绿色;花盘方形;雄蕊具细长花丝;花柱长约1mm。蒴果近球形,密被长三角状短尖刺,连刺直径约1cm。种子卵圆形,为橘红色假种皮全包。花期5—6月,果期10—12月。

产于丽水、温州及淳安、诸暨、宁海、开化、常山、武义、三门、临海。生于海拔600～1000m的山坡、沟谷林下、岩石上或乱石堆中。分布于华东、华南、西南及湖北、湖南、甘肃。东南亚、南亚及日本也有。

图5-445 无柄卫矛

7. 陈谋卫矛 （图5-446）
Euonymus chenmoui Cheng

落叶匍匐小灌木。小枝绿色，四棱形。叶片薄纸质，长卵形或狭椭圆形，偶为椭圆状披针形，长2～4cm，宽1～1.5cm，先端急尖，少为渐尖，基部楔形或近圆形，边缘有细密浅锯齿，侧脉4或5对，与中脉在上面下陷，下面隆起，两面无毛；叶柄长1～3mm。聚伞花序腋生，仅1分枝，具1～3花；花序梗纤细，中央花梗稍长；花淡黄绿色，4数；雄蕊无花丝。蒴果圆球形，成熟时呈深红色或带紫色，直径9～12mm，被或疏或密的短刺。花期5—6月，果期8—10月。

产于安吉、临安、永嘉、苍南。生于海拔1150～1500m较阴湿的山坡林下岩隙中。分布于安徽、江西。

本种系由郑万钧先生为纪念浙江诸暨籍植物采集家陈谋而命名。

图5-446 陈谋卫矛

8. 海岸卫矛 （图5-447）
Euonymus tanakae Maxim.

常绿乔木或灌木，高3～12m。小枝圆柱形；枝叶无毛。冬芽宽卵球形，芽鳞多数，排成6列。叶对生或3叶轮生，薄革质，狭长椭圆形、长倒卵形至倒卵状椭圆形，长3～15cm，宽2～6cm，先端急尖至短渐尖，基部窄楔形至楔形，边缘具细钝锯齿；叶柄长1～2cm。聚伞花序生于枝端叶腋，通常具5～7花；花4数，绿白色或淡黄色，直径约1.3cm；花瓣近圆形。蒴果近球形，直径约1.5cm，具4明显的锐棱。种子黑色，包有橘红色假种皮。花期6—7月，果期11—12月。

产于宁波、舟山、台州、温州的沿海地区。生于滨海岩质海岸或近海山坡的灌丛中。分布于台湾。日本也有。

适应性强，入秋后叶片常呈深紫红色，极为艳丽，为优良的秋色叶树种。

一一〇 卫矛科 Celastraceae

图 5-447　海岸卫矛

9. 肉花卫矛 （图5-448）
Euonymus carnosus Hemsl.

图5-448　肉花卫矛

半常绿灌木或小乔木，高3～6m。小枝圆柱形，光滑。冬芽芽鳞少数。叶对生；叶片软革质，长圆状椭圆形或长圆状倒卵形，长4～17cm，宽2.5～9cm，先端急尖，基部阔楔形，边缘具细锯齿，侧脉12～15对；叶柄长约1cm。聚伞花序具5～15花；花4数，白色或淡黄绿色；花萼圆盘状；花瓣近圆形；花丝极短，花药黄色。蒴果近球形，表面光洁，具4明显或不明显的钝棱，淡红色至紫红色。种子黑色，有红色假种皮。花期5—6月，果期8—10月。

产于除嘉兴外的全省山区、丘陵。生于海拔1300m以下的山坡、沟谷林缘、灌丛及岩隙中。分布于华东、华中及台湾、广东。日本也有。

秋叶与果实紫红艳丽，可供观赏；民间用树皮代替杜仲，可治腰膝疼痛。

10. 大果卫矛 （图5-449）
Euonymus myrianthus Hemsl.

常绿灌木或小乔木，高1～5m。叶革质，披针形或倒披针形，偶为倒卵形，长5～13cm，宽2～4.5cm，先端渐尖，基部楔形，边缘常呈波状，疏生明显钝锯齿，侧脉6～8对，网脉清晰；叶柄长5～10mm。聚伞花序生于当年生枝近顶部，腋生或假顶生，2～4次分枝；小花梗长4～5mm，均具4棱；花4数，黄绿色；萼片近圆形；花瓣近倒卵形；花盘较大，四角有圆形裂片；花丝极短，花药黄色。蒴果倒卵形或倒心形，成熟时呈黄色，长1～1.8cm，具4钝棱，先端微凹。种子卵圆形，假种皮橘红色。花期4—5月，果期10—11月。

产于衢州、丽水及武义、平阳、泰顺。生于海拔400～1400m的山坡或沟谷较湿润处。分布于华东、西南及湖北、湖南、广东、广西、陕西。

一一〇 卫矛科 Celastraceae

图 5-449 大果卫矛

11. 白杜 丝棉木（图 5-450）
Euonymus maackii Rupr.

落叶小乔木，高可达 10 m。小枝略方形。叶纸质，卵状椭圆形、卵圆形至窄椭圆形，长 2.5～11 cm，宽 2～6 cm，先端急尖至渐尖，基部宽楔形至近圆形，边缘具细锯齿，两面无毛，侧脉 6～9 对，平坦或微下陷，网脉在两面均平坦；叶柄长 2～2.5 cm。聚伞花序侧生或腋生于当年枝上，具3至多花；花序梗略扁，长 1～2 cm；花4数，绿白色或黄绿色；萼片近圆形；花

图 5-450 白杜

瓣长椭圆形，边缘波状；花丝明显，花药紫色。蒴果倒圆锥形，4浅裂，顶部内凹，长约1cm，成熟时呈粉红色至紫红色。种子长椭球形，棕黄色，包有橘红色假种皮。花期4—6月，果期10—12月。

产于本省大部分地区，但温州、丽水未见。生于海拔1000m以下的低山丘陵及岛屿林中或林缘。广泛分布于除华南外的全国各地。日本、朝鲜半岛也有；欧洲、北美洲有引种。

木材可用于雕刻；树皮与根有祛瘀活血、止痛的功效，民间常作杜仲代用品，用于治疗腰膝疼痛。

12. 西南卫矛 （图5-451）

Euonymus hamiltonianus Wall. — *E. hamiltonianus* var. *nikoensis* (Nakai) Blakel.

图5-451　西南卫矛

落叶灌木或小乔木，高2～5m。新枝具4棱。叶片卵状椭圆形或倒卵状披针形，长4～13cm，宽2～7cm，先端急尖，基部阔楔形或钝圆，侧脉7～9对，连同网脉在上面下陷，在下面隆起，下面脉上具短毛；叶柄长0.6～1.5cm。聚伞花序侧生或腋生于当年生小枝上，1～3次分枝；花序梗长2～3cm；花4数，绿白色；萼片半圆形；花瓣长椭圆形，边缘蚀齿状；花丝明显，花药紫色。蒴果粉红色至紫红色，宽倒三角形或扁方块形，有时4浅裂，顶部微凹，侧面凹凸明显。种子红棕色，具橘红色假种皮。花期4—6月，果期9—11月。

产于湖州、杭州、绍兴、宁波、金华、台州、丽水及定海、泰顺。生于海拔50～1570m的山坡、沟谷疏林下或灌丛中。分布于华东、华中、西南及山西、广东、广西、陕西、甘肃。东亚、东南亚、南亚也有。

13. 中华卫矛　矩叶卫矛　（图5-452）

Euonymus nitidus Benth.—*E. oblongifolius* Loes. et Rehder

常绿灌木或小乔木，高2～7m。叶薄革质，长椭圆形至椭圆形，偶为长倒卵形，长5～16cm，宽2～4.5cm，先端渐尖或短尾尖，边缘有细浅锯齿，网脉明显；叶柄长5～8mm。聚伞花序生于当年生枝下部无叶处，多次分枝；花序梗长2～5cm；花4数，淡黄绿色；萼片半圆形；花瓣倒卵圆形或近圆形。蒴果倒圆锥状或近扁方形，长约8cm，成熟时呈黄色或肉红色，基部窄缩，具4钝棱及浅沟，顶部微凹。种子近球形，被橘红色假种皮。花期5—6月，果期10—12月。

产于杭州、宁波、舟山、衢州、金华、台州、丽水、温州及安吉、上虞、诸暨。生于海拔900m以下的山谷、山坡林中或溪边灌丛中。分布于华东、华南、西南及湖北、湖南。日本、越南、柬埔寨、孟加拉国也有。

图5-452　中华卫矛

14. 疏花卫矛 （图5-453）
Euonymus laxiflorus Champ. ex Benth.

图5-453 疏花卫矛

常绿灌木或小乔木，高2～5m。小枝略四棱形。叶片薄革质，多为倒卵状椭圆形或狭窄椭圆形，长5～12cm，宽2～3cm，先端长渐尖或尾状渐尖，基部楔形至窄楔形，有时下延，全缘或上部具少数不规则的尖齿，中脉在上面显著隆起，侧脉及网脉在两面均不甚明显；叶柄长3～10mm。聚伞花序侧生或腋生，花序梗细长，分枝稀疏，具5～9花；花5数，紫红色、淡紫色；萼片边缘常具紫色短睫毛；花瓣近圆形；雄蕊无花丝；子房无花柱，柱头圆。蒴果紫红色，具5棱，倒圆锥形，长7～9mm，先端稍下凹。种子长圆形，假种皮橘红色。花期6—7月，果期10—12月。

产于丽水及文成、泰顺。生于海拔500～1200m的山坡林中或较阴湿的沟谷林缘。分布于华东、华南、西南及湖北、湖南。越南、缅甸、柬埔寨、印度也有。

树皮可代杜仲药用；花果艳丽，可供观赏。

经查阅中国数字植物标本馆上的标本图片及中国植物图像库上的各地实物照片，发现在叶形方面与志书上的描述并不相符，如叶基和叶先端等。本种部分特征系根据本省所产植物的标本和照片描述。

15. 卫矛　鬼箭羽 （图5-454）
Euonymus alatus (Thunb.) Siebold

落叶灌木，高1～3m。全株无毛。小枝上常有4列扁平宽大的木栓翅。叶纸质，倒卵形、菱状倒卵形或椭圆形，长2～7cm，宽1～3.5cm，先端急尖，基部楔形至近圆形，边缘具细锯齿，

一一〇 卫矛科 Celastraceae

侧脉6~8对，网脉明显；叶柄极短或几无。聚伞花序腋生，具3~5花；花序梗长0.5~3cm；花4数，淡黄绿色；花盘肥厚，方形；雄蕊具短花丝，生于花盘边缘。蒴果棕褐色带紫色，深裂几至基部，通常仅1~3分果发育。鲜红色假种皮全包种子。花期5—6月，果期7—12月。

产于全省各地。生于海拔1600m以下的山坡、山

图 5-454 卫矛

图 5-455 火焰卫矛

脊或沟谷灌丛中。广泛分布于全国绝大部分地区。俄罗斯、日本、朝鲜半岛也有。

本种枝上的木栓翅常入药，称"鬼箭羽"，有破血通经、解毒消肿、杀虫等功效，并有降血脂、血糖等药理作用；枝条形态特异，果实开裂后种子红艳，为优良的园林观赏植物。

本省园林中尚栽培有1品种火焰卫矛'Compacta'（图5-455），株型紧凑，入秋后叶片全部转成亮红色，热烈如火，极为艳丽。杭州市区、临安等地有栽培。

16. 鸦椿卫矛 （图5-456）
Euonymus euscaphis Hand.-Mazz.

常绿灌木，高0.5～1.5m。枝条绿色。枝叶无毛。叶革质，狭披针形或条状披针形，长6～20cm，宽1～3cm，先端渐尖，基部楔形至近圆形，边缘具浅细锯齿，中脉两面均隆起，侧脉9～11对，不甚清晰；叶柄短或近无。聚伞花序具3～7花；花序梗细弱，长0.5～1.5cm；小花梗与之近等长或稍短；花4数，绿白色。蒴果4深裂，常仅1或2分果发育，分果卵圆形，具1种子。种子为橘红色假种皮全包。花期4—5月，果期9—11月。

产于杭州、宁波、丽水、温州及诸暨、新昌、开化、江山、磐安、天台、仙居。生于海拔400～1500m的山坡、沟谷林下或灌丛中。分布于安徽、江西、福建、湖南、广东。

图5-456 鸦椿卫矛

17. 裂果卫矛 （图5-457）
Euonymus dielsianus Loes. ex Diels

常绿灌木或小乔木，高1～4m。嫩枝具4棱，常有窄翅。叶片革质，长椭圆形或长倒卵形，长4～12cm，宽2～4.5cm，先端渐尖或尾状渐尖，基部狭楔形至近圆形，边缘具疏浅的钝或尖锯齿，侧脉4～6对，在上面通常不下陷，下面不甚清晰，也不隆起；近无柄或有短柄。聚伞花序具1～4花；花序梗具4棱，长0.5～2cm；小花梗短；花4数，黄色；花瓣近圆形；花盘近方形；雄蕊无花丝。蒴果4深裂，常仅1或2分果发育。种子长椭球形，假种皮橘红色，仅包种子上半部。花期5—6月，果期11—12月。

产于衢州、丽水及临安、建德、淳安、金华市区（北山）、温岭、乐清等地。生于海拔70～550m的山坡、沟谷林下或灌丛中，常见于石灰岩山地。分布于江西、湖北、湖南、广东、广西、四川、贵州、云南。

本种过去常被误定为百齿卫矛。

图5-457　裂果卫矛

18. 百齿卫矛 （图5-458）

Euonymus centidens H. Lév.—*E. streptopterus* Merr.

常绿灌木，高1～3m。嫩枝具4棱，常有窄翅。叶片厚纸质或薄革质，长椭圆形或长倒卵形，长2～7cm，宽1.5～3cm，先端尾尖至长渐尖，基部圆形或微心形，有时宽楔形，叶缘具细密的锐锯齿，有时呈芒尖状，侧脉4～6对，在上面常下

图5-458　百齿卫矛

陷，在下面清晰并常隆起；近无柄或有短柄。聚伞花序具1～3花，稀较多；花序梗四棱形，长0.5～3cm；小花梗短；花4数，黄绿色；花瓣近圆形；花盘近方形；雄蕊无花丝。蒴果4深裂，通常仅1或2分果发育。种子长椭球形，假种皮红色，半包种子。花期4—6月，果期11—12月。

产于宁波、舟山及三门、温岭、松阳、景宁、乐清、苍南、泰顺。生于海拔50～600m的山坡、沟谷林下或灌丛中。分布于华东及湖北、湖南、广东、广西、四川、贵州、云南。

经比对百齿卫矛、窄翅卫矛 E. streptopterus Merr. 的模式标本照片，发现两者极为相似，确实难以区别，赞成归并。

19. 垂丝卫矛　（图5-459）

Euonymus oxyphyllus Miq.

落叶灌木，高2～4m。枝条细长，圆柱形。冬芽细长圆锥形。叶对生，宽卵形或卵形，长4～8cm，宽2.5～5cm，先端渐尖，基部圆形或宽楔形，边缘具细密锯齿，侧脉5或6对；叶柄长0.4～0.8cm。聚伞花序疏而宽，2或3次分枝；花序梗纤细，长3～7cm；花5数，淡紫色；雄蕊花丝极短。

图 5-459　垂丝卫矛

一一〇 卫矛科 Celastraceae

果序梗细长下垂；蒴果近球形，成熟时呈深红色，表面光滑，无明显的纵棱，5瓣开裂。种子为鲜红色假种皮全包。花期4—5月，果期8—10月。

产于丽水及安吉、临安、桐庐、淳安、诸暨、衢州市区（衢江）、开化、磐安、武义、天台、仙居、临海、永嘉、泰顺。生于海拔600～1500m的山坡、沟谷、山脊阔叶林下或灌丛中。分布于华东、华中及辽宁、山东、台湾。日本、朝鲜半岛也有。

2 永瓣藤属 Monimopetalum Rehder

落叶藤本。芽鳞宿存于小枝节上。叶互生，纸质，叶缘有锯齿；具叶柄；托叶宿存。聚伞花序2或3次分枝；花4基数；花盘扁平；雄蕊无花丝；子房大部分与花盘合生。蒴果近4全裂，常仅1或2分果发育，4宿存花瓣明显增大呈翅状。种子每室1，偶2，基部有细小假种皮。

单种属，我国特有，分布于安徽、江西、湖北。浙江也有，为近年发现的浙江分布新记录属。

永瓣藤 （图5-460）
Monimopetalum chinense Rehder

落叶藤本，长1.5～6m。小枝纤细，稍具4棱，有时节部触

图5-460 永瓣藤

地可生根。叶卵形、长卵状披针形至长椭圆形，长5～9cm，宽1.5～5cm，先端渐尖至长渐尖，有时急尖，基部圆形或阔楔形，边缘有浅细锯齿，幼时齿端具短芒尖，侧脉4或5对，纤细；叶柄细长，长8～12mm，托叶细丝状，宿存。聚伞花序2或3次分枝；花小，黄绿色；花萼4浅裂，裂片半圆形，先端尖；花瓣4，卵圆形或倒卵形；雄蕊4（5），无花丝，花药小，近球形，棕红色。蒴果深裂至果实基部，形成分果，常仅1或2分果发育，宿存花瓣明显增大，倒卵状披针形或长椭圆形，淡紫色。种子黑色。花期5—6月，果期11—12月。

产于金华市区（婺城区沙畈乡及箬阳乡）。生于海拔150～300m的沟谷、山坡路边及灌丛中。分布于安徽、江西、湖北。

本种分布区域狭窄，极为稀有，宜加强保护。为国家Ⅱ级重点保护野生植物。

❸ 南蛇藤属 Celastrus L.

木质藤本。小枝具明显皮孔，基部有时具由芽鳞特化而成的小刺。单叶互生，有锯齿，具柄；托叶小，早落。花小，常单性，异株或杂性同株，排成腋生或顶生的圆锥或总状花序；花5基数；花盘常浅杯状，全缘或5浅裂；雄蕊5，着生于花盘边缘，花丝纤细；子房与花盘离生，3室，稀1或4室，柱头3裂，每裂常再2叉。蒴果近球形，通常黄色，成熟时室背开裂，中轴宿存。种子椭圆形、新月形或半圆形，为红色的肉质假种皮所全包。

约33种，分布于亚洲、大洋洲、美洲的热带至亚热带地区及马达加斯加。我国有28种，主要产于华东、华南、西南；浙江有13种。

Flora of China 记载浙江分布有粉背南蛇藤 *C. hypoleucus* (Oliv.) Warb. ex Loes.，但作者未见可靠标本，调查也未及，故不收录。

分种检索表

1.落叶藤本。
 2.花序全部顶生，长10～20cm，宽常逾4cm··**1.苦皮藤 C. angulatus**
 2.花序腋生或兼有顶生、茎生，顶生者长不超过10cm，宽不逾4cm。
  3.叶背被白粉，呈粉白色。
   4.小枝髓实心，白色；叶片厚纸质，侧脉细弱而微曲折；雌雄异株；雄株常兼有顶生花序，长0.5～1.5cm，雌株仅有腋生花序；花梗关节位于下部·········**2.浙江南蛇藤 C. zhejiangensis**
   4.小枝髓中空，褐色；叶片纸质，侧脉清晰而不曲折；杂性同株；顶生花序长4～8cm，均为两性花，腋生花序短小，均为雄花；花梗关节位于顶端··········**3.拟粉背南蛇藤 C. hypoleucoides**
  3.叶背无白粉，呈绿色。
   5.冬芽大，长4～12mm；果实较大，直径7～15mm ···············**4.大芽南蛇藤 C. gemmatus**
   5.冬芽小，长不逾3mm；果实较小，直径5～8mm。

6.冬芽最外2枚芽鳞特化成直的小尖刺或不特化为刺；叶缘锯齿先端不具短芒。
　7.叶柄长通常不逾1cm；叶片较小，长1.5～11cm，宽0.8～5cm，两面无毛。
　　8.当年生枝无毛；叶片长明显大于宽；叶柄长5～10mm；花序腋生兼顶生。
　　　9.叶较大，长4.5～11cm，宽2.5～5cm；冬芽芽鳞不特化为尖刺；花梗关节位于中部或稍下 ………………………………………………………………… **6.短梗南蛇藤 C. rosthornianus**
　　　9.叶较小，长2～8cm，宽0.8～3.5cm；冬芽最外2枚芽鳞特化为尖刺；花梗关节位于中部以上 ………………………………………………………………… **7.腺萼南蛇藤 C. punctatus**
　　8.当年生枝被短硬毛；叶片长宽近相等；叶柄长1～5mm；花序通常腋生 ……………………………………………………………………………………… **8.小南蛇藤 C. cuneatus**
　7.叶柄长1～2cm；叶片较大，长5～15cm，宽3～9cm，下面脉上有短毛（南蛇藤有时无毛）。
　　10.叶片先端急尖或圆钝具短尖；花序腋生及顶生；花梗关节位于中部以下或近基部；花柱长约1.5mm ………………………………………………………… **5.南蛇藤 C. orbiculatus**
　　10.叶片先端急尖至短渐尖；花序腋生及侧生；花梗关节位于中部以上；花柱长约3mm ……………………………………………………… **10.毛脉显柱南蛇藤 C. stylosus var. puberulus**
6.冬芽最外2枚芽鳞特化成坚硬的锐钩刺；叶缘锯齿先端常具短芒 …… **9.刺苞南蛇藤 C. flagellaris**
1.常绿或半常绿藤本。
　11.幼枝有毛；花序腋生或侧生；蒴果3室，具6种子；种子较小，长约5mm。
　　12.叶柄长10～18mm；叶片椭圆形或长圆形，宽3～7cm，侧脉4或5对 … **11.过山枫 C. aculeatus**
　　12.叶柄长4～9mm；叶片倒披针形，宽1.5～4cm，侧脉7～10对 ………………………………………………………………………………… **12.窄叶南蛇藤 C. oblanceifolius**
　11.幼枝无毛；花序顶生兼腋生；蒴果1室，具1种子；种子较大，长5～8mm … **13.青江藤 C. hindsii**

1. 苦皮藤 （图5-461）

Celastrus angulatus Maxim.

落叶藤本，长2～7m。小枝常具4～6纵棱，密生白色皮孔，髓心片状，白色。叶厚纸质，卵圆形、长圆形或近圆形，长7～17cm，宽5～13cm，先端急尖或凸尖，基部圆形或近心形，边缘具细浅锯齿，侧脉5～7对，上面光滑无毛，下面脉上具短柔毛；叶柄长1～3cm。雌雄异株；聚伞圆锥花序较宽大，全为顶生，略呈尖塔形，长10～20cm，宽达4cm以上；花绿白色或黄绿色；花梗较短，关节位于顶端；花萼三角形至卵形，近全缘；花瓣长方形，边缘不整齐。蒴果近球形，橘黄色，直径8～12mm。种子椭圆形，棕色，具橘红色假种皮。花期5—6月，果期8—11月。

产于长兴、安吉、杭州市区、临安、岱山、开化、常山。生于海拔400m以下的山坡灌丛中，以石灰岩山地多见。分布于华东、华中及河北、山东、广东、广西、四川、贵州、云南、陕西、甘肃。

茎皮纤维可供造纸及作人造棉原料；果皮及种子含油脂可供工业用；根皮及茎皮可制杀虫剂和灭菌剂。

图 5-461　苦皮藤

2. 浙江南蛇藤 （图 5-462）

Celastrus zhejiangensis P.L. Chiu, G.Y. Li et Z.H. Chen

落叶藤本，长 3～8m。老茎不规则薄片状纵裂；小枝褐色，皮孔密生，圆形或椭圆形，髓实心，白色；腋芽宽卵形。叶厚纸质，宽椭圆形至倒卵状椭圆形，长 3.5～9cm，宽 2.5～6cm，先端急尖，基部宽楔形至浅心形，边缘具细密锯齿，齿端有腺状尖头，侧脉 5 或 6 对，细弱而微曲折，上面深绿色，下面粉白色；叶柄长1~1.2cm。雌雄异株；雌株聚伞花序腋生，具1~3花，雄株常兼有顶生圆锥花序；花梗关节位于下部；花淡黄绿色。蒴果近球形，直径约8mm；果梗长7~8mm。种子近椭球形，假种皮橘红色。花期5月，果期9—11月。

产于淳安、余姚、奉化、象山、宁海、衢州市区、磐安、天台、仙居、景宁等地。生于海拔200~1100m的山坡林缘或灌丛中。浙江特有种。模式标本采自磐安（大盘山）。

图5-462　浙江南蛇藤

3. 拟粉背南蛇藤　薄叶南蛇藤　（图5-463）
Celastrus hypoleucoides P.L. Chiu

落叶藤本，长4~6m。老枝疏生白色皮孔，新枝近无皮孔，髓中空，褐色。叶纸质，宽卵形或卵状椭圆形，长5~13cm，宽3.5~9cm，先端急尖，基部圆形或微心形，叶缘有疏浅细锯齿，侧脉5~7对，弯拱状，下面粉白色，光滑无毛；叶柄长0.8~2cm。杂性同株；花序顶生兼腋生，顶生者为细长的圆锥花序，多花，长4~8cm，宽约2cm，两性，能结实，腋生者短小，均为雄花；花梗关节位于顶端；花黄绿色。蒴果球形，直径约7mm，裂瓣内侧具棕红色斑点；果梗长5~10mm。种子椭球形，微弯，假种皮橘红色。花期5—6月，果期10—12月。

产于安吉、临安、淳安、诸暨、衢州市区、开化、天台、永嘉、苍南、泰顺。生于海拔400~1000m的山坡、沟谷疏林中或林缘。分布于安徽、江西、湖北、湖南、广东、广西、云南。模式标本采自淳安。

图 5-463　拟粉背南蛇藤

4. 大芽南蛇藤　哥兰叶　（图 5-464）

Celastrus gemmatus Loes.

落叶藤本，长 4～8m。小枝密生突起皮孔，髓在能育枝实心，在萌发枝中空或片状；冬芽发达，长圆锥形，棕褐色，长 4～12mm。叶厚纸质，卵状椭圆形或椭圆形，长 6～15cm，宽 3.5～8cm，先端急尖至短渐尖，基部宽楔形、圆形或微心形，边缘具细浅锯齿，侧脉 5～7 对，网脉明显，下面脉上具短柔毛；叶柄长 1～2cm。雌雄异株；聚伞花序短小，顶生兼腋生及侧生；花梗关节位于中部以下；萼片卵状三角形，有缘毛；花瓣长圆状倒卵形，边缘啮蚀状。蒴果球形，黄色或黄绿色，直径 7～15mm，小果梗具明显突起的皮孔，有细长宿存花柱及平展 3 裂柱头。种子椭球形至卵状椭球形，假种皮红色。花期 5—6 月，果期 10—12 月。

产于全省山区、丘陵，但以浙东、浙中和浙西北较为常见。生于海拔 1500m 以下的山坡、沟谷林缘或灌丛中。分布于华东、华中、华南、西南及山西、陕西、甘肃。

图 5-464　大芽南蛇藤

5. 南蛇藤 （图5-465）
Celastrus orbiculatus Thunb.

落叶藤本，长2～4m。小枝四棱形，无毛，稀生皮孔，髓实心，白色；冬芽小，最外2枚芽鳞呈刺状。叶纸质，宽倒卵形、椭圆状倒卵形或近圆形，长5～13cm，宽3～9cm，先端急尖或圆钝具短尖，基部宽楔形至近圆形，边缘具粗锯齿，两面无毛或叶背脉上具稀疏短柔毛，侧脉3～5对；叶柄长1～2cm。雌雄异株；聚伞花序腋生及顶生，花序长1～3cm，具5～7花，有时仅1～3朵；花梗关节位于中部以下或近基部；花黄绿色；花柱长约1.5mm。蒴果近球形，直径5～8mm，黄色。种子椭球形，稍扁，假种皮橘红色。花期4—5月，果期9—11月。

产于湖州市区（吴兴）、长兴、安吉、临安。生于海拔200～750m的山沟边灌丛中。分布于东北、华北、华东及河南、湖北、陕西、甘肃。日本、朝鲜半岛也有。

图5-465　南蛇藤

6. 短梗南蛇藤 （图5-466）
Celastrus rosthornianus Loes.

落叶藤本，长4～6m。小枝无毛，疏生白色皮孔，髓中空或白色片状；冬芽小，无尖刺。叶纸质或厚纸质，长圆状椭圆形、长椭圆形或倒卵状椭圆形，长4.5～11cm，宽2.5～5cm，先端急尖或短渐尖，基部楔形至宽楔形，边缘具疏浅锯齿，两面无毛，侧脉4～6对；叶柄长5～10mm。雌雄异株；花序腋生或侧生，雄株兼有顶生，顶生者为总状聚伞花序，长2～4cm，腋生者短小，具1至数花；花序梗近无；花梗长2～6mm，关节位于中部或稍下；花绿白色。蒴果近球形，淡黄色，直径5～8mm。种子椭球形或卵圆形，微弯，假种皮橘红色。花期4—5月，果期10—11月。

产于丽水及建德、淳安、上虞、衢州市区、开化、东阳、武义、温岭、泰顺等地。生于海拔200～1000m的山坡林缘或灌丛中。分布于华东、华中、西南及广东、广西、陕西、甘肃。

茎皮纤维质量较好；根皮入药，可治毒蛇咬伤及肿毒；树皮及叶可制生物农药。

图 5-466　短梗南蛇藤

7. 腺萼南蛇藤　东南南蛇藤　（图 5-467）
Celastrus punctatus Thunb.

落叶藤本，长3～8m。小枝有棱，无毛，疏生白色皮孔，髓白色，实心或片状；冬芽小，最外面2枚芽鳞特化成小尖刺。叶纸质，椭圆形、长圆状椭圆形或倒卵状椭圆形，长2～8cm，宽0.8～3.5cm，先端急尖或短渐尖，稀圆钝但无小突尖，基部楔形至宽楔形，边缘具细或钝锯齿，侧脉4或5对，连同网脉在上面下陷，下面隆起，两面无毛；叶柄长2～8mm。雌雄异株；聚

图 5-467　腺萼南蛇藤

一一〇 卫矛科 Celastraceae

伞花序通常腋生，仅雄株有顶生花序，通常具1～3花；花梗长3～5mm，关节在中部以上；花淡绿色或绿白色。蒴果球形，黄绿色，直径5～6mm。种子宽椭球形，假种皮红色。花期4—5月，果期10—12月。

产于杭州及诸暨、奉化、衢州市区、常山、金华市区、浦江、永嘉、瑞安。生于海拔200～300m的山坡、沟谷灌丛中，以石灰岩山地较为多见。分布于安徽、福建、台湾。日本也有。

8. 小南蛇藤 （图5-468）

Celastrus cuneatus (Rehder et E.H. Wilson) C.Y. Cheng et T.C. Kao

落叶纤细藤本，长2～4m。小枝紫褐色，具稀疏纵向椭圆形皮孔，当年生小枝常被短硬毛；冬芽小，近球形。叶片阔倒卵形或稀近圆形，长1.5～4.5cm，宽1.5～4cm，先端圆阔近平截，中央有小突尖，基部楔形至阔楔形，边缘具细锯齿，侧脉3～5对，两面无毛；叶柄长1～5mm。雌雄异株；聚伞花序腋生，稀顶生，具1～4花；花序梗细长；花梗关节在中部或偏下。蒴果球形，直径6～7mm。种子略平凸，椭球形。花期4—5月，果期6—10月。

产于临安、淳安、东阳、遂昌、龙泉。生于海拔600m以下的山坡上或溪沟灌丛中。分布于湖北、四川。

图5-468 小南蛇藤

9. 刺苞南蛇藤 (图5-469)

Celastrus flagellaris Rupr.

图5-469　刺苞南蛇藤

落叶藤本，长3～12m。小枝无毛，具棱，皮孔小而疏；冬芽小，扁球形，最外2枚芽鳞特化成长达3mm的尖硬钩刺，在一年生小枝上明显。叶纸质，宽椭圆形或近圆形，长3～6cm，宽2～5cm，先端钝圆或短渐尖，基部楔形或圆形，常下延，边缘锯齿细，齿端常呈短芒状，侧脉4～6对，网脉不明显；叶柄长1～2.5cm。雌雄异株；聚伞花序腋生，或多花簇生；花梗关节位于中间；花白色或黄绿色。蒴果球形，黄色，直径6～8mm。种子短椭球形，棕褐色，具明显皱纹，假种皮红色。花期4—5月，果期9—11月。

产于长兴、安吉、临安。生于海拔350～400m的山坡上或林中，攀爬于墙垣、树干、岩缝或石壁上。分布于黑龙江、吉林、辽宁、河北、山东等地。俄罗斯远东地区、日本、朝鲜半岛也有。

10. 毛脉显柱南蛇藤(变种) (图5-470)

Celastrus stylosus Wall. var. **puberulus** (Hsu) C.Y. Cheng et T.C. Kao

落叶藤本，长3～8m。小枝紫褐色，光滑或具褐色短毛，具疏或密的圆形皮孔；冬芽小，长约2mm。叶坚纸质，宽椭圆形至长椭圆形，长6～15cm，宽3～9cm，先端急尖至短渐尖，基部楔

图5-470　毛脉显柱南蛇藤

形、宽楔形或近圆形,边缘具疏钝锯齿,侧脉4或5对,下面脉上被较密的短柔毛;叶柄长1～2cm。雌雄异株;聚伞花序腋生及侧生,具3～7花;花梗关节位于中部以上;花淡黄绿色;花柱长约3mm。蒴果近球形,橘黄色或黄绿色,直径7～8mm。种子椭球形,稍弯,假种皮鲜红色。花期4—5月,果期9—12月。

产于湖州、杭州、绍兴、宁波、丽水及开化、江山、东阳、天台、苍南、泰顺等地。生于海拔40～1100m的山坡林缘或灌丛中。分布于华东及湖南、广东。

模式变种显柱南蛇藤 C. stylosus 与本变种的区别为前者叶片宽3～6.5cm,侧脉5～7对,下面脉上仅幼时被毛;浙江不产。

11. 过山枫（图5-471）
Celastrus aculeatus Merr.

半常绿藤本,长4～12m。小枝幼时有毛,髓实心,白色;冬芽小,最外2枚芽鳞呈刺状。叶薄革质,椭圆形或长圆形,长5～12cm,宽3～7cm,先端渐尖或急尖,基部宽楔形或近圆形,边缘具疏浅细锯齿,侧脉4或5对,两面无毛,稀下面中脉上被短毛,上面有光泽;叶柄长10～18mm,常带紫红色。雌雄异株;聚伞花序短,腋生或侧生,具1～5花;花序梗长2～5mm;花梗长2～3mm,均被短毛,关节位于上部;花黄绿色。蒴果3室,近球形,黄色,直径7～8mm。种子6,新月形或半环形,长约5mm,表面密布小疣点,假种皮橘红色。花期4—5月,果期10—12月。

产于杭州、宁波、舟山、衢州、金华、台州、丽水、温州及诸暨。生于海拔30～1100m的山坡、沟谷灌丛中或疏林下。分布于江西、福建、广东、广西、云南。

图5-471　过山枫

12. 窄叶南蛇藤 （图5-472）

Celastrus oblanceifolius C.H. Wang et P.C. Tsoong

半常绿藤本，长4~10m。小枝密被棕褐色短毛，密生圆形或椭圆形皮孔；冬芽小，最外2枚芽鳞呈刺状。叶薄革质，倒披针形，长6.5~11cm，宽1.5~4cm，先端急尖或短渐尖，基部窄楔形或楔形，边缘具疏浅锯齿，两面无毛或下面中脉被毛，侧脉7~10对；叶柄长4~9mm。雌雄异株；聚伞花序腋生或侧生，具1~3花；花序梗极短；花梗长1~4mm，均被短毛，关节位于花梗上部；花黄绿色。蒴果3室，球形，黄色，直径7~8mm。种子6，新月形，长约5mm，假种皮橘红色。花期3—4月，果期6—10月。

图 5-472　窄叶南蛇藤

产于杭州、衢州、金华、丽水及安吉、德清、上虞、诸暨、宁波市区、仙居、文成、泰顺。生于海拔600m以下的溪边灌丛中或山坡林缘。分布于安徽、江西、福建、湖南、广东、广西。

13. 青江藤 （图5-473）
Celastrus hindsii Benth.

常绿藤本，长3～5m。新枝绿色，无毛，老枝紫褐色，皮孔稀少。叶薄革质或革质，长圆形至椭圆状倒披针形，长5～14cm，宽3～6cm，先端急尖或短渐尖，基部宽楔形至圆形，边缘具疏浅锯齿，侧脉5～7对，下面网脉绿色且清晰，上面有光泽，两面无毛；叶柄长4～12mm。雌雄异株；花序顶生兼腋生，有时侧生，长短差异较大；花梗关节在中部偏上；花白色。蒴果近球形，绿色，直径7～9mm，1室。种子1，宽卵形或近球形，长5～8mm，假种皮橘红色。花期4—5月，果期11—12月。

产于开化（钱江源）、苍南（马站、霞关）。生于海拔80m以下的岛屿海岸林缘与灌丛中，或海拔480m左右的山区沟谷林中与林缘。分布于华南、西南及江西、福建、湖北、湖南。越南、缅甸、马来西亚、印度也有。

图5-473 青江藤

④ 裸实属 Gymnosporia (Wight et Arn.) Benth. et Hook. f.

直立灌木或小乔木，少为匍匐或藤本状。植株常具枝刺。叶常较小，互生或簇生；无托叶。聚伞花序腋生，单个或数个簇生，或花单生；花小，两性或杂性，(4) 5数；花盘肉质；雄蕊(4) 5，生于花盘边缘或下面；子房(2) 3室，每室2胚珠。蒴果倒卵形或近球形，具3棱，(2) 3裂。种子或多或少为假种皮所包被，假种皮通常淡黄色或白色。

一○ 卫矛科 Celastraceae

约80种，分布于热带和亚热带地区，以非洲和亚洲热带地区居多。我国有11种，主产于云南；浙江有1种。

变叶裸实 变叶美登木 （图5-474）
Gymnosporia diversifolia Maxim.—*Maytenus diversifolius* (Maxim.) D. Hou

常绿匍匐灌木。一年生、二年生小枝刺状，灰棕色，常被密点状锈褐色短刚毛。叶革质，倒卵形至倒披针形，形状、大小变异极大，长1～4.5cm，宽1～1.8cm，先端圆或钝，有时呈浅心状内凹，基部楔形或渐窄而下延，稀近圆形，边缘有极浅圆齿；叶柄长1～3mm。圆锥聚伞花序纤细，1至数个簇生于刺枝上，花序二歧分枝；花杂性同株；白色或淡黄绿色；萼片5，三角状卵形；花瓣5，卵形或长卵形；无花柱，柱头头状。蒴果通常2裂，扁倒心形，最宽处5～7mm，紫红色。种子近球形，黑褐色，基部有白色假种皮。花期7—8月，果期10—11月。

产于瑞安、平阳、苍南。多生于海岛岩质海岸潮上带的岩缝中。分布于华南及福建沿海地区。日本、越南、泰国、马来西亚、菲律宾也有。

株型紧凑，叶片小巧，果实红艳，可作庭园观赏植物或制作盆景。本省资源极少，需注意保护。

图5-474　变叶裸实

a. 无刺裸实（变种）（图5-475）
var. **inermis** Z.H. Chen et G.Y. Li

与变叶裸实的区别在于全株无刺。

产于苍南。生于海岸岩石旁或崖壁岩隙中。

模式标本采于苍南（南关岛）。

图 5-475　无刺裸实

5 假卫矛属 Microtropis Wall. ex Meisn.

常绿或落叶，乔木或灌木。小枝多少四棱形。叶对生，全缘，无托叶。花两性或单性，排成腋生、侧生或兼有顶生的二歧聚伞花序，或为密伞、团伞花序；花常为5数，稀4或6数；花盘浅杯状、环状或近无；雄蕊着生于花盘边缘；雌蕊通常具2心皮，柱头2～4浅裂或不裂。蒴果核果状，多为椭球形，果皮光滑，革质，基部有宿萼。种子通常1，无假种皮，种皮常稍肉质，呈假种皮状。

60余种，分布于东亚、东南亚及美洲、非洲的温暖地区。我国有27种，主产于北纬30°以南各地；浙江有1种。

福建假卫矛（图5-476）
Microtropis fokienensis Dunn

常绿灌木或小乔木，高1.5～4m。小枝具4棱，无毛，二年生枝紫褐色。叶对生；叶片坚纸质或薄革质，长倒卵形、窄倒卵状披针形至长椭圆形，长4～9cm，宽1.5～3cm，先端急尖、短渐尖或骤尖，基部窄楔形或渐狭，全缘，边缘稍反卷，两面无毛，中脉在上面隆起，侧脉细弱，两面均不甚明显；叶柄长2～8mm。密伞花序短小紧凑，腋生或侧生，稀顶生，具3～9花；花黄绿色，4或5数；萼片半圆形，边缘具睫毛；花瓣宽椭圆形或椭圆形；雄蕊短于花冠。蒴果常为椭

一〇 卫矛科 Celastraceae

球形，核果状，长1～1.4cm，直径5～7mm。花期2—3月，果期10—12月。

产于衢州、金华、丽水及安吉、临安、淳安、诸暨、余姚、象山、仙居、景宁、文成、泰顺。生于海拔500～1600m的沟谷、山坡林下或灌丛中。分布于安徽、江西、福建、湖南、台湾。

图5-476 福建假卫矛

⑥ 雷公藤属 Tripterygium Hook.f.

落叶缠绕藤本。小枝具4～6细棱，密生皮孔。单叶互生，有柄；托叶细小，早落。花杂性，5数，聚伞圆锥花序顶生或兼有腋生；萼片5；花瓣5；雄蕊5，着生于花盘的外缘，花丝细长；子房上位，下部与花盘愈合，不完全3室，每室有2胚珠，后仅1室1胚珠发育。翅果，不开裂，具3宽翅。种子1，无假种皮。

3种，分布于东亚。我国有3种；浙江有2种。

1. 雷公藤 菜虫药 （图5-477）

Tripterygium wilfordii Hook. f.

落叶藤本，长1～5m。小枝红褐色，具4～6棱，密生瘤点状皮孔及锈色短毛。单叶互生；纸质，宽椭圆形、宽卵形或卵状椭圆形，长4～10cm，宽3～5cm，先端短渐尖至急尖，基部圆或阔楔形，边缘有细锯齿，下面淡绿色，无白粉，脉上疏生短柔毛，侧脉4或5对；叶柄密被毛。顶生或兼有腋生的圆锥花序，长5～15cm，较狭小；花瓣白色；花盘淡黄色。翅果具3翅，长1～1.5cm，中央果体长度可达果长的1/2以上。花期5—7月，果期9—10月。

产于湖州、杭州、宁波、台州、丽水、温州及普陀、上虞、诸暨、开化、江山。常生于海拔600m以下的山坡、沟谷或溪边灌丛中，也见于毛竹林或阔叶林下。分布于华东及湖北、湖南、台湾、广西。日本、朝鲜半岛也有。

根可入药，用于治疗类风湿性关节炎，但全株有剧毒，误食可致命，须慎用；全株可制生物农药。

图 5-477 雷公藤

2. 昆明山海棠 (图5-478)
Tripterygium hypoglaucum (H. Lév.) Hutch.

落叶藤本，长3~8m。小枝紫褐色，具4或5棱，密被棕红色柔毛。叶纸质或薄革质，长椭圆状卵形至卵形，长6~12cm，宽3~8cm，先端渐尖，偶为急尖而钝，基部宽楔形或近圆形，锯齿疏浅，不规整，侧脉7~9对，叶下面有白粉，老叶有时不明显；叶柄长5~15mm，密生棕红色短毛。顶生圆锥聚伞花序宽大，长可达30cm，侧生者较小；花序轴及花梗密被锈色毛；花黄绿色；萼片近卵状三角形；花瓣倒卵状椭圆形。翅果具3翅，果翅宽大，长1.2~1.8cm，中央果体长度仅约占果长的一半。花期6—7月，果期9—10月。

产于金华、丽水及安吉、临安、建德、开化等地。生于海拔400~1100m的山坡、山脊或沟谷林中。分布于安徽、湖南、广西、四川、贵州、云南。

与雷公藤的主要区别为后者叶背淡绿色，无白粉；花序顶生兼腋生，长5~15cm。

根可入药，有活血止痛的功效，有毒，须慎用。

图5-478 昆明山海棠

一一一 冬青科 Aquifoliaceae

乔木或灌木，常绿或落叶。单叶，多互生；叶片革质、纸质或膜质，全缘或叶缘具锯齿或刺状锯齿，具柄。花组成聚伞或伞形花序，常生于当年生枝的叶腋内，或簇生于二年生枝的叶腋内，稀单花腋生；花小，辐射对称，多为单性异株，稀两性或杂性；雄花花萼4～6裂，覆瓦状排列，花瓣4～6，基部略合生，雄蕊与花瓣同数，互生，花丝短，花药内向，纵裂；雌花花萼4～6裂，花瓣4～6，基部稍合生，子房上位，常4～6室，每室1胚珠，柱头头状、盘状或柱状。果实为浆果状核果，外果皮膜质或坚纸质，中果皮多为肉质，内果皮木质或石质；分核常4～6，表面平滑，具条纹、棱或沟槽。

1属，500～600种，主要分布于美洲热带地区和亚洲热带至温带地区。我国有204种，分布于长江及秦岭以南各地；浙江有38种。

冬青属 Ilex L.

属特征与科同。

本属多为我国亚热带常绿阔叶林中的常见树种；多数种类树冠优美，果实红艳美丽，长期宿存于枝头，为优良的园林观赏植物；有些种类可药用；有些种类是制作苦丁茶的原料。

分种检索表

1.常绿灌木或乔木；无长短枝之分；当年生小枝无显著皮孔；叶片革质、薄革质或厚革质，稀厚纸质。
　2.雌花序或雌花单生，不为簇生。
　　3.叶片全缘，但铁冬青、木姜冬青的萌芽枝的叶有时有小锯齿。
　　　4.叶片上面中脉密被短糙毛·· 2.木姜冬青 I. litseifolia
　　　4.叶片上面中脉无毛。
　　　　5.叶柄长不逾3cm；叶片较小，长不逾17cm。
　　　　　6.叶片上面中脉隆起；幼枝绿色，偶微带紫色；果椭球形。
　　　　　　7.叶柄长2～3cm；花白色；果长9～12mm·· 1.显脉冬青 I. editicostata
　　　　　　7.叶柄长1～1.5cm；花紫红色；果长约7mm··· 3.汝昌冬青 I. limii
　　　　　6.叶片上面中脉下陷；幼枝常明显呈紫色；果近球形··· 8.铁冬青 I. rotunda
　　　　5.叶柄长3～3.5cm；叶片较大，长14～22cm··· 9.遂昌冬青 I. suichangensis
　　3.叶缘具锯齿或刺齿，稀在具柄冬青的个体中有全缘叶片。
　　　8.果成熟时呈红色；叶下面无腺点。
　　　　9.幼枝叶、花序均被短柔毛。
　　　　　10.叶较大，长7～16cm，宽3～7cm，侧脉9～11对，中脉在上面凹陷；雌花序为复聚伞花序，具多花；果椭球形·· 7.广东冬青 I. kwangtungensis

冬青科 Aquifoliaceae

　　　　10.叶较小，长4～7cm，宽1.5～3cm，侧脉7或8对，中脉在上面平或稍隆起；雌花序为简单聚伞花序，具3花；果球形·· 6.硬叶冬青 I. ficifolia
　　9.幼枝叶、花序均无毛。
　　　　11.果椭球形。
　　　　　　12.叶柄长1.5～3cm；果直径约6mm·· 4.香冬青 I. suaveolens
　　　　　　12.叶柄长0.5～1.5cm；果直径8～10mm·· 5.冬青 I. chinensis
　　　　11.果球形。
　　　　　　13.果序通常具3果；叶片先端短尖或钝·· 6.硬叶冬青 I. ficifolia
　　　　　　13.果序通常具1果；叶片先端渐尖··· 13.具柄冬青 I. pedunculosa
　　8.果成熟时呈紫黑色；叶下面有褐色腺点。
　　　　14.小枝有短柔毛；叶较小，长1～3.5cm，宽0.5～1.5cm，先端圆钝或急尖··· 11.钝齿冬青 I. crenata
　　　　14.小枝无毛；叶较大，长2～8cm，宽1.5～3cm，先端渐尖····························· 12.绿冬青 I. viridis
2.雌花序或雌花均为簇生，而非单生。
　　15.叶片边缘具刺状锯齿或至少先端具刺。
　　　　16.叶缘每边具8～18细短刺齿，齿端通常直伸或微内曲···
　　　　　　·· 15.光枝刺叶冬青 I. hylonoma var. glabra
　　　　16.叶片边缘具1～8粗锐刺齿，齿端通常向外开展，稀全缘而仅顶端具1刺。
　　　　　　17.叶先端3刺近等大，顶刺明显反折（仅具顶刺时则不反折）··············· 14.枸骨 I. cornuta
　　　　　　17.叶先端以中间顶刺最大，顶刺不反折或稍反折。
　　　　　　　　18.叶片基部楔形至宽楔形；浙江栽培的品种新叶呈金黄色；栽培···
　　　　　　　　　　····································· 16.狭冠冬青 I. × attenuata
　　　　　　　　18.叶片基部圆形或微心形；新叶不呈金黄色；野生。
　　　　　　　　　　19.叶片长于3cm，每边具3～7刺齿。
　　　　　　　　　　　　20.灌木；叶柄长仅1～2mm··· 19.温州冬青 I. wenchowensis
　　　　　　　　　　　　20.小乔木；叶柄长3～6mm························· 17.浙江冬青 I. zhejiangensis
　　　　　　　　　　19.叶片长在3cm以下，每边具1～3刺齿·· 18.猫儿刺 I. pernyi
　　15.叶片全缘或有锯齿，锯齿绝不呈刺状，但有时呈短芒状（毛冬青）。
　　　　21.叶全缘。
　　　　　　22.小枝无毛或近无毛；叶片较大，长4～11cm，先端无凹缺。
　　　　　　　　23.叶片下面具腺点。
　　　　　　　　　　24.叶片薄革质，先端长渐尖，侧脉6～9对；叶柄下面有皱纹；果直径约3mm，分核4···
　　　　　　　　　　　　·· 28.皱柄冬青 I. kengii
　　　　　　　　　　24.叶片厚革质，先端短尾尖，侧脉10～13对；叶柄下面无皱纹；果直径约5mm，分核6···
　　　　　　　　　　　　··· 26.庆元冬青 I. qingyuanensis
　　　　　　　　23.叶片下面无腺点。
　　　　　　　　　　25.果较大，直径1～1.2cm；叶先端钝圆·· 21.全缘冬青 I. integra
　　　　　　　　　　25.果较小，直径4～5mm；叶先端渐尖或尾尖。
　　　　　　　　　　　　26.叶片质地坚硬，先端短渐尖·· 27.厚叶冬青 I. elmerrilliana

26.叶片质地较柔软,先端尾状渐尖 ········· 29.尾叶冬青 I. wilsonii
22.小枝密被短毛;叶片小,长1~2.5cm,先端微凹 ········· 30.矮冬青 I. lohfauensis
21.叶缘具锯齿或有时齿端呈短芒状(毛冬青)。
　27.果成熟时呈紫黑色;叶片下面具腺点 ········· 10.三花冬青 I. triflora
　27.果成熟时呈红色;叶片下面无腺点。
　　28.小枝密被毛。
　　　29.小乔木;叶片革质或薄革质,边缘具不规则疏浅锯齿;叶柄长5~8mm ·········
　　　　　········· 22.短梗冬青 I. buergeri
　　　29.灌木;叶片厚纸质,边缘具短芒状细齿;叶柄长3~4mm ········· 25.毛冬青 I. pubescens
　　28.小枝无毛。
　　　30.叶片大,长8~25cm,宽4.5~8cm,厚革质,先端急尖或钝尖 ····· 20.大叶冬青 I. latifolia
　　　30.叶片小,长4.5~12cm,宽1.5~3.5cm,革质或薄革质,先端常尾状渐尖。
　　　　31.叶基楔形;叶柄长0.5~0.8cm;雌花簇生于1短主轴上,呈假总状 ·········
　　　　　········· 23.台湾冬青 I. formosana
　　　　31.叶基楔形至近圆形;叶柄长1~2cm;雌花单朵簇生,无短主轴,不呈假总状 ·········
　　　　　········· 24.榕叶冬青 I. ficoidea
1.落叶灌木或小乔木;有或无长短枝之分;当年生小枝通常具显著皮孔;叶片纸质或膜质。
　32.枝无长短枝之分;果成熟时呈红色。
　　33.乔木;幼枝及叶均无毛;叶柄长1.5~3cm;果直径约3mm ········· 31.小果冬青 I. micrococca
　　33.灌木;幼枝及叶下面有毛;叶柄长0.6~1.3cm;果直径5~6mm。
　　　34.叶缘具尖锐锯齿;叶柄长6~8mm;花瓣4或5,白色或淡红色;野生 ···· 32.落霜红 I. serrata
　　　34.叶缘具浅钝锯齿;叶柄长10~13mm;花瓣6~8,白色;栽培 ······ 33.北美冬青 I. verticillata
　32.枝有长短枝之分;果成熟时呈黑色或紫黑色,稀红色(大柄冬青)。
　　35.乔木或灌木;果成熟时呈黑色或紫黑色。
　　　36.叶较大,长5~10cm,宽3~5cm,侧脉7~10对;乔木或呈灌木状。
　　　　37.果直径10~17mm,顶端宿存有长约2mm的花柱;果梗长6~33mm,下垂 ·········
　　　　　········· 34.大果冬青 I. macrocarpa
　　　　37.果直径6~8mm,顶端宿存有厚盘状柱头,无花柱;果梗长2~3mm,不下垂 ·········
　　　　　········· 38.紫果冬青 I. tsoii
　　　36.叶较小,长2~6cm,宽1~3.5cm,侧脉4~6对;灌木。
　　　　38.叶柄长3~8mm;果梗长20~30mm,下垂 ········· 35.秤星树 I. asprella
　　　　38.叶柄长10~12mm;果梗长3~4mm,不下垂 ········· 36.满树星 I. aculeolata
　　35.乔木;果成熟时呈红色 ········· 37.大柄冬青 I. macropoda

1. 显脉冬青　凸脉冬青　(图5-479)

Ilex editicostata Hu et Tang

常绿小乔木,高达6m。幼枝绿色,具棱。叶片革质,披针形或长圆形,长10~17cm,宽3~8.5cm,先端渐尖,基部楔形,全缘,有时有小锯齿,反卷,两面无毛,中脉在两面明显隆起,上面尤显著，侧脉10～12对，两面不明显；叶柄长2～3cm。聚伞花序单生于叶腋；花白色，5数；雌花序具1～3花。果近球形，长9～12mm，成熟时呈红色；分核4～6，椭球形，背部具1宽浅沟。花期5—6月，果期8—11月。

产于开化、遂昌、松阳、龙泉、庆元、景宁、永嘉、瑞安、泰顺等地。生于海拔200～1600m的山坡常绿阔叶林中或林缘。分布于华东及湖北、湖南、广东、广西、四川、贵州。

图5-479　显脉冬青

2. 木姜冬青　木姜叶冬青　（图5-480）

Ilex litseifolia Hu et Tang—*I. editicostata* Hu et Tang var. *litseifolia* (Hu et Tang) S.Y. Hu

常绿小乔木，高达7m。叶片革质，卵状椭圆形或椭圆形，长4～9.5cm，宽2～4.5cm，先端渐尖，基部楔形略下延，全缘（萌芽枝的叶有时有锯齿），中脉两面隆起，在上面密被黄褐色短糙毛，侧脉8～10对，不甚明显；叶柄长1～2cm。聚伞花序单生于叶腋；花白色，5数，稀4或6数；

图5-480　木姜冬青

子房宽卵球形。果球形，成熟时呈鲜红色，直径4～7mm；分核4或5，椭球形，背面近平滑。花期5—6月，果期10—11月。

产于宁波、金华、台州、丽水、温州及临安、建德、诸暨、开化、江山等地。生于海拔400～1000m的山坡常绿阔叶林中或林缘。分布于江西、福建、湖南、广东、广西、贵州。模式标本采自天台（天台山）。

3. 汝昌冬青 （图5-481）
Ilex limii C.J. Tseng

常绿乔木，高达10m。幼枝绿色，偶微带紫色，具棱。叶片厚革质，长圆形或椭圆状长圆形，长7～13cm，宽3～5cm，先端渐尖，基部楔形或钝，全缘，下面反卷，两面无毛，中脉在两面隆起，侧脉10～14对；叶柄长1～1.5cm。聚伞花序单生于叶腋或侧生于无叶的新枝下部；雌花1～3，雄花3～7；花紫红色，4或5数。果椭球形，长约7mm，成熟时呈鲜红色；分核4或5，椭球形，光滑，背部呈宽"U"形，内果皮革质。花期4月，果期10—12月。

产于江山、松阳、庆元、景宁、文成、泰顺。生于海拔600～1320m的常绿阔叶林中。分布于江西、福建、广东。

图5-481 汝昌冬青

4. 香冬青 （图5-482）
Ilex suaveolens (H. Lév.) Loes.

常绿乔木，高可达15m。叶片革质，卵状椭圆形至长圆形，长5～12cm，宽2～3.5cm，先端渐尖，基部楔形下延，边缘具钝锯齿，中脉在两面隆起，侧脉7或8对，两面均较明显；叶柄长1.5～3cm。伞形或聚伞花序单生于叶腋；花序梗纤细，无毛；花紫色或白色，4或5数；子房卵球形，柱头厚盘状。果椭球形，成熟时呈鲜红色，直径约6mm；分核4或5，椭球形，背部光滑无线纹或沟。花期5—7月，果期10—12月。

产于宁波、衢州、金华、台州、丽水、温州及安吉、临安、建德、淳安、诸暨等地。生于海拔500～1500m的山坡或沟谷常绿阔叶林中。分布于安徽、江西、福建、湖北、湖南、广东、广西、四川、贵州、云南。

图5-482　香冬青

5. 冬青（图5-483）

Ilex chinensis Sims—*I. purpurea* Hassk.

常绿乔木，高达15m。叶片薄革质，狭卵形至长圆形，长7～11cm，宽2.5～4cm，先端渐尖，基部宽楔形，边缘具疏浅钝齿，中脉在

图5-483　冬青

上面平坦，下面隆起，侧脉7～9对，在两面较明显；叶柄长5～15mm。复聚伞花序单生于叶腋，无毛；花淡紫色或紫红色，4或5数；雄花花萼裂片宽三角形，花瓣卵圆形，雄蕊短于花瓣；雌花花萼、花瓣与雄花相似。果椭球形，成熟时呈鲜红色，直径8～10mm；分核4或5，长椭球形，背面具1纵沟。花期4—6月，果期10—12月，可宿存于树上至次年3月。

产于全省山区、丘陵、岛屿。生于海拔1300m以下的山坡或沟谷常绿阔叶林中。分布于华东、华中、华南及云南。日本也有。

冠形优美，叶色浓绿光亮，秋、冬季果实红艳，经冬不凋，为优美的庭园观赏和城市绿化树种，也是生物防火林带造林的优良树种；材质致密，适作家具、细木工用材；根皮、叶可入药，有清热解毒、凉血止血的功效。

6. 硬叶冬青 （图5-484）
Ilex ficifolia C.J. Tseng ex S.K. Chen et Y.X. Feng

常绿灌木或小乔木，高达8m。幼枝无毛。叶片革质，椭圆形或长圆状椭圆形，长4～7cm，宽1.5～3cm，先端短尖或钝，基部钝或阔楔形，叶缘具疏而不明显的细锯齿，两面无毛，中脉在叶面平坦或稍隆起，无毛，侧脉7或8对，隐约可见；叶柄长5～15mm。聚伞花序单生，无毛；花白色，4或5数；雄花序具7花，花萼裂片钝圆，雄蕊比花冠短；雌花序具3花。果序通常具3果，果球形，直径6～8mm，成熟时呈红色，干后变黑色；分核5，椭球形，具1纵沟。花期3—4月，果期10—12月。

产于丽水、温州。生于海拔400～900m的山地疏林中。分布于江西、福建、湖南、广东、广西。

本省尚有1变型戴云山冬青 form. **daiyunshanensis** C.J. Tseng，花序梗、果梗、叶柄及幼枝被短柔毛。产于庆元。生于林下灌丛中。分布于福建。

图5-484　硬叶冬青

7. 广东冬青 （图5-485）
Ilex kwangtungensis Merr.

常绿小乔木，高达9m。小枝有棱，被毛。叶片薄革质，卵状椭圆形至披针形，长7～16cm，宽3～7cm，先端渐尖，基部钝至圆形，边缘具细小锯齿或近全缘，稍反卷，幼时两面均被微柔毛，沿脉更密，后变无毛或近无毛，中、侧脉在上面凹陷，背面隆起，侧脉9～11对；叶柄长1～1.8cm，有微毛。复聚伞花序单生于叶腋，有毛；花紫色；雄花花萼裂片圆形，花瓣长圆形；雌花花萼同雄花，花瓣卵形，退化雄蕊长约为花瓣的3/4。果椭球形，直径7～9mm，成熟时呈鲜红色；分核4，椭球形，背部中央具1宽而深的"U"形沟槽。花期6—7月，果期10—12月。

产于丽水、温州。生于海拔400～1000m的山坡或山谷常绿阔叶林中。分布于江西、福建、湖南、广东、海南、广西、贵州、云南。

图5-485 广东冬青

8. 铁冬青 （图5-486）
Ilex rotunda Thunb.—*I. rotunda* var. *microcarpa* (Lindl. ex Part.) S.Y. Hu—*I. microcarpa* Lindl. et Paxton

常绿乔木，高可达15m。幼枝具棱，常呈紫色。叶片薄革质，倒卵形至椭圆形，长4～10cm，宽2～4cm，先端渐尖，基部楔形，全缘，小树及萌芽枝有时疏生小齿，中脉在上面凹入，下面隆起，侧脉7或8对，两面较明显；叶柄长1～2cm，常为紫色。聚伞花序伞形状，单生叶于腋；花白色或淡紫色；雄花花萼裂片三角形，花瓣长圆形，开放时反折，雄蕊明显露出；雌花花萼裂片三角形，花瓣倒卵状长圆形，子房卵状圆锥形。果近球形，成熟时呈鲜红色，直径6～8mm；分核5～7，椭球形，背面具3线纹和2浅沟。花期4—5月，果期9—12月，可宿存于树上至次年3月。

产于除嘉兴外的全省各地。生于海拔800m以下的山坡林中。分布于华东、华南及湖北、湖南、贵州、云南。日本、朝鲜半岛、越南也有。

树皮灰色光滑，冠形优美，叶色浓绿光亮，秋季果实红艳，经冬不凋，为优美的庭园观赏和城市绿化树种；适应性、抗逆性强，为山地防护林和生物防火林带造林的优良树种；材质致密，适作家具、细木工用材；树皮、根、叶、果可入药，有清热解毒、消肿止痛、止血等功效。

图 5-486　铁冬青

9. 遂昌冬青
Ilex suichangensis C.Z. Zheng

常绿乔木，高达10m。叶片革质，长椭圆形，长14～22cm，宽5～8cm，先端长渐尖，基部楔形，全缘，两面无毛，中脉两面隆起，侧脉13～16对，网脉两面明显；叶柄粗壮，长3～3.5cm，上面突起，无毛。花未见。伞形果序单生于叶腋；果序梗具棱，果梗长8～10mm，无毛；果椭球形，长达1cm，果色不详（可能为红色），宿萼5或6裂，具缘毛；宿存柱头厚盘状；分核5或6，长椭球形，长8～9mm，背部具单沟。果期8—10月。

产于遂昌（柘岱口乡际下村）。生于海拔1200m的阔叶林边缘处。浙江特有。模式标本采自遂昌（际下村粗坑岙）。

10. 三花冬青 （图5-487）
Ilex triflora Blume—*I. theicarpa* Hand.-Mazz.

常绿灌木或小乔木，高可达10m。小枝无毛或近无毛。叶片薄革质，椭圆形至卵状椭圆形，长3～9cm，宽1.5～4cm，先端急尖或短渐尖，基部圆形或钝，边缘具浅锯齿，两面被微柔毛或变无毛，下面具腺点；叶柄长5～7mm，无毛。花序簇生，具1～3花；雄花花萼裂片卵圆形，花瓣阔卵形，雄蕊略长于花冠；雌花花萼同雄花，花瓣阔卵形或近圆形。果近球形，直径约7mm，成熟时呈紫黑色；分核4，卵状椭球形，背部具3条纹，无沟。花期4—5月，果期7—12月。

产于宁波、衢州、台州、丽水、温州。生于海拔600m以下的山坡或沟谷阔叶林中。分布于华东、华中、华南、西南。东南亚、南亚也有。

图5-487 三花冬青

10a. 毛枝三花冬青（变种）（图5-488）
var. **kanehirai** (Yamamoto) S.Y. Hu

与三花冬青的区别为小枝密被短柔毛；叶片两面均被毛，先端圆形或钝。

产于温州、丽水及衢州市区、江山、天台等地。生于海拔400～1000m的林缘和山谷灌丛中。分布于江西、福建、湖南、台湾、广东。

图5-488　毛枝三花冬青

11. 钝齿冬青　齿叶冬青　（图5-489）
Ilex crenata Thunb.

常绿灌木，高1～3m。小枝有棱，密生短柔毛。叶片革质，倒卵形至长圆状椭圆形，长

图5-489　钝齿冬青

图 5-490 龟甲冬青

1~3.5cm，宽5~15mm，先端圆钝或急尖，基部钝或楔形，边缘具圆齿状锯齿，上面除沿中脉被短柔毛外，余无毛，下面无毛，密生褐色腺点，中脉在叶上面平坦或稍凹入，在下面隆起，侧脉3~5对，与网脉均不明显；叶柄长3~5mm。花白色；雄花组成聚伞花序，单生或假簇生，花萼裂片阔三角形，边缘啮蚀状，花瓣阔椭圆形，雄蕊短于花瓣；雌花单花或组成聚伞花序单生于叶腋，花萼裂片圆形，花瓣卵形，基部合生，退化雄蕊长为花瓣的1/2，子房卵球形。果球形，直径6~8mm，成熟时呈黑色；分核4，长椭球形，平滑，具条纹，无沟。花期5—6月，果期8—10月。

产于台州、丽水、温州及上虞、普陀、衢州市区、开化、金华市区、永康、武义等地。生于海岛、内陆山地阔叶林或灌丛中，海拔150~1500m。分布于华南及山东、安徽、江西、福建、湖南、湖北。日本、朝鲜半岛也有。

本省园林中常见栽培有3个园艺品种：龟甲冬青'Convexa'（图5-490），叶缘明显反卷，叶片呈龟甲状隆起；金叶钝齿冬青'Gold Gem'（图5-491），新叶金黄色，老叶黄绿色或绿色；铅笔钝齿冬青（直立冬青）'Sky Pencil'（图5-492），枝条密集，直立向上，树冠近圆柱形。

图 5-491 金叶钝齿冬青

图 5-492 铅笔钝齿冬青

12. 绿冬青 亮叶冬青 （图5-493）
Ilex viridis Champ. ex Benth.

常绿小乔木，高可达5m。小枝绿色，有棱或条纹，无毛。叶片革质，卵形、倒卵形或椭圆形，长2～8cm，宽1.5～3cm，先端渐尖，基部楔形，稀近圆形，边缘有钝锯齿，下面有褐色腺点，中脉在上面深凹陷，疏被短柔毛，下面隆起，无毛；叶柄长3～5mm。雄花组成聚伞花序，萼裂片阔三角形，花瓣倒卵形或圆形，雄蕊短于花冠；雌花单生，萼裂片近圆形，花冠似雄花。果球形，直径9～11mm，成熟时呈紫黑色；分核4，近球形，背部具羽状突起的线纹。花期4—5月，果期10—12月。

产于宁波、台州、丽水、温州及衢州市区、磐安等地。生于海拔300～1000m的山坡、沟谷阔叶林中或林缘。分布于安徽、江西、福建、湖南、广东、海南、广西、贵州。

图5-493　绿冬青

13. 具柄冬青 （图5-494）
Ilex pedunculosa Miq.

常绿灌木，高1～3m，有时呈匍匐状。叶片薄革质，卵形至长圆形，长4～10cm，宽1.5～5cm，先端渐尖，基部圆形，边缘上部有不明显疏锯齿，中脉在上面略凹，下面隆起，侧脉6或7对；叶柄长1～2cm。聚伞花序单生于叶腋，无毛；花白色，花瓣4～6；雄花序具3～9花，花萼裂片三角形，花瓣卵形，雄蕊短于花瓣；雌花序具1～3花，常退化为1朵，花萼裂片三角形，花瓣卵形，子房圆锥形。果序通常具1果；果梗纤细，长2.5～4cm；果球形，成熟时呈鲜红色，直径6～8mm；分核4或5，椭球形，背面光滑。花期5—7月，果期9—12月。

产于丽水及安吉、临安、淳安、衢州市区、开化、武义、仙居、黄岩、瑞安、文成、泰顺等

冬青科 Aquifoliaceae

地。生于海拔600～1800m的山坡、山脊林下、灌草丛中或岩隙间。分布于华东、华中及台湾、广西、四川、贵州、陕西。日本也有。

图5-494 具柄冬青

14. 枸骨　枸骨冬青　八角刺（图5-495）
Ilex cornuta Lindl. et Paxton

常绿灌木或小乔木，高2～8m。叶片厚革质，四角状长圆形，长4～7cm，宽2～3cm，先端尖刺状，向下反折，基部截形或宽楔形，边缘稍反卷，每边具1～3宽大刺齿，齿端外展，顶刺通常反折，侧脉5或6对，两面明显；叶柄长2～8mm。花序簇生于叶腋；雄花花萼裂片宽三角形，花瓣长圆状卵形，雄蕊与花瓣近等长；雌花的花萼、花瓣与雄花相似，子房长圆状卵球形。果球

图5-495 枸骨

形,成熟时呈鲜红色,直径7~10mm;分核4,表面具皱洼穴,背面有1纵沟。花期3—4月,果期10—12月,可宿存于树上至次年4月。

产于全省各地。常生于低海拔的山坡路边、田边或灌丛中;各地园林或农家普遍有栽培。分布于华北、华东、华中及广东、海南。朝鲜半岛也有。模式标本采自舟山定海(金塘岛)。

叶形奇特,叶色亮绿,秋季果实累累,鲜红艳丽,经冬不凋,为优美的庭园观赏树种,也是制作盆景的优良材料;经揉搓干燥后的嫩叶名"枸骨茶",干燥的老叶名"枸骨叶",可养阴清热、补益肝肾;干燥成熟的果实名"枸骨子"或"功劳子",有补肝肾、止泻的功效;根可入药,有祛风、止痛、解毒的功效。

本省园林中常见栽培供观赏的品种有无刺枸骨'Fortunei'—*I. cornuta* Lindl. et Paxt. var. *fortunei* (Lindl.) S.Y. Hu(图5-496),与枸骨的区别为叶缘平滑无尖刺。

图5-496 无刺枸骨

15. 光枝刺叶冬青(变种)(图5-497)
Ilex hylonoma Hu et Tang var. **glabra** S.Y. Hu

常绿小乔木,高达10m。小枝有棱。叶片革质,披针形至椭圆形,长6~12cm,宽2~5cm,先端短渐尖,基部急尖、钝或楔形,边缘每边具8~18细刺状锯齿,齿端直伸或微内曲,顶刺不反折,中脉在上面凹陷,在下面隆起,两面及脉上均无毛,侧脉9或10对;叶柄长7mm。花黄绿色;雄花组成聚伞花序,簇生于叶腋,花萼裂片阔三角形,花瓣倒卵状椭圆形,雄蕊长于花瓣;

雌花未见。果近球形，直径10～12mm，成熟时呈红色；分核4，倒卵形，顶端斜微凹，具不规则的皱纹及孔，中央具1纵脊。花期3—4月，果期10—12月。

产于宁波及富阳、建德、淳安、上虞、诸暨、普陀、常山、浦江、东阳、天台、仙居、龙泉、永嘉、文成等地。生于海拔700m以下的丘陵、山地阔叶林中。分布于福建、湖北、湖南、广东、广西、贵州。

图 5-497　光枝刺叶冬青

16. 狭冠冬青
Ilex × attenuata Ashe

常绿灌木，高可达8m。树冠金字塔形。小枝棱不明显，被微柔毛。叶片革质，椭圆形至倒卵状披针形，长3.5～6cm，宽0.8～2cm，基部楔形至宽楔形，先端急尖，具锐刺头，每边具1～8牙齿状刺齿，有时全缘，齿端向外开展，顶刺不反折，上面中脉下陷，侧脉4～8对；叶柄长4～5mm，有毛。全部为雌性花，白色，花瓣近圆形。果实圆球形，直

图 5-498　阳光狭冠冬青

径约1.2cm，成熟时呈红色。花期5—6月，果期11月至次年2月。

原产于美国，1924年在美国佛罗里达州野外发现，系 *I. cassine* 和 *I. opaca* 的天然杂交种，为少数单性生殖的冬青种类之一，无须配植雄株也可结果。原种本省未见引种，园林中栽培的是其品种阳光狭冠冬青'Sunny Foster'（图5-498），新叶金黄色。杭州、绍兴、宁波等地有栽培。

17. 浙江冬青 （图5-499）
Ilex zhejiangensis C.J. Tseng ex S.K. Chen et Y.X. Feng

常绿小乔木，高3～5m。叶片革质，卵状椭圆形，稀卵形，长3～8cm，宽1.5～3cm，先端急尖，稀钝，基部圆形或钝，每边具3～7刺状锯齿，齿端外展，顶刺不反折，除上面沿中脉密被微柔毛外，余无毛，中脉在叶上面凹陷成沟，在背面隆起，侧脉5～7对；叶柄长3～6mm。花序簇生；花淡黄色，4数；雄花花萼裂片三角状卵形，花瓣长圆形，雄蕊与花瓣等长；雌花花萼和花冠似雄花。果实近球形，直径7～8mm，成熟时呈红色；分核4，卵形，背部具不规则的皱纹和槽。花期4月，果期10—12月，可宿存于树上至次年4月。

产于杭州市区（余杭）、临安等地；杭州植物园、浙江农林大学有栽培。生于海拔300m以下的山沟阔叶林中。浙江特有。模式标本采自杭州植物园。

图5-499　浙江冬青

18. 猫儿刺 （图5-500）
Ilex pernyi Franch.

常绿灌木或小乔木，高1～5m。叶片革质，三角状卵形至卵状披针形，长1.5～3cm，宽5～14mm，先端急尖或顶刺状，基部圆形或微心形，每边具1～3宽大刺齿，齿端外展，顶刺有时稍反折，叶两面均无毛，中脉在叶面凹陷，背面隆起，侧脉1～3对，不明显；叶柄长1～2mm。花序簇生；雄花花萼裂片阔三角形或半圆形，花瓣椭圆形，雄蕊稍长于花瓣；雌花花萼同雄花，花瓣卵形。果球形或扁球形，直径7～8mm，成熟时呈红色；分核4，倒卵形或椭球形，在较宽端背部微凹陷，并具掌状条纹和沟。花期4—5月，果期10—11月。

产于龙泉、庆元、景宁。生于海拔850～1800m的山沟阔叶林下或山坡灌草丛中。分布于华中及安徽、江西、四川、贵州、西藏、陕西、甘肃。

树皮含小檗碱，可作黄连制剂的代用品；叶和果可入药，有补肝肾、清风热的功效，根可治肺热咳嗽、咯血、咽喉肿痛、角膜薄翳等症。

图 5-500　猫儿刺

19. 温州冬青 （图5-501）

Ilex wenchowensis S.Y. Hu

常绿小灌木，高1～2m。叶片革质，卵形至卵状披针形，长3～7cm，宽1～3cm，先端渐尖，

图 5-501　温州冬青

具刺,基部截形或圆形,每边具2～7宽大刺齿,齿端外展,顶刺有时稍反折,叶片两面无毛,中脉在上面凹陷,在下面隆起,侧脉4或5对;叶柄长1～2mm,常呈紫黑色。花序簇生;花淡黄绿色;雄花花萼裂片三角形,花瓣长圆形,雄蕊与花瓣等长;雌花未见。果近球形,直径8mm,成熟时呈红色;分核4,近球形,侧面具网状条纹和沟,背部具掌状条纹,无沟及纵凹陷。花期4—5月,果期9—12月。

产于台州、丽水、温州。生于海拔250～1500m的山坡、沟谷阔叶林中及毛竹林下或灌丛中。浙江特有。模式标本采自永嘉(界乌岭)。

20. 大叶冬青　苦丁茶　(图5-502)

Ilex latifolia Thunb.

常绿乔木,高达15m。叶片厚革质,长圆形至近卵形,长8～25cm,宽4.5～8cm,先端急尖或钝尖,基部宽楔形至近圆形,边缘有疏锯齿,中脉在上面凹陷,下面隆起,侧脉7～9对,在上面明显,下面不明显;叶柄长1.5～2.5cm。花序簇生,圆锥状,有主轴;雄花序每分枝具多花,花萼裂片卵圆形,花瓣长圆形,基部稍联合,雄蕊与花瓣近等长;雌花序每分枝具1～3花,花瓣卵形,子房卵球形。果球形,成熟时呈鲜红色,直径6～8mm;分核4,长椭球形,背面有3纵脊。花期4—5月,果期10—12月,可宿存于树上至次年4月。

产于除嘉兴外的全省各地。生于海拔200～850m的山坡、沟谷常绿阔叶林中或竹林中;各地常见栽培。分布于华东、华中及广东、广西、云南。日本也有。

图5-502　大叶冬青

叶大质厚,浓绿光亮,秋季果实红艳,经冬不凋,为优美的庭园观赏树种;材质细致,可作家具、细木工用材;嫩叶是制作"苦丁茶"的原料之一;嫩叶、树皮可入药,有清热解毒、平肝等功效。

21. 全缘冬青 （图5-503）
Ilex integra Thunb.

常绿乔木，高可达9m。叶片革质，倒卵形或倒卵状椭圆形，稀倒披针形，长4~7cm，宽1.5~3.5cm，先端钝圆，基部楔形，全缘，两面无毛，中脉在上面平或微凹，下面隆起，侧脉6~8对，不明显；叶柄长7~15mm。聚伞花序簇生；花淡黄绿色；雄花组成聚伞花序，具3花，花萼裂片卵形，花瓣长圆状椭圆形，雄蕊与花瓣近等长；雌花簇生或单生，花萼裂片阔三角形。果球形，直径10~12mm，成熟时呈红色；分核4，宽椭球形，背面具不规则的皱棱及洼穴，两侧面具纵棱及沟或洼穴。花期3—4月，果期8—12月。

产于舟山及象山、临海、玉环、平阳等地。生于海拔300m以下的滨海山地阔叶林或灌丛中。分布于福建、台湾。日本、朝鲜半岛也有。

树冠丰满，果色艳丽，近年已开发为园林观赏植物。为浙江省重点保护野生植物。

图5-503　全缘冬青

22. 短梗冬青　华东冬青 （图5-504）
Ilex buergeri Miq.

常绿乔木，高8~15m。小枝密被短柔毛。叶片革质或薄革质，卵形至卵状披针形，长4~8cm，宽1.7~2.5cm，先端渐尖，基部圆形、钝或阔楔形，边缘稍反卷，具疏而不规则的

图 5-504 短梗冬青

浅锯齿，上面除沿中脉被微柔毛外，余无毛，下面无毛，中脉在上面凹陷，下面隆起，侧脉每边7或8；叶柄长5~8mm。花序簇生；雄花花萼裂片三角形，花瓣长圆状倒卵形，雄蕊较花瓣长；雌花花萼、花冠似雄花，退化雄蕊与花瓣等长或稍短，子房卵球形。果球形或近球形，直径4.5~6mm，成熟时呈红色，表面具小瘤点；分核4，近球形，背面具4或5纵浅槽，侧面具皱纹及槽。花期3—4月，果期10—12月。

产于宁波、台州、丽水、温州及安吉、德清、临安、淳安、诸暨、普陀、开化、江山、东阳、磐安等地。生于海拔70~600m的山坡、沟谷常绿阔叶林中或林缘。分布于安徽、江西、福建、湖北、湖南、广东、广西等地。日本也有。

23. 台湾冬青（图5-505）

Ilex formosana Maxim.

常绿乔木，高可达15m。小枝无毛。叶片革质或薄革质，长圆形或长圆状披针形，长6~12cm，宽2~3.5cm，先端尾状渐尖，基部楔形，边缘疏生不规则锯齿，两面无毛，中脉在上面凹陷，下面隆起，侧脉7~10对；叶柄长5~8mm，上面有宽沟或平坦。聚伞花序簇生于叶腋；花4数，黄绿色；雄花花梗长

图 5-505 台湾冬青

2~3mm,花萼裂片宽三角形,具睫毛,花瓣长圆形,雄蕊与花瓣近等长;雌花簇生于1短主轴上,呈假总状,每分枝具1花,花梗长2~3mm,密被毛,花萼同雄花,花瓣卵形,退化雄蕊长为花瓣的2/3。果近球形,直径4~5mm,成熟时呈红色,果皮平滑;分核4,椭球形或近球形,背面基部具掌状棱及槽。花期3—4月,果期8—12月。

产于丽水、温州及衢州市区、开化、江山、磐安、武义、台州市区、三门等地。生于海拔180~1000m的山坡、沟谷常绿阔叶林中或林缘。分布于华东、华南及湖北、湖南、四川、贵州、云南。菲律宾也有。

24. 榕叶冬青 (图5-506)
Ilex ficoidea Hemsl.

常绿小乔木,高4~12m。小枝无毛。叶片革质,卵形、卵状椭圆形、长圆形至倒披针形,长4.5~11cm,宽1.5~3.5cm,先端尾状渐尖,基部楔形至近圆形,边缘具不规则的细圆齿状锯齿,两面无毛,中脉在上面凹陷,下面隆起,侧脉8~10对,不明显,上面有光泽;叶柄长1~2cm,上面有深沟。花4数,黄绿色;雄花组成聚伞花序,每花序具1~3花,花萼裂片三角形,花瓣卵状长圆形,雄蕊稍长于花瓣;雌花序簇生,每花序为单花,花萼裂片三角形,龙骨状突起,花瓣卵形。果球形,直径5~7mm,成熟时呈红色,果皮具细微小瘤点;分核4,长椭球形或近球形,背部具掌状条纹和沟槽,沿中央具1浅纵槽,两侧面具皱条纹及洼点。花期3—4月,果期8—12月。

产于宁波、衢州、金华、台州、丽水、温州及淳安。生于海拔200~1500m的山坡或沟谷阔叶林中。分布于华东、华南、西南及湖北、湖南。日本也有。

图5-506 榕叶冬青

25. 毛冬青 （图5-507）
Ilex pubescens Hook. et Arn.

常绿灌木，高1.5～4m。小枝密被开展粗毛。叶片厚纸质，椭圆形或长卵形，长2～6cm，宽1～2.5cm，先端急尖或短渐尖，基部钝，边缘具短芒状细齿，叶两面被长硬毛，沿脉更密，中脉在上面平坦或稍凹陷，下面隆起，侧脉4或5对；叶柄长3～4mm，被毛。花序簇生，密被长硬毛；雄花组成聚伞花序，簇生，花淡紫色，花萼裂片卵状三角形，花瓣卵状长圆形或倒卵形；雌花单花簇生，稀3花，花萼裂片宽卵形，花瓣长圆形。果球形，直径3～4mm，成熟时呈红色，密被长硬毛；分核6，稀5或7，椭球形，背面具纵宽的单沟，两侧面平滑。花期4—5月，果期10—12月。

产于宁波、衢州、金华、台州、丽水、温州及诸暨等地。生于海拔100～800m的山坡、沟谷常绿阔叶林中、毛竹林中或林缘、灌丛中及溪旁、路边。分布于华东、华南及湖北、湖南、贵州。

根、叶可入药，有清热解毒、活血止痛等功效；红果累累，艳丽夺目，可供观赏。

图5-507　毛冬青

26. 庆元冬青 （图5-508）
Ilex qingyuanensis C.Z. Zheng

常绿乔木，高可达18m。树皮灰褐色或灰白色；小枝栗色，无毛。叶片厚革质，宽椭圆形或卵状长圆形，长5～10cm，宽2.5～5cm，先端短尾尖，基部宽楔形，全缘，两面无毛，中脉在上面下部突起，中上部下凹，下面隆起，侧脉10～13对，在上面隐约可见，干时下面明显，上面有光泽，下面散生腺点；叶柄长约10mm，上面凹陷。花未见。果4或5个簇生于叶腋，果梗长4～5mm，有毛；果球形，直径约5mm，成熟时呈红色，宿萼被短柔毛及缘毛，宿存柱头盘状；分核6，椭球形，背部具3纵脊和2槽。花期不明，果期11—12月，可宿存至次年2月。

产于庆元、景宁、泰顺。生于海拔600m以下的山麓沟谷边常绿阔叶林中。分布于福建。模式标本采自庆元（后广）。

图5-508 庆元冬青

27. 厚叶冬青 （图5-509）
Ilex elmerrilliana S.Y. Hu

常绿灌木或小乔木，高2～7m。幼枝具棱，无毛。叶片革质或厚革质，椭圆形或长圆状椭圆形，长5～9cm，宽2～3.5cm，先端短渐尖，基部楔形，全缘，两面无毛，中脉在上面凹陷，下面隆起，侧脉及网脉在两面均不明显；叶柄长2～8mm。花序簇生；雄花序每分枝具1～3花，花梗长5～10mm，花萼裂片三角形，花瓣长圆形，雄蕊与花瓣近等长，退化子房圆锥形；雌花序簇生，每分枝具1花，花梗长4～6mm，花萼同雄花，花瓣长圆形，退化雄蕊长约为花瓣的1/2。果球形，直径约5mm，成熟时呈红色；分核6或7，椭球形，背部具1纤细的脊，脊的末端稍分枝。花期4—5月，果期10—12月，可宿存至次年2月。

产于宁波、衢州、金华、台州、丽水、温州及建德、诸暨等地。生于海拔170～950m的山坡、溪边阔叶林或灌丛中。分布于华东及湖北、湖南、广东、广西、四川、贵州。

图5-509 厚叶冬青

28. 皱柄冬青 （图5-510）
Ilex kengii S.Y. Hu

常绿乔木，高10～15m。小枝无毛。叶片薄革质，椭圆形或卵状椭圆形，长4～11cm，宽2～4.5cm，先端长渐尖，基部钝或阔楔形，全缘，两面无毛，中脉在上面稍突起或平坦，下面隆起，侧脉6～9对，下面具腺点；叶柄长7～13mm，下面具皱纹。花序簇生；雄花未见；雌花序具1～5花，花萼裂片圆形，柱头厚盘状。果球形，直径约3mm，成熟时呈红色；分核4，宽椭球形，两端尖，背面具5或6易与分核脱离的线纹，无槽。花期5月，果期10—12月。

产于鄞州、台州市区（黄岩）、遂昌、松阳、庆元、文成。生于海拔250～920m的山坡或沟谷常绿阔叶林中。分布于福建、湖南、广东、广西、贵州。模式标本采自鄞州（天童太白山）。

冬青科 Aquifoliaceae

图 5-510 皱柄冬青

29. 尾叶冬青 （图 5-511）
Ilex wilsonii Loes.

常绿小乔木，高达10m。小枝无毛或近无毛。叶片革质，卵形或卵状椭圆形，长4～6cm，宽2～3cm，先端尾状渐尖，基部楔形，全缘，两面无毛，中脉在上面平坦或微隆起，下面隆起，侧脉5～7对；叶柄长7～10mm。花序簇生；花白色，4或5数；雄花花萼裂片卵状三角形，花瓣卵形，基部稍联合，雄蕊短于花瓣；雌花序每分枝仅具1花，花萼和花瓣与雄花相似。果球形，成熟时呈鲜红色，直径4～5mm；分核4，宽椭球形，背面有3或4线纹，无沟。花期5月，果期8—12月。

产于全省山区、丘陵。生于海拔250～1250m的山坡、沟谷阔叶林中或毛竹林中。分布于华东、华南、西南及湖北、湖南。

枝叶茂密，叶片清秀，果色艳丽，可供园林观赏或制作观果盆景。

图 5-511 尾叶冬青

30. 矮冬青 （图5-512）
Ilex lohfauensis Merr.

常绿灌木或小乔木，高2～6m。小枝密被毛。叶片薄革质，椭圆形至长圆形，稀为菱形或倒心形，长1～2.5cm，宽5～13mm，先端微凹，基部楔形，全缘，两面仅沿中脉被短柔毛，中脉两面隆起，侧脉不明显；叶柄长1～2mm，有毛。花粉红色或白色；雄花组成聚伞花序，簇生，花萼裂片圆形，啮蚀状，花瓣椭圆形，雄蕊长为花瓣的1/2；雌花单朵簇生，花萼与花冠同雄花，退化雄蕊长为花瓣的3/4。果球形，直径约4mm，成熟时呈红色；分核4，宽椭球形，背面具3纵纹，无沟槽。花期6—7月，果期10—12月。

产于台州、丽水、温州及宁海、常山、金华市区（婺城）等地。生于海拔200～900m的山坡、沟谷阔叶林下或灌丛中。分布于华东及湖南、广东、广西、贵州。

图5-512 矮冬青

31. 小果冬青 （图5-513）
Ilex micrococca Maxim.

落叶乔木，高达20m。主干通直；枝条无长短枝之分，小枝具皮孔，幼枝常紫色，无毛。叶片膜质或纸质，卵形至卵状长圆形，长7～13cm，宽3～5cm，先端长渐尖，基部圆形或阔楔形，常不对称，边缘近全缘或具芒状锯齿，两面无毛，中脉在上面微下凹，背面隆起，侧脉5～8对；叶柄纤细，长1.5～3cm，无毛，紫色。伞房状聚伞花序单生于叶腋，花白色；雄花花萼裂片宽三角形，花瓣长圆形，雄蕊与花瓣互生且近等长；雌花花萼、花瓣同雄花，退化雄蕊长为花瓣的1/2。果球形，成熟时呈红色，直径约3mm；分核6～8，椭球形，背面略粗糙，具纵向单沟，侧面平滑。花期5—6月，果期9—10月。

产于宁波、衢州、台州、丽水、温州及临安、淳安、诸暨、东阳。生于海拔120～1300m的山坡、山谷阔叶疏林或灌丛中。分布于华东、华中、华南、西南。日本、越南也有。

树体高大，干形通直，果实密集，艳丽醒目，为极好的园林观果树种。

图 5-513　小果冬青

32. 落霜红　硬毛冬青　（图5-514）

Ilex serrata Thunb.—*I. serrata* var. *sieboldii* (Miq.) Rehder

落叶灌木，高1～3m。枝条无长短枝之分，幼枝有毛。叶片膜质，椭圆形至倒卵状椭圆形，长2～9cm，宽1～4cm，先端渐尖，基部楔形，边缘密生尖锐锯齿，中脉在两面隆起，侧脉6～8对，与网脉在上面凹下，下面突起，两面沿脉被长硬毛或近无毛；叶柄长6～8mm。雄花序为多歧聚伞花序，单生于叶腋；花萼裂片三角形，花瓣4或5，白色或淡红色，长圆形，边缘啮齿状，雄蕊稍短于花瓣；雌花序为具1～3花的聚伞花序，单生于叶腋，罕近簇生，花萼同雄花，花瓣卵形，啮蚀状，退化雄蕊长为花瓣的1/2。果球形，成熟时呈鲜红色，直径约5mm；分核4或5（6），宽椭球形，背部平滑。花期4—5月，果期8—12月。

产于缙云、庆元、景宁、永嘉、文成、泰顺。生于海拔800～1500m的山坡林缘、灌丛或山地沼泽中。分布于江西、福建、湖南、四川。日本也有。

图5-514 落霜红

33. 北美冬青　轮生冬青　（图5-515）
Ilex verticillata (L.) A. Gray

落叶灌木，高1.5～6m。枝无长短枝之分，幼枝有毛，新、老枝均密生皮孔。叶片纸质，椭圆形至卵形，长6～8cm，宽2～3.5cm，先端短渐尖、急尖至圆钝，基部楔形至近圆形，边缘具浅钝锯齿，上面无毛，下面沿脉被较密的短柔毛，上面中、侧脉及网脉均明显下陷，下面隆起；叶柄长1～1.3cm，有毛。雌雄异株或有时植株上具两性花；花簇生于叶腋，白色，花瓣6～8；雄花3～10朵簇生，花萼卵形，花瓣长圆形，雄蕊短于花瓣；雌花1～3朵簇生，花萼、花瓣与雄花相似。果球形，直径约6mm，成熟时呈鲜红色；分核1或2，卵球形。花期

图5-515 北美冬青

5月，果期10—12月，可宿存于树上至次年5月而呈现花果同树现象。

原产于美国东北部和加拿大东南部。华北、华东等地普遍栽培观赏；全省各地多有栽培。果实密集，鲜艳亮丽，挂果期长，适应性强，为极佳的观果树种，也是优良的插花材料。

34. 大果冬青 （图5-516）
Ilex macrocarpa Oliv.—*I. macrocarpa* var. *longipedunculata* S.Y. Hu

落叶乔木，高6~12m。具长短枝。叶在长枝上互生，在短枝上簇生；叶片纸质，宽卵形至卵状长圆形，长6~10cm，宽3.5~5cm，先端渐尖，基部圆形或宽楔形，边缘具锯齿，中脉在上面凹陷，被短柔毛，在下面隆起，无毛，侧脉7~9对，两面明显；叶柄长5~15mm。雄花序簇生于叶腋，花萼裂片倒卵形，花瓣长圆状卵形，雄蕊与花瓣近等长；雌花单生于叶腋，花萼近三角形，花瓣卵形，子房长卵形，柱头头状。果球形，成熟时呈紫黑色，直径10~17mm，宿存花柱长约2mm；果梗长0.6~3.3cm；分核7或8，背面有3纵纹和2纵沟。花期5月，果期9—11月。

产于杭州、温州及安吉、德清、常山、开化、天台、仙居、龙泉等地。生于海拔50~1340m的山坡林中或林缘，以石灰岩山地较为多见。分布于华东、华中、西南及广东、广西、陕西。

图5-516　大果冬青

35. 秤星树　梅叶冬青 （图5-517）
Ilex asprella (Hook. et Arn.) Champ. ex Benth.

落叶灌木，高1~3m。具长短枝。叶膜质，在长枝上互生，在短枝上簇生；叶片卵形或卵状椭圆形，长4~6cm，宽2~3.5cm，先端尾状渐尖，基部钝至近圆形，边缘具锯齿，上面被微柔毛，下面无毛，中脉在上面下凹，下面隆起，侧脉5或6对；叶柄长3~8mm。雄花2朵、3朵呈束状或单生，花萼裂片阔三角形或圆形，啮蚀状，花瓣近圆形；雌花单生，花萼形态似雄花。果球形，成熟时呈黑色，直径5~7mm，果梗长2~3cm；分核4~6，倒卵状椭球形，背面具3脊和沟，侧面几平滑，腹面龙骨状突起。花期3月，果期4—10月。

产于丽水及淳安、江山、仙居、泰顺。生于海拔200～950m的山地疏林或路旁灌丛中。分布于江西、福建、湖南、台湾、广东、广西等地。菲律宾也有。

根、叶可入药，有清热解毒、生津止渴、消肿散瘀等功效；叶含熊果酸，对冠心病、心绞痛有一定疗效。

图5-517　秤星树

36. 满树星 （图5-518）

Ilex aculeolata Nakai

图5-518　满树星

落叶灌木，高1～3m。具长短枝。叶在长枝上互生，在短枝上簇生；叶片膜质或薄纸质，倒卵形，长2～5cm，宽1～3cm，先端急尖或短渐尖，稀钝，基部楔形，边缘具锯齿，幼时两面及脉上疏被短柔毛，中脉在上面稍凹陷，下面突起，侧脉4或5对，在上面平坦，下面隆起，网脉两面不明显；叶柄长1～1.2cm。花序单生；雄花序具1～3花，花萼裂片宽三角形，花瓣圆卵形，啮蚀状；雌花单生，花萼与花冠同雄花，退化雄蕊长为花瓣的2/3。果球形，成熟时呈黑色，直径约7mm，果梗长3～4mm；分核4，椭球形，背面具深皱纹和网状条纹及沟。花期4—5月，果期8—10月。

原产于江西、福建、湖北、湖南、广东、广西。杭州植物园有栽培（雄株，引自江西井冈山）。

有关志书均记载泰顺蒙冬湖有该种分布，经查证蒙冬湖实为与泰顺交界处的景宁望东垟湿地，但作者在该湿地中多年调查均未发现过该种，但见有结红果的落霜红。仅在中国数字植物标本馆上查到冯俊培于1982年10月12日采自太顺（泰顺）蒙冬湖（即景宁境内的懵懂湖，现称望东垟）的1份果枝标本（杭州植物园植物标本馆，82-537号），经鉴定实为落霜红的误定。故确认本省并无该种的自然分布。

37. 大柄冬青 （图5-519）
Ilex macropoda Miq.

落叶乔木，高达8m。具长短枝。叶在长枝上互生，在短枝上簇生；叶片纸质，圆卵形或卵形，长5~8cm，宽2.5~5cm，先端渐尖或急尖，基部楔形，边缘具锐锯齿，两面无毛，中脉在上面微凹入，下面隆起，侧脉6~8对，两面明显；叶柄长1~2cm。花绿白色；雄花序簇生于短枝的叶腋内，花萼裂片三角状卵形，花瓣卵形，雄蕊与花瓣近等长；雌花单生于叶腋，花萼、花瓣与雄花相似，子房卵球形。果球形，直径6~8mm，成熟时呈红色，果梗长6~7mm；分核5，长椭球形，背面具纵条纹。花期5—6月，果期8—10月。

产于安吉、临安、淳安、新昌、余姚、衢州市区（衢江）、金华市区、兰溪、天台等地。生于海拔600~1500m的山坡、山脊林中或乱石堆中。分布于安徽、江西、福建、河南、湖北、湖南。日本、朝鲜半岛也有。

图5-519 大柄冬青

38. 紫果冬青 （图5-520）

Ilex tsoii Merr. et Chun

落叶灌木或小乔木，高3～8m。具长短枝。叶在长枝上互生，在短枝上簇生；叶片纸质，卵形或卵状椭圆形，长5～10cm，宽3～5cm，先端渐尖，基部圆形或钝，边缘具细锐锯齿，中脉在上面凹陷，下面隆起，侧脉8～10对，下面沿脉有微柔毛，网脉两面明显；叶柄长6～10mm。

花单朵或2朵、3朵簇生，白色或绿白色，开放后花瓣反折；雄花萼裂片三角形或卵形，大小不等，花瓣长圆形，雄蕊短于花瓣；雌花花萼与花冠同雄花，退化雄蕊长仅为花瓣的1/5，无花柱。果球形，直径6～8mm，成熟时呈紫黑色，宿存柱头厚盘状，果梗长2～3mm；分核6，椭球形，背部具网状条纹和沟。花期4—5月，果期7—9月。

产于金华、台州、丽水、温州及衢州市区、开化等地。生于海拔200～1600m的山谷阔叶林或山坡路旁灌丛中。分布于华东及湖北、湖南、广东、广西、贵州、四川。

图5-520 紫果冬青

一一二　茶茱萸科 Icacinaceae

乔木、灌木或藤本。有些种类具卷须或白色乳汁。单叶互生，稀对生，通常全缘，稀分裂或有细齿，大多羽状脉，少为掌状脉；无托叶。花两性或单性异株，极稀杂性同株或异株，辐射对称，组成穗状、总状、圆锥或聚伞花序；花萼小，通常4或5裂，有时合成杯状，宿存；花瓣4或5，稀缺，分离或合生；雄蕊与花瓣同数而对生，花药2室；子房上位，1室，很少3～5室，柱头2或3裂，或合生成头状、盾状。果实核果状，有时为翅果。种子通常1（稀2）。

57属，约400种，广泛分布于热带地区，以南半球居多。我国有12属，24种，主要分布于西南部和南部；浙江有2属，2种。

1 定心藤属 Mappianthus Hand.-Mazz.

木质藤本。茎卷须粗壮，与叶轮生。叶对生或近对生，全缘，革质，羽状脉；具叶柄。雌雄异株；聚伞花序在枝条两侧交互腋生；雄花萼小，杯状，5浅裂，花冠较大，钟状漏斗形，肉质，5裂，被毛；雄蕊5，分离，花丝扁平，退化子房被毛；雌花与雄花相似但稍小。核果，外果皮薄肉质，味甜，内果皮薄壳质，具下陷的网纹及纵槽。种子1。

2种，分布于亚洲南部。我国有1种；浙江也有。

定心藤　甜果藤　（图5-521）
Mappianthus iodoides Hand.-Mazz.

常绿缠绕藤本。幼枝具棱，被糙伏毛，老时渐无毛，具皮孔；卷须粗壮，与叶轮生。叶片革质，长椭圆形至长圆形，稀披针形，长8～17cm，宽3～7cm，先端渐尖至尾状，基部圆形或楔形，全缘，上面近无毛，下面疏被伏毛，侧脉5或6对，与中脉在上面凹陷，在下面隆起；叶柄长6～14mm，被伏毛。雌雄异株；聚伞花序交替腋生，被糙伏毛；花淡黄色，5数。核果长椭圆形或长卵圆形，长2～3.7cm，直径1～1.6cm，成熟时呈橙黄色至橘红色，疏被硬伏毛，基部具宿萼。花期4—8月，果期8—12月。

产于泰顺（龟湖白石坑）。生于海拔240m左右的山坡灌丛中。分布于江西、福建、湖南、广东、海南、广西、贵州、云南。越南也有。

果肉味甜可食；根与老茎可药用，有祛风活络、解毒消肿及除湿等功效。

图 5-521 定心藤

2 无须藤属 Hosiea Hemsl. et E.H. Wilson

落叶缠绕藤本。茎无卷须；枝条圆柱形，具皮孔。单叶互生；叶片纸质，卵形，边缘具齿；具长柄。聚伞花序腋生；花两性，绿色；花萼小，5裂；花瓣5，基部连合，远较花萼长；雄蕊5，与花瓣互生，花丝粗；肉质腺体5，位于雄蕊之间；子房上位，1室，胚珠1或2，花柱显著，柱头4或5裂。核果扁椭圆形，基部具宿萼，果核具皱纹。种子1。

2种，分布于我国和日本。我国有1种，浙江也有。

与定心藤属的区别为后者茎有卷须；叶革质，对生或近对生，全缘；花单性异株；花无肉质腺体。

无须藤（图5-522）
Hosiea sinensis (Oliv.) Hemsl. et E.H. Wilson

落叶缠绕藤本。小枝圆柱形，具稀疏皮孔及向上微柔毛。叶互生；叶片纸质，卵形至心状卵

一一二　茶茱萸科 Icacinaceae　　499

形，长4～13cm，宽3～9cm，先端急尖或短渐尖，基部心形，边缘有稀疏的尖锯齿或粗齿，侧脉5或6对，与中脉在上面凹陷，下面隆起，两面有短毛；叶柄长2～7.5cm。聚伞花序腋生；花小，两性；花瓣黄绿色，披针形，先端尾状，常反折，两面被毛，具深色脉纹；雄蕊5，与花瓣互生；肉质腺体5，位于雄蕊之间；子房具2悬垂胚珠，柱头4裂。核果扁椭球形，长1.5～1.8cm，成熟时呈红色或橘红色。花期4—5月，果期6—9月。

产于庆元（百山祖）。生于海拔1800m左右的山沟矮林中，缠绕于树上。分布于湖北、湖南、四川。

图5-522　无须藤

中名索引

A

矮菜豆	173
矮刀豆	149
矮冬青	466,490
矮紫薇	279
安徽荛花	288,291
安徽山蚂蟥	206,209
桉	309
桉属	306,307
鞍叶羊蹄甲	51,54
澳洲坚果	259
澳洲坚果属	256,259

B

八角刺	477
八角枫	374,375
八角枫科	374
八角枫属	374
巴东胡颓子	245,247
巴西蒂牡花	358
巴西野牡丹	358
白车轴草	220,221
白刺花	70
白蝶花	343
白杜	426,437
白粉青荚叶	392
白花草木樨	214
白花福建紫薇	283
白花葛藤	155
白花胡枝子	133

白花黄山紫荆	50
白花荛花	288,290
白花网络崖豆藤	86
白花香花崖豆藤	91
白花洋紫荆	53
白花油麻藤	145
白花紫荆	47
白花紫藤	93
白千层	317
白千层属	306,317
白瑞香	299
白三叶	221
白石榴	329
百齿卫矛	427,443
百日红	277
百蕊草	409
百蕊草属	408
柏拉木	355
斑叶肥肉草	363
斑叶胡颓子	250
斑叶珊瑚	387,389
斑叶异药花	363
斑楂	249
薄叶猴耳环	19
薄叶南蛇藤	449
薄叶羊蹄甲	56
薄子木属	306,319
杯茎蛇菰	422
北江荛花	288,293
北美冬青	466,492
北野豌豆	196,199

蝙蝠草属	59,122
扁豆	162
扁豆属	62,162
扁枝槲寄生	417,419
变黑金雀儿	242
变叶裸实	459
变叶美登木	459
遍地黄金	190
冰清玉蝶	278
补骨脂	183
补骨脂属	60,182
不知春	82

C

菜虫药	462
菜豆	172
菜豆属	62,172
蚕豆	196,205
草龙	332
草木樨	214,215
草木樨属	61,214
茶茱萸科	497
长苞狸尾豆	121
长柄山蚂蝗	115,117
长柄山蚂蝗属	59,115
长果柄山蚂蝗	116
长豇豆	170
长柔毛野豌豆	195,197
长叶珊瑚	389
长籽柳叶菜	351,353
长总梗木蓝	100,105

常春卫矛	426,430	大豆	156	蒂牡花属	355,358
常春油麻藤	145,146	大豆属	62,155	靛蓝豆属	58,236
朝天罐	364	大果冬青	466,493	吊钟海棠	338
车轴草属	61,220	大果卫矛	426,436	蝶豆	160
陈谋卫矛	426,434	大花虫豆	176	蝶豆属	60,160
秤星树	466,493	大花紫薇	277,281	蝶形花科	58
齿叶冬青	474	大金刚藤	75,79	丁癸草	187
赤桉	307,311	大托叶猪屎豆	225,226	丁癸草属	58,187
赤豆	163,167	大芽南蛇藤	446,450	丁香蓼	332,336
赤楠	322	大叶桉	307,309	丁香蓼属	331
赤小豆	163,168	大叶冬青	466,482	定心藤	497
翅荚木	34	大叶合欢	22	定心藤属	497
翅荚香槐	65	大叶胡颓子	244,245	东方狐尾藻	260
重瓣白石榴	329	大叶胡枝子	125,129	东南南蛇藤	452
重瓣红石榴	329	大叶黄杨	430	东瀛珊瑚	387
重瓣月季石榴	329	大叶山扁豆	41,42	东瀛四照花	401,403
桐树桑寄生	411	大叶相思	6,8	冬青	465,469
楮头红	368	大翼豆属	62,171	冬青科	464
川鄂山茱萸	399	大猪屎豆	225,227	冬青属	464
串钱柳	316	大猪屎青	227	冬青卫矛	426,430
垂丝卫矛	426,444	待宵草	346,349	斗米虫树	31
垂枝红千层	315,316	戴云山冬青	470	豆茶决明	43
垂枝瓶刷子树	316	淡爪晚紫	278	豆茶山扁豆	41,43
春花胡枝子	125,130	刀豆	149	豆薯	152
春云实	31	刀豆属	62,149	豆薯属	62,151
刺苞南蛇藤	447,454	倒挂金钟	338	短刺刺果卫矛	432
刺果甘草	58	倒挂金钟属	331,338	短萼鸡眼草	141
刺果卫矛	426,431	倒卵果木半夏	255	短萼仪花	56
刺槐	97	倒卵叶瑞香	297	短梗冬青	466,483
刺槐属	59,97	倒心叶珊瑚	387,390	短梗胡枝子	125,126
刺桐	142,143	灯台树	393	短梗南蛇藤	447,451
刺桐属	61,141	灯台树属	386,393	短豇豆	170
		邓恩桉	307,309	短毛熊巴掌	366
D		地瓜	152	短毛紫荆	48
大苞白千层	318	地菍	356	短蕊槐	70,74
大柄冬青	466,495	地中海三叶草	223	短穗蛇菰	422
大巢菜	195,203	地珠	356	短叶胡枝子	126,137

短叶决明	42	粉花月见草	346	谷蓼	340,342
短叶柳叶菜	353	粉绿狐尾藻	260,262	谷蓼属	339
钝齿冬青	465,474	粉三叶	222	牯岭野豌豆	196,198
钝果寄生属	412	粉叶羊蹄甲	51,55	光华柳叶菜	351,354
多花菜豆	174	风铃草	229	光滑柳叶菜	354
多花胡枝子	126,134	风流树	298	光荚含羞草	3
多花蓝果树	383	枫香槲寄生	417,420	光洁荛花	288
多花木蓝	101,109	佛豆	205	光皮梾木	395,396
多花水苋	267,269	伏毛八角枫	377	光叶马鞍树	67
多花紫藤	93	扶芳藤	426,427	光叶木蓝	101,104
多脉四照花	404	福建假卫矛	460	光叶荛花	287,288
多毛荛花	294	福建紫薇	277,282	光枝刺叶冬青	465,478
多叶羽扇豆	238	福琼木蓝	103	广布野豌豆	195,196
多叶浙江木蓝	106			广东冬青	464,471
多疣猪屎豆	224	**G**		广东胡枝子	125,127
		甘草	58	广西紫荆	44
E		岗松	321	龟甲冬青	475
峨眉崖豆藤	89	岗松属	306,320	鬼箭羽	440
饿蚂蝗	112,114	高脚山茄	359	国槐	72
萼距花属	266,274	高姥山荛花	288,294	过江藤	334
儿茶	6,9	高姥山瑞香	294	过路惊	360
耳基水苋	267,268	高山露珠草	342	过山枫	447,455
耳叶相思	8	高原露珠草	340,342		
二角菱	302,304	哥兰叶	450	**H**	
二叶丁癸草	187	格菱	301,302	孩儿茶	9
		格木	25	海岸卫矛	426,434
F		格木属	25	海滨山黧豆	206,208
番泻决明属	25,35	葛	153	海滨香豌豆	208
饭豆	170	葛菌	423	海刀豆	149,150
方枝野海棠	359,360	葛麻姆	154	海红豆	2
菲油果	327	葛属	61,152	海红豆属	1,2
肥肉草	362	葛藤	154	海南羽叶金合欢	7,15
肥皂荚	26	珙桐	384	含羞草	4
肥皂荚属	25,26	珙桐属	381,384	含羞草决明	41
粉背南蛇藤	446	狗爪豆	145,147	含羞草科	1
粉葛	155	枸骨	465,477	含羞草属	1,3
粉花刺槐	98	枸骨冬青	477	含羞草叶黄檀	76

菥子梢	124	后味清香	397	黄花月见草	346,348
菥子梢属	61,123	厚果崖豆藤	84	黄槐	36,39
禾雀花	145	厚叶冬青	465,488	黄槐决明	39
合欢	21,23	狐尾藻	261	黄金槐	74
合欢属	1,21	狐尾藻属	260	黄金香柳	318
合萌	185	胡豆莲	233	黄芪属	192
合萌属	59,185	胡卢巴	58	黄耆属	60,192
河北木蓝	108	胡颓子	245,249	黄瑞香	300
荷包豆	174	胡颓子科	244	黄山紫荆	44,49
黑儿茶	13	胡颓子属	244	黄石榴	329
黑荆树	7,13	胡枝子	125,132	黄檀	75,82
黑小豆	163,165	胡枝子属	61,124	黄檀属	59,75
黑叶木蓝	101,107	葫芦茶属	59,120	黄薇	276
黑种豇豆	165	湖北紫荆	44,45	黄薇属	266,276
红车轴草	221,223	槲寄生	417,418	黄香草木樨	215
红冬蛇菰	423	槲寄生科	416	黄羽扇豆	238,239
红豆属	58,62	槲寄生属	417	火红萼距花	275
红豆树	62	蝴蝶花豆	160	火焰花	275
红花菜豆	172,174	花榈木	64	火焰卫矛	442
红花截叶铁扫帚	126,139	花生	189	霍州油菜	235
红花锦鸡儿	192	花豌豆	212		
红花苦参	71	花叶青木	388	**J**	
红花毛瑞香	299	花叶香桃木	327	鸡冠刺桐	142,143
红花羊蹄甲	50,51	华东冬青	483	鸡血藤属	84
红火箭	279	华东木蓝	101,103	鸡眼草	140
红火球	279	华东松寄生	413	鸡眼草属	61,140
红茎鼠耳草	270	华瓜木	375	棘刺卫矛	433
红千层	315	华南蒲桃	322,324	加拿大紫荆	44,48
红千层属	306,314	华野百合	225,231	家山黧豆	206,211
红瑞木	395	华中桑寄生	410	假地豆	112
红三叶	223	槐	70,72	假地蓝	225,229
红树科	372	槐属	58,70	假柳叶菜	336
红叶	279	槐树	72	假卫矛属	425,460
红叶加拿大紫荆	48	槐叶决明	36,37	尖叶长柄山蚂蝗	118
红叶树	258	黄豆	156	尖叶四照花	401,402
猴耳环	18	黄花水龙	332,335	渐尖叶鹿藿	180,182
猴耳环属	2,17	黄花小二仙草	263	江西崖豆藤	84,87

茳芒决明	37	九层皮	407	两型豆	159
豇豆	163,169	救荒野豌豆	203	两型豆属	62,159
豇豆属	62,163	矩叶卫矛	439	两叶豆苗	200
降香	75,81	巨紫荆	45	亮叶冬青	476
绛车轴草	221,223	具柄冬青	465,476	亮叶猴耳环	18
绛三叶	223	决明	36,38	亮叶崖豆藤	84,88
胶东卫矛	426,429			亮叶中南鱼藤	96
胶州卫矛	429	**K**		了哥王	289
节节菜	270	孔雀豆	2	裂果卫矛	427,442
节节菜属	266,270	苦丁茶	482	裂叶月见草	346,350
结香	300	苦皮藤	446,447	玲珑荛花	293
结香属	287,300	苦参	70	菱	304
截叶山黑豆	112,158	宽卵叶长柄山蚂蝗	118	菱科	301
截叶铁扫帚	126,138	宽叶胡枝子	125,128	菱属	301
金边艾比胡颓子	250	昆明鸡血藤	86	菱叶鹿藿	180,181
金边冬青卫矛	431	昆明山海棠	463	柳叶菜	351,352
金边扶芳藤	429	阔荚合欢	21,22	柳叶菜科	331
金边胡颓子	250			柳叶菜属	331,351
金边瑞香	298	**L**		六月飞雪	279
金合欢	6,10	楝木	395,397	龙须藤	51,54
金合欢属	1,6	楝木属	386,394	龙牙豆	173
金花菜	219	蓝桉	307,314	龙牙花	142
金甲豆	175	蓝果树	383	龙爪槐	74
金锦香	363	蓝果树科	381	窿缘桉	307,312
金锦香属	355,363	蓝果树属	381,383	庐山卫矛	432
金雀儿	242	蓝蝴蝶	160	鲁冰花	239
金雀儿属	60,241	蓝花赝靛	236	鹿藿	180
金石榴	363	老虎刺	33	鹿藿属	61,180
金心冬青卫矛	431	老虎刺属	25,33	露珠草	339,340
金心扶芳藤	429	雷公藤	462	露珠草属	331,339
金心胡颓子	250	雷公藤属	425,461	绿冬青	465,476
金叶钝齿冬青	475	棱果花	355	绿豆	163,165
堇秀	278	棱枝槲寄生	418,421	绿荆树	7,11
锦鸡儿	191	狸尾豆属	59,121	绿叶胡枝子	125,127
锦鸡儿属	59,191	藜豆	147	卵叶丁香蓼	332,337
锦香草	366	栗寄生	416	轮生冬青	492
锦香草属	355,365	栗寄生属	416	轮叶赤楠	322,323

轮叶狐尾藻	260,261	毛枝三花冬青	474	南蛇藤属	425,446
轮叶节节菜	270,272	眉豆	170	南洋楹	20
轮叶蒲桃	322,323	梅叶冬青	493	南洋楹属	1,19
罗汉豆	205	美国肥皂荚	26	南紫薇	277,284
裸实属	425,458	美国皂荚	27,29	拟粉背南蛇藤	446,449
落花生	189	美花红千层	315,316	拟绿叶胡枝子	128
落花生属	59,188	美丽胡枝子	125,131	宁波木蓝	102
落霜红	466,491	美丽崖豆藤	84,85	宁油麻藤	145
		美丽月见草	346,347	柠檬桉	307,308
M		美蕊花	16	牛大力藤	85
马鞍树	67,69	美洲合欢	16	牛泷草	340
马鞍树属	58,67	米口袋属	60,194	牛奶子	245,252
马棘	101,108	米面蓊	407	牛人参	70
玛瑙石榴	329	米面蓊属	407	牛蹄豆	1
满树星	466,494	密花崖豆藤	84,89	农吉利	225,230
满条红	47	密子豆	119		
蔓胡颓子	244,246	密子豆属	61,119	**O**	
蔓花生	190	棉豆	172,175	欧菱	301
蔓茎葫芦茶	120	闽槐	70,72	欧山蚂豆	211
蔓千斤拔	179	木半夏	245,253		
蔓性刀豆	149	木豆	176	**P**	
猫儿刺	465,480	木豆属	61,175	怕痒树	277
毛八角枫	374,377,378	木姜冬青	464,467	披针叶胡颓子	245,248
毛草龙	332	木姜叶冬青	467	辟汗草	215
毛刺槐	98	木蓝属	60,100	坡油甘属	59,186
毛冬青	466,486	苜蓿属	61,217	铺地蝙蝠草	122
毛花莞花	288,294			匍匐丁香蓼	332,337
毛梾	395,398	**N**		匍生水丁香	337
毛脉柳叶菜	354	南方靛蓝豆	236	蒲桃属	306,322
毛脉显柱南蛇藤	447,454	南方露珠草	339,341		
毛木半夏	245,252	南岭黄檀	75,82	**Q**	
毛瑞香	297,299	南岭荛花	288,289	千层金	318
毛山蚂豆	206,210	南美桉	327	千斤拔	179
毛洋槐	98	南美桉属	306,327	千斤拔属	61,179
毛野扁豆	177	南美月见草	350	千鸟花	343
毛叶红豆	64	南苜蓿	217,219	千屈菜	273
毛羽扇豆	238,240	南蛇藤	447,451	千屈菜科	266

千屈菜属	266,273
千丈木	381
铅笔钝齿冬青	475
俏佳人	279
秦氏香槐	65
青荚叶	391
青荚叶属	386,391
青江藤	447,457
青木	387
青皮木	405
青皮木属	405
青皮象耳豆	1
庆元冬青	465,487
秋茄树	372
秋茄树属	372
球穗蛇菰	423
曲序月见草	351
全缘冬青	465,483
确山野豌豆	195

R

染料木	242
荛花属	287
任豆	34
任豆属	25,34
日本八角枫	374
日本胡枝子	131
日本紫薇	279
绒毛胡枝子	126,136
榕叶冬青	466,485
肉花卫矛	426,436
肉穗草	368
肉穗草属	355,367
汝昌冬青	464,468
瑞香	297,298
瑞香科	287
瑞香属	287,296

S

洒金珊瑚	388
赛靛花	236
三点金草	112
三花冬青	466,473
三裂瓜木	374
三裂叶野葛	153
三桠皮	300
三叶山豆根	233
三籽两型豆	159
伞房决明	36,40
伞形八角枫	378,379
散沫花	286
散沫花属	266,285
桑寄生	414
桑寄生科	410
桑寄生属	410
山扁豆	41
山扁豆属	25,41
山蚕豆	198
山豆根	233
山豆根属	61,233
山豆花	136
山合欢	21
山黑豆属	62,158
山槐	21
山蚂蝗属	60,206
山荔枝	401
山龙眼科	256
山龙眼属	256,257
山绿豆	163,166
山蚂蝗属	59,112
山棉皮	293
山桃草	343
山桃草属	331,343
山皂荚	27,28

山茱萸	399
山茱萸科	386
山茱萸属	386,398
少花米口袋	194
佘山胡颓子	245,251
佘山羊奶子	251
蛇菰科	422
蛇菰属	422
蛇藤	15
麝香豌豆	212
石榴	329
石榴科	329
石榴属	329
使君子	370
使君子科	370
使君子属	370
柿寄生	421
蓖麻	225,228
疏花蛇菰	422
疏花卫矛	426,440
竖毛鸡眼草	141
双荚槐	39
双荚决明	36,39
水丁香	332
水龙	332,334
水龙须	271
水松叶	272
水苋菜	267
水苋菜属	266
水珠草	339
水紫树	383
睡香	298
丝棉木	437
四川寄生	413,414
四季豆	172
四季石榴	329
四角矮菱	302

中 名 索 引

四角菱	302,303	田菁属	59,99	无须藤	498
四棱豆	161	田皂角	185	无须藤属	498
四棱豆属	61,161	甜果藤	497		
四照花	404	调经草	365	**X**	
四照花科	386	铁冬青	464,471	西南卫矛	426,438
四照花属	386,400	铁马鞭	125,133	西域青荚叶	391
四籽野豌豆	195,202	铁青树科	405	锡斯粉	344
松红梅	320	铁扫把	321	溪畔白千层	318
苏木蓝	100	庭藤	101	喜马拉雅珊瑚	387,388
速铺扶芳藤	429	头序歪头菜	196,201	喜树	381
速生胡颓子	250	凸脉冬青	466	喜树属	381
遂昌冬青	464,473	土黄芪	191	细长柄山蚂蝗	115,116
穗花狐尾藻	260	土圞儿	148	细梗胡枝子	126,135
穗花蛇菰	422	土圞儿属	60,148	细果草龙	332,333
穗状狐尾藻	260			细果毛草龙	333
		W		细果野菱	305
T		歪头菜	196,200	细毛谷蓼	341
台湾冬青	466,484	弯折巢菜	196,198	细须草	409
台湾水龙	335	豌豆	213	细叶桉	307,310
台湾相思	6,9	豌豆属	60,213	细叶萼距花	274
太阳麻	228	网络崖豆藤	84,86	细叶粉扑花	17
檀树	82	网脉山龙眼	258	细叶水苋	267
檀香科	407	望江南	36	狭刀豆	150
桃金娘	325	围涎树	18	狭冠冬青	465,479
桃金娘科	306	尾叶冬青	466,489	狭叶黄檀	75,76
桃金娘属	306,325	尾叶山蚂蟥	206,209	狭叶猪屎豆	224
桃叶珊瑚属	386	尾叶紫薇	277,283	显脉冬青	464,466
藤胡颓子	246	卫矛	427,440	显柱南蛇藤	455
藤黄檀	75,78	卫矛科	425	线叶金合欢	11
藤金合欢	7,14	卫矛属	425	腺萼南蛇藤	447,452
藤木楂	246	温州冬青	465,481	腺茎柳叶菜	351,353
天蓝苜蓿	217	乌菱	304	相思藤	54
天目瑞香	297	乌苏里狐尾藻	260	香冬青	465,468
天目紫荆	45	无柄卫矛	426,433	香港黄檀	75,77
天青下白	252	无刺枸骨	478	香花槐	98
天台猪屎豆	225,232	无刺裸实	459	香花崖豆藤	84,90
田菁	99	无毛黄山紫荆	50	香槐	66

香槐属	58,64	鸭脚茶	361	异药花属	355,362
香水合欢	17	鸭皂树	10	翼豆	161
香桃木	326	崖豆藤属	60,83	银边冬青卫矛	431
香桃木属	306,326	秧青	82	银边扶芳藤	429
香豌豆	206,212	羊角豆	36	银合欢	5
响铃豆	225,231	羊蹄甲	50,52	银合欢属	1,5
象鼻藤	75,76	羊蹄甲属	25,50	银桦	256
象耳豆	1	阳光狭冠冬青	480	银桦属	256
象牙红	142	洋槐	97	银荆树	7,12
小巢菜	195,202	洋紫荆	50,53	银叶金合欢	6,7
小二仙草	264	药枣	399	印度草木樨	214,216
小二仙草科	260	野桉	307,313	印度黄檀	75,80
小二仙草属	263	野百合	230	印度麻	228
小果冬青	466,490	野扁豆属	61,177	鹰爪豆	242
小果山龙眼	258	野大豆	157	鹰爪豆属	60,242
小花山桃草	345	野葛	154	榆树	21,24
小花银薇	278	野海棠	365	硬毛冬青	491
小槐花	111	野海棠属	355,359	硬毛木蓝	100,110
小槐花属	59,111	野花生	229	硬毛野豌豆	202
小金雀花	241	野豇豆	163,164	硬叶冬青	465,470
小苜蓿	217,219	野决明属	58,235	永瓣藤	445
小南蛇藤	447,453	野菱	301,302	永瓣藤属	425,445
小肉穗草	368	野绿豆	165	油麻藤属	61,144
小叶钝果寄生	413	野牡丹	357	鱼藤	94
小叶三点金草	112,113	野牡丹科	355	鱼藤属	60,94
小叶野决明	235	野牡丹属	355	羽毛球树	407
小叶贼裤带	294	野青树	100,108	羽扇豆	238,239
心叶谷蓼	340	野豌豆属	59,195	羽扇豆属	62,237
星毛金锦香	364	叶底红	365	羽叶长柄山蚂蝗	115
幸运草	221	叶上珠	391	羽叶野豌豆	198
秀丽四照花	400,401	夜关门	54	芫花	288,292
秀丽野海棠	359	夜来香	349	圆菱叶山蚂蝗	117
锈毛钝果寄生	413,415	仪花属	25,56	圆叶节节菜	270,271
雪茄花	275	宜昌胡颓子	245,250	圆叶野扁豆	178
		宜昌木蓝	102	圆叶猪屎豆	224
Y		异果崖豆藤	91	缘毛合叶豆	186
鸦椿卫矛	427,442	异药花	362	缘毛施氏豆	186

月季石榴	329	浙江马鞍树	67,68	猪屎豆属	60,224
月见草	346,348	浙江木蓝	100,106	猪牙皂荚	28
月见草属	331,345	浙江南蛇藤	446,448	紫果冬青	466,496
越南葛藤	153	浙江青荚叶	392	紫花大翼豆	171
越南金合欢	14	浙江荛花	288,296	紫花江西崖豆藤	88
越南山龙眼	258	浙江紫薇	283	紫荆	44,47
云山八角枫	379	浙皖紫荆	49	紫荆属	25,44
云实	31	浙雁皮	294	紫苜蓿	217,218
云实科	25	珍珠金合欢	7	紫三叶	222
云实属	25,30	珍珠相思	7	紫树	383
		正木	430	紫穗槐	184
Z		直立冬青	475	紫穗槐属	60,184
杂种车轴草	220,222	指甲花	286	紫藤	92
早莲木	381	中国鸽子树	384	紫藤属	60,92
皂荚	27	中国猪屎豆	231	紫薇	277
皂荚属	25,27	中华垂花胡枝子	132	紫薇属	266,277
贼小豆	166	中华胡枝子	126,138	紫霞	278
贼腰带	299	中华山黧豆	206	紫叶车轴草	222
窄斑叶珊瑚	389	中华卫矛	426,439	紫叶千鸟花	344
窄翅卫矛	444	中华野海棠	359,361	紫叶山桃草	344
窄叶南蛇藤	447,456	中南鱼藤	95	紫叶紫薇	279
窄叶野豌豆	204	皱柄冬青	465,488	紫云英	193
朝露	279	朱缨花	16	紫爪银薇	278
褶皮黧豆	145	朱缨花属	1,16		
浙江冬青	465,480	猪屎豆	225		

拉丁名索引

A

Acacia 1,6
  auriculiformis 6,8
  catechu 6,9
  concinna 14
  confusa 6,9
  dealbata 7,12
  decurrens 7,11
  farnesiana 6,10
  hainanensis 15
  mearnsii 7,13
  pennata subsp. **hainanensis** 7,15
  podalyriifolia 6,7
  sinuata 14
  vietnamensis 7,14
Acca 306,327
  sellowiana 327
Adenanthera 1,2
  microsperma 2
Aeschynomene 59,185
  indica 185
Alangiaceae 374
Alangium 374
  chinense 374,375
    subsp. **strigosum** 377
  kurzii 374,377
    var. **handelii** 379
    var. **kurzii** 378
    var. **umbellatum** 378,379

  platanifolium 374
    var. **trilobum** 374
  premnifolium 374
Albizia 1,21
  chinensis 21,24
  falcataria 20
  julibrissin 21,23
  kalkora 21
  lebbeck 21,22
Ammannia 266
  arenaria 268
  auriculata 267,268
  baccifera 267
  multiflora 267,269
Amorpha 60,184
  fruticosa 184
Amphicarpaea 62,159
  edgeworthii 159
  trisperma 159
Apios 60,148
  fortunei 148
Aquifoliaceae 464
Arachis 59,188
  duranensis 190
  hypogaea 189
Archidendron 2,17
  clypearia 18
  lucidum 18
  utile 19
Astragalus 60,192

sinicus	193		var. *eglandulata*	359
Aucuba	386		var. *serrata*	359
albopunctifolia	387,389		*chinensis*	359,360
var. **angustula**	389		*fordii*	365
himalaica	387,388		*glabra*	361
var. **dolichophylla**	389		**quadrangularis**	359,360
japonica	387		**sinensis**	359,361
'Variegata'	388		**Buckleya**	407
obcordata	387,390		**lanceolata**	407

B

C

Baeckea	306,320		**Caesalpinia**	25,30
frutescens	321		**decapetala**	31
Balanophora	422		var. *pubescens*	31
abbreviata	422		*sepiaria*	31
harlandii	423		**vernalis**	31
laxiflora	422		**Caesalpiniaceae**	25
spicata	422		**Cajanus**	61,175
subcupularis	422		**cajan**	176
Balanophoraceae	422		*grandiflorus*	176
Baptisia	58,236		*Callerya*	84
australis	236		*congestiflora*	89
Barthea barthei	355		*dielsiana*	90
Bauhinia	25,50		*kiangsiensis*	87
× **blakeana**	50,51		*nitida*	88
brachycarpa	51,54		var. *minor*	89
championii	51,54		**Calliandra**	1,16
glauca	51,55		**brevipes**	17
subsp. *tenuiflora*	56		**haematocephyla**	16
purpurea	50,52		**Callistemon**	306,314
variegata	50,53		**citrinus**	315,316
var. **candida**	53		**rigidus**	315
Blastus cochinchinensis	355		**viminalis**	315,316
Bothrocaryum	386,393		**Camptotheca**	381
controversum	393		**acuminata**	381
Bredia	355,359		**Campylotropis**	61,123
amoena	359		*ichangensis*	124

macrocarpa	124		var. **puberulus**	447,454
Canavalia	62,149		zhejiangensis	446,448
ensiformis	149		**Cercis**	25,44
gladiata	149		**canadensis**	44,48
gladiolata	149		'Forest Pansy'	48
lineata	150		**chinensis**	44,47
maritima	149		form. **alba**	47
rosea	149		form. pubescens	48
Caragana	59,191		var. **pubescens**	48
rosea	192		**chingii**	44,49
sinica	191		form. **albiflora**	50
Cassia			var. **glabrata**	50
bicapsularis	39		**chuniana**	44
corymbosa	40		gigantea	45,46
leschenaultiana	42		**glabra**	44,45
mimosoides	41		**Chamaecrista**	25,41
nomame	43		**leschenaultiana**	41,42
obtusifolia	38		**mimosoides**	41
occidentalis	36		**nomame**	41,43
sophora	37		**Christia**	59,122
surattensis	39		**obcordata**	122
tora	38		**Circaea**	331,339
Celastraceae	425		alpina	342
Celastrus	425,446		subsp. **imaicola**	340,342
aculeatus	447,455		canadensis subsp. quadrisulcata	339
angulatus	446,447		**cordata**	339,340
cuneatus	447,453		**erubescens**	340,342
flagellaris	447,454		**mollis**	339,341
gemmatus	446,450		**Cladrastis**	58,64
hindsii	447,457		chingii	65
hypoleucoides	446,449		**platycarpa**	65
hypoleucus	446		**wilsonii**	66
oblanceifolius	447,456		**Clitoria**	60,160
orbiculatus	447,451		**ternatea**	160
punctatus	447,452		**Combretaceae**	370
rosthornianus	447,451		**Cornaceae**	386
stylosus	455		**Cornus**	386,398

alba	395	*assamica*	75,82
chinensis	399	*balansae*	82
controversa	393	**dyeriana**	75,79
elliptica	402	**hancei**	75,78
hongkongensis subsp. *elegans*	401	**hupeana**	75,82
kousa	403	**millettii**	75,77
subsp. *chinensis*	404	**mimosoides**	75,76
macrophylla	397	**odorifera**	75,81
officinalis	399	**sissoo**	75,80
walteri	398	**stenophylla**	75,76
wilsoniana	396	**Daphne**	287,296
Crotalaria	60,224,233	*gaomushanensis*	294
albida	225,231	*genkwa*	292
assamica	225,227	**grueningiana**	297
chinensis	225,231	**kiusiana**	
ferruginea	225,229	var. **atrocaulis**	297,299
incana	224	form. **purpurea**	299
juncea	225,228	**odora**	297,298
ochroleuca	224	'Marginata'	298
pallida	225	form. *marginata*	298
sessiliflora	225,230	var. *atrocaulis*	299
spectabilis	225,226	var. *marginata*	298
tiantaiensis	225,232	**Davidia**	381,384
verrucosa	224	**involucrata**	384
Cullen	60,182	**Dendrobenthamia**	386,400
corylifolium	183	**angustata**	401,402
Cuphea	266,274	**elegans**	400,401
hyssopifolia	274	**japonica**	401,403
ignea	275	var. **chinensis**	404
platycentra	275	*multinervosa*	404
Cytisus	60,241	**Derris**	60,94
× **spachianus**	241	**fordii**	95
nigricans	242	var. **lucida**	96
scoparius	242	**trifoliata**	94
		Desmodium	59,112
D		*caudatum*	111
Dalbergia	59,75	**heterocarpon**	112

leptopus	116
microphyllum	112,113
multiflorum	112,114
oldhamii	115
pseudotriquetrum	120
podocarpum	117
subsp. *fallax*	118
racemosum	118
sambuense	114
triflorum	112
Dolichos	
lablab	162
lineatus	150
purpureus	162
Dumasia	62,158
truncata	112,158
Dunbaria	61,177
rotundifolia	178
villosa	177

E

Edgeworthia	287,300
chrysantha	300
Elaeagnaceae	244
Elaeagnus	244
× *submacrophylla*	250
'Gilt Edge'	250
argyi	245,251
chekiangensis	251
courtoisii	245,252
cuprea	247
difficilis	245,247
glabra	244,246
henryi	245,250
lanceolata	245,248
macrophylla	244,245
multiflora	245,253
var. **obovoidea**	255
pungens	245,249
'Aurea'	250
'Maculata'	250
umbellata	245,252
Elaeodendron fortunei	427
Enterolobium	
contortisiliquum	1
cyclocarpum	1
Epilobium	331,351
amurense	354
subsp. **cephalostigma**	351,354
brevifolium	353
subsp. **trichoneurum**	351,353
cephalostigma	354
hirsutum	351,352
pyrricholophum	351,353
Erythrina	61,141
corallodendron	142
crista-galli	142,143
variegata	142,143
var. *orientalis*	143
Erythrophleum	25
fordii	25
Eucalyptus	306,307
camaldulensis	307,311
citriodora	307,308
dunnii	307,309
exserta	307,312
globulus	307,314
robusta	307,309
rudis	307,313
tereticornis	307,310
Euchresta	61,233
japonica	233
tenuifolia	67
Euonymus	425

acanthocarpus	426,431	**Falcataria**	1,19
var. **lushanensis**	432	**moluccana**	20
alatus	427,440	*Feijoa sellowiana*	327
'Compacta'	442	**Flemingia**	61,179
carnosus	426,436	*philippinensis*	179
centidens	427,443	*prostrata*	179
chenmoui	426,434	**Fordiophyton**	355,362
dielsianus	427,442	**faberi**	362
echinatus	426,433	*fordii*	362
euscaphis	427,442	var. **maculatum**	363
fortunei	426,427	*maculatum*	363
'Albo-marginatus'	429	**Fuchsia**	331,338
'Dart's Blanket'	429	**hybrida**	338
'Emerald Gold'	429		
'Sunpot'	429	**G**	
fungosus subsp. *chinensis*	433	**Gaura**	331,343
hamiltonianus	426,438	**lindheimeri**	343
var. *nikoensis*	438	'Crimson Bunerny'	344
hederaceus	426,430	'Siskiyou Pink'	344
japonicus	426,430	**parviflora**	345
'Albo-marginatus'	431	*Genista tinctoria*	242
'Aureo-marginatus'	431	**Gleditsia**	25,27
'Aureo-variegatus'	431	**japonica**	27,28
kiautschovicus	426,429	*melanacantha*	28
laxiflorus	426,440	*officinalis*	27
lushanensis	432	**sinensis**	27
maackii	426,437	**triacanthos**	27,29
myrianthus	426,436	**Glycine**	62,155
nitidus	426,439	**max**	156
oblongifolius	439	**soja**	157
oxyphyllus	426,444	*Glycyrrhiza*	
streptopterus	443,444	*pallidiflora*	58
subsessilis	433	*uralensis*	58
tanakae	426,434	**Gonocarpus**	263
		chinensis	263
F		**micranthus**	264
Fabaceae	58	**Grevillea**	256

robusta	256	**I**	
Gueldenstaedtia	60,194	Icacinaceae	497
harmsii	194	**Ilex**	464
verna	194	× **attenuata**	465,479
subsp. *multiflora*	194	'Sunny Foster'	480
Gymnocladus	25,26	**aculeolata**	466,494
chinensis	26	**asprella**	466,493
dioicus	26	**buergeri**	466,483
Gymnosporia	425,458	*cassine*	480
diversifolia	459	**chinensis**	465,469
var. **inermis**	459	**cornuta**	465,477
		'Fortunei'	478
H		var. *fortunei*	478
Haloragaceae	260	**crenata**	465,474
Haloragis		'Convexa'	475
chinensis	263	'Gold Gem'	475
micrantha	264	'Sky Pencil'	475
Heimia	266,276	**editicostata**	464,466
myrtifolia	276	var. *litseifolia*	467
Helicia	256,257	**elmerrilliana**	465,488
cochinchinensis	258	**ficifolia**	465,470
reticulata	258	form. **daiyunshanensis**	470
Helwingia	386,391	**ficoidea**	466,485
himalaica	391	**formosana**	466,484
japonica	391	**hylonoma** var. **glabra**	465,478
var. *hypoleuca*	392	**integra**	465,483
var. *zhejiangensis*	392	**kengii**	465,488
zhejiangensis	392	**kwangtungensis**	464,471
Hosiea	498	**latifolia**	466,482
sinensis	498	**limii**	464,468
Hylodesmum	59,115	**litseifolia**	464,467
leptopus	115,116	**lohfauensis**	466,490
oldhamii	115	**macrocarpa**	466,493
podocarpium	115,117	var. *longipedunculata*	493
subsp. **fallax**	118	**macropoda**	466,495
subsp. **oxyphyllum**	118	*microcarpa*	471
Hyphear pseudo-odoratum	410		

micrococca	466,490	**parkesii**	100,106
opaca	480	var. *longipedunculata*	105
pedunculosa	465,476	var. **polyphylla**	106
pernyi	465,480	*pseudotinctoria*	108
pubescens	466,486	**suffruticosa**	100,108
purpurea	469	**venulosa**	101,104
qingyuanensis	465,487		
rotunda	464,471	**K**	
var. *microcarpa*	471	**Kandelia**	372
serrata	466,491	**candel**	372
var. *sieboldii*	491	**Korthalsella**	416
suaveolens	465,468	**japonica**	416
suichangensis	464,473	**Kummerowia**	61,140
theicarpa	473	**stipulacea**	141
triflora	466,473	**striata**	140
var. **kanehirai**	474		
tsoii	466,496	**L**	
verticillata	466,492	**Lablab**	62,162
viridis	465,476	**purpureus**	162
wenchowensis	465,481	**Lagerstroemia**	266,277
wilsonii	466,489	**caudata**	277,283
zhejiangensis	465,480	*chekiangensis*	282,283
Indigofera	60,100	**indica**	277
amblyantha	101,109	'Bingqing Yudie'	278
bungeana	101,108	'Danzhao Wanzi'	278
carlesii	100	'Dynamite'	279
cooperi	102	'Jinxiu'	278
decora	101	'Liuyue Feixue'	279
var. **cooperii**	102	'Petite Pinkie'	279
var. **ichangensis**	102	'Pink Velour'	279
faberi	102	'Qiao Jiaren'	279
fortunei	101,103	'Red Rocket'	279
glabra	104	'Xiaohua Yinwei'	278
hirsuta	100,110	'Zhaolu'	279
longipedunculata	100,105	'Zixia'	278
neoglabra	104	'Zizhao Yinwei'	278
nigrescens	101,107	**limii**	277,282

form. **albiflora**	283	*fordii*	125,127
speciosa	277,281	*formosa*	125,131
subcostata	277,284	form. *albiflora*	133
Lathyrus	60,206	**lichiyuniae**	126,139
anhuiensis	206,209	*maximowiczii*	125,128
caudatus	206,209	*merrillii*	129
dielsianus	206	*metcalfii*	130
henanensis	209	**mucronata**	126,137
japonicus	206,208	*pilosa*	125,133
form. *pubescens*	208	*pseudomaximowiczii*	128
subsp. *maritimus*	208	*pubescens*	132
maritimus	208	*thunbergii*	131
odoratus	206,212	subsp. *cathayana*	132
palustris	211	subsp. *formosa*	131
var. **pilosus**	206,210	**tomentosa**	126,136
pilosus	210	*viatorum*	132
sativus	206,211	**virgata**	126,135
Lawsonia	266,285	*wilfordii*	132
inermis	286	**Leucaena**	1,5
Leguminosae	233	**leucocephala**	5
Leptospermum	306,319	**Loranthaceae**	410
scoparium	320	**Loranthus**	410
Lespedeza	61,124	**delavayi**	411
albiflora	133	**pseudo-odoratus**	410
anhweiensis	127	**Ludwigia**	331
bicolor	125,132	× *taiwanensis*	335
var. **alba**	133	**adscendens**	332,334
buergeri	125,127	var. *stipulacea*	335
chekiangensis	132	**epilobioides**	332,336
chinensis	126,138	**leptocarpa**	332,333
ciliata	124	**octovalvis**	332
cuneata	126,138	**ovalis**	332,337
cyrtobotrya	125,126	**peploides** subsp. **stipulacea**	332,335
davidii	125,129	**repens**	332,337
var. *exalata*	129	**Lupinus**	62,237
dunnii	125,130	**luteus**	238,239
floribunda	126,134	**micranthus**	238,239

polyphyllus	238
pubescens	238,240
Lysidice	25,56
brevicalyx	56
Lythraceae	266
Lythrum	266,273
salicaria	273

M

Maackia	58,67
chekiangensis	67,68
chinensis	69
hupehensis	67,69
tenuifolia	67
Macadamia	256,259
ternifolia	259
Macrocarpium	
chinense	399
officinale	399
Macroptilium	62,171
atropurpureum	171
Mappianthus	497
iodoides	497
Maughania	
philippinensis	179
prostrata	179
Maytenus diversifolius	459
Medicago	61,217
denticulata	219
hispida	219
lupulina	217
minima	217,219
polymorpha	217,219
var. *minina*	219
sativa	217,218
Melaleuca	306,317
bracteata	318
'Revolution Gold'	318
cajuputi subsp. **cumingiana**	317
cumingiana	317
Melastoma	355
candidum	357
dodecandrum	356
malabathricum	357
Melastomataceae	355
Melilotus	61,214
albus	214
indicus	214,216
officinalis	214,215
Microtropis	425,460
fokienensis	460
Millettia	60,83
congestiflora	84,89
dielsiana	84,90
form. **alba**	91
var. **heterocarpa**	91
heterocarpa	91
kiangsiensis	84,87
form. **purpurea**	88
nitida	84,88
var. **minor**	89
pachycarpa	84
reticulata	84,86
form. **albiflora**	86
speciosa	84,85
Mimosa	1,3
bimucronata	3
catechu	9
farnesiana	10
pudica	4
sepiaria	3
Mimosaceae	1
Monimopetalum	425,445
chinense	445

Mucuna	61,144	**Olacaceae**	405
birdwoodiana	145	**Onagraceae**	331
cochinchinensis	147	**Ormosia**	58,62
lamellata	145	**henryi**	64
pruriens var. **utilis**	145,147	*henryi*	64
sempervirens	145,146	*hosiei*	62
Myriophyllum	260	**Osbeckia**	355,363
aquaticum	260,262	**chinensis**	363
limosum	261	*opipara*	364
oguraense	260	**stellata**	364
spicatum	260		
ussuriense	260	**P**	
verticillatum	260,261	**Pachyrhizus**	62,151
Myrtaceae	306	**erosus**	152
Myrtus	306,326	**Phaseolus**	62,172
communis	326	*atropurpureus*	171
'Variegata'	327	**coccineus**	172,174
		lunatus	172,175
N		**vulgaris**	172
Nyssa	381,383	var. **humilis**	173
aquatica	383	**Phyllagathis**	355,365
sinensis	383	**cavaleriei**	366
sylvatica	383	var. *tankahkeei*	366
Nyssaceae	381	**fordii**	365
		var. *micrantha*	365
O		**Pisum**	60,213
Oenothera	331,345	*arvense*	213
biennis	346,348	**sativum**	213
glazioviana	346,348	*Pithecellobium*	
laciniata	346,350	*dulce*	1
oakesiana	351	*lucidum*	18
odorata	349,350	*utile*	19
rosea	346	*Podocarpium*	
speciosa	346,347	*leptopus*	116
stricta	346,349	*oldhamii*	115
Ohwia	59,111	*podocarpum*	117
caudata	111	var. *fallax*	118

var. *oxyphyllum*	118	**volubilis**	180
Proteaceae	256	**Robinia**	59,97
Psophocarpus	61,161	**hispida**	98
tetragonolobus	161	**pseudoacacia**	97
Psoralea corylifolia	183	'Idaho'	98
Pterolobium	25,33	form. **decaisneana**	98
punctatum	33	var. *inermis*	97
Pueraria	61,152	**Rotala**	266,270
lobata	154	**indica**	270
var. *montana*	153	**mexicana**	270,272
montana	153	**rotundifolia**	270,271
var. **lobata**	154		
form. **alba**	155	**S**	
var. **thomsonii**	155		
phaseoloides	153	**Santalaceae**	407
Punica	329	**Sarcopyramis**	355,367
granatum	329	**bodinieri**	368
'Albesens'	329	var. *delicata*	368
'Flavescens'	329	**napalensis**	368
'Legrellei'	329	**Schoepfia**	405
'Nana'	329	**jasminodora**	405
'Pleniflora'	329	*Senegalia*	
Punicaceae	329	*catechu*	9
Pycnospora	61,119	*pennata* subsp. *hainanensis*	15
lutescens	119	*vietnamensis*	14
		Senna	25,35
Q		**bicapsularis**	36,39
Quisqualis	370	**corymbosa**	36,40
indica	370	*nomame*	43
		occidentalis	36
R		**sophora**	36,37
Rhizophoraceae	372	**surattensis**	36,39
Rhodomyrtus	306,325	**tora**	36,38
tomentosa	325	**Sesbania**	59,99
Rhynchosia	61,180	**cannabina**	99
acuminatifolia	180,182	**Smithia**	59,186
dielsii	180,181	**ciliata**	186
		Sophora	58,70

australis	236	**Trapa**	301
brachygyna	70,74	*acornis*	303
davidii	70	*amurensis* var. *komarovii*	303
flavescens	70	*bicornis*	304
var. **galegoides**	71	var. *bispinosa*	304
franchetiana	70,72	var. *quadrispinosa*	303
japonica	70,72	*bispinosa*	304
'Golden Stem'	74	*cochinchinensis*	304
'Pendula'	74	**incisa**	302,305
Spartium	60,242	var. *quadricaudata*	302
junceum	242	*maximowiczii*	302,305
Swida	386,394	**natans**	301
alba	395	var. **bispinosa**	302,304
macrophylla	395,397	var. **complana**	301,302
walteri	395,398	var. **komarovii**	302,303
wilsoniana	395,396	var. *pumila*	302
Syzygium	306,322	var. **quadricaudata**	301,302
austrosinense	322,324	*potaninii*	302
buxifolium	322	*pseudoincisa*	302
var. *verticillatum*	323	var. *complana*	302
grijsii	322,323	*quadrispinosa*	303
verticillatum	322,323	**Trapaceae**	301
		Trifolium	61,220
T		**hybridum**	220,222
Tadehagi	59,120	**incarnatum**	221,223
pseudotriquetrum	120	*officinale*	215
Taxillus	412	**pratense**	221,223
kaempferi	413	**repens**	220,221
levinei	413,415	'Purpurascens Quadrifolium'	222
sutchuenensis	413,414	*Trigonella foenum-graecum*	58
Thermopsis	58,235	**Tripterygium**	425,461
chinensis	235	**hypoglaucum**	463
Thesium	408	**wilfordii**	462
chinense	409		
Thymelaeaceae	287	**U**	
Tibouchina	355,358	**Uraria**	59,121
semidecandra	358	*longibracteata*	121

neglecta	121	**Viscum**	417
V		articulatum	417,419
Vachellia farnesiana	10	coloratum	417,418
Vicia	59,195	diospyrosicola	418,421
angustifolia	204	liquidambaricola	417,420
cracca	195,196	**W**	
deflexa	196,198	**Wikstroemia**	287
edentata	198	*alba*	290
faba	196,205	**anhuiensis**	288,291
hirsuta	195,202	**gaomushanensis**	288,294
kioshanica	195	**genkwa**	288,292
kulingiana	196,198	**glabra**	287,288
ohwiana	196,201	form. *purpurea*	288
ramuliflora	196,199	**indica**	288,289
sativa	195,203	**monnula**	288,293
subsp. *nigra*	204	**pilosa**	288,294
var. **angustifolia**	204	**trichotoma**	288,290
tetrasperma	195,202	**zhejiangensis**	288,296
unijuga	196,200	**Wisteria**	60,92
var. *ohwiana*	201	*alba*	93
villosa	195,197	**floribunda**	93
Vigna	62,163	**sinensis**	92
angularis	163,167	form. **alba**	93
cylindrica	170	var. *albiflora*	93
minima	163,166	**Z**	
radiata	163,165		
stipulata	163,165	**Zenia**	25,34
umbellata	163,168	**insignis**	34
unguiculata	163,169	**Zornia**	58,187
subsp. **cylindrica**	170	*cantoniensis*	187
subsp. **sesquipedalis**	170	**gibbosa**	187
vexillata	163,164	var. *cantoniensis*	187
Viscaceae	416		

附 录

照片提供作者名录（非本卷编著者）

陈征海 红花苦参（右），香花崖豆藤（左上），异果崖豆藤（左下），宁波木蓝（1），宜昌木蓝（2），多叶浙江木蓝（1），短梗胡枝子（右上、右下），美丽胡枝子（上），胡枝子（右上），截叶山黑豆（上），二叶丁癸草（上），宜昌胡颓子（左下），耳基水苋（左下、右上、右下），福建紫薇（右下），南紫薇（上），高姥山荛花（4），浙江荛花（右上），红花毛瑞香（1），高原露珠草（右），秋茄树（3），伏毛八角枫（2），海岸卫矛（右上），疏花卫矛（上），刺苞南蛇藤（3），变叶裸实（左），无刺裸实（右上），硬叶冬青（右），庆元冬青（4）。共43张。

徐晔春 南洋楹（2），多花紫藤（左），粉葛（1），柠檬桉（下），窿缘桉（右），蓝桉（2），红千层（左），美花红千层（左），白千层（左上），岗松（小图），花叶香桃木（左），喜树（小图），珙桐（右上），金心冬青卫矛（1），疏花卫矛（下左、下右），青江藤（大图、下左），定心藤（3）。共23张。

刘　西 象鼻藤（右下），缘毛合叶豆（左、右上），山豆根（右、左下），楠树桑寄生（上右、下），四川寄生（下左、下右），锈毛钝果寄生（上右），棱枝槲寄生（大图、右下），汝昌冬青（上、下右），广东冬青（右上），台湾冬青（上），皱柄冬青（左），矮冬青（右上），落霜红（左），秤星树（左）。共20张。

梅旭东 黑叶木蓝（下左、下右），长苞狸尾豆（3），缘毛合叶豆（右下），黄花月见草（3），锈毛钝果寄生（上左），银边冬青卫矛（1），无柄卫矛（中、下），鸦椿卫矛（右下），广东冬青（下左、下右），温州冬青（左），台湾冬青（大图），矮冬青（左），落霜红（右）。共20张。

吴棣飞 黄槐（右），白花紫荆（1），红叶加拿大紫荆（左），红花羊蹄甲（小图），羊蹄甲（2），洋紫荆（左），二叶丁癸草（下右），银桦（左上、左下），黄花小二仙草（3），白花荛花（上左、上右），细叶桉（左）。共16张。

朱鑫鑫 金合欢（右），绿豆（左上），小苜蓿（3），扁枝槲寄生（3），刺果卫矛（2），小果冬青（右上），无须藤（左、右下）。共13张。

注：括号中的数字为张数。

顾余兴　闽槐(3)，美丽崖豆藤(小图、右下)，中华山黧豆(3)，家山黧豆(5)。共13张。

高亚红　儿茶(2)，印度黄檀(上)，粉花刺槐(1)，毛刺槐(1)，狗爪豆(左上)，红花锦鸡儿(左)，黄薇(3)，匍匐丁香蓼(左)，待霄草(2)。共13张。

张芬耀　密子豆(3)，多花水苋(右下)，安徽荛花(下左、下右)，桃金娘(花特写、下)，叶底红(3)，无刺裸实(右下)。共12张。

李华东　美丽胡枝子(下)，黑小豆(左上、下)，少花米口袋(左上、右上)，歪头菜(3)，柳叶菜(右上、右下)。共10张。

陈贤兴　海南羽叶金合欢(下)，薄叶猴耳环(2)，阔荚合欢(左)，印度黄檀(下)，降香(中)，厚果崖豆藤(右下)，亮叶崖豆藤(下)，狗爪豆(右上)。共9张。

吴东浩　冬青卫矛(右)，鸦椿卫矛(右上)，短梗南蛇藤(2)，龟甲冬青(左)，光枝刺叶冬青(右)，紫果冬青(左下、右)。共8张。

陈坚波　美丽崖豆藤(左)，宁油麻藤(左)，安徽山黧豆(右)，永瓣藤(左、右下)。共5张。

王肖雄　紫叶紫薇(4)。共4张。

王金旺　短萼仪花(3)，降香(下)。共4张。

刘　军　金合欢(左)，老虎刺(左)，毛山黧豆(1)，荛花(上右)。共4张。

寿海洋　野青树(1)，鹰爪豆(左下)，轮叶节节菜(下左、下右)。共4张。

钟建平　蔓茎葫芦茶(左)，猪屎豆(2)，山豆根(左上)。共4张。

葛斌杰　槲寄生(左上、右)，枫香槲寄生(2)。共4张。

谢文远　亮叶崖豆藤(上)，蔓茎葫芦茶(右)，华野百合(2)。共4张。

王　挺　浙江冬青(2)，满树星(1)。共3张。

陈世品　硬毛木蓝(左)，铺地蝙蝠草(右下)，柠檬桉(左上)。共3张。

林海伦　轮叶节节菜(上)，格菱(左)，二角菱(右上)。共3张。

周　庄　千斤拔(3)。共3张。

徐绍清　短蕊槐(左)，野菱(右上)，格菱(右)。共3张。

王　盼　楝树(2)。共2张。

王健生　落花生（上左），多花水苋（右上）。共2张。

邢福武　铺地蝙蝠葛（左、右上）。共2张。

刘菊莲　倒心叶珊瑚（下左、下右）。共2张。

池方河　红花截叶铁扫帚（2）。共2张。

肖克炎　轮叶狐尾藻（2）。共2张。

张　成　华中桑寄生（下左、下右）。共2张。

张　磊　华东松寄生（2）。共2张。

张幼法　槐叶决明（右），耳基水苋（左上）。共2张。

张宏伟　广东胡枝子（上），安徽荛花（上）。共2张。

林　峰　四棱豆（2）。共2张。

喻勋林　藤金合欢（2）。共2张。

江明喜　黑叶木蓝（上）。

汪建林　尾叶紫薇（右中）。

张方钢　白花葛藤（1）。

林巍歧　粉叶羊蹄甲（左上）。

莫海波　无须藤（右上）。

夏国华　黄石榴（1）。

高浩杰　香水合欢（左）。

章国旗　银叶金合欢（右）。